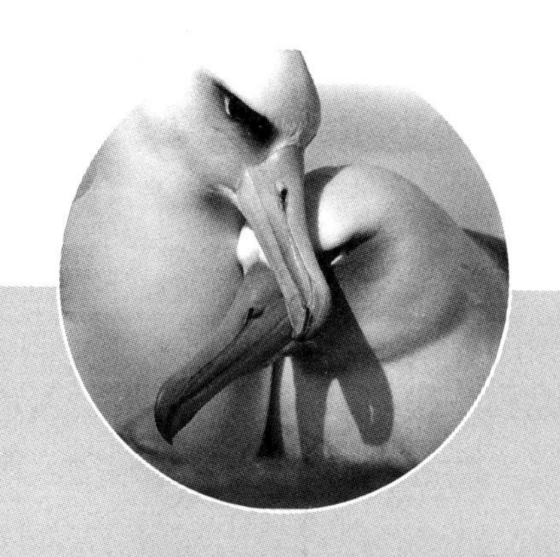

无言的呼唤

动物的感知、思考和表达

［美］卡尔·沙芬纳（Carl Safina）著

戚译引 译

BEYOND WORDS

WHAT ANIMALS THINK AND FEEL

清華大學出版社

北京

北京市版权局著作权合同登记号　图字：01-2017-7178

图书在版编目（CIP）数据

无言的呼唤：动物的感知、思考和表达 /（美）卡尔·沙芬纳（Carl Safina）著；戚译引译.—北京：清华大学出版社，2019

书名原文: Beyond Words: What Animals Think and Feel

ISBN 978-7-302-52318-5

Ⅰ.①无…　Ⅱ.①卡…　②戚…　Ⅲ.①人类—关系—动物—普及读物　Ⅳ.①Q958.12-49

中国版本图书馆CIP数据核字（2019）第028114号

责任编辑：宋成斌　王　华
封面设计：常雪影
责任校对：刘玉霞
责任印制：沈　露

出版发行：清华大学出版社
网　　址：http://www.tup.com.cn, http://www.wqbook.com
地　　址：北京清华大学学研大厦A座　　**邮　　编：**100084
社 总 机：010-62770175　　**邮　　购：**010-62786544
投稿与读者服务：010-62776969, c-service@tup.tsinghua.edu cn
质量反馈：010-62772015, zhiliang@tup.tsinghua.edu.cn
印 装 者：三河市国英印务有限公司
经　　销：全国新华书店
开　　本：165mm×235mm　　**印　　张：**30.25　　**插　　页：**8　　**字　　数：**386千字
版　　次：2019年11月第1版　　**印　　次：**2019年11月第1次印刷
定　　价：80.00元

产品编号：069993-01

致　谢

献给本书中提到的人们，他们观察，认真倾听，并将他们在同样的空气里、在声响或静默中所看见、听见的东西告诉我们。

序

走进心智的世界

你且问走兽，走兽必指教你，又问空中的飞鸟，飞鸟必告诉你；或与地说话，地必指教你，海中的鱼也必向你说明。

——《约伯记》

又一大群海豚刚刚贴着水面，与我们的船并肩前行——它们跳跃着，水花飞溅；它们发出那种尖锐的、哨子般的声音，神秘的呼唤此起彼伏。许多幼崽贴着母亲身边游动。这时候，想到我对于这些深沉而可爱的生命的了解是如此肤浅，我开始感到不满足。我想知道它们在经历什么，它们为什么如此吸引我们，让我们感到如此亲近。这时候，请允许我向它们抛出那个禁忌的问题：你是谁？科学总是坚定地回避一切关于动物内心世界的问题。动物当然具备某种类型的内心世界，但是，正如小孩子会被大人告知他们真正想提的问题其实是不礼貌的问题，一个年轻科学家也会受到这样的教育：动物的思想，哪怕它真的存在，也是不可知的。被允许提出的问题都和“它”有关：它在哪里生活？它吃什么东西？它如何应对危险？它如何繁衍生息？然而永远被禁止提出的，却是那唯一一个有可能打开大门的问题：它是谁？

我们有很多理由去回避一个如此棘手的问题。但是，我们最不愿承认的理由，**就是人与动物之间的界限是人为划分的**，因为人类就是动物。而现在，看着这些海豚，我已经厌倦了这种人为的礼貌，我想要更多的亲近。我感到我们双方的时间都在流逝，我可不想等到必须告别的时候才意识到我从未认真问候过。在那次航行中，我在读和大象有关的书。当我看着海豚在它们的海洋王国中穿梭自如，我对它们的心智产生了好奇，并想起了大象的心智。当偷猎者猎杀一头大象的时候，他杀死的不仅仅是那头大象。一个象群可能因此失去了老一辈"族长"的关键记忆，它知道在最艰难的干旱期该到哪里寻找食物和水，从而让整个象群得以维生。所以，一颗子弹可能在多年后造成更多的死亡。看着眼前的海豚，头脑中想着大象，我意识到：如果动物也能识别和依靠某些个体，如果一个个体的死亡对幸存的个体带来了改变，如果我们是由关系来定义，那么我们已经跨越了地球生命史上某个模糊的界限——问题中的"它"已经变成了"谁"。

群体动物知道自己是谁，也知道它们的亲朋好友是谁；它们了解自己的敌人；它们组成战略联盟，来对抗长期的对手；它们渴望获得更高的地位，并伺机改变既有的秩序；它们的地位影响着后代的前景；它们的生活与事业的轨迹并行；它们由个体之间的关系所定义。这听起来是不是很熟悉？当然。这里的"它们"也包括我们。丰富多彩的生活并非人类的专利。

我们用自己的眼光看待世界，这很自然。然而，如果采取由内而外的视角，我们看到的就只是一个由内而外的世界。这本书的视角是我们之外的那个世界——在这个世界里，人类不再是万物的尺度，而是众多物种当中的一个。我们疏远了自然，因此割裂了对生物群体的感知，失去了对其他动物的体验的了解。然而关于生命的一切总是相通的，因此，通过将人类放在环境中，看见人类这根线怎样与其他众多生物交织成这张生命之网，我们将更容易理解人类这种动物。

我想暂且放下通常写作的动物保护议题，回到我的初恋身上：仅仅观察动物做什么，并询问它们这样做的原因。我四处旅行，观察了世界上几种最受保护的生灵——肯尼亚安博塞利地区的大象，美国黄石国家公园的狼，还有太平洋西北部海域的虎鲸。然而，在每一个地区，我都发现动物能感觉到来自人类的压力，这直接影响了它们做什么、去哪里、能活多久，以及它们家庭的生存状态。所以，在这本书里，我们将面对其他动物的内心，并倾听它们要我们听到的声音。这个不言自明的故事所关心的不是什么受到了威胁，而是谁受到了威胁。

最重要的认识，就是所有的生命实为一体。当我 7 岁的时候，父亲带着我在布鲁克林的院子里搭了一个鸽棚，养了一些家鸽。看着它们怎样在笼子里筑巢，看着它们求偶、争吵、照顾雏鸟，看到它们飞走后总是准时地回到巢中，看到它们是多么需要食物和水，需要一个家，需要彼此，我意识到：它们住在自己的窝里，就像我们住在我们的公寓里。它们的生活就像我们一样，只是以一种不同的方式。我一生中曾与其他许多动物共同生活，我研究它们，与它们一同工作；它们生活在自己的世界中，也生活在我们的世界中。这样的经历让我对我们的共同生活有了更广阔、更深入的感受，并一再证实我的感受。在本书中，我将努力将这些感受与你们分享。

目　录

◉ 第一部分

象群的号角

精致而有力，非凡又迷人

它掌控了寂静

最初只属于

山巅、烈火与海洋。

——彼得·马西森，《人类诞生之树》

终于，我见到那块土地抬升起来，那块久经阳光炙烤的土地逐渐成形，化作某种庞大而有生命的物体，活动起来。象群大步前进，踏得地动山摇，仿佛所有的尘土都由此而生。烟尘包裹着我们，钻入每一个毛孔，覆裹我们的牙齿，渗入我们的思想。从躯体到灵魂。如此庞大。

你看，它们的头如同战士的盾牌。它们粗重地呼吸着，吐纳之间，气流在胸腔中振荡。行动间，皮肤被时间刻上了皱纹，被光阴洗去了色彩，它们仿佛身披着揉皱的地图，图上记录了它们一生的旅程。它们是大地的过客，时间的旅人。它们的肌肤摩擦着，发出揉搓灯芯绒般的沙沙声，那上面纹理纵横，却仍然敏感，足以察觉最轻微的触碰。

石磨般的臼齿咀嚼着，一捆又一捆，一口又一口，它们吞噬着世界。伴随着满意的咕噜声，它们沉浸于汹涌的回忆中。

它们低沉的咆哮声在空气中涌动着，就像雷声由远而近，震动着丘陵，摇撼着树根。它们在召唤来自山川河流的亲友，互相致以问候，谈论最近去了哪些地方，有什么新闻；它们向我们发出信号，预示着某种到来。

一头大象驱动着山岳般的肌肉和骨骼，低吼着走进了视野，棕色的眼睛让原野熠熠生辉。看那方方正正的前额，看那粗壮的血管蜿蜒蛇行。它用号角宣布自己的到来，用扇动的耳朵给自己鼓掌。它永恒而崇高，警惕而审慎，平和而丰饶，在必要的时候又会变得极其危险。它让我们感到震撼。它的智慧仅限于自己的能力范围之内，就像我们一样。它又是脆弱的。我们都是如此。

看吧。静静地听吧。它们不会对我们说话，彼此之间却说个不停。我们能听到其中的一部分，更多的都在言语之外。我想要倾听，想要发现新的可能。

它们大得不成比例的耳朵扇动着，粗硬的皮肤上满是尘垢，奇特的长牙如同人腿一般大小，耸立在全世界最富阳具崇拜意味的鼻子两边。这样一座庞大的滴水嘴兽本该让我们感到狰狞可怖，但是在它们身上，我们看到了一种大气磅礴的、无形的美，足以让我们为之倾倒。我们的感受越发丰富，越发深刻。我们能感觉到，它们横跨原野的征途有其目的；我们无法否认，它们心里很清楚自己的目的地。

那也是我们要去的地方。

大问题

吃早餐的时候，辛提娅·莫斯（Cynthia Moss）说："那是我这辈子最糟糕的一年。50 岁以上的大象几乎都死了，只有芭芭拉和狄波拉除外。40 岁以上的大象大多数也死了。埃里森、阿加莎和阿梅莉亚居然能活了下来，这真是令人惊讶。"

埃里森如今 51 岁了，就在那儿，在一丛棕榈树中间——看见了吗？40 年前，辛提娅·莫斯来到肯尼亚，决心研究大象的生活。她将自己遇见的第一个象群命名为"AA 家族"，并给其中一头起名叫埃里森。那就是它，就在那里，风卷残云地吃着棕榈树掉落的果实，如同吸尘器一般。令人惊叹。

如果运气不错，并且雨水充足，埃里森也许还能活上 10 年。那是阿加莎，44 岁。那头正在靠近的是阿梅莉亚，也是 44 岁。

阿梅莉亚继续朝我们走来，庞大的身躯出现在车子跟前，吓得我不由得往里缩了缩。辛提娅把身子探出去,柔声对它说了些什么。阿梅莉亚，现在就站在我们旁边，如同一座铁塔，它咀嚼着棕榈树的叶子，温柔地咕哝着，眨了眨眼睛。

在清晨暖黄色的阳光里，这片原野宛如一片无穷无尽的草的海洋，朝着非洲最高峰的山脚涌去。蓝色的山巅覆盖着白雪，笼罩在云雾中。乞力马扎罗山就像一个巨大的水冷系统，泉水朝山下流去，滋养了两英里[①]长的一片湿地。安博塞利国家公园（Amboseli National Park）的名字来自马语[②]中的一个词，指较浅的古老湖床，在某些季节会因湿润而闪闪发光。半个公园都是这样的地貌。湿地的面积随雨水多寡而扩大或缩小。如果雨水没有如约而至，湖床就会干枯，变成一片片尘土飞扬的盆地，然后一切都完了。就在4年前，一场干旱给这片地区造成了沉重的打击。

经历了几十年的兴衰，辛提娅和这3头大象还在顽强生存，在这片平原上来回穿梭。大象的日常行为看起来似乎很复杂，而辛提娅是这个领域的开创者之一。她观察大象的时间比任何人都要长，并完整见证了几头大象的一生。

我原本以为，在坚持了40年之后，这位著名的研究者也许已经尽显疲态。但我见到的辛提娅·莫斯70岁出头，仍像个年轻女子，一双明亮的蓝眼睛闪着热情的光芒，甚至还有些顽皮。20世纪60年代，辛提娅原本是《新闻周刊》（*Newsweek*）的作家，但在第一次造访非洲之后，她就决定离开纽约和所有她所熟悉的事物，她爱上了安博塞利。原因显而易见。

这个原因也许过于明显了。这片广阔的平原上热浪翻滚，容易产生海市蜃楼，让人误以为安博塞利国家公园很大。实际上，它太小了，你能在一个小时内轻松地开着车横跨它。安博塞利是一张明信片，非洲曾将它寄给自己，现在又把它锁进抽屉，贴上"公园和保护区"的标签。乞力马扎罗山甚至不在同一个国家里，而在一条想象的边界之外，在那个叫作坦桑尼亚的地方。山峰和象群都知道，那是一个真实的国家。但是，这个150平方英里[③]大小的公园就像一口井，滋养着方圆3000平方

① 1英里=1.609千米。

② 马语系（Maa languages）包含尼罗河流域东部多种语言（或方言），主要分布在肯尼亚和坦桑尼亚地区，使用人数在一百万左右。

③ 1平方英里=2.59平方千米。

英里的土地。安博塞利的大象的活动范围大约有公园面积的20倍那么大，以放牧牛羊为生的马赛人也是如此。这里有唯一一处全年不干涸的水源。外围的土地太干了，无法滋养它们；公园太小了，无法哺育它们。

辛提娅解释说："为了度过干旱，每个象群都会尝试不同的策略。有的试图留在湿地旁边，但是随着湿地干涸，它们的处境就变得很糟糕。有的象群向北走上很远，对于很多大象来说，那是它们生命中的第一次。这些象群的情况要好一些。在58个家族中，仅有1个没有失去任何成员。"有个家族甚至失去了7头成年母象和13头小象。"一般来说，如果一头大象倒下了，象群会聚在一起，试图把它扶起来。在干旱期间，它们没有足够的体力，看着同伴死去，看着同伴躺在地上痛苦挣扎……"

在安博塞利，1/4的大象死了，也就是总数1600头中的400头。几乎每一头还在吃奶的小象都死了。大约80%的斑马和角马，还有几乎所有马赛人的牛也都死了；连人都没能幸免。

所以，当雨水再次降临的时候，失去孩子的幸存母象几乎同时进入了发情期。这引发了一波婴儿潮，也是辛提娅在这里的44年中所观察到的最大的一次。在过去两年中，共有大约250头小象出生。对大象来说，出生在这时候的安博塞利再合适不过，植被繁茂，青草茂盛，而且没什么竞争。水滋养着大象，也让大象感到快乐。

在棕榈树浓密的树荫里，几头大象在一湾碧绿的泉水中欢快地嬉戏。这里就是一个小小的天堂。大象宝宝甩动着富有弹性的长鼻子，天真烂漫。

我感叹："看它多胖啊！"那头15个月大的小象看起来就像一个黄油做的球。4头成年大象和3头小象在同一个泥坑里打滚，用象鼻吸水喷到自己的背上，然后到平地上躺下来。我注意到一头小象象鼻周围的肌肉都放松了下来，眼睛半闭着，仿佛要融化在欢乐中。一头名叫阿尔弗的青年象躺下来休息，但3头小象围过来，踩到了它的耳朵。哎哟！欢乐的嬉戏渐渐停息，象群进入了小憩。小象侧身躺着睡着了，成年大象挤挤挨挨站着打盹，把小象护在身下。它们的家族在此时此地是安全的，感受一下，它们是多么平静。光是看着它们就足以感到宽慰。

很多人幻想，如果中了彩票的话，他们就辞掉工作，投身于休闲娱乐中，尽情享受天伦之乐，偶尔还会来点儿激情性爱，饿了就吃，困了就睡。如果中了彩票，一夜暴富，很多人会希望像大象那样生活。

大象看起来很快乐。但是，当我们觉得大象看起来很快乐的时候，它们是否真的感到了快乐？我内心的科学家想要证据。

辛提娅说："大象能体验到愉悦。那也许不同于人的愉悦，但那就是愉悦。"

在那些让我们感觉愉悦的情景中，大象也会表现出愉悦，比如和熟悉的"朋友"以及家人在一起，有充足的食物和饮用水的时候。所以，我们假设它们的感受和我们一样。但是，要警惕假设！几个世纪以来，人们对其他动物做出了五花八门的假设，比如相信动物会诅咒人类，或相信它们没有意识，甚至无法感觉到疼痛。科学家建议，要认真观察动物做什么，但揣测动物的精神体验没有意义，只是白浪费时间。

对动物精神体验的探索恰好就是这本书的主旨。接下来所面临的艰巨任务，就是只跟随证据、逻辑和科学，以及找到正确答案。

辛提娅的这些野生同事看起来很有智慧。它们年轻而活泼，强壮而威严，天真烂漫。它们配得上所有这些词汇。它们没有恶意，但在所有的动物当中，它们是拼死反抗人类迫害的一群。它们努力生存，努力保护孩子，就像我们一样。我想，我来到这里是因为我准备好了，我要学习，我要提问：它们和我们有哪些相似之处？它们怎样帮助我们认识自己？

但我没有意识到，我几乎把问题完全颠倒了。

辛提娅·莫斯已经把安博塞利的营地当成了家。营地安置在一块围绕着棕榈树的空地上，有一个做饭的小棚子，还有六七个大帐篷，每个帐篷里都有一张舒适的床和几件家具。不久前的一天早上，茶迟迟没有送来。辛提娅拉开帐篷的门帘，打算去看看茶怎么样了，却发现一头狮子正躺在棚子的台阶上打盹，厨师站在门后，一脸警惕。

今天，茶准时送来了。在餐桌前，我终于有机会向辛提娅提出我心目中那个大问题："你一辈子都在观察大象，这让你对人性有了什么样的理解？"我瞟了一眼录音机，确定指示灯还亮着，稍稍放心了些。40 年的观察，一定很棒。

然而，辛提娅·莫斯轻巧地避开了我的问题。她回答说："我将它们视为大象，我感兴趣的是它们作为大象本身。把大象和人进行对比，我觉得这没什么用。我认为将动物视为动物本身去理解要有趣得多。比如，像乌鸦那样的鸟类，它们的脑子那么小，它们是怎样做出那些惊人的决策的？把它和一个 3 岁的人类儿童进行对比——我对这没兴趣。"

辛提娅对这个问题有点反感，这实在出乎我的意料，一开始我甚至没反应过来。随后，我被震住了。

作为一名终身钻研动物行为学的学生，很久以前我就得出结论：很多社会性动物（当然得是鸟类和哺乳动物）本质上和我们是相似的。我来到这里，是为了观察大象有哪些方面"像我们一样"。我在写这本书，讲述其他动物有哪些方面“像我们一样”。但是，我刚刚得到了一个重要的纠正。我花了一点时间，实际上是好几天，才想明白这点。但这个想法一点点渗入了我的思想，润物无声。

辛提娅的话可谓微言大义，人并非万物的尺度。辛提娅已经达到了一个更高的境界。

辛提娅的话仿佛按下了重启键，不光在我的问题上，也在我的思想上。我曾经或多或少地假设，我的目标是让动物展示它们和我们有多么相似。现在，我的任务变得更加艰巨：我要努力探索动物是谁，与我们是否相似。

我们眼前的大象正用象鼻敏捷地拉扯着草和灌木，有节奏地把一簇簇、一卷卷的食物送进嘴里，巨大的臼齿有力地研磨着。这些足以扎穿轮胎的荆棘、棕榈果、一束束的草，全都被吞了下去。我曾触摸过一头被捕获的大象的舌头，非常柔软，我无法理解它们的舌头和胃是怎样处理那些荆棘的。

我所看到的，是“大象在进食”。但是这句话，就像所有的话语一样，不过是对现实的粗略概括。没错，我们在观察“大象”，但我羞愧地意识到我对它们的生活一无所知。

但辛提娅了解它们。她说：“当你观察一群动物的时候，比如狮子、斑马、大象，你看到的只有两个平面维度。但是，一旦你在个体层面上认识了它们，了解它们的性格，它们的母亲是谁，孩子又是谁，这就增添了新的维度。”在同一个家族中，可能一头大象体现出庄严而温和的王者风范，另一头却害羞得让人吃惊；一头是个小霸王，有时会粗鲁地争抢食物，另一头却比较拘谨，还有的热情奔放，喜欢玩乐。

辛提娅继续说道：“我花了大约20年，才意识到它们有多么复杂。

在跟踪艾柯一家的那段时间里——当时艾柯大约45岁——我看到，伊妮德对它极其忠诚，艾略特贪玩，尤朵拉性情乖僻，埃德温娜不受欢迎，等等。我渐渐意识到，我开始能预知接下来会发生什么。我能从艾柯身上获得线索。我开始理解它的领导行为，就像它的家族理解这种行为一样。”

我看着那些大象。

辛提娅补充道：“那使我意识到，它们对我们所做的事情其实是高度关注的。”

高度关注吗？它们看上去一副漫不经心的样子。

“大象看起来好像并不关注细节，除非有什么熟悉的东西改变了。”辛提娅解释说。有一次，与辛提娅共事的一名摄影师决定换个角度进行拍摄，于是趴到了车子下面。大象走近了，它们平时一般直接经过车子，这次却马上发现了异常，停下来盯着摄影师看。为什么会有个人在车子底下？一头名叫尼克先生的公象将游蛇般的鼻子伸到车底，嗅着，探寻着。它没有攻击意图，也没打算把这个人拖出来，它只是好奇而已。还有一次，车子上安装了供拍摄用的特制的门，大象纷纷围过来一探究竟，还用象鼻碰碰这扇新门。

象鼻，熟悉又陌生，陌生又熟悉。它极其敏感，又难以置信地强壮；它能拿起一个鸡蛋而不将其打破，也能一举把你杀死。象鼻的末端分成两个尖，像两根手指，又像一只戴着连指手套的手。大象使用象鼻的方式使它们看起来非常熟悉，就像一个独臂的人；一旦象鼻自如地活动起来，便再也不显得丑陋可怖。它那样奇异而不可思议，美丽非常，让人久久回不过神来。象鼻分成一节一节，就像它们有时靠着休憩的棕榈树的树干。它是大象的瑞士军刀，又像一段履带，外侧较圆，内侧扁平。这个了不起的鼻子，能探测危险、吸水、抛掷泥巴、除尘、检测空气、采集食物、问候朋友、营救幼崽。奥利娅·道格拉斯-汉密尔顿（Oria Doglas-Hamilton）写道："象鼻有两个通道，用于将水或尘土吸入和喷出。"记者凯特林·尼科（Caitrin Nicol）补充说，象鼻完成了"一个人依靠眼睛、鼻子、手和机械的配合才能完成的任务"。而东京大学的吉人新村（Yoshihito Niimura）表示："想象一下手掌上长了一个鼻子是什么感觉。每一次你摸到什么东西，你都会嗅嗅它。"

大象用这奇妙的鼻子有力地卷起了一束束的草。如果土地过于坚硬，它们就轻轻踢一下地面，把土块弄碎。食物被拔出地面，举起来了。有时它们还会把沾在根部的泥土抖落下来。进餐过程很慢，很放松。它们常常轻轻一甩鼻子，借着惯性把下一口食物送进三角形的下颌中。它们还不时停顿一下，显得若有所思。也许它们只是停下来听一听，看看孩子是否安好，家族是否安全，周围是否潜伏着危险。

我很想知道，我所感觉到的东西和离我最近的那头大象所感觉到的东西之间有多少重合。我们有相似的输入渠道，都具备视觉、嗅觉、听觉、触觉和味觉，这些感觉给我们带来的信息必定有很大的重合。我们和大象都能看到同样的鬣狗，听到同样的狮子的声音。但是，我们和其他大多数灵长类动物一样，非常依赖视觉；而大象和大多数其他哺乳动物一样，具备敏锐的嗅觉。它们的听觉也很灵敏。

我能肯定，这里的大象所能感觉到的东西比我要丰富许多。这里是它们的家，这里有它们的历史。我无法告诉你它们在想什么。我也不知道辛提娅在想什么，她只是安静而专注地观察着。

同样的基本脑

4 头圆滚滚的小象正跟在壮硕的母亲身后，穿过一片散发着甜蜜气息的草原。成年大象大步前进着，仿佛在赴一场约会。它们正赶往一片宽阔潮湿的沼泽，那里聚集了 100 多个同伴。象群在灌木密布的山间睡觉，每天在山坡和沼泽之间来回穿梭。对大多数象群来说，一次往返的距离大约是 10 英里。从这里到那里，日升日落之间，可能会发生很多事情。

我们的工作就是在早晨四处巡视，迎接象群的到来，看看谁都在哪里。想法很简单，然而这里有十几个家庭，几百头大象。

“真的，你得认识每一头大象！”卡提托·塞耶拉尔（Katito Sayialel）大声说。她说话抑扬顿挫，明亮而轻快，如同这个非洲的清晨。卡提托是当地马赛人，高个子，人很能干，她跟着辛提娅·莫斯研究大象的自然生活已经有 20 多年了。

“每一头”，到底有多少头？

“我能认出所有的成年母象，所以，”卡提托想了想，“可能有 900 头到 1000 头。就算 900 头吧。”

仅仅凭借外观，就能认出几百头不同的大象？这究竟是怎么做到的？对于一些大象，她是根据记号来识别的，比如耳朵上一个洞的位置。但是，很多大象她一眼就能认出来。它们对她来说就像朋友一样熟悉。

当大象全混在一起的时候，你可不能说：“等一下，那是谁来着？”大象自己就能认出几百头同类。它们生活在由家族和朋友构成的巨大的社交网络中。所以大象以记忆力强而闻名。它们肯定认得卡提托。

卡提托回忆道：“当我第一次来到这里的时候，它们听到我的声音，就知道我是新来的。它们都围过来闻我。现在它们认识我了。”

维姬•费什洛克（Vicki Fishlock）也在这里。这是位蓝眼睛的英国人，30 岁出头，最初在刚果共和国研究大猩猩和大象，取得博士学位后就过来和辛提娅一同工作。她来这里有一两年了，只要能留下，她就不打算去其他任何地方。一般是卡提托清点象群，并和它们一道前进，维姬留下来观察行为。今天，她们好心地迁就了我，我们要来一段远足。

就在高高的“象草”旁边，5 头成年大象和它们的 4 头小象正在挑选一种更低矮、更稀疏的草。这种草找起来更费劲，味道一定更好。它们可没有读过关于草的营养成分的论文。在某种意义上，吃到营养更丰富的草产生了愉悦感，潜意识用这种愉悦感奖励它们，告诉它们要做什么。这种方式对我们同样适用，所以含糖和油脂的食物才如此诱人。

吃草的象群身后跟着一队鹭，头上盘旋着一群燕子，如同旋转的星系。这些鸟儿依靠大象把草丛中的昆虫轰出来。大象如同灰色的巨轮，穿行在草的海洋；光影在它们宽阔的脊背上流动，仿佛海面映出的波光。撕扯声，咀嚼声，耳朵扇动声，粪便落地的扑通声，苍蝇的嗡嗡声，尾巴甩动的沙沙声，手鼓般的脚步声。还有最重要的，那种巨兽特有的平和。它们无言地述说着人类尚未出现之时的景象。它们过着自己的日子，全然无视我们的存在。

维姬纠正道：“它们并没有无视我们。它们希望我们保持礼貌，而我们做到了。所以它们才不会留意我们。”

她补充说:"它们并不是一直都这样对我。我刚到这里的时候，它们习惯了有汽车开过，拍几张照片，然后继续往前开。而我只是长时间坐在那里看着它们,它们可不太高兴。它们希望你按照某种特定的方式行动。如果你不这么做，它们就会让你知道它们注意到了。但它们并不会对你造成威胁，可能只是对你摇摇头，使个眼色，仿佛在问，'你怎么回事？'"

我们开着车，和它们一道翻过山丘，穿过灌木丛。一头名叫特克拉的大象原本走在我们右前方几码开外的地方，它忽然转过头来吼叫着，主要针对我们。在我们左边，一头小象转了个身，尖叫着。

"对不起，对不起，"卡提托对特克拉说。她刹住车子，熄了火。我以为我们刚才把这位母亲和它的孩子隔开了，但特克拉并不是那头小象的母亲。另一头母象跑过来，从我们正前方穿过，一对乳房充满了乳汁。这才是小象的母亲。简单来说，特克拉当时正告诉它:"这些人把你和孩子隔开了，快来管管啊！"

卡提托指出:"大象就像人类一样，非常聪明。我喜欢它们的性格。没错，我喜欢它们的行为，以及它们维系家庭、保护家庭成员的方式。"

像人类一样吗？在一些基本方面上，我们似乎——我们确实——很相似。但我看到辛提娅朝我摇晃着一根手指，提醒我大象不是我们，它们就是它们。

母子重聚，象群又恢复了秩序。我们缓缓前进着。一个个体知道另一个个体和第三方之间的关系，比如特克拉知道小象的母亲是谁，这种能力叫作"理解第三方关系"。灵长类动物也能理解第三方关系，具备这种能力的还有狼、鬣狗、海豚、鸦科鸟类和某些鹦鹉。鹦鹉可能对饲养者的配偶表现出嫉妒。营地周围常见的绿猴，一旦听见幼猴焦虑的叫声，就会马上望向幼崽的母亲。它们很清楚自己是谁，其他成员是谁，也了解谁和谁关系亲近。还有自由生活的海豚，当母亲想阻止幼崽和人类接触的时候，它们有时会直接用尾巴拍一下幼崽所关注的人类，传递出这样的信号："别玩了，我要孩子注意我。"当小海豚懒洋洋地和丹妮斯·赫辛（Denise Herzing）的研究生助理们玩耍时，海豚妈妈们便时不时对赫辛发出一些信号——那算什么，责备？这表明海豚知道赫辛博士是水里这群人的领导者。这些自由生活的动物竟然能够察觉人类的等级秩序，真是令人惊讶。

"我觉得最不可思议的是，"维姬总结道，"我们能互相理解。我们能察觉大象之间看不见的边界。我们能感觉到什么时候该说，'我不想催它'。还有像'激动''快乐'，或者'伤心''紧张'这样的词汇，它们真的能够描述大象有什么样的体验。我们分享了同样的体验，因为，"她眨了眨眼睛，"我们都有着同样的基本脑。"

· · ·

我看着那群大象。它们在我们面前非常放松，在离车子只有两步远的地方走来走去。维姬说："和这些不介意你待在旁边的大象一起前进，这是一个很大的特权。它们都要去坦桑尼亚，那里到处是偷猎者，而这里——"维姬用温柔的声音和大象说话，说着"你好，亲爱的"和"真是个好姑娘"之类的。她回忆，当著名的艾柯死去之后，它的家族在艾柯的女儿伊妮德的带领下远行了 3 个月。"它们回来的时候，我对它们说着'你好呀，我好想你"什么的，忽然，伊妮德猛地抬起头，发出了巨大的吼叫声，耳朵也扇动起来。其他的大象都围过来，离得很近，我都能摸到它们。因为情绪激动，它们的颞腺[①]全都流出了液体。那就是信任。我感觉，"维姬深情地说，"就好像被大象拥抱了一样。"

① 颞（niè）腺，大象的眼睛和耳朵之间的腺体，其分泌的液体称为颞液。

有一次，我和另一位科学家在非洲的另一个保护区观察大象。几头成年大象把小象安置在棕榈树的阴影里，用耳朵扇动着炎热的空气。那位科学家认为，我们眼前的大象“可能只是在温度梯度上来回走动，但什么也没感觉到”。他宣称：“我完全没法知道，大象是不是比这丛灌木具备更多的意识。”

没法知道吗？哪怕是新手也能看出，灌木丛的行为和大象大不相同。灌木丛没有表现出任何具备精神体验的迹象，也无法流露出任何感情，更不会做决策或者保护后代。而另一方面，人类和大象具备几乎相同的神经和内分泌系统、感官和喂养孩子的乳汁，我们都能对当下作出恰当的恐惧或攻击反应。坚称大象也许不比一丛灌木具备更多的意识，以此来解释大象的行为，还不如承认大象能够察觉周围的情况。我的同事自认为是个客观的科学家。恰好相反，他在强迫自己忽略证据。这不科学，一点也不科学，科学应当尊重证据。

• • •

这里的争议在于：此时此地我们和谁在一起？这个世界上都存在着什么样的心智？

这是个危险的领域。我们不会假设其他动物有或者没有意识，我们要分析证据，让它带领我们前进。作出错误的假设，并且一连几个世纪都抱着这些假设，这实在是太容易了。

公元前5世纪，古希腊哲学家普罗泰戈拉[1]宣称：“人是万物的尺度。”换句话说，我们感觉自己有资格向世界发问：“你有什么了不起？”我们

① 普罗泰戈拉（Protagoras，生卒年份不详），公元前5世纪希腊哲学家。

假设自己就是世界的标准，任何事物都应该拿来和我们作比较。这种假设让我们忽略了很多东西。那些据称为“使人之所以成为人”的能力，比如共情、交流、哀恸、制造工具等，其实都不同程度地存在于世间其他的心智中。一切有脊椎的动物（鱼类、两栖动物、爬行动物、鸟类和哺乳动物）都有相同的基本骨骼、器官、神经系统、激素和行为。就像不同型号的汽车都有一台发动机、驱动系统、四个轮子、车门和座位一样，我们的差异主要在于外在的体貌特征和一些内部细节。但是，大部分人就如同天真的顾客，只看到了动物外表的种种不同。

我们常说“人和动物”，仿佛生命只能被分成两类：我们和它们。没错，我们训练大象把木材拖出森林；我们让老鼠在实验室里走迷宫，以研究学习行为；我们让鸽子按动按钮，告诉我们心理学基础知识；我们通过研究果蝇来了解自己的 DNA 如何工作，还让猴子染上传染病，来寻找治愈人类传染病的方法；在家里和城市中，狗已经成了一些人的保护者和向导，这些四条腿的朋友已经成了盲人的眼睛。然而在这所有的亲密接触中，我们仍然保留着某种不安全感，坚持认为“动物”不像我们——尽管我们自己就是动物。还有哪种关系能遭到如此根本性的误解？

为了理解大象，我们必须深入探讨意识、知觉、智力和情感等问题。而当我们这样做的时候，我们失望地意识到，这些概念并没有标准的定义。同样的词语有着不同的意味。哲学家、心理学家、生态学家和神经科学家不过都是些盲人，正围着同一头大象，抚摸和描述它身上的不同部位。但是，还有一线希望：他们没有达成一致，这让我们得以打破学术界的桎梏，去呼吸新鲜空气，获得更开阔的视野，并用自己的大脑独立思考。

那么，我们就从定义意识开始吧。我们的标准是：**意识就是感觉事物的能力**。这个简单的定义由位于西雅图的艾伦脑科学研究所（Allen

Institute for Brain Science）的克里斯托弗·科赫（Christof Koch）提出。割伤你的腿，这是物理的；如果伤口疼了起来，那么你就是有意识的。你身上知道伤口疼痛的、负责感知和思考的部分，就是你的**心智**。相应地，能够感知感觉的能力就叫**知觉**。人、大象、甲虫、蛤蜊、水母和树木的知觉能力依次递减，人的知觉最为复杂，而植物看起来似乎没有任何知觉。**认知**指的是理解和获取知识的能力。**思维**是思考感知到的事物的过程。就像生物的一切性质一样，思维能力也在一个广泛的范围内依次递减；思考的形式可能是一头美洲豹分析如何从正后方接近一头机警的野猪，可能是弓箭手瞄准目标，也可能是一个人斟酌求婚的措辞。对有意识的心智而言，知觉、认知和思考是三个互相重叠的过程。

意识有些被高估了。心跳、呼吸、消化、新陈代谢、免疫反应、伤口的愈合、生物钟、性周期、怀孕和成长，这一切都不需要意识的介入。在普通的麻醉状态下，我们活得好好的，但是没有意识；而在睡眠中，我们的无意识脑正在努力工作，忙着打扫、整理，让你恢复精力。你的身体由一个出色的团队维持运转，它在“公司”获得意识之前就开始工作了。可惜你没法亲自会见这个团队。

我们也许可以将意识想象成计算机屏幕，我们能看见它，并与之互动，但我们无法探测使它运行的代码，我们对此一无所知。大脑的大部分活动都隐藏在黑暗中。科学作家、前《滚石》杂志编辑蒂姆·费里斯（Tim Ferris）写道：“对于大脑中所发生的大多数事情，心智既不控制它，也不理解它。”

到底为什么要有意识呢？树木和水母都活得很好，但它们可能没有感觉。似乎只有当我们必须进行判断、制定计划或作出决策的时候，意识才是必要的。

意识，不管大象、人类还是其他什么的意识，它是怎样从一锅粥似的物理的细胞，以及它们错综复杂的电信号、化学信号中产生的呢？

大脑怎样创造出心智？没有人知道神经细胞（又叫神经元）是如何产生意识的。我们所知道的是，脑损伤会影响意识。所以，意识确实产生于大脑中。正如诺贝尔奖得主、脑科学家埃里克·R. 坎德尔（Eric R. Kandel）在 2013 年所写的那样，“我们的心智是大脑进行的一套操作”。意识似乎是神经网络工作的结果，并依赖于神经网络。

意识究竟需要多少神经元的协同工作呢？没有人知道最原始的意识潜伏在哪儿。水母很可能没有意识，蠕虫大概也一样。蜜蜂有大约 100 万个脑细胞，能够识别花朵的形状、气味和颜色及其所在位置；它们的“8 字舞”能向蜂巢里的其他蜜蜂传达它们找到的蜜源的信息，包括方位、距离和储量。著名的神经生物学家奥利弗·萨克斯（Oliver Sacks）说，蜜蜂“体现了高度的专业”。如果蜜蜂在同一个蜜源附近遇到过麻烦，比如附近的灌木丛里潜伏着蜘蛛之类的捕食者，它们就会打断同伴的舞蹈。研究人员说，对蜜蜂进行模拟袭击，结果显示它们具备“和人类同样的负面情绪标记”。更有趣的是，蜜蜂的大脑中也具备同样的“寻求刺激”激素，在人类的大脑中，这些激素能让人持续寻求新鲜感。如果这些激素确实能给蜜蜂带来一些愉悦或动机，这就说明蜜蜂是有意识的。某些高度社会化的胡蜂能通过面部特征识别其他个体，而这曾经被认为是少数“精英动物”才具备的能力。萨克斯说：“昆虫也能以非常丰富和意想不到的方式进行记忆、学习、思考和交流，这一点越来越明确。”

人的思考过程发生在大而布满皱褶的大脑皮层中，而大象、昆虫或者其他动物没有大脑皮层，它们真的有意识吗？其实是可以有的，甚至没有大脑皮层的人类也可以有意识。有个名叫罗杰的 30 岁男子，在一次脑部感染后失去了 95% 的大脑皮层。罗杰无法记住患病之前的 10 年中发生的事情，没有味觉和嗅觉，并且在形成新的记忆方面极其困难。但是，他知道自己是谁，能在镜子里和照片里认出自己，并且与人相处的大部分时候都很正常，他会幽默，也会感到尴尬。这一切都依赖于他那个不像人类大脑的大脑。

人们普遍认为只有人类才具有意识，这种观念是落后的。在文明的进程中，人类的感官已经明显钝化了。许多动物都比人类警觉得多，只要看看这些大象对待变化的反应就能发现这点。它们的感觉器官极其敏锐，可以察觉哪怕最微小的危险或机遇。2012 年，起草《剑桥意识宣言》（*Cambridge Declaration on Consciousness*）的科学家们总结说，“所有的哺乳动物和鸟类，以及其他许多生物，包括章鱼”，都具备能够形成意识的神经系统。（章鱼能使用工具和解决问题，熟练程度和大多数猿类不相上下——何况它们还是软体动物。）科学正在证实这一明显的事实：其他动物也能用耳朵听，用眼睛看，用鼻子闻；当有理由感到恐惧的时候，它们也会恐惧；当它们看起来很高兴的时候，它们也确实感到高兴。

就像克里斯托弗·科赫所写的：“不管意识是什么……狗、鸟类和其他许许多多的物种都具备意识……它们也在体验着生命。”

我的狗裘德在地毯上睡觉，梦见自己在奔跑，腕关节颤动着，发出一声长长的、怪异的、含糊不清的嚎叫。我的另一条狗舒拉吓了一跳，朝裘德跑过去。裘德惊醒了，跳起来，大声吠叫着，那样子就好像一个人刚刚从噩梦中尖叫着醒来，梦中的场景仍然历历在目，需要过一会儿才能回过神来。

我们在大象和人类之间小心划下的每一条界线，大自然都已经用深层的联系把它涂抹得模糊不清。不过，那些没有神经系统的生物呢？这就是一条分界线，不是吗？

植物没有明显的神经系统，却也能产生同样的化学物质，例如血清素、多巴胺和谷氨酸，这些是动物（包括人类）的神经递质，作用于情绪的产生。而且，植物也有信号系统，工作原理和动物基本相同，只是要慢一些。迈克尔・波伦（Michael Pollan）观察到，用比喻的方式来说，就是“植物用一套我们无法直接观察或理解的化学词汇说话”。这显然不是说植物一定也有感觉，但它们确实能做一些有意思的事情。我们通过嗅觉和味觉来感知化学物质，而植物能感知来自空气、土壤和自身的化学物质，并作出响应；植物的叶子能跟随阳光转向；正在生长的根部如果接近了障碍物或有毒物质，就会在发生接触之前改变方向。据研究报告，植物还能对毛毛虫咀嚼的录音产生反应，分泌出攻击性的化学物质。受到昆虫或食草动物攻击的植物能分泌出“痛苦”化学物质，促使邻近的叶子和附近的植物加强化学防御，并将捕杀昆虫的胡蜂引来，以阻止这场袭击。而花朵则是植物对蜜蜂和其他传粉者释放的信号，通知它们花蜜准备好了。

但是，对人的眼睛来说，除了食虫植物和叶子较敏感的植物之外，大多数植物的反应都太慢了。波伦曾经写道，他凝视着一片草地，感觉“很难想象那看不见的化学的交谈，包括四处响起的悲伤的呼号，也很难想象那些一动不动的植物会产生任何形式的‘行为’”。然而，查尔斯・达尔文（Charles Darwin）在他的《植物的运动能力》（*The Power of Movement in Plants*）一书中总结指出：“不算夸张地说，植物的根部尖端……其行为就像某种低等动物的大脑一样……接收来自感觉器官的信息，并指导着多种运动。”尽管如此，我们正进入一大片地雷阵，处处潜伏着误解。就像辛提娅・莫斯对待大象的态度一样，植物学家蒂姆・普罗曼（Tim Plowman）也没兴趣将植物与人类进行比较。他将它们作为植物来欣赏。

他说:“它们能吃掉光线，这还不够吗？”

我之所以要深入这个错综复杂的问题，主要是为了说明一点：相比植物的奇异特性，还有植物与动物之间的巨大差异，一头正在哺育幼崽的大象和我们是如此相似，简直称得上我们的姐妹。

人类的专利？

在洒满阳光的林间草地上，大象宝宝正在练习如何使用象鼻，随后开始寻找让它们安心的乳头。

“看，这两个家庭相处得多好，”维姬说，“艾琳打算往水边走，艾洛伊斯同意了，随后它就等着整个象群跟上来。显然，它们已经决定要共同度过这一天。”

是什么催生了大象之间的友谊？维姬说，一些小象喜欢同样的游戏，总是一起玩耍；而一些年龄更大的个体之间比较“合得来”，能在“什么时候吃东西、什么时候睡觉、想去哪里、喜欢什么样的食物”这些问题上达成一致。

合得来。真有趣，这对人类来说已经够难的了。

对于“大象有没有意识”这一问题，最好的答案就是：所有的证据都表明大象具备充分的意识。那么，现在我们感兴趣的问题是：其他动物的意识是什么样的。对大多数宠物爱好者来说，动物似乎理所当然是具有意识的，但我几乎能听到有人在说：“还差得远呢！”许多研究人员和科学作家坚称，我们还是无法了解动物的精神体验。我理解他们为什么会这样想，但我认为他们弄错了。现在我们所知道的要比过去更多。

动物行为学是一门年轻的科学。直到20世纪20年代，小鸡的啄序

（pecking order）这一简单事实才被正式发现。也是在20年代，玛格丽特·摩尔斯·奈斯（Margaret Morse Nice）最先发现，鸣禽会保护领地，并且这是它们鸣叫的最主要目的之一。为了让动物行为学成为一门科学，康拉德·洛伦兹（Konrad Lorenz）、尼科·廷贝亨（Nico Tinbergen）[①]、卡尔·冯·弗里希（Karl von Frisch）这些20世纪中叶的动物行为学先驱们不得不努力对抗几个世纪以来的民间传说、迷信（比如猫头鹰预示着死亡、狼是魔鬼的同伙等），还有借动物讽喻人类的寓言故事（比如蚱蜢性情懒惰、乌龟有毅力、狐狸狡猾等）。

这些科学新秀都是出色的观察者。他们成功消除了强加在许多动物身上的隐喻，仿佛洗去了一层陈年污渍。他们采用的方法就是如实描述所看到的。他们必须证明观察动物可以是一项客观的工作，而且他们做到了。由于对蜜蜂舞蹈语言、鱼类求偶行为以及小鹅对所见到的第一个移动物体形成的“印记”（imprint）的研究，冯·弗里希、廷贝亨和洛伦兹共同分享了一个诺贝尔奖。这三位好奇的博物学家一定倍感欣慰。

但是，对于像“大象哺育幼崽的时候是什么感觉”这样的问题，没有一个科学的方法能够回答。我们对此一筹莫展。在当时，从来没有人目睹过野生动物自由自在的生活状态，而脑科学还在襁褓之中。所以，我们只能根据自己的感受来猜测它们的感受，这就陷入了死循环。新一批科学家坚持要进行观察。我们需要避免假设，它不过是随意的猜测。我们可以观察大象在做什么，但没有办法知道它感觉到什么。所以，先观察一下大象花多少分钟来哺育后代吧。连著名的大象通信行为专家乔伊斯·普尔（Joyce Poole）都辩称：“我受到的训练要求我这样观察非人类动物，将它们的行为视为必须不涉及有意识思维的活动。”

① 全名尼古拉斯·廷贝亨（Nicolas Tinbergen），尼科是他的昵称。

我自己在开始接受正式训练的时候，也收到了这条经典的指令：不要将任何人类的精神体验施加到其他动物身上，无论思维还是感情（这么做被称为拟人化，anthropomorphism）。我很赞同这点。我们不该假设动物（或是伴侣、配偶、子女、父母）的想法和感受“肯定”和我们在它们的立场上的想法和感受一样。它们不是我们。

但是，关于动物的思维和情绪的问题并非在等待更好的数据，这个话题完全变成了一块禁区。观察方法已经固化，就像给思维穿上了一套约束服。专业的动物行为学家能够描述他们看到了什么、发生的频率如何。描述，只有描述，成了关于动物行为“真正的”科学。探索这些行为可能受到了什么样的感受或想法的驱动，这绝对是禁忌，必须掐断。你可以描述说“大象置身于小象和鬣狗中间”，但如果你说“‘母亲’站到鬣狗跟前，以保护孩子”，这就越界了，这是拟人，我们无法了解“母亲”的动机。这简直令人窒息。

在建立行为研究这门科学的过程中，把“拟人”这个词列为危险信号一开始是有用的。但是，平庸的科学家追随诺贝尔奖得主们的脚步，东施效颦，把“拟人”变成了一个靶子。一旦你提出这个词，马上就会招来攻击。你的研究将无法发表。在“不出版就出局”的学术界，你的工作恐怕也要保不住。

对于其他动物的动机、感情和意识，即使是有理有据、合乎逻辑的推论都会毁掉你的职业生涯，哪怕仅仅提出问题也不行。20 世纪 70 年代，一本题为《动物知觉问题》（*The Question of Animal Awareness*）的书引起了轩然大波，许多行为学家对其作者唐纳德 • 格里芬（Donald Griffin）进行激烈抨击，几乎将他逼到绝境。格里芬可不是新秀，他曾解开了蝙蝠如何利用声呐进行导航的问题，享誉学术界几十年。可以说，他实际上有几分天才。但是，对很多墨守成规的同行来说，哪怕仅仅提出这个问题都已经太过了。假设其他动物能有所感觉，这不仅会终结一段对话，更能扼杀你的职业生涯。1992 年，顶级学术期刊《科学》(*Science*) 的一位作者警告读者，在研究动物感觉方面，“我不会推荐任何没拿到终身教职的人开展这方面的项目”。这绝非危言耸听。

行为学家禁止了拟人化，却走向了对立的错误。认为只有人类有意识、有感觉，这种观念过于“以人为本”，他们却将它变成了一种制度。(觉得一切事物都围着我们转，这叫人类中心主义。) 诚然，把感觉投射到其他动物身上，这会导致我们误解它们的动机；但是，如果否认它们有任何动机，那么我们就一定会误解它们。

不预设其他动物具有思维和感觉，这对于一门新的科学来说是个好的开始；但如果坚持认为它们没有思维和感觉，这就不是好的科学。而且，许多行为学家 (同时也是生物学家) 选择忽视生物学的核心过程：每一个新事物都来自旧事物的轻微改变。人类所做的一切、所拥有的一切都来自别处。在动手组装人类之前，演化需要在仓库里准备好人的大多数组成部分，这些部分都是从更早的模型发展而来的，我们继承了它们。

比如，看看带关节的腿的演化旅程吧：从节肢动物的附肢，到四足动物，再到两足行走的人类。青蛙后肢上半部分的骨骼是一根股骨，和小鸡甚至儿童的股骨别无二致。因此，我们可以画出一个从两栖动物到飞禽，再到铁人三项运动员的演变过程。不管是什么物种，如果它在睡觉，那么它就是在睡觉；如果它在打喷嚏，那么它就是在打喷嚏。物种之间有所不同，但通常差异不是很大。只有人类具备人的心智，但这不意味着只有人类具有心智，这就好比说，因为只有人类拥有人的骨骼，那么只有人类拥有骨骼。当然，我们能看见大象的骨骼；我们看不见它们的心智，但我们能看见它们的神经系统，可以通过行为的逻辑和限制范围来观察心智的运作。从骨骼到大脑，原理是一样的。如果我们要作出什么假设，那就是：心智可能也是以梯度的形式存在的。

但实际上发生的事情并非如此。专业的动物行为学家设置了一个严格的界限，把整个动物王国的神经系统和其中一个物种——人类隔离开来。否认其他动物可能具有思维或者感情，这只能得出一个大多数人都乐意听到的结论：我们是独特的。我们与众不同。很好，再好不过。（那还谈什么投射！）

几十年来，胆敢踏足边界的科学家们不断遭到同僚的冷嘲热讽。少数几位没受过动物行为学训练的革命者就有这样的经历，珍•古道尔（Jane Goodall）可能是第一个这样的先驱人物。古道尔回忆，在完成关于黑猩猩的早期研究之后，她被录取为剑桥大学的博士生，随后，“我震惊地发现，我先前做事的方式全是错的，全错了。我不该给它们起名字，不能谈论它们的个性、心智或感情。那些是我们所特有的”。

时至今日，“拟人”恐惧症仍然广泛存在于行为学家和科学作家中，他们跟在古板的导师后面，亦步亦趋，畏首畏尾。他们互相告诫，也告诫学生们：我们不能把任何人类所具有的情感强加到其他动物身上。学生们也鹦鹉学舌，模仿着他们的刻板，自我感觉很专业。

但是，究竟什么是“人类的”情感？如果有人说你不能把人的感受加到动物身上，那么他们实际上忘记了，人的感官就是动物的感官。这些感官来自继承，使用了继承的神经系统。

假设其他动物不能拥有任何人类所体会到的感情，这是一种卑鄙的手段，企图垄断全世界的感觉和动机。曾经系统地观察或研究动物的人都会意识到这有多荒谬，但其他很多人仍未意识到这点。在我写这本书的时候，科普作家凯特琳•尼科指出："如何准确理解动物的天性和感情（如果这么说合适的话），同时避免将基于人类对世界的本能认识所作出的假设强加在动物身上，这个两难问题仍然存在。"

但是，告诉我，什么样的"人类对世界的本能认识"会损害我们对其他动物的情感的理解？是我们对愉悦、疼痛、性欲、饥饿、挫折感、自卫本能、防御、亲代保护的感受吗？我们的感受不会阻止我们理解动物的感受，反而会帮助我们。好吧，那么它真的不会把我们带回错误的假设吗？并不会，只要我们动用所知道的一切就能避免。比如说浪漫关系。大象是母系社会，公象四处游荡，它们之间没有一雄一雌的配偶关系，雄性从来不会照顾后代，所以大象显然没有浪漫之爱。正因为如此，大象研究者不会犯这样的错误，可见证据和逻辑都是可靠的向导。实际上，有一个术语可以用于证据和逻辑的组合，那就是"科学"。

我们似乎从未怀疑表现出饥饿的动物是不是真的感到饥饿。那么，为什么不相信看起来快乐的大象就是快乐的呢？当动物进食、喝水的时候，我们识别出了饥饿和干渴；当它们显得厌倦，我们看出了疲劳；但是，当它们和孩子们以及家庭成员一同玩耍的时候，我们却否认它们感到愉悦和快乐。动物行为的科学长久以来都带着偏见，这不科学。在科学中，对证据最简单的解释往往是最好的。当大象处在愉悦的环境中，看起来很愉悦，那么愉悦就是对证据最简单的解释。它们的大脑和我们的大脑相似，它们产生的激素和参与人类情感的激素相同——这些也是证据。所以，我们不要臆测，但也不能忽视证据。

有人坚持认为，当一条狗在挠门的时候，我们无法知道狗到底是不是"想要"出去。（当然，这时候你的狗想的是："嘿——放我出去，我才不想把尿撒在房间里。"）显然，那条狗就想出去。如果你坚持忽视证据，就准备好拖把吧。

在漫长的时间里，大象之间建立了深层的社会关系。亲代抚育、满足、友谊、同情和悲痛并非随着现代人的出现而凭空产生，它们的演化之旅都始于比人类更早出现的生物。在漫长的生命史上，我们的大脑的起源与其他物种的大脑密不可分，我们的心智也是如此。

古老的深层回路

我们该如何了解大象或小鼠对世界的感知？大象和小鼠也许没法告诉我们它们在想什么，但它们的大脑可以。脑部扫描显示，悲伤、快乐、愤怒和恐惧这样的核心情绪以及饥饿和口渴这样的动机，都来自于“深层而且非常古老的大脑回路”，著名神经科学家雅克·潘克赛普（Jaak Panksepp）这样认为。

现在，研究人员已经能在实验室里对动物的脑部系统直接施加电刺激，来激发许多情绪反应。比如，愤怒产生于猫和人的大脑中相同的部位。

关于我们共享体验的进一步证据就是，能激发欣快感并使人成瘾的药物也会让大鼠成瘾。有强迫行为的狗表现出和强迫症患者相同的大脑异常，并能对同样的药物作出响应，这指向的是同一种病。在压力之下，其他动物的血液也会携带压力状态下的人类所携带的激素。小龙虾在受到轻微电击后，躲藏的时间增加，并出现 5- 羟色胺水平升高——这是临床焦虑的证据。研究人员对它使用氯氮䓬（chlordiazepoxide，又名利眠宁）之后，它便恢复了正常的活动和探索行为，而这种药物常用于治疗感到焦虑的人。这些研究人员写道：“实验结果证明，小龙虾可表现出某种形式的焦虑，与脊椎动物的焦虑相似。”

我曾对螃蟹和龙虾做出比轻微电击更糟糕的事情，对此我感到十分不安。还是来点儿意大利面吧。显然，许多物种的焦虑来自于相同的、古老的化学机制，这套机制在演化过程中大体上没有发生改变。这很合理：在危机四伏的情况下，害怕冒险对所有的动物来说都有着明显的生存价值。

复杂的动物继承了非常古老的情绪系统。例如，指导我们的身体产生调控情绪的脑部激素（催产素和加压素）的基因，至少可以追溯到7亿年前。研究人员写道，它们“很可能是在动物有了行动能力，并开始根据经验作决策时出现的”。

“如果一条蠕虫忽然受到光照，”达尔文写道，那么它就会“横冲直撞，就像一只兔子奔进洞穴一样”，但如果你持续恐吓它，蠕虫就会停止撤退。这样明显的学习行为使达尔文认为它“具备某种形式的心智”。看着虫子探测一个物体是不是适合挖坑筑巢，达尔文还提出了一个想法，即蠕虫“应该被认为是聪明的，因为它的表现几乎和一个人在相似环境中的行为一样”。

匪夷所思对吧？来看看这个：“虫子和人类有着同样的神经机制。”这句话出自S. W. 埃蒙斯（S. W. Emmons）于2012年发表的一篇文章，标题很有意思，叫《线虫的情绪》（*The Mood of a Worm*）。他指的是体长仅有1毫米的秀丽隐杆线虫（*C. elegans*）。实际上，这种线虫的一段基因序列和控制人类神经系统的基因序列几乎完全相同，使其拥有了“人类大脑中具备的神经连接模式”。秀丽隐杆线虫只有302个神经细胞。（而人类大约有1000亿个。）然而，秀丽隐杆线虫能够产生一种有激励效果的化学物质，与催产素相似，叫作线虫素（nematocin），它也具有类似的作用，能让线虫产生性需求。缺乏这种激素的雄性突变体寻找配偶的时间减少，并需要更长的时间来识别配偶，开始交配的行动更慢，“而且表现更差”。可怜的线虫！埃蒙斯是阿尔伯特 · 爱因斯坦医学院的教授，他给我们留下了这样的思考：“今天的主干道和高速公路也许都曾是古老的小径，同样，生物系统也许保留了一些来自于它们本源的基本特征。”他还警告：“将小型无脊椎动物视为原始的生物，这是一个错误。”

催产素能促进联系，使得大象和其他许多物种表现出社会行为或性行为。如果阻断这种激素，许多哺乳动物和鸟类会对社交、求偶、筑巢和接触失去兴趣。在包括人类在内的许多物种身上，催产素和阿片类激素能产生愉悦感和社交抚慰。让人类父亲吸入一点催产素，他们就会更喜欢和孩子玩耍，增加与孩子的目光接触，并对其产生更大的兴趣。这就是联系的化学机制。

如果我们做出自己明知道不对的事情，这通常是因为大脑中一些更古老的部分受到大量激素的驱使，关闭了理智的超控电门。比如，激素能打开牢笼，释放出深层的性感受，导致行为失控，而我们无力抵抗；它将理智塞住嘴巴捆起来，任凭情感在脑子里横冲直撞。性通常具有风险且代价高昂，要不是大脑用化学煽动我们赶紧来一发，我们可能永远也不会繁衍。听起来很动物性，不是吗？它给人的感觉也是如此，因为它就是这样。这如此美妙，又如此令人恐惧。

1883 年，乔治•约翰•罗马尼斯（George John Romanes）意识到，“通过观察水母、牡蛎、昆虫、鸟和人类的神经组织，我们很容易发现它的结构单位多多少少都是相似的”。西格蒙德 · 弗洛伊德（Sigmund Freud）观察到，小龙虾的神经细胞和人的神经细胞基本相同。他意识到，神经细胞就是动物神经系统中的信号单位。奥利弗 · 萨克斯解释说：“从最原始的动物到最高级的动物，它们的神经元本质上是一样的，只是在数量和组织方式上有所不同。”

所以，当维姬说出“我们都有着相同的基本脑”，她实际上引出了一大堆棘手的问题。

不确定、焦虑、担忧、疼痛、恐惧、恐怖、蔑视、防御、保护、愤怒、鄙夷、狂怒、敌意、不信任、失望、保障感、耐心、毅力、兴趣、喜爱、惊喜、幸福、愉快、愉悦、精力充沛、悲伤、沮丧、懊悔、内疚、羞愧、悲痛、敬畏、惊异、好奇、幽默、玩兴、柔情、欲望、憧憬、爱情、妒忌、忠诚、怜悯、利他、骄傲、虚荣、害羞、平静、宽慰、厌恶、感激、憎恶、希望、谦逊、悲伤、烦躁、公平——如果说只有人类能够体会全部这些的情绪，而大象和其他动物完全无法体会，这有可能吗？我不这么想。如果我们否认其他动物可能具有情绪，而它们实际上真的有情绪，那么我们就错了。我想我们已经犯下了这样的错误。但我不是说人类和大象拥有完全相同的情感，自我厌恶就似乎是人类所独有的。

所以，我们不必如此担忧是不是错误地将情感投射到了动物身上，比如说，当大象看起来很害怕，那么它就感到了恐惧。一些海鸟和海豹已经在岛屿上生活了数百万年，与陆地相隔数百里，它们与大陆上的捕食者之间有着空间和时间上的安全距离，因此缺乏对捕食者感到恐惧的能力。当老鼠、猫、狗和人类乘船抵达，它们无法获得所需的恐惧。当人类成百万地捕捉它们，以获得羽毛或毛皮，它们也没有飞走或逃走。

另一方面，陆地动物有着漫长的被人类狩猎的历史，完全具备感受恐惧的能力，会在远离狩猎威胁的地方休息，比如国家公园。而在郊区，通常很害羞的动物可能会变得无所顾忌，比如鸭子、鹅、鹿、火鸡和郊狼。在非洲的公园里，猎豹有时甚至会扑向满载乘客的车辆，威风凛凛地看着潜在的猎物。在人类面前，大象可能表现出恐惧、有攻击性或漠不关心，这取决于它们的预期。我的重点在于：相比错误地认为其他动物具备它们没有的情绪体验，我们更大的错误在于否认了它们真实的情绪体验。

那么，其他动物拥有人的情感吗？是的。人类拥有动物的情感吗？是的，并且在很大程度上是相同的。恐惧、攻击性、幸福感、焦虑和愉悦都来自于我们共有的大脑结构和化学物质，来自我们共同的祖先，是对同一个世界同样的感受。一头正走向水源的大象会满心期待清水的舒爽和玩泥巴的乐趣。当我的小狗仰面躺下，让我揉揉它的肚皮，这也是因为它在期待我们温暖的接触所带来的抚慰感。哪怕肚子不饿，我的狗也会喜欢吃零食，它们享受零食。

问题不在于“将人类对世界的独特理解强加在动物身上”，而在于我们强加给它们的是人类对世界独特的误解。我们对生命世界最深刻的理解，就是所有生命原是一体[①]。它们的细胞就是我们的细胞，它们的躯体就是我们的躯体，它们的骨骼就是我们的骨骼，它们的心、肺、血液都与我们相同。如果我们能带着这种人类的独特理解看待浩瀚生命历程中的每个物种，我们就前进了一大步。每一个物种都是连续谱上的一个点，如同小提琴指板上的音符。这就是结论。没有品柱[②]，没有突兀的停顿，多么和谐的旋律。

① “所有生命原是一体”（All life is one），出自马特·里德利（Matt Ridley）的《基因组：人类自传》（*Genome: The Autobiography of a Species*）第 23 章。

② 品柱，指吉他等弦乐器上确定音位的弦柱，小提琴没有品柱。而品柱（fret）一词在英文中也有烦躁、焦急的意思。

我们是一家

20 世纪 60 年代末，在辛提娅 • 莫斯来到肯尼亚的几年前，另一位动物行为学先驱伊恩 • 道格拉斯 - 汉密尔顿（Iain Douglas-Hamilton）最先意识到，大象社会中的基本单位是一头母象和它的后代。40 年后，伊恩对我回忆，在那个大家都认为男性主宰世界的年代，这个发现带给他怎样的冲击。他告诉我："当我意识到大象的家群（family group）由一个雌性族长领导的时候，我在它们身上看到了一种无畏的、雌性的才智。"（还有致力于训练印度村民减少人与象之间的冲突的德鲁巴•达斯（Dhruba Das）最近指出的："这更像是智慧。它们有感觉，知道该做什么。它们会接受环境所提供的一切，并最大程度地利用环境。"）

一头年长母象和它的姐妹、成年女儿以及它们所有的孩子生活在一起。家群是共同育儿和早教的基础。

年龄最大的母象通常是象群中生活史的掌控者和知识的主要保管者。这位"女族长"决定了家族要去哪里，什么时候出发，停留多久。它是家族聚会的中心，是主要的保护者。无论它是冷静还是暴躁，坚定果敢还是优柔寡断，它的性情都决定了整个家族的基调。只要族长还活着，女儿们就不太可能脱离家族独立生活，哪怕只是暂时的。

大象的一生都处在广泛而多层次的社交网络关系中。如果两个或更多的家族彼此格外友好亲近，就构成族群（bond group）。族群可能由有亲缘关系的大象组成；一个家族也可能分裂成两个，再形成族群；族群成员还可能是纯粹的朋友，或者其他任何形式的组合。青春期的公象会离开家庭，与其他公象社交，行为远比母象更加捉摸不定。

“看到落在后面那头大象了吗？”维姬指着一头象，它个头比较小，正远远跟着其他几头象，走在一片低矮的草地上。“那是埃米特，14 岁的公象。”它离开了家族，也许是被鼓励这么做的——因为年龄原因。“它就这样一直跟在不同的家族后面。”这是一段艰难的过渡期。它看起来好像很孤独，我很好奇它会不会觉得自己被抛弃了。它还是会继续跟着其他象群，直到学会如何与其他公象一起生活。成年雄性群体生活，或者在不同的家族之间游荡，寻找吸引着所有雄性的东西。

公象比母象长得快，而且生长期是母象的两倍，最终的体重也能达到母象的两倍。母象大约在 25 岁的时候完成生长，肩高 8 英尺[①]，并且体重还会继续增加，最终达到接近 6000 磅[②]。而公象会继续生长，最终肩高能达到 11～12 英尺，最大的公象重达 12 000 磅。

如果成员数量增长太快或者族长死亡，家族就会逐渐解体。另一方面，破碎的家族有时也会融合。这样的社会结构变化叫作分裂 - 融合（fission-fusion）。大象就像人类一样，生活在分裂 - 融合的群体中，并且令人惊讶的是，我们能够理解它们所做的事情。许多复杂的社会，比如人类、猿类、狼和某些鲸豚的社会，都是分裂 - 融合的。

家族的分裂和融合实际上都与性格有关。维姬补充说：“我可以告诉你，对一个象群来说，最重要的就是‘大家在一起’。我还能告诉你，我从来没见过也没听说过哪个象群会无缘无故解体。”

维姬曾经研究非洲中部的森林象为什么会聚集在特定的林中空地上。

① 1 英尺 =30.48 厘米。

② 1 磅 =0.45 千克。

她说："最初，我想到了各种漂亮且符合逻辑的理论，比如寻找配偶，或者是土壤中的特殊矿物质。但我没有找到这些方面的任何证据。"最终她得出结论：大象之所以会去某些地方，是因为其他大象都要去。她耸耸肩说："没有更好的解释了。它们要做什么事，都是因为它们想做。"大象社会中的一条主要规则就是，个性高于规则。有时候，一件事的发生只是因为某一头大象喜欢另一头大象，它们想出去走走。"比如说，它们正在去某个地方，半路上听见了另一群认识的大象的声音，然后它们就好像在说，'噢，我有一段时间没见过谁谁了，我们到那边去，跟它们一起走吧'。"某些母象之间能保持长达 60 年的友谊。维姬总结说："关于大象的一个基本事实，就是大象喜欢和其他大象在一起。这确实能带来好处，但它们只是觉得这样就很满足。"

在即时追踪一大群个体的动态方面，大象似乎比猿类做得更好，甚至比人类还要强。它们的认知能力超越了灵长类（也许仅次于少数几位大象研究者）。安博塞利的每一头大象都认识这个群体中几乎所有的成年象。当研究人员播放某个不在场的家族或族群成员的叫声录音时，象群会作出回应，并朝着声音的方向走去。如果播放一头来自其他族群的大象的叫声，它们几乎没什么反应。但是，如果播放完全陌生的大象的录音，它们会警惕地聚到一起，举起象鼻嗅着。

辛提娅•莫斯、乔伊斯•普尔和几位同事写道："聪明，喜爱社交，感性，风度翩翩，善于模仿，尊敬长辈，喜爱玩乐，有自知之明，富有同情心——这些品质能帮助大部分人融入一个排外的群体，同样也适用于大象。"大象行为研究的奠基人伊恩 • 道格拉斯 - 汉密尔顿写道，大象"值得我们的尊重，就像尊重人类的生命一样"。这都是些溢美之词——遇到困境的时候，大象也会变得冷酷无情。旱季迫使大象互相竞争越来越少的食物和水。然而伊恩指出，“即使面临着困难或危险，大象也表现出对同类极高的容忍，并努力维护着家庭关系”。

不同于许多灵长类动物，大象极少谋求更多的权力，或尝试获得更高的地位。争夺权力并不算是大象社会中的重要部分。在象群中，地位是随着年龄增长而提高的，仿佛它们最尊重的是经验。即使在困难时期，族长的统治地位被弱化，它也会通过微妙的姿态和声音体现出来，强化着象群的信心，领导力的体现就是家族内部极少发生冲突。

> 大象，大自然的伟大杰作，
>
> 唯一无害的伟大事物；
>
> 兽中巨人，
>
> ……
>
> 它毫无敌意，也从不怀疑。
>
> ——约翰·但恩（John Donne），1612 年

大象通常是很平和的，但也有例外。在旱季，食物变得稀缺，家族的规模就会影响它的地位，这部分决定了它能获得多少食物和水，以及它的生存状况。个体性格再一次体现出其重要性。辛提娅·莫斯记得，族长“豁耳朵”为了自己的家族，对其他家族表现出很强的攻击性，“真是个贱货，但是……很勇猛！”

维姬说：“如果一个家族很大，说明它有一个强大的族长，受到其他

成员的追随。”大象尊重长者是有原因的：某个个体几十年前获得的一点点关键信息，可能就决定了整个象群的生死存亡。而且，年龄较大的母象对其他家族中的个体的声音和呼号也更为熟悉，它们有着最完备的社交名单。实际上，随年龄增长而获得的经验对大象社会中的方方面面都很重要。大象以记忆力强著称，因为它们要记住的东西太多了。

维姬讲述道：“比如说，一个有经验的族长能拍板决定，‘我们要爬上那些缓坡，因为我记得在每年的这个时候，那边有水源，还有一些我熟悉的草地’。”生活在沙漠地区的大象要走上40英里来寻找水源，通过这种方式，它们能在5个月内走上400英里。它们有时会沿着多年没有走过的道路，走上好几百英里，在大雨刚刚降临的时候到达水源地。它们是否听见了遥远的雷声从平地上滚滚而来，于是朝着那个方向奔去？记忆的价值有多高？它们需要知道自己要去哪里，实际上，很多事情都依赖于做出正确的决策。

“在拥有35岁以上族长的象群里，大象的生存情况更好。”维姬解释说。大象似乎明白这一点，一些象群会跟着其他族长更老的象群。因此，年纪更大的族长所领导的家族一般更大，更有优势，这样的优势又能带来更大的成功。在安博塞利，一头年龄最大的母象在64岁生下了小象。不过一般来说，母象到55岁以后就会减少生育的数量，进入祖母的角色，成为睿智的领导者，帮助年轻的个体生存下去。大象一生中有6套牙齿，最后一次换牙发生在30岁左右的时候，这套牙齿会一直保持到60多岁。最终，它们的牙齿被磨损得只剩下牙床。当老年大象无法正常进食的时候，它们就会死去。而当族长自然死亡时，它的女儿们通常已经成熟，积累了足够的知识，能够很好地领导象群。在人类中，运用知识来应对新的生存挑战，这有时被称为“智慧”。

所以，大象不仅仅是一具肉体，它储存了生存所需的丰富知识。只要世界在它们一生的几十年中不发生太大的改变，这样的知识就能继续传递下去。几千年来，这种策略都成功了。

但是，老年族长有着巨大的象牙，这使它们成了偷猎者追逐的目标。大象的死亡年龄正在提前，而提前几十年杀死族长会让它们的家族成员措手不及。族长的死亡首先会给象群的心理造成巨大的冲击，一些家族就此解体。大象和后代之间有着非同寻常的亲密联系，打破这样的联系会让它们感到极其悲痛。两岁以下的孤儿象会很快死亡，10 岁以下的孤儿象也会早夭；如果它们还在吃奶，那么几乎肯定是死路一条。象群中任何一头能产生乳汁的大象都有自己的孩子需要哺育，而一头母象产生的乳汁不足以喂养两头正在成长的小象。在罕见的情况下，一头刚刚失去母亲的小象会遇到新近失去孩子、有意收养它的哺乳期母亲。年龄更大的孤儿象有时会聚在一起，组成没有领导的小群体，四处游荡。幸存者带着创伤记忆，变得充满恐惧，有时会对人类表现出更强的攻击性，这反过来又增强了人类对大象的敌意。

“那头大象看起来有点傻气，”维姬指着远处说，“看到了吗？走路摇摇摆摆，象鼻甩来甩去的。”

我看到了。

“我刚来这里的时候，有一天，诺拉和我正在观察，大象忽然开始到处乱跑，发出吼叫声。我很惊讶，‘刚才发生了什么？’诺拉说，‘噢，它们只是开始犯傻了。’”维姬回忆道。

“我暗想，‘犯傻？’接下来，我看到一头完全成年的母象跪着挪过来，头摆来摆去，看起来就像发了疯似的。它们只是感到很快乐。它们仿佛在喊着，‘噢耶——！’每个人都说大象有多么聪明，但它们有时很可笑。一头年轻的公象，如果朋友不在身边，它就会跟我们开个小玩笑，然后跑回去，或者转圈圈。我还碰到过一头公象，它在车子正前方跪下来，把斑马的骨头丢给我，想让我和它一起玩。

“在雨季，大象都很快乐，很活泼，雨水让它们心情大好。我才意识到，我刚来这里的时候，大象还在因为干旱而感到忧郁，现在它们已经走出来了。你能看到更多友好而积极的互动，或者只是一些好玩的行为。我还能看到孩子的出生对它们造成了怎样的改变。当母象看着孩子们蹒跚学步，玩耍，睡觉，这会激发一种幸福感，让它们感觉家里一切都好，因为，怎么说——孩子多美好啊！”

母爱的发生

大象宝宝胖极了，看起来就像被宠坏的孩子。一头大象贴着车窗玻璃走过去，维姬观察着，说："看这个妈妈，它的乳房真大，走起路来一摇一晃的，它奶水很足。"也就是说，它每天能产生大约20升的乳汁。小象吃奶最多能吃到5岁，我想当它们开始长出小小的牙齿时，妈妈们一定不太好受。

做母亲就像当族长一样，其结果取决于经验。维姬说："母象13岁就可以开始生育，但相比20岁的母象，青春期的母亲更容易遇到困难。"年轻妈妈们可能会跑到冷水里，让小象着凉；它们还可能把孩子带到其没法适应的地形上。它们可能只是不知道如何做母亲。当17岁的塔卢拉生下第一个孩子的时候，它表现得局促不安，笨手笨脚的。它没有经验，不知道怎么引导孩子找到自己的乳头，只好安静地站着，把腿往前伸，好降低乳房的高度，让小象吮吸。小象的嘴几乎够着乳头的时候，又突然绊到了象鼻，摔倒在地。它也不知道怎么帮小象站起来。不过最后，它还是找到了办法。

相比之下，大约47岁的狄波拉已经生育过好几次，它在最近一次生育的时候更放松，也做得更好。在出生后的最初半小时里，小象摔倒了5次，但狄波拉温柔地把一只脚伸到它身下，用鼻子稳住它，小心翼翼地把它扶了起来。在一个半小时内，小象就找到了狄波拉的乳头，奋力吮吸了超过两分钟，而狄波拉安静地站着，把腿伸向前方，让新生儿更好地吃奶。维姬强调："年龄较大的母象都是了不起的母亲。它们非常淡定，而且到这个年龄，身边通常也有了不少帮手。"

维姬似乎思索了一会儿，她补充说："大象一生的时间表就像我们一样。它们二十多岁的时候还在艰难地适应自己的角色；三十多岁的时候开始逐渐习惯并安顿下来；等到五六十岁的时候，它们开始明白事理，并自如地扮演着自己的角色。"

大象刚出生时体重有 260 磅，身高还不到 3 英尺。大多数哺乳动物出生的时候，大脑的重量是成年时的 90%，而大象出生时大脑的重量只有成年期的 35%。人类的这一数据是 25%。大象的大脑发育过程大部分发生在出生之后，就像人类一样。

维姬说："它们刚生下来的时候，差不多只知道吃奶和跟着妈妈。"刚出生的小象很快就能学会走路，但除此之外几乎什么都做不了。在出生后一周内，它几乎看不见东西。最初几个月，小象都会留在母亲触手可及的范围内，并经常与母亲保持着肢体接触。这时，母亲常常对孩子发出温柔的哼哼声，仿佛在说："我在这儿，我在这儿呢。"

蹒跚学步的时候，小象常常被树根绊倒，或者被困在高高的草丛中。这时候帮它们摆脱窘境的往往是细心的青少年表亲。当小象摔倒了、受困了，或者被推搡、被欺负了，它会发出一种响亮的尖叫声，就像门发出的嘎吱声一样。它马上就会得到回应，其他的年轻母象会急忙跑过来帮忙，有时甚至会挡住小象亲生母亲的路。有经验的母亲通常会放手让更年轻的母象前去处理。如果一头小象摔倒了，所有的母象都会跑上前，看看它有没有出事，同时发出一种特别的咕哝声，这能给小象带去不少安慰。

最小的象宝宝会向所有的成年大象寻求帮助。姨妈和外婆都是重要的保姆，有经验的母亲只要看到孩子和一头可靠的成年母象在一起，就会放下心来。在生命的头五年，小象通常和一位家庭成员保持一个身长的距离，它需要从保护它的成年象身上学习成为大象的一切。成年象通常与小象关系友好，并积极提供帮助，它们极少攻击小象。而小象也会学习如何引起关注，它们还可能被宠坏。小象们痛苦的呼叫声实在过于频繁，研究人员甚至常常觉得它们实际上并没有遇到麻烦。

新生小象的鼻子是它们认识世界的主要工具，总在探索着、嗅着、感受着。但象鼻同时也是最让小象感到困扰的东西。小小的象鼻就像橡皮管子，有点不听使唤。小象需要学习如何使用象鼻，它们经常试探着把象鼻甩来甩去，或者摇晃它，转动它，看看这东西能做什么。有时它们还会踩到自己的鼻子而被绊倒。它们还经常吮吸鼻子，以获取慰藉，就像人类儿童吮吸大拇指一样。

从第一周开始，小象就会尝试捡起物品，特别是在完成像捡起棍子这样的任务时，小象表现出高度的专注。大约到 3 个月的时候，小象开始尝试吃东西。它有时会把鼻子伸进一丛草中搅来搅去，终于抓住了草，却又把草掉在地上；它费了好大的劲把草捡起来,却把草放到了自己头上。有时候它们干脆放弃使用这麻烦的象鼻，跪下来吃草。它们喝水的时候也常常这么笨拙。大约要花上 5 个月的时间，小象才能学会驾驭鼻子这个“灌溉”设备。

我看着一头 8 个月大的小象，它正在努力拔草。这让我想起了那些刚开始学习使用筷子的人，仿佛是食物不配合他们似的。又有一半草掉到了地上，小象望向母亲，而母亲正拔起一把草送进嘴里，仿佛知道孩子正看着自己似的。小象常常凑到其他家庭成员的嘴边，取一点它们正在吃的东西，学习好草料的气味和味道。

现在，几个家族正聚在一片散发着鼠尾草气味的草地上。大约有130头大象，其中还有许多小象和尾随象群的公象。一头公象把鼻子伸进一头母象的嘴里，这种亲密的举动只发生在互相信任的大象之间。

数千只燕子围绕它们盘旋，捕捉那些被象群惊扰而飞出草丛的昆虫。大象走向一片开阔的平原，那边的草短而茂盛。在那边，尾随它们的将不再是燕子，而是白鹭。低矮的草丛中一定有不同的昆虫。

这片景色，这些气味，这时间与生命宏大而平静的纵横交错，这层次分明的节奏与此刻的韵律，这年轻的承诺，还有这显而易见的满足与幸福——这场面正如其中的一切事物一般，神圣而崇高。

• • •

这是“Z家族”。受到这愉快气氛的感染，维姬评价它们说：“这是个小个子家族。”她说，一些家族有着特殊的特征，比如“有的耳朵比较大”。（它们不都这样吗？它们可是大象啊。）而有些身材比较圆润。

一头成年母象走过来，摇着头，对我们的出现表示了些许不满。维姬柔声说：“看看，你这小矮子。”家族特征不仅体现在外形上，还体现在家族成员的相似行为上。维姬说：“因为它们会不断相互学习，学习其他个体的习惯。”这一家子每天什么时间去喝水，去哪片湿地喝水，这些都是大象从小就从家族中学到的。这些东西变成了家族传统。

我们遇上了3头大个子公象。其中一头叫沃伦斯基，性格好斗，甚至一些年龄更大的公象都听它的。沃伦斯基刚好处在一个性欲极其旺盛、攻击性很强的时期，这叫作狂暴期（musth），一般是身材高大、地位更高的公象在30岁或以上的时候所特有的，能持续数月。对其他公象来说，处于狂暴期的公象都是庞大而好斗的竞争者。狂暴期的公象有点像发情期的雄鹿，鹿群会同时进入繁殖期，而大象则不然。每年在某个时间，所有公象几乎同时进入狂暴期，但不同个体进入狂暴期的时间并不同步。这是个不同寻常，甚至值得称赞的系统，它不仅能让母象活得更轻松一些，也减少了公象之间的暴力。（这个系统比黑斑羚或海豹要好，在这两个物种当中，占主导地位的公象通过不断战斗来保护妻妾，而在短暂的巅峰时期后，它们筋疲力尽，受了伤，失去了首领的地位，生命也基本走到了尽头。）体型最大、年龄最老的公象能占有最好的交配时期，即雨季之后，这时大多数母象都处在发情期，可交配且可孕育。

维姬解释："公象往往喜欢玩乐，实际上彼此关系也很好。事实上，它们不算是真正的竞争者，除非附近有一头发情的母象，否则就没什么好竞争的。15 岁到 20 岁的公象对母象感兴趣，但一头 20 岁的公象和一头 50 岁、体重是它的两倍的公象之间不存在什么竞争。"狂暴的公象的睾酮水平增长了 4 倍，表现得专横而好斗。同时由于母象十分偏爱狂暴的公象，这在很大程度上杜绝了年轻公象的挑逗。年轻的公象必须等待，它们至少要到 13 岁才会迎来第一次狂暴期，以及第一次真正的性体验。

年长的公象能够抑制年轻公象的激素水平，强化象群中的整体纪律。曾有几头公象孤儿象被送到南非的一个公园，在南非的一个公园，曾发生过一件前所未闻的事：几头公象孤儿象被送进来之后，由于没有年长的公象来镇住它们飙升的睾酮，它们开始屠杀犀牛。维姬补充说："对一头大象来说，失去家庭成员实在是太不寻常。我认为那些杀死犀牛的孤儿象本质上是得了创伤后应激障碍。如果说失去家庭成员没有对它们产生深刻的影响，那简直太荒谬了。"后来，管理者引进了两头 40 岁左右的大块头公象，问题才得到解决。

沃伦斯基身边还有一头陌生的公象，也处在狂暴期，这让局面变得复杂起来。维姬不知道它是谁，脾气怎么样，也不知道它和人类相处的历史。它转身面对着我们。

“如果附近有狂暴的公象，”维姬说着，把手伸向点火开关，“我总要发动车子，把手放在车钥匙上面。如果你没有逃生路线，最好开出一条路。”

在另一个研究营地，我曾看到一辆被压扁的汽车，那是因为两头狂暴的公象打架，输家弄坏了车子。这是替代性攻击，车里的人能活着逃走实属幸运。

维姬警告说：“如果它们真的想攻击你，它们会毫无预兆地走过来。如果它不停地摇晃头部，那就是虚张声势，你就安全一些了。如果见到了不认识的大块头公象，比如这位，我总会想，‘你是不是在想着给我们来一下？’”

那头公象继续靠近，一直走到一棵大树旁边。随后，它开始在树干上摩擦臀部。维姬松了一口气，对它说：“嘿，好好挠挠屁股能解决一切问题对吧，哥们儿？”大象半闭着眼睛，维姬说：“噢，它挠得真爽！”

母象大约在 11 岁第一次进入可育可孕周期，这叫作发情期（estrus）。发情期通常持续三四天。母象几乎每次发情都会受孕，随后经历两年的怀孕，再用两年来哺育幼崽，随后再次进入发情期。在上一胎出生 4 年后，它将再次生育。

换言之，每头成年母象接受公象追求的时间只有每四年一次，每次 4 天。交配时机的稀少和紧迫让大象大为躁动。狂暴的公象四处游荡，拜访不同的家族，颞部的腺体流淌着液体。无论哪种性别，每当大象有强烈的情绪起伏，或者感觉到任何形式的激动，那些巨大的腺体就会产生分泌物——我猜，这有点像在脸的两边长了汗腺一样。

狂暴的公象还会持续滴下有刺激性气味的尿液，宣告自己的性兴奋状态，并且它们的阴茎也会发绿。20世纪70年代，辛提娅·莫斯和乔伊斯·普尔在非洲象身上观察到这一现象，最初她们以为那些公象生病了，并将这种现象称为“阴茎绿变病”。这说明我们对大象的认识是多么不足，直到这么晚才开始了解这些最基本的东西。

所以，狂暴的公象四处走动，嗅着空气和象群，寻找发情的母象。它们走向成年母象，不会问“你状态怎么样？”，而是将象鼻的尖端探向对方的外阴，嗅一嗅味道，有时还会把象鼻伸进嘴里尝尝。这种直率的亲密行为完全没有让母象感到困扰，它们泰然受之，继续走动、哺乳，仿佛什么事都没发生似的。大象在很多方面都和人类相似，但这种对比也有限度，至少在求偶礼节上。如果一头母象处在发情期，会有好几头公象跟着它和它的家族。如果一头狂暴的公象来到这里，它会赶走所有的竞争对手，守着发情的母象，而后者似乎会被狂暴的公象深深吸引。

现在，那头陌生的大块头公象在我们周围的几个家族中间大摇大摆地走来走去，我看到和母象比起来，公象是多么庞大。“哇，”维姬感叹说，“它真是头怪兽。”它身后的那头母象已经完全长成，25岁，而它的体型看起来足有后者的两倍。“噢，看哪，母象正走过去迎接它。”它们低声吼叫着，象鼻缠在一起。这头母象的幼崽看起来还太小，它应该还不能再次交配。但公象正在驱赶另一头大块头公象，然后它停下来，站在那里，表现出一种近乎夸张的冷漠，巨大的象鼻搭在一根庞大的象牙上。维姬告诉我：“这样做是在告诉母象，‘我没那么可怕，看我现在多么放松，多么随意’，实际上我们把这种行为叫作‘刻意的随意’（being casual）。”

她补充说：“这就像一部肥皂剧，你会沉浸在它们的生活里。谁要和谁交配？沃伦斯基接下来要做什么？”

避免战斗非常重要。如果它们真的打起架来，“每头象都有 6 吨重，以每小时 50 公里的速度朝对方冲过去，身前还有两根又大又尖的象牙。损失会很惨重。”辛提娅·莫斯曾目睹两头势均力敌的狂暴期公象发生冲突，足足持续了 10 小时 20 分钟。在此期间它们只有 3 次肢体冲突，把象牙卡在一起，试图把对方掀翻。其余的时候，它们只是不停地绕着对方转圈，时而靠近，时而后退，吼叫着，拉扯着灌木和树木，作为一种恐吓的策略。有一次，其中一头象还把前腿放在一根圆木上，好让自己显得高一些。最终，年龄较小的那头巨兽逃走了。

两个象群相隔大约半英里，朝沼泽走去，也朝对方走去。“我只想完全进入那个世界，哪怕 5 分钟也好，”维姬带着一丝憧憬说道。与此同时，大约 14 岁的公象“公爵”来到离我四五米远的地方，伸出象鼻，嗅着我这个陌生的人类。为了展示自己，它温柔地移动着，转来转去；随后快速转动、摇晃着头部，用耳朵拍打着身体，又张开耳朵，转向我们；然后，它傲慢地晃动着脑袋，有力地甩动着象鼻。它用棕色的眼睛看着我，离得那么近，长鼻子满布褶皱，蒲扇般的耳朵如同有生命的皮革。它的每一个细节都流露出威严，简直令人敬畏，如梦似幻。

它当然可以把我们踩扁，但它没有这样的念头；它只是用一种年轻雄性的方式展示着自己。显然，它在展示自己已经长大，应该被认真对待；但它还没那么自信，还在适应自己的角色。它对我们有足够的信心，它关注我们，但它不怕我们，不烦躁，不害怕，不想伤害我们。我知道它在做什么。它在表达，而我在理解；它发出一条信息，而我正在接收。换言之，根据正式的定义，我们在交流。

大象爱孩子吗？

这两群正在会合的大象都属于FB家群。所有的母亲都用尾巴和幼崽保持着肢体接触。现在，菲莉西蒂正和女儿们在一起，还有两头没有亲戚关系的雌象——弗莱姆和弗洛西姐妹俩。范妮正带领着自己的孩子，还有侄女菲雷提娅和曾侄女菲莉西娅。维姬告诉我，范妮非常稳重，但对孩子们没有太深的感情；反之，菲莉西蒂和后代总是保持相互接触。

范妮的象群和菲莉西蒂的象群会合了。在大象的家族里，重要的不仅是你是"什么"，比如说你是雌性、48岁。重要的是你是"谁"。维姬解释说："重要的是，你是来自FB家群的菲莉西蒂，48岁。"它们有自己的生活，对彼此很重要。这就是重点所在。

菲莉西蒂知道它们刚刚占领的这片区域是安全的。因为有菲莉西蒂的支持，它的家族此刻也会感到安全。族长通常在象群的后方进行领导。但当它停下来的时候，每一头大象都会停下来。哪怕族长正走在后方，它们也在倾听族长的声音，它们知道它的具体位置。

一位名叫露西·贝茨（Lucy Bates）的研究者做过这样一个实验：当她所研究的象群后方的一头象停下来小便时，她收集了一些尿液；随后，当象群继续前进时，她把收集的尿液倒在象群前方。当象群遇到了新鲜的尿液，而它们知道尿液的主人正走在后面，它们看起来十分困惑，仿佛在想："等等——它是怎么超过我们的？它在我们后面，但是……"贝茨总结说，这表明"大象能够记住家庭成员的位置信息，并定期更新"。

如果前方发生了什么可怕的事情，象群会回头奔向菲莉西蒂。如果遇到了危险，比如狮子或水牛，菲莉西蒂会在撤退或带领象群赶走敌人之间进行选择。

维姬告诉我："这个决定取决于菲莉西蒂。"现在，维姬观察着："每头象都感到安全而放心，都很放松；小象在玩耍，大家都无忧无虑。"

"所以，菲莉西蒂是个难得的好族长。如果一个族长性格多疑，容易紧张，那么大家都会始终保持警惕，总在留心危险。这些大象血液中的压力激素会保持在一个比较高的水平，这不利于代谢，"维姬对象群说，"所以保持冷静还是有利的。对吧，伙计们？"

每头象都在安静地继续忙着自己的事情，以示同意。

菲莉西蒂的小宝宝离开母亲 40 多米远，和其他家庭成员一起待在我们身边。这是一头特别自信的小象。它的大姐就在它身旁。忽然，它回头朝母亲跑去。

维姬解释："这有点像做游戏，就好像在说，'看呀，我在这儿！我很好！'"小象正在玩耍，张开了耳朵，甩动着小小的鼻子，朝一只鹭冲过去，这有点像成年大象用来吓跑狮子的举动。家庭的一个作用就是允许小象探索，在体验中学习。小公象喜欢互相推搡，而小母象更喜欢玩"赶走敌人"的游戏。菲莉西蒂的宝宝又赶走了两只鹭。"但你也要教会它们对危险作出响应。"

即使是完全成年的大象，有时候也会和想象中的敌人玩对抗游戏。

比如，它们会在高高的草丛中奔跑，抽打草丛，这是它们用来驱赶狮子的行为。维姬指出："但是，当大象在玩耍的时候，它们知道这里并没有狮子。"

但是——如果大象表现得好像附近有狮子，而实际上并没有，这会不会是它们的误判，或者它们只是格外小心？

维姬解释说："这很容易区分。"面临真正的威胁时，大象的注意力会高度集中。而在玩耍的时候，大象奔跑的方式比较放松，姿态"松松垮垮"，并摆动头部，耳朵和象鼻甩来甩去。

"它们没有判断错误，也没有发出假警报。它们在到处奔跑，表现得如同高度警戒，但它们发出的叫声被我们称为'玩耍号声（play-trumpeting）'。它们都知道这是闹着玩。"

在没有危险的时刻，它们却表现得如临大敌。它们或假装惊恐地瞪大眼睛，从象牙上方看着想象中的敌人；或像冲锋前那样摇晃脑袋，并假装十分害怕，仓皇逃跑。这些大象玩耍的目的似乎通常只是为了好玩，而且它们全都投入游戏。我猜，这些打闹在大象看来也许是滑稽可笑的，它们一定在捧腹大笑。显然，它们玩得正开心呢。维姬说："有时候它们还会把灌木放在脑袋上，然后就那么看着你。可滑稽了。"

范妮的宝宝张开耳朵转向我们，上下打量着，在思索要不要把我们当成敌人。它挺直身子站起来，仿佛在沿着鼻子向下俯视我们。"我们把这种姿势叫作'直立（stand tall）'，"维姬解释说。这头小象似乎在思考我们到底是不是惹不起的大家伙。还有一阵子，它待在姐姐的下颌下面，在考虑要不要去扑一只长得像松鸡的黄颈裸喉鹧鸪。

这个场景充满了美好的纯真，如此触动人心。但是，它们的生活并非一直如此美满。没有哪个生命是美满的。

弗兰娜的耳朵有一个三角形的大缺口，那里曾经被长矛刺穿；还有一头大象没了尾巴；鬣狗有时会趁大象分娩时咬下它的尾巴，如果有机会，它们还会抓住幼崽；狮子能杀死较小的大象。欢乐与危险都如此真实，而这些四处奔跑、尽情嬉戏的小象，它们如此天真，又如此脆弱。必须让它们学会害怕狮子。

菲莉西蒂原本在后面领导着象群，但它已经放慢了速度，甚至落在了后面，似乎发现了什么。忽然，它转了个身，一条鬣狗正躲在灌木丛后面窥视着。菲莉西蒂瞪着它。伪装被识破了，鬣狗只好溜走。

维姬骄傲地说："看吧，菲莉西蒂真是个好族长。"有些大象生来就是领导者，有的被迫成为领导，而有的会逃避。艾柯的妹妹艾拉在象群中年龄最大，本该由它担任族长，但它更喜欢和女儿及孙辈们在一起，无暇顾及其他二十几个家庭成员。维姬曾对它进行深入的观察，并评价说："我相信，当它听见其他大象的呼叫时，它会选择不作回应。"一些母象会非常积极地保护和照顾每头大象，但艾拉没有当领导的意愿。

太阳正在上升，赤道的酷热开始催促大象去往凉爽的湿地。母亲们都把孩子安置在自己的影子一侧。

我们跟上去，和象群保持着同样的步调。置身于各种各样的动物之中，我常常感到我和它们都是同一社区的居民，只是分别来自不同的文化。我不会走进它们的生活，它们也不会走进我的生活，不同的背景让我们彼此无法感同身受。就好比在邮局，我遇到的人和我共享这时间和空间，却过着与我不同的生活。但在某些方面，我们能互相理解；我们知道我们本质上是相同的；我们都把自己的生活看得更加重要，因为我们必须如此；但在道德上，我们是平等的。

我不是说一条鱼或一只鸟的生命的价值等同于人的生命，但它们在这个世界上的存在和我们的存在具有同样的效力，或许比我们还要多：它们先来到这里，对我们的生存至关重要；它们只取自己所需要的，与周围的生命和谐共处；世界在它们的时钟上长存。它们与我们不同，但也在尽情体验着自己的生命热烈地燃烧着。我们取走了许多它们所需要的东西，使它们的生命之烛黯然无光，而它们让世界生机盎然，如此美丽。

前方出现了小小的骚乱。“菲莉西蒂正在赶走那头公象，看到了吗？”

灰色的躯体和尘土汇成一个灰扑扑的漩涡，在其中辨认大象对我来说可太难了。

维姬解释说：“它想甩掉这群公象，因为它们缠着它一家子不放。”

一头年轻的公象开始摆出夸张的步态，跟在菲莉西蒂后面。菲莉西蒂认得它，它常常缠着这一家子。它在测试自己的统治力，试图推搡菲莉西蒂。

菲莉西蒂转过身来，威胁它。

它后退了，随后它似乎意识到自己已经20岁，身材和菲莉西蒂一样大，于是又走上前去。菲莉西蒂看起来只是有点不好意思。它不想激化事态，于是转身走开了；它有足够的自信，能够背对着那头公象。

维姬解释说，年龄较大的母象不喜欢这些年轻的公象，它们总是挡路，“而且有时候太神经质。带着小象的母亲不需要这些公象来分心，如果发生冲突，它们可能会撞到小象。它们就是容易让这些母象神经紧张。”所以，这头公象有点儿打破了这里的平静，而菲莉西蒂想让它守规矩；随后，公象提醒菲莉西蒂，尽管它只有20岁，但块头并不小。维姬评论说：“菲莉西蒂竟然就这样忍了，我很惊讶。有的母象会不依不饶的。”

有些公象会表现得更得体一些。有一次，辛提娅见到一头名叫汤姆的公象，它的个头比族群里其他的孩子都要大一些，而它是这么处理家庭关系的：它刚刚躺下来休息，一头名叫陶的小象就发现了它，于是跑过去，开始往它身上爬；汤姆扭动着，踢着，一不小心踢得重了些，陶便惊慌地朝母亲塔卢拉跑去；汤姆跟上去，然后在陶旁边躺下，仿佛邀请它再次爬上来，陶也立刻爬了上去。辛提娅还曾经目睹一头庞大的成年公象用前腿跪下来，后腿往后伸，邀请一头比它小得多的公象过来玩耍。它一压低身体，小象就小跑过来。这头较大的公象成功让较小的公象相信它是一个好玩伴，这似乎正是它的意图。

菲莉西蒂转向我们，雍容而威严。快要进入沼泽地时，它停下来给孩子哺乳。哺乳期的母象每天都需要饮水。但是，维姬解释说："大象喜欢在每天进入湿地之前把孩子喂饱，因为如果肚子泡在水里，哺乳会很不方便。"

它们考虑得多么周全。事先考虑，视情况进行哺乳。

所以，回到我早先提出的那个问题：大象哺育幼崽是出于本能，还是因为爱？爱是本能的吗？或者说，哺乳是否仅仅满足了某些微不足道的需要，就像抓痒一样？

养育后代不仅需要大量的亲代投资，还需要分享食物。作为回报，父母一定得到了某种好的感觉。如果这项必要任务比较困难，或延迟了进食或饮水的满足，而母亲却无法从中获得任何愉悦感，那么是什么驱使她照顾孩子呢？

在《当大象哭泣时》（*When Elephants Weep*）一书中，杰弗里·穆赛义夫·马森（Jeffrey Moussaieff Masson）和苏珊·麦卡锡（Susan McCarthy）写道，当我们思考猿猴母亲是否爱着自己的幼崽时，我们或许也会质疑究竟有没有可能知道街上的人是否爱着自己的孩子。"他们可能会说自己爱孩子，但是我们如何知道他们有没有说实话？最终，我们还是无法准确知道，当其他人谈论爱的时候他们究竟在谈什么。"

猿猴母亲会给幼崽喂食，把它抱在怀里，逗它，保护它；我也见过母棕熊带着三胞胎逃离一里外的一头具有潜在危险的公熊。它们当然都是在按本能行动，当然是这样，对吧？那么，当一个刚刚当上妈妈的人类见到孩子的时候，她就没有感觉到“本能的”汹涌的情感吗？当然有，我们都是如此。

我们对自己孩子的爱来自本能，而非智能。情境导致了激素的产生，激素又引发了感觉。这可能就像分泌乳汁一样是自发的，但我们感到那就是爱。爱是一种感觉，它导致了哺育和保护这样的行为。这个过程并不羞耻，爱的光辉从我们细胞中那古老而幽深的井里喷涌而出，而我们沐浴其中，这也不羞耻。相反，最好不要把对新生儿的爱看得过度依赖智能。还是欣然接受吧。本能战胜了智能，这原本就是许许多多的婴儿出生的首要原因。

在某种意义上，爱不过是一种感觉的名字。演化用这种感觉唆使我们做出高风险、高代价的行为，比如养育下一代、保护伴侣和孩子。如果纯粹计算我们自己的利益，我们也许会避开这样的风险和代价。是爱让我们对此欣然接受。爱的能力之所以被演化出来，是因为情感联系和亲代抚育能促进繁殖。这并不是说爱是肤浅的，而仅仅意味着爱的源远流长。而且你也知道，它就能给人这种感觉。

如果一只动物过来舔舔你，躺在你身边，你会假定它“爱”你。我认为这是一个合理的推测，尤其是考虑到我们用“爱”这个词所命名的情感是如此广泛。浪漫的爱，父爱母爱，孩子的爱，对社群、国家、食物、巧克力、书、教育、运动和艺术的爱……“爱”这个词包罗万象，将许多不同的积极情绪纳入其中。这些情绪促使我们去拉近距离，去保护，去照顾，去参与和驻足；很难说有什么东西不会被人和“爱”这个词联系起来。我们说自己喜爱冰激凌，喜爱某部电影，喜爱实用的船或不实用的鞋子，或者喜爱某个夏日，还有人爱打架。如果我们放任自己滥用这么一个看起来至关重要的词，那么就难免要得出一个结论：其他动物也会爱。更有趣的问题是：哪些动物会爱？它们爱什么？用什么样的方式爱？它们如何感受爱——比如，它们会感受到哪些正面、亲密的情感？

菲莉西蒂的宝宝松开乳头，懒洋洋地走开了，它咂巴着嘴，乳汁从下颌上滴落下来。有了妈妈的乳房，生活如此美好。但几头稍大一些、快要断奶的小象正发出抗议的号叫声，它们的妈妈乳汁已干，拒绝了它们下水之前吃奶的要求。被拒绝喂奶的小象有时会大发脾气，非常可怕。维姬曾多次目睹这种情形。

“它们尖叫着，好像在说，‘不让我吃了？你这是什么意思！’”维姬曾见到一头即将断奶的小象反复试图吃奶，而母亲想要休息。母亲只要把前腿往回收，就能阻止小象接近乳房，并且它反复做出这个动作。“小象很难过，不停地推着妈妈，还用象牙戳它。最后小象终于发火了，仿佛在说‘噢！我恨你！’，并把象鼻插进了妈妈的肛门。我猜它以为这样能成功引起妈妈的注意。它还转过身踢妈妈。我心想，‘你这个小混蛋！’”

情感沿着一个连续谱分布，用来描述情感的词语就像圆形罗盘上的点，代表着不同的方位和角度。“快乐”“悲伤”“恐惧”“爱”就是我们情感地图上的东南西北。也许“美丽”位于东北方向，在“快乐”和“爱”之间。当一只鸟见到了优秀伴侣那排列精巧的羽毛，或看到了求偶者的舞蹈，它会有什么样的情绪响应？与之相似的是，我们在求爱时也会跳舞，也会在以特定方式排列的光线中感觉到美。我们打成了平手。

在坦桑尼亚的贡贝溪国家公园（Gombe Stream National Park），一位研究者曾观察到两只成年雄性黑猩猩在日落时分先后爬上同一座山脊。它们在那里相遇了，并互相问候、击掌，还一起坐下来看着太阳落下。另一位研究者记录，一只野生黑猩猩曾花了 15 分钟凝视一场格外壮美的夕阳。如果它们真的在欣赏夕阳，也许没有更深的原因，仅仅是因为它们觉得夕阳很美，就像我们一样。也许它们感觉到了某种敬畏，而对于由敬畏衍生的问题，人类试图用宗教回答。它们只是无法像人那样给自己斟一杯酒，举杯致敬罢了，何况大多数曾经存在过的人也没法这么做（从整个人类历史的角度来看，酒和酒杯出现是很晚的事情）。

生命最伟大的一个奥秘，就是许多不同的生命都被相似的美丽所吸引。贾雷德·戴蒙德（Jared Diamond）[①] 曾在丛林里见到一座圆形小屋，直径 8 英尺，高 4 英尺，入口大小刚好能容一个小孩钻进去坐在屋里。小屋前是一片翠绿的苔藓，收拾得干干净净，摆满了数百件天然物品，那是被特意放上去作为装饰的。颜色相近的装饰物被放在一起，比如红色的果实就放在红色的叶子旁边，还有黄色、紫色、黑色以及少数绿色的物品，放在其他位置。所有蓝色的物品都放在小屋里，红色的放在外面。这是一个园丁鸟用来求偶的“凉亭”。为了测试雄鸟在审美上有多挑剔，戴蒙德移动了装饰物，结果雄鸟把它们摆回了原样。戴蒙德用“美丽”一词形容他的情绪反应。凉亭的主人表现出了某种坚定的意愿。当戴蒙德把不同颜色的筹码放在外面之后，“白色的筹码被嫌弃地丢进林子，受偏爱的蓝色筹码被堆在小屋里，红色的筹码被堆在草坪上红色的树叶和

① 贾雷德·戴蒙德（Jared Diamond，1937—　），美国生态学家、地理学家、生物学家、人类学家和作家，著有《第三种黑猩猩》（*The Third Chimpanzee*）、《枪炮、病菌与钢铁》（*Guns, Germs, and Steel*）等作品。

果实旁边”。这一切都是为了吸引雌鸟（小屋并非住所或巢穴），所以说，虽然外貌不是一切，但有时它就是一切。

当动物创造出我们认为美丽的东西时，这是否暗示了我们具备相同的美感？我曾见到一只红毛猩猩串起一根珠链，并戴在身上，从来没有人教过它怎么做项链。关于美的讨论引出了那个老生常谈的问题，“鸟儿为什么歌唱？”雷蒙德写道，“鸟类主要在繁殖季节歌唱，这很可疑。因此，它们鸣唱很可能不仅是为了美的愉悦。”我赞同，这不仅是为了愉悦。但是，人类的歌曲中又有多少是情歌？而在热情地听着、唱着流行歌曲的人们，大多数都已经性成熟并且未婚，也就是说正处在他们自己的求偶季节，不是吗？我们的音乐不是纯粹的美学，它也承担着社会功能。花朵、鸟类用来求偶的亮丽颜色，珊瑚礁鱼类的花纹，这些都主要是出于实用的目的，却也充满吸引力；它们的功能来自于一种被广泛欣赏的美。

花朵的外观和香味唯一的目的就是吸引传粉者（主要是昆虫，以及蜂鸟、旋蜜雀和某些特化的蝙蝠）。实用主义无法解释为什么人类也觉得花的外观和香味比落叶更有吸引力。然而，我们欣赏花朵的美，并将这种美与对生活的欣赏画上等号，邀请朋友们“停下来嗅一嗅玫瑰”[①]，将它们送给心仪的人，在葬礼上献上它们。鸟类用夸张的羽毛装点自己，吸引配偶，比如蜂鸟、森莺、极乐鸟、中白鹭，我们也认为这些羽毛很美。实际上，人类长年累月地将鸟类尸体的部分穿戴在身上，以窃取鸟类在彼此眼中所看到的那些美丽的颜色和图案。生活在温暖的珊瑚礁水域中的鱼类，当它们用身体互相发送信号，以此判断与谁结群、与谁交配，华丽的体色让我们目眩神迷。从蜜蜂在花丛中感到的快乐，到我们内心的鱼，到一只鸟儿起舞时的快乐，再到我们自己，我们的大脑是否保留

① 停下来嗅一嗅玫瑰（stop and smell the roses），英语习语，形容放松一下，享受生活。

了在昆虫身上就已经出现的审美？如果真的如此，我们也许无法回报昆虫赠予的这份礼物，只能对徘徊在我们脚边、穿梭在园中花朵之间的这些小小的长者表示敬畏。无论谁有幸接受我们的谢意，我们都是一家人，我们和蜜蜂、极乐鸟，还有了不起的大象，我们同为星尘——没有比这更奇妙的事实了。

大象的共情

眼前所有的大象都在忙着喝水和进食。维姬指着另一头正在喂奶的母象告诉我：几个月前，那头小象掉进了一口井里，井的深度和它的身高相当。当维姬去解救它时，它的母亲就在旁边，焦虑不已。“我们用车子把母象从井边拖走的时候，它激烈反抗。但我们必须这么做，不能让它看到我们把小象捆住拖上来，那场面对它来说太恐怖了。我不想让它觉得我优柔寡断，所以我尽量表现得强硬一些，朝它大吼大叫。它几乎要坐在挡泥板上。当时的气氛极其紧张。它留在附近，而我们一把孩子带到它身边，它就上前给小象喂奶，再也不生我们的气了。我觉得它明白我们先前是想要帮它的忙。”

我看过这次事件的录像。让我感到惊讶的是，那位狂怒的母亲被人驱赶着，它朝车子背过身去，坐在上面，试图反抗；然而它没有恶意，它不想伤害那些行为粗鲁的人。它显然不是在保护自己柔弱的孩子免遭维姬和其他人类的伤害；它并没有将他们视为一种威胁，而只是想和自己的孩子待在一起。可以说，它最终还是同意离开了。当小象被拴在保险杠上，从井里拖出来，它很清楚该往哪边跑——妈妈一定始终在呼唤它。它们奔向对方，马上聚到一起。

大象能够理解合作。他们共同合作，解救被困在泥泞的河岸上的个体，帮忙找回小象，或者将受伤或摔倒的同伴扶起来。比如，它们有时会站在被镇静剂飞镖射中的大象两边，试图扶住它。有一次，辛提娅•莫斯看见一头小象掉进了又深又陡的水坑里。小象的母亲和阿姨们没法将它救上来，于是它们开始在坑的一侧挖土，挖了一个斜坡。凭借这种智谋，它们救出了小象。

还有一次，年轻的母象雪莉想要跟上其他的家庭成员，多次尝试穿过肯尼亚桑布鲁国家公园里那条湍急的河流。在一次危险的尝试中，水冲走了它 3 个月大的孩子。雪莉在汹涌的流水中追赶着，终于追上了小象，把它带到远处水流平缓的岸边。小象一定吸进了大量的水，可能还患了低体温症；它上岸的时候看起来非常痛苦，没过多久就死了。在缅甸，一个名叫 J. H. 威廉姆斯（J. H. Williams）的人看到，一头大象和幼崽一同被卷进了涨水的河里，"它用头和象鼻抵着河岸的岩石，把小象挡住；随后，它费了极大的力气，用象鼻卷起小象，然后抬起身子，几乎只用后腿站立，把小象推到一块高出水面 5 英尺的窄窄的岩石上。完成这一切之后，它掉进奔涌的洪水中，就像一块木头那样被冲走了。"然而一个半小时后，受惊的小象还待在原地瑟瑟发抖，而威廉姆斯听到一声威严的咆哮，"那是母爱最伟大的呼号"。母象沿着河岸跑回来，找回了孩子。

大象一般不会让小象走丢。母亲将它们留在视线范围内，没有一头小象会掉队，族长通常会控制象群前进的速度，以保证幼年个体有机会休息。

1990 年，在安博塞利，著名的艾柯生下了一头小象，它的前腿无法伸直，也几乎无法吃奶。它只能痛苦地拖着脚步，经常摔倒。研究人员觉得它的腕部会磨损感染，那样的话它就没法活下来了，他们甚至还在想缩短它的痛苦会不会比较人道。然而，出于这个物种的本性，艾柯和它的家族仍然坚持着，每当小象摔倒了，它们就把它扶起来。艾柯 8 岁大的女儿伊妮德也多次把象鼻伸过去，想把它扶起来，但艾柯小心地慢慢把它推开了。照料小象的时候，伊妮德频繁把象鼻伸向艾柯的嘴，似乎在寻求安慰。3天来，筋疲力尽的小象一瘸一拐地走着，艾柯和伊妮德放慢脚步，不时转身看看，等它跟上来。第三天，它向后仰着身子，将弯曲的前腿的脚掌平放在地面上，然后“小心翼翼、极其缓慢地把重心转移到身体的前端，同时伸直了四条腿”。最后，尽管它摔倒了好几次，到第四天的时候它已经能走得很好，再也不掉队了。家庭的坚持救了它——而当人在相似的情况下表现出这种品质，我们称之为信念。

我们缓慢前进着。维姬说：“几天前，伊克利普斯忽然开始到处乱跑，大声叫喊，跟疯了似的。”那时，象群一列排开，队伍有250码[①]长，小象们和一些母象走在前头。维姬猜测：“我想它的儿子当时和朋友们在一起，没有回应它。当时它可激动了。”随后，它找到了孩子，一切安好。辛提娅·莫斯也说，有一头1岁的公象和另一个家族中的几头同龄小象玩得过于投入，没有发现自己的家族已经出发了，它们也没发现它被落在后面。忽然，小象陷入了恐慌，发出那种走失的幼崽特有的尖叫声。家族中的几头母象马上回头找它，而它也全速朝它们奔去。

走丢的小象通常很快就会被找回来，而大一些的“青少年”可能会因为忙着社交，与家族走散。维姬告诉我：“走失对它们来说好像是一件极其可怕的事情。”在刮风的晚上，大象的听力会受到干扰，她曾目睹象群朝一个方向狂奔，呼唤着，聆听着，然后朝另一个方向跑去。“有时候你真希望自己能告诉它们，‘朝那个方向再走一段吧’。”尽管处处留心，但即使年龄较大的大象也可能离群。（通常在大风天气，大象听不清同伴的叫声。）走散之后，它们会表现得茫然而惊恐，四处奔跑，大声呼叫。

① 1码=0.9144米。

而团聚的场面可能非常感人。“它们的样子就像在说，‘呜呜呜，真是太可怕了’。”维姬说着，取笑大象的多愁善感。

要说那些举止疯狂的走失的大象没有感觉到焦虑，这可说不过去。大象不善于用面部表达感情，但维姬说：“它们有我们所说的‘担心的表情’‘怀疑的表情’‘茫然的表情’。我甚至不确定我说的具体是什么，但它们确实有可以识别的面部表情。”

离群的动物面对捕食者的时候要脆弱得多。离群的大象就像我们一样，因为独自处在荒野中而感到不安。和同伴在一起能让它们感到安慰。

这不该让我们感到惊讶。人类诞生于同样的荒野。我们曾在同一片草原上，面对同样的挑战艰难求生；我们也用同一轮太阳的轨迹计算时日，在夜晚倾听着同样的虎啸猿啼。人类的心智和大象的心智就诞生于这些岁月。大象所知道的一切，我们也需要知道。我们的步调如此一致，因为我们根本就是同胞。

有一头两岁大的小象，母亲不在附近。小家伙的颞腺淌着液体，这是个焦虑的信号。它的母亲可能在发情期，和一头公象一起跑到什么地方去了。年轻的母亲会因为有魅力的家伙分心。我们希望不是什么更坏的情况。

有一天，卡提托见到一头母象身上插着一根长矛。卡提托去找人帮忙，她找来一名兽医，打算用装了抗生素和止痛药的飞镖给它打针，却看见另一头大象和它在一起，它身上的长矛也不见了。从来没人听说过大象会拔掉另一头大象身上的长矛，它一定是自己掉下来了。但是，当兽医的飞镖射中受伤的大象后，它的朋友上前拔掉了飞镖。研究人员还曾经目睹一头大象拾起食物，放进另一头鼻子严重受伤的大象嘴里。安博塞利的研究人员理查德·伯恩（Richard Byrne）和露西·贝茨明确表示："大象表现出共情。"它们会照顾受伤的同伴，它们也会互相帮助。

更神秘的是，大象有时会帮助人类。乔治·亚当森（George Adamson）[1]曾经协助养育了《生而自由》(*Born Free*）一书中那头著名的狮子爱尔莎，他还知道这么一个故事：有个上了年纪、半失明的图尔卡纳女人沿着小路走着，夜幕降临，她只好躺在一棵树下。半夜，她醒来了，发现一头大象俯视着她，用象鼻上上下下嗅着。她吓得全身瘫软。其他大象也聚集过来，它们很快开始折树枝，把她盖了起来。第二天早上，她恐惧的叫声引来了一个牧人，牧人将她从树枝堆里救了出来。大象是不是误认为她已经死了，并且试图埋葬她？这可真够奇怪的。它们是不是感到了她的无助，并且出于共情，甚至出于怜悯，想要保护她免于鬣狗和豹子的伤害？这种解释更奇怪了。在《与象共舞》(*Coming of Age with Elephants*）中，乔伊斯·普尔讲述，有个牧羊人和象群的族长意外发生冲突，导致腿部受伤。被发现的时候，牧人在一棵树下，身边是一头凶巴巴的大象，但他却疯狂示意救援团队不要开枪。后来他解释说，大象在打了他之后，象群族长发现他不能走路，就用象鼻和前腿温柔地扶着他走了一小段，把他安置在树荫下。它守了他一整夜，还不时用象鼻碰碰他，尽管它的家族已经把它甩在了后面。

共情看起来非常独特。很多人相信，是共情"让我们成为人"。而另一方面，恐惧可能是最古老、最普遍的情绪。令人惊讶的是，恐惧和共情紧密相连，而且恐惧就是一种共情。共情是感知另一个个体情绪状态

[1] 乔治·亚当森（George Adamson，1906—1989），野生动物保护者，作家，被称为"狮子之父"。他和妻子乔伊·亚当森（Joy Adamson）共同养育了小狮子爱尔莎，乔伊据此写出了《生而自由》一书，后被改编为电影。

的能力。当一只鸟儿受到惊吓，导致整个鸟群忽然腾空飞起，这种情绪的传播被称为“情绪传染”（emotional contagion）。婴儿的哭声也利用了情绪传染，将焦虑传递给父母。感知另一个个体的焦虑或警觉，要求你的大脑能够匹配对方的情绪，这就是共情；当你因为同伴的恐惧而感到害怕，这也是共情；当别人打哈欠，你也跟着打哈欠，这还是共情。共情的根源深植于可传染的恐惧。是的，共情是独特的，只是它恰好也是普遍的。（而许多自闭症谱系障碍患者都是“阅读”他人情绪的能力受到了损害。）

近期的一项研究发现，一岁大的儿童、狗和猫都会尝试安慰“痛苦”的家庭成员，即那些假装抽泣、疼痛或哽咽的人，比如把头放在这个人的大腿上。在看到富有情绪的图像时，人类和猿类的大脑和末梢皮肤温度都会发生相似的变化。即使人物照片展示的时间极其短暂，人们无法有意识地感知图片，他们的情绪也能作出回应。结论：共情是自发的，共情不需要思考。大脑自动捕捉到了那种感觉，然后才让你察觉情绪。

在玩耍的时候，动物知道那些在追逐和攻击它们的个体不是认真的，这是共情；你必须明白玩耍的邀请，这也是共情；你必须熟悉那些互相让步、互相示弱，以及无害的攻击。我每天都在我的狗舒拉和裘德身上看到这一点，它们精力充沛地打闹着，龇牙咧嘴地咆哮着，但它们轮流仰面躺下或者蹲伏下来，然后舔舔对方。它们永远是最好的朋友，它们互相了解，彼此信任。

跳舞、唱歌、一起做礼拜、和朋友们一起去看话剧或听音乐会——当人脑模仿我们在其他人身上看到的东西时，肢体运动也会同步。我们都会变得更像对方一点，但我们永远无法真正分享另一个人的感受，因为我们只能用自己的头脑进行感受。这让我们尽量拉近距离，直到发生联系。我们不能透过别人的眼睛看到红色，也不能体验另一个人尝到的豆子汤的味道，或者他们对齐柏林飞艇[1]的《克什米尔》（*Kashmir*）的感受。但是，共情让我们即时将体验进行对比，并创造一个副本。这是一种幻觉，它的作用是告诉我们的朋友和恋人："这就是我的感觉。"我们的大脑赋予我们说出"真的吗？我也是！"的冲动。基本上就是这样，这也是它最美妙的地方。这是个奇迹。

我们通常将"共情"与"同情"或"怜悯"混为一谈，但我希望将对他人的感受划出一个梯度。共情是对他人的情绪产生共鸣，即如果你害怕我也害怕，如果你开心我也开心，如果你难过我也难过。同情是对他人痛苦的关心，在情绪上有一些分离，你的感受可能和他人的情绪并不相同，比如，"得知你的曾祖母去世了，我感到很遗憾"。你没有分担他们的悲伤，但你流露出了同情。而怜悯就是这种同情再加上行动的动机，也就是"看见你这么痛苦，我想帮帮你"，比如给流浪者买一个三明治，或者签名请愿保护鲸鱼。当然，"同情""共情""怜悯"这 3 个词所命名的情感是有重叠的。但如果说怜悯是一种缓解他人痛苦的冲动，那么一头大象在保护迷路老妇人的时候，它就感到并且践行从共情到同情再到怜悯的全部情绪。

珍·古道尔告诉我们，黑猩猩和倭黑猩猩不会游泳，而在有壕沟的动物园里，它们有时候会做出"英雄的举措"，拯救同伴免于溺水。曾有一只成年雄性猩猩为了救起掉进水里的幼崽而淹死。还有一次，一条壕沟被抽干，清理完毕之后管理人员开始往沟里放水。忽然，这群倭黑猩猩中的年长雄性来到窗前，尖叫着，拼命挥动手臂，以引起管理人员的注意。原来，几只小倭黑猩猩跑到放干水的壕沟里，现在出不来了。它们本来可能会被淹死，是这头年长的雄性倭黑猩猩救了它们。

① 齐柏林飞艇：一支英国的摇滚乐队。

大鼠会释放被关起来的同伴。即使旁边的容器里有巧克力，它们也会先把同伴放出来，然后分享食物。因此，大鼠的共情演变成同情、怜悯，以及利他行为。因为帮助他人可能会在将来带来回报，我们的大脑给了自己一剂催产素，奖励自己的善行。所以，做好事的时候我们感觉良好。朋友间的利他主义就像买保险。即使你觉得自己不需要保护，最好还是支付保险费，因为你实际上可能会需要它。假如你是一只大鼠，那么你放走的另一只大鼠将来就有可能派上用场。如果捕食者前来进攻，身边有一个同伴就能将你被吃掉的机会减半，并且同伴还能将发现并打败捕食者的机会增加一倍。

但是，并非一切都是出于实用主义。善意有时会超越常识，延伸到其他物种身上。在英国的一家动物园里，有只雌性倭黑猩猩抓住了一只椋鸟。饲养员要求它把鸟放走，它便爬到最高的树的顶端，用双腿抱住树干，腾出双手，小心地拉开椋鸟的翅膀，将鸟儿抛向天空。它明白当前的情况，并且对鸟略有了解。我很好奇它是否会想象飞翔的感觉。

大象为什么会产生共情和怜悯，这些感觉从何而来，答案仍然是个谜。我们也许无法确切知道大象是什么感觉，但是它们确实有这些感觉（也有人认为它们没有，也许他们是对的）。也许大象也在寻找着生与死的某种深层意义，正像我们一样感到困惑；也许在扩展理性和逻辑的疆界方面，并非只有我们拥有足够强大的心智，能探索无法参透的秘密；也许就像我们一样，它们只是好奇罢了，如果是这样的话，一定还有其他好奇的生物。

我好奇，其他许多动物都很好奇，而人类的好奇心是求知的驱动力；求知是灵性的先驱，灵性又是科学的先驱。科学寻求真相，而科学探索就是永恒的求知欲。

好好哀悼

象群终于回来了，当时辛提娅·莫斯在场。特蕾西娅少了半根象牙，也许是被子弹打碎了，也许是在试图扶起倒下的家庭成员时折断了。特里斯塔不见了。温迪也不见了。塔尼娅身上有三处严重感染的枪伤，分别在左肩、左耳后面和臀部。它不停地用象鼻触摸着伤口，拍掉上面的尘土。它的乳房干瘪了，但它最小的儿子还在哺乳期，而且精力充沛。小象很快学会了进食。

辛提娅正准备离开，塔尼娅朝她的路虎汽车走来，站在车窗前看着她。辛提娅深感不安，她感觉塔尼娅正试图表达自己的痛苦。然而辛提娅什么都做不了。

塔尼娅康复了，它的儿子也活了下来。温迪留下的孤儿在姨妈薇拉的保护和陪伴下活了下来。特蕾西娅享年约 62 岁。

特蕾西娅于 1922 年左右出生，在此之后，世界发生了巨变。在它的一生中，世界渐渐被人和新的机器所占据。它经历了大萧条、“二战”、纳粹集中营和广岛原子弹爆炸，却对这些一无所知，亦不知道缅甸、朝鲜、柬埔寨和越南经历的恐怖；它不了解那不可思议的“阿波罗”登月计划，尽管它曾沐浴着同一轮月亮的光辉；还有摇摆年代、爵士和摇滚；民权运动从它身边悄然经过，然后是女权运动、《寂静的春天》和环境保护运动；冷战期间，它沐浴在热带温暖的阳光里；纳尔逊·曼德拉的抗争解放了一个国家的人民，这个国家几乎杀光了这个国度中所有的大象，而它全然不觉。在世界的时间线上，它的一生与所有这些事件相重叠。它的步伐越发苍老而稳健。3个马赛人的长矛刺中了它，当时它是这一带象群中年龄最大的。伤口化脓了，大约两周后它死于感染。

如今，很少有大象能够活到特蕾西娅的年龄。为了生存，许多大象被迫放弃曾经让它们活下来的传统和知识，也就是文化——古老的迁徙路线，这条几百年来代代相传地通往已知食物来源和水源的路线，正随着人类的占领而渐渐消失。

在特蕾西娅的童年时期，生存空间更大。辛提娅回忆道："那时有许多阳光灿烂、草木葱茏的日子。特蕾西娅和其他的小象……四处奔跑，在灌木丛和高高的草丛里打闹。它们昂着头，耳朵朝外伸开，眼睛睁得大大的，顽皮地闪着光……它们发出狂野、颤抖的号声。"当然，那时候也有艰难的日子，比如干旱和死亡。但那就是生命：尽管有着艰难的时日，也能这样延续上百万年。而现在，大象被人类杀死的风险已经高出了其他所有的死亡因素。

大象会死，我们都会死。对于大象和其他一些物种来说，谁死了至关重要。所以说，它们都是独特的个体。记忆、学习和领导力的重要性导致了个体的重要性。而且正因为如此，一个个体的死亡会对幸存者造成很大的影响。

有个研究员曾经播放了一头死去的大象的录音。录音从藏在灌木丛里的音箱传出，象群疯狂地呼唤着，四处寻找。死去的大象的女儿在这之后一连呼唤了好几天。此后，研究员们再也没有做过这样的事。

大象对死亡的反应被称为“可能是大象最奇特的一点”。它们几乎总会对死去的大象的遗骸作出反应，有时也会对人的尸体作出反应。对其他动物的尸体，它们则视而不见。

乔伊斯·普尔写道：“最令人不安的是它们的沉默。唯一的声音来自它们检查死去的同伴时从象鼻中缓缓呼出的气息。仿佛连鸟儿都停止了歌唱。”维姬曾目睹这样的场面，她说那是“摄人心魄的悲伤”。大象小心地伸出象鼻，温柔地触碰着尸体，仿佛在读取什么信息。它们用象鼻的尖端抚摸着下颌、象牙和臼齿——这些是它们最熟悉的部位，是问候时最常触碰的部位，也是每个个体最独特的部位。

辛提娅和我说起一个了不起的象群族长，叫大豁牙。它是自然死亡的，几个星期后，辛提娅将它的下颌骨带到营地，以确定它的死亡年龄。几天后，它的家族从营地经过。地面上放着几十副大象的下颌骨，但象群直接走向大豁牙的。它们在那里待了一会儿，并且都触摸了那副下颌骨。随后，象群继续前进，只有一头除外。在其他大象离开后，那头象还停留了很久，用象鼻摇晃着大豁牙的下颌骨，深情地抚摸着它，转动着它。那是布奇，大豁牙7岁的儿子。布奇是否在回忆母亲的面庞，想象它的气味，聆听它的声音，思念它的抚摸？

如今，人类会马上将每头大象的象牙锯下来。但在1957年，大卫·谢尔德里克（David Sheldrick）写道，大象具有“一种奇怪的习惯，要将死去的同伴的象牙拔下来”。他提到“有许多次”，大象将重达100磅的象牙拖出半英里远。有一次，伊恩·道格拉斯-汉弥尔顿将一头被农民射杀的大象的尸体的一部分移到了别的地方。没过多久，一个熟悉它的家族经过这里。闻到气味之后，它们四处寻找，并小心地接近尸体，象鼻上下挥动着，耳朵半伸向前方。似乎谁也不愿意第一个碰到尸骨。它们紧紧围成一圈逐渐靠近，然后开始仔细嗅着，认真检查象牙。一些骨头被它们晃动着，温柔地用脚滚动着。其他的骨头被堆到一起。它们还品尝了一些骨头。几头大象轮流滚动着头骨。很快，所有的大象都在检查尸体，许多象还带走了骨头。乔治·亚当森曾射杀了一头公象，因为这头象围着他的花园追赶一名官员。当地人将大象的肉切下来食用，然后将尸骸拖到了半英里外。那天夜里，象群将一块肩胛骨和腿骨搬到了那头大象倒下的地方。

大象有时会用泥土和植物盖住死去的同伴，我想它们也许是除了人类以外唯一进行简单葬礼的动物。当猎人射杀了一头庞大的公象之后，它的同伴包围了尸体。过了几个小时，猎人回到现场，发现其他大象不仅用泥土和树叶盖住了死去的同伴，还用泥巴抹平了它脑袋上大大的伤口。在几次有记录的事件中，大象也对死去的人类做了同样的事情。

大象有死亡的概念吗？它们能否预见死亡？几年前的一天，在美丽的肯尼亚桑布鲁国家公园，一头名叫埃莉诺的族长倒下了，当时它在生病。另一位族长格蕾丝赶快跑过来，颞腺因为情绪激动而涌出液体。它将埃莉诺扶起来站好，但埃莉诺很快又倒下了。格蕾丝显得非常紧张，继续试图把埃莉诺扶起来。再次失败。格蕾丝陪着埃莉诺，直到夜幕降临。那天夜里，埃莉诺死了。第二天，一头名叫毛伊的大象开始用脚推动埃莉诺的尸体。第三天，埃莉诺的尸体得到了自己的家族、另一个家族和它最亲密的朋友玛雅的送别，格蕾丝也在。在埃莉诺死去一个星期后，它的家族回来了，陪了它半小时。伊恩·道格拉斯-汉弥尔顿对我回忆这件事的时候，他使用了“哀悼”这个词。

大象真的会哀悼吗？我们真的能知道吗？小象死去之后，母亲有时会一连多日表现出痛苦，拖着步子远远地跟在象群后面。一头名叫托妮的母象生下了死胎，它和死去的小象在一起待了 4 天。炎热的天气里，它独自守在那儿，驱赶觊觎尸体的狮子。最后，它终于放下了。

大象有时会用象牙托着生病或死去的幼崽。在安博塞利，曾有一头大象将早产的死婴搬出 500 码远，把它搬到一丛棕榈树浓密而凉爽的树荫里。同样，人们还见过猿猴、狒狒和海豚一连几天把死去的幼崽带在身边。但这些母亲是真的感到了悲伤，还是仅仅像照顾活着的幼崽一样对待它？答案：大象和海豚从不会托着健康的幼崽。这不一样。

2010 年 9 月，在华盛顿圣胡安岛（San Juan Island），人们目睹了一头虎鲸托着死去的幼崽，长达 6 小时。如果这头虎鲸完全理性地理解了死亡，那么它应该抛弃尸体才对。但人类也不会简单地抛弃死去的婴儿。我们有死亡的概念，也会产生哀恸的感觉。我们之间有强大的联系，我们不想放手。动物之间的联系也很强大，也许它们也不想放手。

几年前在长岛（Lang Island），一头还在吃奶的幼年座头鲸被海浪冲进了东汉普顿 (Easthampton)，孤零零的，还在生病，但它还活着。蒙托克的灯塔管理员玛姬·温斯基（Marge Winski）当时在 15 英里开外，她告诉我，在小座头鲸搁浅的那天夜里，她听见了“不可思议的鲸鱼的悲歌”，似乎来自一个寻找孩子的母亲。丹妮斯·赫辛记录，一头名叫卢娜的野生花斑原海豚在浑浊的水里遇到了一头庞大的鼬鲨，永远地失去了出生才几天的孩子，她写道：“我从未听过一位母亲发出如此悲痛的声音。”一头名叫史波克的圈养海豚突然死亡后，它那形影不离的同伴显得十分迷茫，在水池底部无精打采地躺了几天，只浮上来换气。大约一星期后，它才恢复了饮食，并开始社交。马德莱娜·贝尔齐（Maddalena Bearzi）写道：“一头悲痛的海豚母亲可能会寻求独处，离开自己的群体，但在哀悼期间，它可能会受到一群同伴的拜访，也许它们是来看望它的，就像我们人类常常去看望正在服丧的熟人一样。”

那么，其他动物真的会哀悼吗？为了理智、明确地讨论这个问题，我们需要对哀悼作出更科学的定义。人类学家芭芭拉 • J. 金（Barbara J. King）下了一个定义：为了进行哀悼，活着的、认识死者的个体必须调整其行为习惯。他们可能减少饮食或睡眠，显得无精打采或情绪激动；他们还可能会前去送别朋友的遗体。金对哀悼的定义很有用。科学只有在可被测量的事物中才有用武之地，然而悲伤不比哀悼轻一磅，悲恸也不比快乐短两码。在人类身上，这些情感是逐渐变化的，有时会突然产生或消失。其他动物的情感似乎也是逐渐变化的。如果一个人的父母或兄弟姐妹去世，他可能会缺勤几天；服丧的人可能会进行一两天的守灵；而大象的家族可能在几天后回到同伴的尸体旁边。再过一段时间，人类可能会前去扫墓，大象也是如此。人类的生活轨迹可能会随着一个家庭核心成员的去世而发生永久的改变。同样，这么做的还有大象、猿猴……

19 世纪 70 年代，费城的一家动物园里生活着两只形影不离的黑猩猩。饲养员记录："在雌黑猩猩死去之后，留下来的那只雄黑猩猩用了许多种方式，试图唤醒同伴。当它意识到已经不可能的时候，那种的狂怒和悲恸简直令人不忍目睹……那是原始的狂怒的呼号……最终变成了一阵哭声，另一个饲养员对我说他绝对没听过这样的声音……哈 - 啊 - 啊 - 啊 - 啊，声音低沉如同耳语，夹杂着一种悲痛的呻吟般的声音……它哭了一整天。第二天，它大部分时间都呆坐着，不停地呜咽着。"一个多世纪后，在耶基斯国家灵长类研究中心（Yerkes Research Center），其他的黑猩猩都出去了，一头名叫阿莫斯的黑猩猩还留在屋里。其他黑猩猩不停地回到室内，看看阿莫斯怎么样了。一头名叫黛西的雌黑猩猩温柔地揉着阿莫斯耳后柔软的部位，并将柔软的褥草堆在它背后，就像护士为病人放好枕头一样。第二天，阿莫斯死了。一连几天，其他黑猩猩显得情绪低沉，吃得很少。

研究员约翰·米塔尼（Johan Mitani）说，乌干达的两头雄性黑猩猩多年来一直是密不可分的同伴。当一头死去之后，原本喜欢社交、等级较高的另一头“一连几个星期都不愿和其他同类在一起，仿佛在服丧一般”。

帕特里夏·怀特（Patricia Wright）研究马达加斯加的灵长类动物——狐猴。她说，一只狐猴的死亡“对整个家族来说都是一个悲剧”。她对我详细描述了她观察到的情景：一只冕狐猴被马岛獴（獴科的一种动物，长得像猫）杀死了，“马岛獴离开后，冕狐猴家族回来了。它的配偶反复发出那种‘丧失’的呼号。当冕狐猴走失的时候，它们的呼叫声不会那么频繁，并且声音更高、更有精神。然而这次它们发出的是一阵低语，悲伤的呼号回荡着，反反复复”。其他的群体成员，死去的雄冕狐猴所有的儿女，它们在离地面 15～30 英尺高的树枝上看着尸体，也都发出了悲痛的呼叫声。5 天内，这些狐猴回来看望尸体总计 14 次。

行为生态学家乔安娜·伯格（Joanna Burger）教授的亚马逊鹦鹉提科曾经陪伴了她的婆婆一段时间，当时婆婆和他们住在一起，度过人生中最后的日子。在老太太临终前的最后一个月，提科试图阻止负责临终关怀的人碰她。哪怕他们只是给她量体温，它都要袭击他们，于是护工来的时候，它就被关进房间里。最后一周，老人躺在病床上，提科便蹲在枕边守护着她。乔安娜说：“它几乎不会离开去吃东西。”她还说，老人去世的那天晚上，遗体已经被送走，“提科几乎一晚上都在房间里尖叫，它以前从来不会在晚上发出半点声音，不管楼下发生了什么”。一连几个月，提科常常停留在它的人类老朋友睡过的床前，长达数小时。

• • •

悲痛不仅是对死亡的反应。有时候，我们认识的人死了，但我们不会感到悲痛。有时候，我们爱着的人决心离开我们的生活，尽管他们仍然活着，我们却感到了悲痛。我们只是想他们想到发狂。认识他们改变了我们的人生，失去他们也一样。悲痛不仅关乎生与死，而更多地关乎陪伴的失去、存在的失去。芭芭拉·J. 金说，当两头或者更多的动物曾经共同生活，"失去所爱而致悲痛"。

"爱"真的是那个对的词吗？当一头大象看见了自己的姐妹并呼唤对方的时候，或者当一只鹦鹉看见了配偶并想要靠近的时候，是它们之间的联系产生的感觉让它寻求亲近。这种亲近的渴望背后的感觉，就是我们用来称呼它的那个词——"爱"。大象和鸟类对另一个个体的爱与我所感受的爱各不相同，但这点对于我的朋友、母亲、妻子、继女和邻居来说却是一样的。爱不是一个实体，并且人类的爱在质和量上各不相同，但我相信我们用来标记它的词汇也适用于它们。爱，如同人们所说，是光辉普照的。"爱"或许就是那个对的词。

其他许多动物似乎不会想念死去的同伴和家庭成员——但这是因为它们并不想念，还是因为我们没有观察，或者忽略了相应的迹象？谁会盯着一只海鸥或者獴直到它的配偶死去，然后继续观察几个星期？（还有信天翁，一连观察几年，直到它们再次求偶，建立新的关系？）野生动物哀悼的故事比较罕见，而且都是道听途说，因为自然死亡极少被观察到。这个世界上大部分的生与死，都发生在我们的视线之外。而另一方面，宠物主人都知道不少的故事，比如猫一连几个星期哀叫不已，显得无精打采；比如悲伤的兔子；比如狗前去拜访同伴的坟墓，或者多年来每天都到火车站等待逝者的归来，等等。一个朋友告诉我，她养的两只鬃狮蜥中的一只死了，活下来的那只几乎一连两周一动不动，随后才渐渐恢复了正常的活动。有没有可能，连一条蜥蜴都会想念死去的同伴？

我自己几乎从来没有观察过动物失去同伴之后的反应。但我和妻子养过两只鸭子，它们从小被一起养大，和我们的四只小鸡生活在一起。这些家禽常常在我们的院子里散步，但这两只鸭子形影不离。它们一起洗澡，在繁殖季节交配。一天，两只鸭子忽然都病倒了。第二天，那只公鸭“艾灵顿”死了。母鸭“塞隆尼斯”后来痊愈了，然而一连几天，它在院子里、藤蔓和灌木丛中徘徊，呼唤着，寻找着。哀悼？悲伤？它一定在想念它的同伴，它的配偶。最后，它停止了寻找，融入鸡群，成为其中唯一的一只鸭子。我不知道这对它来说是什么感觉，但它显然思念同伴，并且试图寻找同伴。最后，它继续生活下去——就像我们人类也必须要做的那样。这些趣闻轶事单独看来都很弱，容易被误读，但集中起来，它们的分量就增加了。

就像人类一样，有的个体尤其难以承受某些丧失。20 世纪 90 年代，虎鲸族长伊芙死于加拿大附近的太平洋海域，享年 55 岁。它的儿子“大佬”和福斯特围着汉森岛转来转去，反复呼唤着。大佬当时 33 岁了，这是它们生命中第一次，母亲没有回应它们的呼唤。两兄弟一连几天反复拜访母亲生命中最后的日子里到过的地方。忠诚、思念、悲痛。达芙妮·谢尔德里克女爵（Dame Daphne Sheldrick）有 50 年观察孤儿象的经验，她平静地告诉我：“大象可能会悲痛而死。”她见过这样的事情。达芙妮还说，在养育孤儿象的 50 年中，她学到了这点：“要了解一头大象，就必须学会‘拟人化’，因为大象在情感上和我们是一样的。它们会哀悼，会像我们一样因为失去所爱而陷入深深的悲痛，而且它们爱的能力令我们自惭形秽。”

但是，即使我们接受了它们会哀悼这点，它们的哀悼是否“像我们一样深切”？我们的哀悼有多深？想象一场人的遗体告别式：一场持续一到两天的聚会，在场的有孙辈和成年的孩子们，还有亲戚和朋友；同事们讲笑话，交换名片；那位年轻女性的黑裙子似乎是算好了要让别人忘掉悲伤；以及终将愈合的伤口和永不消失的疼痛。有些人的生活改变了，有些人不受影响。什么是“人类的哀悼”？没有这么一种专门的东西。就像人类的爱一样，人类的哀悼也包含了许多不同的情感，具备不同的强度，存在于许多不同的头脑中。那不是人类特有的。

哀悼不需要理解死亡。人类当然会哀悼，却对什么是死亡有着不同的意见。人们从千变万化的传统信仰中了解死亡——天堂，地狱，轮回转世，还有其他接收死者的地方。人类对死亡最主要的信念是：你不会真的死去。少数人相信我们只是生命结束了、不存在了，但大多数人认为这个观念不可思议。

“我相信生命的永恒”，这是我在教堂里被要求重复的话语。所以，当黑猩猩或者海豚抱着死去的幼崽，它对死亡的理解就不如教皇吗？当一头大象抚摸着亲密同伴的遗骨，它对死亡的理解又会比教皇更多吗？

在特蕾西娅死于刺伤后两年，辛提娅看见塔卢拉、西奥多拉和其他更年轻的家族成员“玩疯了”：它们时而在灌木丛里跑来跑去，时而卷起尾巴转圈，时而一头扎进水里，拍打水花，尽情玩乐。它们已经从特蕾西娅的死亡中走了出来，并且，用辛提娅的话说，“它们又是我记忆中那群活泼而有些异想天开的、我深爱的大象了”。

我不知道你如何说再见

我们正在观察的那群大象朝沼泽走去，它们穿过高高的草丛，踏进凉爽的泥水中。

大象家族如何决定要去哪里，何时出发？维姬曾经非常仔细地观察了这点，她说："如果家族里某一头大象想去某个地方，它就站在象群的边缘，面朝想去的方向。"这被称为"提议出发"（Let's go）站姿。大约每过一分钟，想走的大象就发出隆叫："我们走吧。"这是一个提议："我想去那边，我们一起去吧。"维姬说："象群要么同意前往，要么就原地不动。"

那么，如果它们原地不动会怎样？

"如果它们不走，那头想走的大象可能会回到家族中，亲切问候其他大象，以寻求支持，就好像在说，'嘿，我们是好朋友，对吧？！现在我想去——那边。'所以，问候也可以是一种策略。"

有时候它们很快达成一致。族长发出一阵长而柔和的隆叫，将耳朵竖起来，并用双耳拍打脖颈和肩部，就像在拍手一样。于是家族出发了，仿佛它们都在等待这个信号似的。而有时候，讨论会持续几个小时。

维姬解释说："它们知道前方有什么。如果一个比较庞大、占优势地位的家族恰好在你想去的地方，你就要避开它们，以免惹上麻烦。有时候它们的意图很明显，有时候我也无法解释它们要做什么。”

维姬停下来，说：“你好，阿梅莉亚！”然后转向我，继续说：“那头正在走动，扇动着耳朵的母象，叫乔琳娜，JA 家族的族长。还有——”维姬透过双筒望远镜，看着一头正在走进沼泽和草丛的母象，“好的，那么这头是伊万妮。”

所以，现在在场的有 AA 家族、YA 家族和 JA 家族。AA 家族和 JA 家族是朋友，而 YA 家族和 JA 家族也是朋友。它们正在互相问候。维姬解释说：“它们不光在说，‘噢，你好’，更像是说：‘我在这里，你也在这里——我们是朋友，我们都在这里’。”

所有的个体都参与到问候中，热情洋溢，关系愈发亲密。

大象研究专家乔伊斯・普尔将这种行为称为“团聚仪式”（bonding ceremony）。普尔写道，参与者互相致意，并对远处的倾听者传达出一种信息，表明它们“是一个互相支持的团体的成员，共同组成了一个统一战线”。

“想知道哪些大象是朋友或者近亲吗？”维姬自问自答，“看看它们的问候就够了。”问候越是热情洋溢，它们之间的关系就越重要。在因社交而情绪激动的时候，大象经常突然夸张地一把抓住对方的象鼻，拉近双方的距离。它们发出或高亢的号声或低沉的隆叫，将象鼻伸向对方的脸或者伸进嘴里，耳朵扇动着，象牙互相碰撞。看到这样的场面，你自然会知道它们很激动。

大象有上百种肢体语言，用于在不同的情境下进行交流，而情境也有助于传达它们的意图。一头犹豫不决或善于理解的大象可能会站在那儿，倾听，观察，象鼻的尖端前后摇晃着；它们还可能抚摸着自己的脸、嘴巴、耳朵、象鼻，显然在寻找信心，就像一个人用手抚摸脸庞，或者把一只手放在下巴旁边那样。几乎持续不断的呼唤强化了家庭单位，能够巩固关系、化解分歧、保护同伴、形成联盟、协调行动、维持联系。大象的叫声一部分是用哺乳动物共有的喉头或“共鸣箱”发出的，另一部分来自能够发出号叫声的象鼻。

大象之间发生冲突的时候，它们可能会在调停者的帮助下和好。研究人员写道：“通常由第三方发起调解，例如族长或与受欺负一方关系亲密的大象。它靠近发生冲突的大象……随后，它们面对面站着，发出低沉的隆隆声，并且把头抬起来，耳朵向上举起，将象鼻以友好的姿态伸向对方。”

• • •

看到这场不甚热情的问候，维姬替我感到失望。她说：“如果 EB 家族也在的话，场面会非常盛大而热烈，充斥着大象的号叫声，还有大量的肢体摩擦、相互接触。我们都说那是个意大利家族，因为它们的情绪十分热烈。这次会面太沉默了。”

JA 这个小家族有理由保持沉默。维姬解释说：“它们曾经由一头非常漂亮的族长领导着，它被长矛刺伤后就去世了。它们的下一任族长死于干旱期间。”长者们不在了，幸存者们显得情绪低落。对社会性动物而言，死亡在某种程度上对幸存者有着重大的意义。

大多数家族成员躲在灌木后面。现在离得比较近的是贾米拉。还有一头象刚刚把一大把草放在自己的脑袋上，那是杰瑞米，9 岁。看它的右边，那头象牙碰到了嘴唇的母象是乔琳娜，象群的现任族长。乔琳娜旁边是简，它刚刚流产。还有一头象牙向上弯曲的母象，那是乔迪。乔琳娜对家庭的需要非常敏感，能够很快提供安慰，并以身作则，因而赢得了作为族长的威望。“它们是一个彼此非常亲密、非常团结、感情非常深厚的家族，是我最喜欢的家族之一。”维姬说着，喜爱之情溢于言表。

而且，它们还是最不可思议的一个家族：基因检测显示乔琳娜、贾米拉和乔迪之间血缘关系并不密切。“它们是朋友，但组成了一个家庭；它们非常亲密，总是在一起，并且常常互相接触、摩擦——看啊，贾米拉在跟那头小象打招呼，‘看，我们都在这里呢’。”

乔琳娜刚才一定是在和杰塔聊天，后者现在正站在乔迪面前大吃大嚼，它们的颞腺都流淌着液体。

乔迪的耳朵向外伸出，维姬解释说：“这表示它在倾听。它的耳朵刚才抖了一下，看到了吗？它们在互相交流。”

我很好奇我为什么听不见它们的声音。

维姬开始对我解释：“一般来说，我们听不到它们，但我们会说，‘我感觉附近有大象’，或者‘我感觉不到有大象’。我们都能感觉到附近有没有大象，而且我们不知道为什么。那些线索来自某种我们无法察觉的、非常微妙的东西。我觉得我们应该是感觉到了它们发出的次声波，又无法意识到。”这可有点吓人。

大象的歌曲音高跨度达到10个八度，从次声波的隆叫到高亢的号叫，频率在8～10 000赫之间。仪器能够将非常低沉的声音转变为人耳能够感知的声音，借助这些仪器，有研究发现如果大象情绪激动，颞腺中涌出液体，它们此时也在发出声音。只是，它们的隆叫声虽然音量很大，但往往频率太低，人类听不见。

大象隆叫时发出的低频声波不仅能在空气中传播，还能在地下传播。大象能在几英里之外听见人类听不到的隆叫。它们对低频声波的极度敏感来自耳部的构造、骨传导和特殊的神经末梢，这些神经末梢分布在它们的脚趾、脚掌和象鼻尖端，使得这些部位对振动极其敏感。所以，大象的声音交流一部分通过土地传播，用脚接收。（据说在人类发现海啸即将到来之前，大象能提前跑到高地上，这可能就是因为它们能够感知沿地面传播的振动。）

当你听到大象的隆叫，你仅仅捕捉到了它们发出的声音中频率最高的那部分，就好比一个复杂的和弦，而你仅仅听到了高音。用视觉化的比喻，就是：如果声音是一所带地下室的房子，那么你就只听见了它的阁楼。大象能够发出不同类型的隆叫，有不同的声波结构。在紧张的会面中发出的隆叫和在友好的相处中发出的隆叫相比，两者的振幅、频率和持续时间都不相同。如果只说大象会隆叫，就好比说人类会笑一样。我们在不同的情境中会发出不同强度的笑声，比如礼貌的轻笑、讽刺的冷笑和捧腹大笑。大象的隆叫也一样千变万化。

维姬指出："大象所说的很大一部分都在人耳的感知范围之下。但你能看到它们停下来，做些小动作，微妙的动作。当它们叫唤的时候，你有时能看到它们的前额出现了皱纹。如果你就在它们旁边，你一定能通过腹腔神经丛感觉到它们的声音就在你的胸口。声波直接穿过你的身体。"

如果它们在说话，那它们在说些什么？"交流"指一条信息被发送者发出，被接收者理解。令人惊讶的是，交流不一定需要意识。一朵花就是植物对蜜蜂和其他传粉者发出的信息。这个世界充满了传递信息的电信号、化学物质、视觉信息和动作。它不是人类意义上的语言，却是有效而重要的信息传递。而且大象不是灌木，动物的交流通常是双向的。当我的狗裘德把头放在我的键盘上，用鼻尖敲下一条信息，比如"deqw-wsaa"，然后坐到一边摇晃着尾巴，我们都明白它的意思："我想，要是你能挠挠我的屁股，那就太好了。"

语言只是交流的一部分。这个世界因无声的情感而充满生机，它们都在以自己的方式安静地传达着某种信息，包括甲壳动物、昆虫和章鱼在内的几百万个物种用气味、动作、姿态、激素和信息素、接触、眼神和声音传递着信息。可以说，生命世界因即时的信息传递和长距离的沟通交流而熠熠生辉。在海洋中，蓝鲸能在几百里外听到同类的呼唤，许多鱼类会互相发出邀请和“亟待回复”，鼓虾能在水下发出爆破声。许许多多的事情正在发生，我们却极少尝试研究其他动物如何使用和理解另一方的语音、气味和肢体语言。

其他动物并不使用与人类相同的方式进行交流，几个世纪以来，这都被解读为它们缺乏心智的证据。当然，这有助于将我们对待动物的方式合理化。如果它们不会思考，就不需要关心它们在想什么。所以，在我们讨论交流之前，我们必须梳理交流、思考和残忍行为之间错综复杂的关系。

在 17 世纪，勒内·笛卡儿[①]将交流、意识、思想、人的优越性和宗教混为一谈。他写道:“动物不像我们一样说话，这并非因为它们缺乏相应的器官，而是因为它们没有思想。”这是错误的。他还补充:“如果它们能像我们一样思考，那么它们就应该像我们一样有着不朽的灵魂。”其实，这也不合逻辑。

伏尔泰轻蔑地指出了笛卡儿的逻辑的矛盾之处，甚至将他和他的追随者称为“野蛮人”。他写道:“将动物称为没有理解和感觉的机器，这是多么可怜、多么遗憾啊！”他继续写道:

① 勒内·笛卡儿(René Descartes，1596—1650)，法国哲学家、数学家、物理学家，解析几何之父，二元论、唯心主义和理性主义的代表人物。

> 是因为我和你说话,你才认为我有感觉、记忆和思想吗?好吧,我不和你说话。你看到我回到家,显得闷闷不乐,焦急地翻找一张纸;然后我打开了书桌抽屉,我记得我把它放在那里;我找到它,快乐地读起来。你判断,我体验了痛苦和愉悦的情绪,并具备记忆和理解能力。把同样的判断用在找不到主人的狗身上吧。它在每一条路上寻找着,悲伤地呜咽着;它跑进房子,显得焦虑而烦躁;它在楼梯上跑上跑下,从一个房间跑到另一个房间,最后在书桌前找到了心爱的主人。它发出快乐的吠叫,蹦跳着,磨蹭着,以表达它的喜悦。它的友情大大胜过了人类。而野蛮人抓住了这条狗,把它钉在桌子上,活生生对它进行解剖,以展示肠系膜静脉。你自己身上的那些感觉器官全部都能在狗的身上找到。回答我,机械师们,大自然将所有的感觉方式安置在这个动物体内,就是为了让它没有感觉吗?它的神经通路都是阻塞的吗?不要假设大自然中会存在如此荒谬的矛盾。

当时麻醉技术还未出现,在活体解剖过程中,笛卡儿的思想被用于忽略狗和其他动物痛苦的呼叫。非人类的意识或感觉就那么难以接受吗?为什么笛卡儿需要强调人的优越性,以将对其他动物造成痛苦的行为合理化?我认为那恰是术语发挥的作用。有人提出反对。1979年,杰里米•边沁[①]简洁有力地提出了质疑:“问题不在于它们能否理性思考,或是能否说话,而在于:它们能否感觉到痛苦?”查尔斯•达尔文在《人类的由来》(*The Descent of Man*)中写道:“每个人都听说过狗在活体解剖时遭

① 杰里米•边沁(Jeremy Bentham,1748—1832),英国法学家、经济学家,功利主义哲学创立者,也是最早支持动物权利的人之一。

受的痛苦,而它却舔着解剖者的手。除非手术完全是为了增加我们的知识,或者除非他有一颗石头的心,否则这个人在临终前一定会感到懊悔。”达尔文还在笔记本中写下了这么一个短小精悍的句子:“动物,我们使其成为奴隶,我们不愿将其视为与我们平等的生物。”

有时候,人类似乎确实考虑了动物的感受,只是没有深入体会。如果一头猪尖叫着:“我好害怕!不要杀我!”那真是太糟心了。然而,这当然就是一头猪被杀害的时候会说的话。它不会说英语,但在法国也有很多人不会说英语。我所见的每一只动物看起来都如同人类一样热爱生活。实际上,很多人类似乎还不如它们。例如,自残行为似乎就是人类特有的。抑郁导致的自杀在野生动物中一般不会发生。大多数动物会尽自己所能活下去。

再想想交流吧。有人认为我们无法得知其他物种的想法,因为我们无法和它们交谈,这简直是无稽之谈。我们很难知道动物确切的感受,但我们有时甚至无法和自己的父母、配偶和孩子交谈。而且,我们自己常常“不知道怎么说”“不知道怎么表达这种感觉”,或者“找不到合适的词”。

我们无法让别的生物开口说话,但我们能观察行为、合理提问、设计巧妙的实验,以得到更深入的了解。爱因斯坦对宇宙做过这样的事,并学到了一点新的东西;牛顿对物理学做过这样的事;达尔文对生命之树做过这样的事;伽利略并没有对朋友们抱怨行星不肯跟他说话。而且,尽管行星在天文学的尺度上运行,它们的行为从未让任何人认为它们具备思想或感觉。动物会给人这样的印象——当它们正在思考或有所感觉的时候。然而,因为我们不能和其他动物交流,动物行为学家就举手投降,称我们无法知道它们能否思考或感觉,并且应该假设它们不能。人类行为学家，比如弗洛伊德，也没有这么作茧自缚。他们试图告诉你，你自己没有意识到的一些想法和你没有说出来的感受。这种双重标准简直太奇怪了，不是吗？另一方面，有的专业人士声称我们不知道动物是否能够思考，因为它们不使用语言，有的专业人士却说语言无法表达人类真正的想法。

语言最多不过是一张由标签构成的松松垮垮的网，我们用它网住自己狂野而纷乱的思绪，以期捕捉和观察一些思想和感受。语言是对实物的速写，某些速写比其他的更加贴切。你能不用“痒”这个标签来表达痒的感觉吗？狗也不能，但是它会抓痒，所以我们知道它也能感觉到痒。你能否描述水的潮湿？能否描述爱或悲伤是什么感觉，雪是什么气味，苹果是什么味道？没有语言能与这些体验相等同。

语言是对思想的模糊笼统的表达。人可能会说谎，我们有时还会忽略一个人的话语，而将身体语言视为更可靠的向导，以此判断他们真实的感受。有时候我们根本无法理解语言。我们学习不同的语言这一事实就表明话语本身是比较模糊的：首先出现的是原始的想法，随后我们用语言来描述它。语言传递了思想，思想先于语言而产生。

有意思的是，在人意识到自己的想法之前的几秒钟，人的大脑就已经被激活。在语言流露之前已经发生了很多事情。当你环视房间，你不会对自己说：“我的冰箱，水槽，我的爱人。”心爱之人的一张照片不需要任何语言，却胜过万语千言，一瞬间一切不言自明。语言越少，你的体验就越是直接。在受到责骂之后，狗会明白一个简单的抚摸的意义：“我们还是朋友，翻篇吧。”对一些更大的事情，语言是可有可无的。虽然“我爱你”就已经足够了，但无言地表达出来会更显真诚，往往一个姿势就足够了。其他的动物也知道这一点。我们也是。如果你和心上人闹别扭，语言已经不管用了，你还能用花来表达自己。还有，视觉艺术、音乐和舞蹈都是祖先传下来的对话，能在语言失灵时发挥效用。

看看大象之间的交流吧，它们简直是演绎模糊的大师。但我们没有如此精妙的词汇来翻译，我们只有笨拙的标签。大象的交流方式被研究人员称为哼哼声、犬吠声、吼声、呼噜声、号叫声和尖叫声——我们缺乏更好的词汇。但作为这些声音的发送者和接收者，大象自己一定很清楚彼此的意图。

换位思考一下，大象听着人类说话，就如同我们听别人说外语一样。想象一下你会如何通过对其中不同类型的声音进行分类来描述一门语言，比如说越南语，你永远没法破译它。

但是，要把大象的语言翻译成越南语或者英语，那就棘手了。“大象隆叫”，没有人能反对这样一句陈述。这个描述是安全的。但如果说“大象说‘你好’”，很多人会反对这个结论。然而，如果没有诠释和翻译，我们就不可能理解它们交流的内容。半个世纪以来，对动物交流的研究都止步于描述，翻译才是它需要的发展方向。

大象之声组织（Elephant Voices）的乔伊斯·普尔博士对大象发声的描述属于前沿水平，从这里可以看出用人类的术语描述大象叫声的特性是多么困难。以下是普尔博士对大象隆叫声的描述：

> 发情期的隆叫、互相问候 / 会面时的隆叫、求偶时混乱的叫声、咆哮的隆叫声（当大象围攻捕食者时发出）具有共同的特征，就是当激动情绪达到顶峰时，叫声表现出振幅增加、噪声增多和变化增多；能量主要分布在高次谐波（在大

多数隆叫中，能量主要分布在二次谐波）；并且随着时间推移，叫声变得更柔和，变化更少，更安静……在问候或会面时的隆叫中，叫声的频等高线尤其宽广，可能为平缓或高耸的拱形，双峰或多峰，左偏态或右偏态。

普尔的观察很详细。但想象一下，如果用普尔描述大象的问候方式来理解人类的问候，大概会是这样："在一场问候仪式中，发生了拱形、偏态或拱形且轮廓弯曲、双峰、双峰且偏态和多峰的隆叫声。"

说完了隆叫声，普尔继续描述大象的嘶吼声。她写道："嘶吼声的音质非常多变，接近猪的吱吱声、刺耳的尖叫声、咆哮声、高呼声、大叫声，甚至公鸡般的啼叫声。"

确实非常多变。但是，拜托，你已经观察它们几千个小时了，所以别害羞，我想知道你认为它们究竟用这千变万化的声音说了什么。

"叫声的变化可能仅仅反映了情绪的强度，"她写道，"也有可能揭示了其他信息，比如叫声发送者的特征，甚至可能提到了特定的个体。"

换言之：它们在说话，可能还会用名字互相称呼。我们还不知道它们在说什么。目前为止，除了描述它们叫声的物理特性之外，我们所能做的事情并不多。

· · ·

来自另一个星球的研究员可能会如此描述我们人类会面时谈话的声音："直立地球生物的会面可能是低强度或高强度的。高强度的会面可能包括高分贝、高频率的叫声和喊声。后青春期个体可能出现手部触碰行为。"不同于来自外太空的研究者，我们会用富有洞察力的方式描述同样的人类的问候:“问候是多变的，有时充满激情，有时比较正式。朋友们见面时可能会激动地尖叫起来。大多数成年人会面时会握手。”来自外星的研究员只能描述它所看到的，因为它不明白发生了什么；而我们地球人能够解释发生了什么，因为我们互相理解。

但对于其他动物，我们只能用最粗陋的词语来描述它们的词汇，比如“隆声”。我们如何描述大象的交流决定了我们如何理解它们的交流。一个说西班牙语的人说了一句话，你不会说他“发出了‘ho-la’的声音”，你会进行翻译:“他刚才对她说‘你好’。”

我们不是大象，所以它们的声音不容易进入我们的耳朵或字母表。想象一下，如何用文字描述贝多芬的《月光奏鸣曲》，或是约翰·科特兰（John Coltrane）[①]的《无上的爱》（*A Love Supreme*）。这不可能。（贝多芬听起来是“哒、哒、哒、哒、哒、哒、哒、哒哒、哒”，科特兰“发出了高且多变的或尖锐，或深沉，或刺耳的声音”。）想象一下，把多色光的波长分布列出来，以此描述一场日落。同样，我们也没有对应的符号系统来描述大象的声音（以及鸟的鸣声、狗的吠叫声等）。对于人的语言，我们可以简单地写下:“在西班牙语中，‘hola’意为你好。”我们不能用拟声的方式写下大象的叫声，并进行翻译:“这种叫声表示‘这里有吃的’；这种叫声表示‘你在哪里？’；那种叫声的意思是‘过来和我交配吧’，还有那种，意为‘我迷路了——救救我！’”我们无法很好地进行记录或翻译。

有一个例外，一种隆叫声被研究人员认定是“我们走吧”。这个标签也是一种翻译。更大的问题，也即它的本质在于:大象是否真的在不同的情境中发出不同的叫声，表达不同的意义？即使我们明确了情境，比如

① 约翰·科特兰（John Coltrane，1926—1967），美国萨克斯管演奏家，对20世纪六七十年代爵士乐有重大影响。

“联系”“简单的问候”“狂暴的合唱”等，这也有点像给我们的语言“你好,最近怎么样？”贴上“问候的叫声”这个标签。这并没有翻译出什么。当大象发出了一阵“问候的隆叫”,它们是在说“你好”,还是“别挡道”？大象到底在表达什么意思？

我说“你好”

非洲象有一种特别的警报声，仿佛是它们的语言中的“蜜蜂！”它们听到蜜蜂的嗡嗡声就会逃跑，边跑边摇晃着脑袋。哪怕只是听到了一段大象奔跑着躲避蜜蜂时的叫声录音，它们也会摇晃着脑袋逃跑。当播放一段人的声音时，它们不会摇晃脑袋。摇晃脑袋是它们躲避蜜蜂时特有的行为，这是为了避免在逃跑时让发怒的蜜蜂钻进耳朵或鼻子。但在美国动物园里的大象从未遭遇过东非蜜蜂，它们对蜜蜂的声音没有反应。而在非洲，年长的大象会直接作出反应，幼年个体也会观察长辈们，模仿它们的反应。研究员露西·金曾经解释说：“它们看见母亲把蜜蜂视为危险的动物，这是它们学习的一种方式。”我的一个朋友曾经目睹黑斑羚听见大象对一群野狗发出的叫声后逃跑，她的向导解释说，当大象对人或者同类发出叫声时，黑斑羚从来不逃跑。如果这是真的，这就说明大象说了一些具体的东西，并且黑斑羚听懂了。

小象也会“隆叫”，但它们有两个非常特别的“词汇”，用于表达满足或愤怒。它们在受到爱抚的时候会发出“啊哦哦哦哦”的声音，受到侮辱的时候会发出“吧罗欧欧欧”的声音，比如在被推挤、被象牙戳到或者被踢到的时候，以及被母亲拒绝喂奶的时候。有时候，母亲发出的隆叫声能让一头游荡的小象马上回到它的身旁。这种叫声似乎可以被翻译成“到这儿来”。

大象的反应表现出它们互相理解对方在说什么，无论那是具体的信息，例如“我们走吧”，还是仅仅表达了情感的强度，这可能是我们所理解的语调，比如“我等不及了！快走吧！”。语义通常取决于语境。因为倾听者了解语境，它们能够理解信息。

有时候人的语言也是这样，语义常常取决于语境和强度。我可以用友好或者刺耳的声音说“嘿！”，你会明白我要传达的是一个友善的问候还是威胁的警告。对于大象来说，一头隆叫的大象听起来可能就像一个人在喊“嘿！”，发送者在其中添加了更微妙的意义，并能被有经验的接收者所理解。这样的编码和解码是大象用它们约 10 磅重、面包一般大小的大脑所做的事情之一。

直到 1967 年，人们才意识到十分常见的青腹绿猴的叫声有着不同的含义。换言之，就是词汇。如果发现了一只危险的猫科动物，青腹绿猴发出的叫声会让大家都跑到树上。当一只猛雕或非洲冠雕飞过的时候，警戒的猴子发出的双音节鸣叫会让其他的猴子望向天空，或者钻进较厚的地面隐蔽物中（而不是爬到树上）。它们是敏锐的观鸟者，但他们对黑胸短趾雕和非洲白背秃鹫没有反应，因为这两者都不捕食青腹绿猴。如果发现了危险的蛇，青腹绿猴会发出带颤音的鸣叫声，其他猴子听见后会用后腿站起来并扫视地面。安博塞利的青腹绿猴的词汇中有“豹子”“老鹰”“蛇”“狒狒”“其他肉食哺乳动物”“不熟悉的人”“首领猴”“从属猴”“监视其他猴子”“发现敌对部落”。在出生 6 个月到 11 个月之间，青腹绿猴可能对报警鸣叫声作出错误的反应，比如听到老鹰警报时跳到树上。直到两岁的时候，年幼的青腹绿猴还可能对上方没有威胁的鸟类发出“老鹰”的警报,对小型猫科动物发出“豹子”的警报。在成长发育的过程中，青腹绿猴逐渐完全掌握了发音，这与人类有些相似。

其他一些猴子也有针对具体威胁的不同报警鸣叫声。伶猴、大白鼻长尾猴、疣猴等猴类不仅有着包含不同成分的鸣叫声，还能通过鸣叫声的顺序传达额外的信息。（有趣的是，一些小型鸟类也会这么做，比如金翅虫森莺和欧亚鸲，我们很好奇的是除此之外还有哪些。）坎氏长尾猴会通过改变叫声的次序表示它是看到了还是仅仅听到了捕食者，这有点像语法，语序会改变语义。如果危险离得较远，坎氏长尾猴会以某种类似形容词修饰成分的鸣叫开始报警，这是一种低频的“咚咚”声，其大意是：“我看见远处有一头豹子，小心点！”如果没有这种咚咚声，意味着情况紧急，“豹子——那边！”坎氏长尾猴表示豹子的报警鸣叫声有 3 种，表示冠雕的有 4 种。戴安娜长尾猴会对坎氏长尾猴的报警鸣叫作出反应——在面临巨大风险时，它们可无法承担语言的障碍带来的损失。长臂猿（东南亚森林中的猿类）会将至少 7 种不同的鸣叫声组合成歌曲，这些歌曲能击退进攻的长臂猿、吸引配偶和警告捕食者。黑猩猩的鸣叫声有近 90 种不同组合，在某些特殊情境下还会加上敲击树干。一头熟悉的雌性黑猩猩的“高声气促”（pant-hoot）声可能向整个群体宣布它的到来，但在它最终接近首领雄性黑猩猩时，它发出的声音变成了“低声气促”（pant-grunt）。它实际上可能在说：“大家好！——现在我要这么做。”当一头黑猩猩受到同类的攻击时，如果附近有一头地位更高的个体能够听到鸣叫声，并有可能进行干预时，被欺负的黑猩猩就可能“夸大其词”。

在特立尼达岛（Trinidad）的一个早晨，我和妻子在阿萨·莱特自然中心（Asa Wright Nature Center），那里的一个博物学家说他听见有只翠鴗发出警报声，意思是“蛇！”。不出所料，我们很快就在高处的树枝上发现了不安的翠鴗，它高声尖叫着，不时啄着一条库氏树蚺。其他的鸟类很好地理解了这个信号，都加入了进攻，迫使这条鬼鬼祟祟的蛇放弃了它的美餐。如果翠鴗有表示“蛇”的词汇，那么老问题又出现了：我们还错过了什么？再给一条线索：乔安娜·伯格的亚马逊鹦鹉提科看见院子里的老鹰、人、猫和狗，会发出不同的叫声。伯格告诉我："我不用看就知道那边有什么。"

• • •

两头大象互相接近时会发出一阵柔和、简短的问候隆叫。当饲养员呼唤一头孤儿象的名字时，被叫到名字的那头也会以同样的问候隆叫进行回应。（实际上，饲养员说英语，大象用大象的语言回应。）研究员说，这种叫声的意义近似"你好，很高兴又见到你了"，或者也可能是"你对我很重要"。

在人类的语言中，"你对我很重要"（You are important to me）的意义与"你对我很重要吗？"（Are you important to me?）并不相同。语序改变了语义，这就是语法。海豚研究员路易斯·赫尔曼（Louis Herman）指出："我们之所以知道百叶窗（venetian blind）并不是一个威尼斯盲人（blind Venetian），这是因为语法。"许多研究通信的专家认为语法是真正的"语言"的决定性特征。他们可能是对的。

赫尔曼在夏威夷研究圈养海豚，他发现海豚能够理解"从约翰那里拿到戒指递给苏珊"和"从苏珊那里拿到戒指递给约翰"之间的区别。它们理解语法。

大多数动物不具备的其实是复杂的语法，我认为我们几乎可以确定这点。复杂的语法是人类语言的特征。海豚也许会在野生环境中使用一些它们自己的简单语法。某些猿类能够学会使用一些人类的语法，尤其是倭黑猩猩。

这其中的意义令人震惊：它意味着这些物种有能力使用人类语法的某些部分，并作出正确的回应。驯兽员能够训练它们的这种能力，使其表达为人类能够观察的形式——这种能力与我们互相理解的能力多么相似。

如果另一种动物能够对人类使用语法，却不对同类或者自己使用语法，这是说不通的。真正的问题在于：我们可能还没有完全理解这点。

有一种可能是，动物使用语法的方式也许略有不同。很多动物能够不动声色地收集信息，以理解对方的意图，比如分辨“如果我攻击你，我能赢”和“如果你攻击我，我就要输了”之间的区别。连鱼都必须能够理解“我大得可以吃掉你”和“你大得足以吃掉我”之间的区别。对于复杂的社会性动物而言，社会地位极大程度上取决于年龄和经验，也许其中也有某种语法用来表示比较，比如“我能胜过她，但他能胜过我”。数百种社交互动都依赖于正确评估这些关系的能力。

想象一下，在几十年的时间里，一头大象或一只猿猴要对社交和策略方面的决策进行多少次风险收益评估！它们不仅要三思而后行，还要清楚自己获胜的可能。它们的心智必须足以在可能的不同场景中转换角色，判断可能的结果。在某种意义上，挑选、选择和分辨的行为是否体现了一种生存的语法？是不是就出于这个原因，它们的心智能够理解词汇顺序的改变也就改变了它们之间的关系，就像人类一样？也许是有关系的。

不是吗？乔伊斯•普尔说，将不同的号叫声和不同的隆叫声进行混合，“这可以被视为一种简单的语法”。大象不同形式的叫声（似乎包含了除迪克西兰爵士乐之外的所有形式）传达了它们赋予一个事件的激动情绪和“重要性”。如果语法就是单词之间相互联系的体现，那么语境本身就是一种语法；语义取决于这一个体相对其他大象处于什么位置。当你的狗挠门的时候，它并不需要来上一段充满渴望的独白，你只要知道它在门的哪一边就足够了。

有人可能会总结说：人能用句子说话，而其他动物用的是短语。“我想去池塘边散步，我们还要去见见其他的狗”这句话，可以轻松被缩减成人的词汇“散步，池塘，狗”。如果不用词汇的话，只要把鼻子冲着门，摇摇尾巴就够了。想法得到了传达。不管用哪一种方式，表达的想法基本相同，并引发同样的预期结果。成千上万的生物没有使用一个副词或动名词，就清楚地表达了自己的意图，在极其艰难的环境中生存下来。

我们虽然能言善辩，但我们喋喋不休的大部分内容都能用更少的词语来表达（正如我的编辑所强调的）。大多数时候，我们的想法中值得记住的部分极少。大多数谈话是如此琐碎，还是别说出来更好。想想那些被浪费的话语吧：专业顾问试图帮助我们趟过汹涌的语言之河；而战争的策略就是用长矛和炸弹说话。数百万的词汇也无法填平种族偏见、意识形态与宗教之间的鸿沟。还有，想想联合国的气候谈判，那个“和平对话”吧。

再想想爱情。想想真正重要的东西是如何通过张开的双臂、指尖的触碰和一个微笑得到传递。不需要句子，不需要语法。真诚的意图有无声的力量。

在对待其他动物的词汇上面，我们偷懒了。我们只说狗会“吠叫”或是“呜咽”，这就好比说人在“说话”或是“尖叫”，然后就不再深究。其实你很容易分辨你的狗站在门前要求出门时的叫声，以及当一个陌生人忽然出现在同一扇门前时它的叫声。即使对我们来说，狗的话语中的音高、音色和音量都是不同的，很容易进行区分。你的狗清楚这一点，也让你明白了这点。当我在书房里写作时，我能从裘德和舒拉的吠叫声判断它们在对谁叫喊，是独自路过的人还是牵着一条狗路过的人，是快递员还是被它们赶到树上的松鼠，又或者是它们在玩耍或者假装打架。

然而，对其他动物的词汇，我们几乎是个“耳盲”。我们用“吠叫”“咆哮”“号叫”等寥寥几个词汇概括了它们丰富多彩的表演，而这些词汇其实并不合适。我们凭借自己的理解，磕磕巴巴地描述着它们对自己意图的表达。

现在，看看两头或两群大象互相接近的时候是如何对话的。一头象开始发出“接触问候”（contact calls），翻译：“我在这里，你在哪儿？”另一头象听见了，作为应答，它猛地抬起头，发出一阵爆裂般的隆叫声，意思是：“是我，我在这里。”

接下来，最初发出信号的大象的姿势放松下来，仿佛在想：“好，你在那儿呢。”它可能会回应，仿佛在确认收到了应答。旁边的家庭成员可能会插嘴，一唱一和。当大象互相靠近的时候，这样的问候可能持续几个小时。

双方见面了。现在对话走向高潮，它们的词汇变成了一系列强烈的、相互重叠的问候隆叫。接下来，对话再次转向，变成了更柔和的隆叫，结构与前者大不相同。这部分通常持续许多分钟。

就算大象没有复杂的语法，它们也有词汇。它们的交流工具包里配备了几十上百种动作、声音及两者的组合。我们目前为什么没有更好地理解它们？人类第一次试图研究其他动物如何交流仅仅是几十年前，这段时间太短了，研究大象沟通交流的先驱者们仍在工作着。而且，世界上从事这项工作的人其实寥寥无几。

在漫长的岁月里，大象发展出了如此丰富而复杂的声音，而这些声音却是随机、无意义的，这有可能吗？不太可能。它们的含义可能是有限的，但必然在某些时候，理解其中的含义关系着生死存亡。如果不是这样，它们动作的剧目表和声音的资料库就不会变得如此复杂。

• • •

诡异的是，大象能隔着很远的距离进行交流，没有人知道它们是怎么做到的。尽管它们的隆叫中低频的部分远远低于人耳的感知范围，这些叫声的音量却很大（115 分贝，与摇滚音乐会现场相当，后者大约在 120 分贝）。理论上，凭借这么大的音量，大象能在 6 英里之外听见这样的声音。我们知道它们的脚上有特别的接收器，叫环层小体（pacinian corpuscles），能够捕捉通过地面传播的大象的隆叫声。它们是否还有其他的方式，能够感知来自更远处的呼唤？它们是否会接力呼叫，就像人类玩击鼓传花一样？

我们该如何解释那些关于大象通信的奇闻逸事？比如，在津巴布韦的一家私人野生动物庇护所里，安逸地生活着大约 80 头著名的大象，它们常常在一处旅行者住宿点旁边的人工出水口附近闲逛。而在离这里约 90 英里的万基国家公园（Hwange National Park），工作人员决定“处理”几百头大象，以降低公园中大象的密度。人们的方法是用直升机驱赶大象走向埋伏的枪手，后者被要求杀死整个象群。那天，远处的屠杀开始后，旅行者住宿点附近闲逛的大象突然消失了。几天后，它们被发现聚集在庇护所里远离万基的一角。辛提娅 • 莫斯说：“大象能够在很远的地方听到痛苦的呼叫声，它们清楚地意识到同类正在被杀害。”很多研究人员说，当大象遭到屠杀的时候，它们很清楚发生了什么。但这是怎么做到的？

相似地，在“大象耳语者”劳伦斯 • 安东尼（Lawrence Anthony）去世后不久，曾被他营救并在他的大型庇护所中生活的 20 多头大象就分成两组，在两天内先后聚集到他家，并在那里徘徊了两天。据说它们先前已经一年没去过那里了。我们知道大象会哀悼，但是，为人类哀悼？ 12

小时路程以外的这些大象如何得知某个人的心脏停止了跳动？谁也不知道。我的怀疑精神在寻找更多、更有说服力的证据：这些故事是否完全真实？

被大卫·谢尔德里克野生动植物基金会（David Sheldrick Wildlife Trust）救助的孤儿象，会在从属于内罗毕国家公园（Nairobi National Park）的一个保育所里接受人工哺乳多年，然后被送到察沃国家公园（Tsavo National Park），与其他先前接受过救助、如今处于野生状态的大象生活在一起。在那里的灌木丛中，它们将在一个更加正常的、年龄分布更广的大象社群中开始新的生活。在保育所里，我和一位极有天赋的饲养员朱利叶斯·施瓦亚（ Julius Shivegha）陪着一群孤儿象在灌木丛里散步，施瓦亚试图解释说："刚刚到达察沃的时候，它们会过来问我们，'我在哪儿？为什么要把我们带到这里来？'它们用的不是我们的语言，但我们走到哪里，它们就跟到哪里。后来，用自己的语言和其他小象交流之后，它们就明白了一切。"达芙妮·谢尔德里克补充说："年龄较大的小象很清楚这些孤儿象是从哪里来的，因为它们自己也是在保育所长大的。"

如果年龄较大的象确实记得孤儿院的经历，以及自己是怎么到了察沃，如果它们明白新来的小象遭遇了什么，这意味着它们记住了自己的经历，并且知道自己能记住这件事情。那些怀疑论者在看到孤儿象在察沃会面的场面之后，往往会相信他们目睹了一些无法解释的东西。而为这些孤儿象工作的人对此没有任何疑问。达芙妮·谢尔德里克有着几十年的经验，她坚称当一群新的孤儿象被卡车载着从内罗毕送往这里的时候，察沃的大象能够察觉。她说，自由生活的成年象会从灌木丛中走出来，准备迎接新来的小孤儿象。她将其称为"心电感应"。我把她的故事放进大脑中贴着"不可思议的故事"标签的"抽屉"里。但这个"抽屉"已经乱成一团，关于大象的"不可思议"的故事实在太多了。

• • •

人类似乎普遍相信一种假设，即每个物种都只有一套叫声，不像人类语言那样拥有不同的方言、不同的语言。这里似乎又存在一个隐含假设，即它们的语音系统是天生的，不需要通过学习来掌握。但是，从小被带离野生环境的个体，比如动物园里的猿类、马戏团里的大象和虎鲸，可能始终无法掌握如何用它们的方式自然地依靠声音、动作、语境和其他细微的差异进行交流。

许多鸟类有地域性的方言。虎鲸也有一些词汇在某些群体中被大量使用，却不为其他群体所掌握。类似这样的区别在我们周围无处不在，但我们还在发现更多。我们还在为这样的行为进行分类，并描述动物的叫声。尽管如此，翻译和理解动物的交流也许就像试图挠一处够不着的痒痒。目前为止，大象所说的、所想的都比我们所理解的更为复杂。

克制，放手

“这，就是我心目中团结的家庭！”维姬热情地说。

吃完东西后，大象紧紧聚集在一起。成年象面朝外部，孩子们在中间。让正缓慢地后退着靠近乔琳娜，碰到了它。“看它们都站在一起，互相靠近，用尾巴、象鼻互相触碰着——多美好啊。每头象都感到十分安全。现在它们可能要打个盹。”

小象全身舒展，在象群的保护下安然睡去。成年象安静地站着，至少看起来很安静。

“扑扇的耳朵？这表示它们在交谈。”维姬说。我们听不到它们的声音。

莱尔·沃森（Lyall Watson）[①] 在南非的悬崖边观察鲸鱼时目睹了一次极其热情的会晤，他是这样描述的：

> 我在悬崖顶端产生的感觉，来自于空气的某种扰动……鲸鱼已经潜入水中，但我仍然能感觉到什么东西。现在那种奇怪的韵律似乎来自我身后，来自陆地，所以我转过身去，望向峡谷……我的心脏几乎停止了跳动……
>
> 那边的树荫下站着一头大象……正望着大海！……一头母象，左侧的象牙在接近基部的地方折断了……我知道它

① 莱尔·沃森（Lyall Watson，1939—2008），南非探险家、生物学家和作家。

是谁，它曾经是谁。我在水资源和林业管理局发布的一张彩色照片上见过它，照片上方的标题是“最后一头克尼斯纳非洲象”。它就是象群的族长……

它出现在那里，是因为丛林中已经没有可以和它交谈的伙伴。它站在靠近大海的悬崖边上，是因为那是最靠近次声波来源、音量最大的地方。海浪的低吟一定在它的感知范围中，那对它来说是一种慰藉。这头动物习惯了被低沉而抚慰人心的频率所包围，被象群的生命之声所包围，而眼前的海浪是一种退而求其次的安慰。

我十分同情它。这位老祖母也许这辈子第一次感到孤独，这本身就是一个悲剧，令人想起无数老无所依的灵魂。但是，正当我即将被无望的悲伤吞没时，更加不可思议的事情发生了……

那种令人心悸的感觉又回来了。我能感觉到，并且我开始明白这是为什么。那头蓝鲸再一次出现在水面上，头朝向岸边，停在那儿，全身清晰可见。族长是为了这头鲸鱼而来的！最庞大的海洋生物和最庞大的陆地生物，彼此相隔不过几百码，并且我相信它们正在交流！它们用次声，用音乐，分享巨大的大脑和漫长的一生；它们明白对寥寥几个珍贵的后代所倾注的巨大的爱，懂得一个复杂社会的重要性和带来的愉悦。这两位珍稀、可爱、伟大的母亲，正隔着开普敦这片多石的海滩上的篱笆相互慰藉，女性对女性，族长对族长，并且几乎都是各自的种族中最后的成员。

我流着泪转过身，让它们独处。那里容不下一个卑微的人类……

午后。

它们一路来到这块长着高草的地方。它们会在这里进食，然后，由于附近没有水源，它们会去往白鹭出没的地方，那里有水。喝饱水以后，它们可能要兜一个大圈，再回到这里吃点东西。这是一个集体行动，成年象会集体决定何时去喝水和洗澡。

当大象终于准备好出发时，所有的大象都面朝同一个方向，但它们要等待族长作出决定。维姬说："我见过一群大象聚集起来，等了半小时，等待族长发出'同意'的信号。"

现在它们上路了。马克里里，11 岁，走得一瘸一拐。5 年前，它拖着一条折断的右后腿出现了。那一定很疼，而且那条腿愈合之后形成了一个可怕的角度，膝盖几乎扭向了后方，就像马的跗关节一样。但它在那儿，靠着朋友的一点帮助活着。"它走得慢，"维姬承认说，"但值得注意的是，它在努力，而且它的家族似乎在等它。"

安博塞利的另一头名叫提托的大象在 1 岁时折断了腿，可能是因为掉进了垃圾坑。它走得很慢很困难，仿佛忍受着疼痛，但它的母亲总会等它，从来不会把它丢在后面。它只活了 5 年。目前马克里里已经比它多活了两倍多的时间。

马克里里的家庭常常旅行。它们会走上 20 ～ 25 英里，去往坦桑尼亚。维姬说："那是一段很长的路。"但马克里里显然适应了，而且它还很胖。

实际上，马克里里还会活上很长时间，足以离开象群独立。我希望它不要遇到比那条伤腿更严重的问题。象群正迎来婴儿潮，然而人口也在爆炸，还有象牙贸易。对这些大象来说，这是最好的时代，也是最坏的时代。

吃早餐的时候，辛提娅·莫斯告诉我："你看到了它们生命中所有美好的事物，照顾、忠诚、联系、亲密、合作，也是我们自己所希望拥有的。"你会看到它们照顾幼崽，互相帮助。还有一些罕见而不平凡的场面：大象给不能使用象鼻的同伴喂食，或者试图给已经死去的同伴喂食。我们已经看到了大象是如何对待需要帮助或受伤的人类。这些行为和许多其他的行为并不意味着大象与我们相似，而是意味着：大象了解它们之间的关系，并且有许许多多的方式来运用自己的肢体、声音、气味和心智来维系、巩固和调整它们的社会价值，与我们别无二致。

· · ·

据一位游客描述，在 1980 年前后，安博塞利的一个住宿点里的食物偶然吸引了大象。这些大象好奇地搜寻，无意中毁坏了营地的树和厨房区域。人们开始大喊大叫，对它们扔东西，甚至用棍棒和扫帚殴打它们，试图把它们吓跑。这群大象中的任何一头都可以轻松弄死一个正在威胁它们的人类，就像拍死一只烦人的蚊子那样。它们有充分的理由和机会这么做。

"但是，"辛提娅说，"我看到过很多的互动，豁牙和其他大象总是避免伤害人类。有一次，塔尼娅大发脾气，追赶一个女游客。游客朝住宿点跑去，却摔倒在草地上。塔尼娅在她身后只有几步远的地方一个急刹车，停了下来。"

大象停下来，转过身，回到了象群中。任何的接触都有可能杀死这个女人。但是，尽管女游客激怒了它，塔尼娅仍然耗费了许多能量来避免与她相撞，在地上留下了深深的刹车痕。

为什么要这么克制呢?

我们假设其他动物无法理解是什么让人类做出善意之举。相似地,我们人类也无法理解大象为什么会克制自己。大象似乎会避免冲突,它们有这样的社交技巧:展示自己的权威和力量,同时避免会对双方造成伤害的暴力。

有时我们也会在其他动物身上看到克制。大多数人都遇到过愤怒但是没有进行攻击的狗。尼姆,一头接受过语言训练的大猩猩,会使用“咬”和“生气”的手势来发泄愤怒,而不是真的扑咬或进行攻击。使用这些手势似乎满足了它表达愤怒的需求。

大象能策划复仇。它们是否凭直觉知道,伤害人类会带来更多的麻烦?如果塔尼娅伤害了那个女人,它肯定也就没命了。它对待那个女人的态度与众不同,是不是因为那实际上是一个人?很难想象一头大象会为了避免伤害其他动物急刹车,比如一头烦人的鬣狗。

豁牙(注意这不是布奇的母亲,BB家族的大豁牙)、塔尼娅和它们的家族定期拜访辛提娅的营地。辛提娅写道,豁牙“聪明,勇敢,富有创意,风风火火,同时又是我所知道的最温柔善良的动物之一。不管它或者其他大象有时行为有多么恶劣,我永远无法真的对它生气”。辛提娅将自己对豁牙的感觉形容为“爱与崇拜”,并且补充道:“它们仍然是野生动物,但我们彼此接受了对方,我们确实在什么可以做而什么不可以做这方面达成了一些共识。”

但是,当大象试图表达它所容忍的界限时,人类的反应通常在恐惧与暴力之间。1997年1月的一天,人们向肯尼亚野生动植物保护局(Kenya Wildlife Service)投诉,称一头长着象牙的公象杀死了他们的一头牛。保护局的工作人员来了,发现附近有一群母象带着孩子们,就追捕它们，长达两个多小时。当族长终于转身保护它的家族时，他们开枪打死了它。那位族长就是豁牙。

豁牙曾经出现在一百多部野生动物相关影片中，也是安博塞利被拍照最多的一头大象。并且，辛提娅说，它给游客带来的惊奇和欢乐超过了世界上任何一头野生大象。她说："太痛苦了，我从来没想到会这么痛苦。"

心烦意乱

今天早上，在营地，一条新闻正在滚动播放：在过去10年中，偷猎者杀死了10万头非洲象；过去10年中，非洲中部已经失去了大约65%的大象，而且世界各地的大象都在急剧减少。

这个数字令我震惊。这是多么残忍，我深爱的这些如同胞一般的生物是多么的善良，其间的巨大反差让我无法思考。那是一个无理数，无法与我头脑中的言语相融。

卡提托证实了这个螺旋下滑趋势："早年我们有很多长着巨大象牙的大象，现在这样的大象变少了。今非昔比啊。"

象牙，最黑暗的白色物品。杀戮重新在非洲各地抬头，回到了20世纪90年代早期象牙贸易禁令前的水平。很多人也许会认同卡提托的观点：无论有没有婴儿潮，大象的处境都会很艰难。

这个公园的边界是开放的，大象可以自由出入。安博塞利的大象走了，乞力马扎罗的大象又来了，它们都去往坦桑尼亚，然后回来。察沃的公象也会造访。察沃或许是一座国家"公园"，但它不是野餐场地。偷猎者杀死大象，护林员杀死偷猎者，偷猎者杀死护林员。由于巡逻队不断升级，枪声也会暴露方位，偷猎者重新开始使用毒箭。2014年，两支毒箭相隔3个月先后射中了肯尼亚最大的一头活着的大象，一头名叫萨陶的公象，偷猎者取走了它重达200磅的象牙。简直像一场谋杀。

既然有这样的危险，为什么不把大象圈起来，把人挡在外面?

维姬不屑地说:“那不是自然保育，是圈养。而且长期看来，我们不知道带围栏的国家公园能比动物园强多少。我们已经失去了太多，无法承受更大的损失。”

安博塞利的一头公象要去往纳特龙湖（Lake Natron），离这里的直线距离大约 85 英里。换言之，这是些真正的大象。它们遵循创造它们的这个世界的生活方式，遵循它们在这个世界运作的方式。受到威胁的是现实本身，而局势正在每况愈下。

这里的许多大象一定都经历过彻底的恐怖。近期的一项研究显示，在失去族长后，幸存的大象的压力激素水平会升高，保持至少 15 年，并且生育的后代更少。我们可以再一次看到死亡对幸存者造成了怎样的影响。

我读研究生时认识了生物学家理查德·鲁杰罗（Richard Ruggiero），他花了 30 年时间研究非洲中部的大象。他说:“这种动物竟然能意识到厄运的来临。这是一种非常敏感的生物，大屠杀发生的时候它们真的能感受到。”

维姬说:“它们知道这里更安全。如果公园外面发生了什么可怕的事情，它们就跑回公园。”

她指的是那些没有倒下的大象。

在国家公园里,我们还发现了一片被过度啃食的区域。这是家畜干的。几个年轻的马赛“摩拉尼”（morani）赶着牛羊四处放牧，他们的角色是战士和放牧者。他们穿着红色的“舒卡斯”（shukas）,还带着传统的长矛、棍棒（rungus）和宽刀（simis）。他们的头发向后梳成传统的长辫，戴着扎有金属环装饰的发带。

他们脚步轻快，与政府玩着猫鼠游戏。他们被允许在特定的时间和地点将牛带到公园里的水源饮水，有时候还能让牛吃草。他们不制订规则，所以他们既遵守规则，又破坏规则。当他们的井干涸的时候，马赛人就将牛羊赶到公园里喝水，这有时候是合法的，有时候不是。他们声称当地官员并没有遵守承诺去维护他们的水井。这是纷争和冲突的另一个来源。

在这附近，大象要了解的最重要的危险就是这些当地的牧民。这很讽刺。一部分是因为这些野生动物几个世纪以来都与马赛人共同生活在这片原野上。卡提托是马赛人，她提醒我，马赛人不吃野生动物的肉，野生动物被视为“神的牛群”。所以，你能在马赛人的土地上看到大量的野生动物。实际上，20 世纪 80 年代，我第一次来到非洲时，我和一个马赛朋友住在一起。我们在罗伊塔山中漫步，自由穿梭于斑马、瞪羚和马赛人的牛群之间，点着火堆睡在用牛粪建成的小屋里，在旧大陆逐渐苏醒的梦境里迎来黎明。

马赛人的暴烈名副其实，他们毫不容忍外来的偷猎者，常常揭发这些人。因此，马赛人阻止了偷猎，让安博塞利的大象更安全，并且有更多的迁徙的自由——相对其他许多地方的大象而言。

马赛人一度占领了今天位于肯尼亚中部的一片区域，在坦桑尼亚中部以南约 600 英里。1904 年，为了给欧洲的殖民者腾出空间，英国殖民政府驱赶马赛人，让他们的土地只剩下 1/10，在两块保留地内。随后，到了 1911 年，为了给欧洲的农民腾出空间，他们将马赛人赶进了一块保留地。农民们才不会给当地的部落居民或者大象提供空间，本质上，他们将两者都当成了害虫。

马赛人长期与野生动物共存。随着欧洲人占领了土地，杀死动物，野生动物数量缩减，种群衰退。随后，来自欧洲的保护野生动物的压力落在了马赛人的土地上，对肯尼亚的野生动物给予最高的关注。想想这是多么讽刺。20 世纪 40 年代，英国人开始规划狩猎保护区，将马赛人隔绝在外，使他们无法获得生存所必需的水源。马赛人被禁止将家畜带到安博塞利狩猎保护区的中心区域，随后，在 1961 年，马赛人开始刺杀大象和犀牛，以示抗议。对马赛人来说，野生动物保护就是殖民和不公平对待留下的邪恶遗产。

随着牧民们屈服于农民，城镇完全取代了野生动物和它们的土地。马赛牧民不再成为威胁，而更像是使这里的野生动物得以生存的功臣。多亏了马赛人传统的土地管理方式，公园管理者才能赚到这么多钱。

维姬中肯地说：“要知道，我们的大象百分之八十的时间都在公园外面，在马赛人的土地上。这里大约有 40 个护林员，而外面有 3000 名马赛战士。”

大象不得不离开公园，因为这里对它们来说太小了。当放牧者的土地缺水的时候，人们就进入公园。在外面，大象会遇到牧民，在公园里也会遇到。他们都害怕遇到对方，因为这种冲突源自他们共同的需求。

维姬认为，这里的大象的未来取决于马赛人能否得到继续掌握土地主动权的机会。这不是说马赛人与大象之间的关系总是和平的。在这个研究项目进行的 40 年中，马赛人的长矛已经杀死了几百头大象。

马赛人对大象既敬畏又憎恨。他们相信只有人和大象拥有灵魂。在马赛文化中，新娘离开家的时候会被禁止向后看。传说曾经有一位新娘回头了，她变成了第一头大象，所以大象的乳房看起来就像人的乳房。传统上，当马赛人见到了人或者大象的骨头，他们会将草放在上面，以示尊敬。他们从来不对其他动物这样做。

几个世纪以来，马赛人以对外来者的残暴著称，这种残暴让这片土地保持开放，充满了野生动物。现在的好消息是，这片土地仍然开放而自由；而坏消息是，就算没有篱笆，其他的藩篱也在步步紧逼。

许多马赛人的土地被细分。如今每个马赛土地主大约有 60 英亩[①]的土地。外来者从马赛人那里买走土地，卖主拿到了钱，却没有别的方式来维持生活。一旦没有了土地，他们就会买摩托车之类的东西，既耗费昂贵的燃油，又不能像牛那样带来收入。所以，许多人的生活水平骤然下降。新的土地所有者又将土地进一步划分，开发了更多的农业和旅游业。显然，旅游点和农场又会进一步侵蚀野生动物的栖息地，影响了野生动物的保护。这个“了不起”的系统简直将事情搞得一团糟。

传统的马赛文化极少参与象牙贸易。如今，机会的稀缺和象牙带来的利益对某些人来说太有诱惑力了。“摩拉”（moran）一词通常被翻译成战士，指的是进入青春期后的年轻男性。按照传统，他们一连几年担任部落的保护者和进攻者，也就是士兵。增长的人口制造出大量无所事事的年轻男性。在这里，大象成了用来抗议和宣泄的公告牌。出于报复、青春期的炫耀心理或者政治抗议等多方面原因，马赛人有时候会伤害大象。

维姬开始跟我讲述一头名叫以斯拉的大象的故事：“当我遇见它时，它正处于全狂暴期[②]，却径直走向汽车跟我打招呼。它是最可爱的一头公象。”

猜猜这个故事会怎么展开。

“它在这里的群山中生活了 46 年。从未骚扰过任何人，也没有毁坏

① 1 英亩≈ 4046 平方米。60 英亩约合 0.24 平方千米。

② 全狂暴期（full-musth），指狂暴顶点的状态。

庄稼——”

出于一种政治抗议，几个马赛人朝它投掷了七支长矛。“人们跟了它很长时间，但它伤得太重了，大家都做不了什么。它一直流血，流个不停。一直——流血而死。每次我经过最后一次见到它的地方……”

一阵沉默。我望着沼泽中自得其乐的大象。

维姬继续说道：“问题在于外界对他们的社区缺乏尊敬。而且我觉得，他们是对的。”当时的情况其实是，有人说一头水牛杀死了一个男孩子，一名公园管理员前去评估损失赔偿，却暗示那家人杀死了孩子来谋取钱财。“嗯，这令马赛人非常难过。我是说，那非常侮辱人。马赛人很善良，他们就像任何人一样爱着自己的孩子。在这里，人的生命极其重要。”那位管理员不是马赛人，这就激发了更大的种族偏见问题。

去年夏天，维姬看见 300 个马赛“摩拉尼”（morani）来到公园里，想找点什么动物进行刺杀，以示抗议。“这个场面简直令人作呕。而且我们都十分害怕，一旦那些年轻人失去控制，你一点办法都没有。”压迫只会导致混乱，解放才能保护大象。

出于充分的理由，安博塞利的大象最怕马赛人。它们一看见或闻见半里地之外有一个马赛人，就会仓皇逃跑。

大象会对不同类型的人作出不同的反应。研究员理查德·伯恩和露西·贝茨对安博塞利的大象展示了不同的 T 恤衫，有从事农耕的坎巴人穿过的（他们和大象极少接触）、擅长使用长矛的马赛人穿过的和研究员们自己的，大象只对马赛人的衣服表现出恐惧。它们的嗅觉和辨识能力就是这么好。而且它们对马赛人的恐惧就是那么强烈。

人类也许不容易分辨出大象声音的差别。但是，大象不仅能通过声音识别一百多头同类，还能分辨人类的语言。一台扬声器不管是播放马赛人的声音，还是播放英语使用者的声音，听起来都一样。而当大象听到研究员、马赛牧民和坎巴族农民的录音时，它们只对马赛人的声音表现出恐惧。

研究人员对十几个大象家族播放了马赛人的牛铃的录音，大象马上呆住了，它们转向扩音器，然后四下转动头部，以尽量识别声音的来源，同时将象鼻举向空中，捕捉气味。它们互相靠得更近，然后转身撤退到300码外，并且通常是跑着离开的。在那里，它们紧紧挤在一起，将幼年个体围在象群中间保护起来。当研究人员播放角马的录音时，大象甚至极少停顿，没有一头象转向声音的方位。它们对自己的世界有着多么充分的认识。

某些高级的思维能力并不一定需要较大的大脑。（比如乌鸦，它的脑子很小，心智却令人称奇。）然而，大象确实有着非常巨大的大脑，它和身体的相对大小甚至超过了大多数的哺乳动物。大象的大脑比其他任何陆地动物的大脑都要大。锥体神经元参与行为控制、认知、识别和其他动作，而大象的锥体神经元比人类的要大，并且其结构所具备的连接要比人类多得多。这也许给大象带来了卓越的记忆能力和学习能力。而且，大象一直在学习和记忆的一件事就是：人类之间并不相似，某些人类特别危险。

• • •

这头大象的鼻子上有一个刚愈合的长矛伤口。光是想象一下都觉得太痛苦了。

维姬评价说："看起来好些了。"这个伤口先前还在渗出液体。

"大象有时候会杀人，"维姬提醒我，"有些大象就是讨厌人类，并且会抓住一切机会伤害他们。”

我问这是为什么。

“发生过一些不好的事情。我无法想象一头从未与人类有过负面互动的大象会憎恨人类。”

在这里，有多大比例的大象从未经历或目睹人类对大象的暴行？

维姬思索着：“嗯……AA 家族中所有 10 岁以上的大象都有过家庭成员被人类杀死的经历。这个家族甚至不会离开公园。JA 家族也不会离开公园，杰克逊耳朵上的大洞就是长矛留下的。还有 EB，EA——你知道，我仔细一想，每一个家族都经历过人类制造的负面和暴力事件。”

这意味着，它们都曾经目睹人类的攻击，曾经感受到那种恐惧。有些还体会过受伤的痛苦。

当大象偶尔有机会报仇雪恨的时候，它们确实会这么做。尽管马赛人的生活正在发生改变，许多马赛人仍然是牧民，依靠牛生活。一头叫作费内拉的大象就专门杀害牛。它消失了。

大象为什么要杀死牛？

大象从不杀害驴。驴是女人的财产，并且女人从来不会和驴子一同走到灌木丛里，因为她们的丈夫不喜欢（我觉得这并非出于对妻子安全的担忧）。所以，驴子只是自己吃草，然后回家。但是，牛到灌木丛里觅食的时候，身后总是跟着男人或男孩。一些牧民不过是八九岁的小男孩，他们可能甚至没看见路上有大象。出其不意总是不好的。在旱季，马赛人把牛赶到仅剩的几处水源。当牧民试图将大象从水坑边赶走时，冲突就发生了。

所以，似乎是男人将家畜卷进了与大象的冲突。男人就是导火索。如果在牛出现的时候你会反复受到人类的骚扰，你也许就学会了厌恶牛。有时候，一头大象表示反抗，得到的答复便是一支飞驰的长矛。这导致大象进行报复，杀死了更多的牛和男人。如此冤冤相报，仇恨不断循环、发酵，就像一场部落战争，无法解决。

能解决问题的只有钱。对于马赛人来说，牛就是金钱。现在，安博塞利周边区域的马赛人会收到一笔“赔偿金”，这轻松将大象从复仇的循环中解救出来。这样做的目的是协调马赛人与大象之间的关系。现在，大象受到的攻击减少了许多。这些钱从哪来？赠予，还有网上捐赠。

这天的晚些时候，我们遇到了一大群大象，它们正从沼泽里爬出来，沐浴着金色的斜阳横跨平原，去找地方过夜。我们可以感觉到，也清楚地看到，它们的自治原则不过是“生存，也让他者生存”（Live and let live）。大象的生存之道比我们更加谦卑。大象就像穷人，像部落原住民。它们对世界的要求更低，对世界索取得更少，与世界中的其他事物相处得更加和谐。

当其他几百头大象缓缓穿过尘土飞扬的平原，走向远处的山峦，一个家族不知为什么还在喝水，在深深的池塘里打滚。池塘被泉水滋养着，边上草木繁茂。也许它们只是玩得太开心了。

它们像河马一样没入水中，又像鲸鱼一样喷出水柱。它们时而打滚，时而击水，时而在水下行进，只露出它们的臀部。它们把鼻子当作潜望镜，伸出水面换气，就像黑色的潜水艇在水下梭巡。

过了一会儿，它们排成一列，走向池塘对岸。它们从水里钻出来，湿漉漉，亮闪闪，就像刚洗过的小轿车。但还有一头大象没有加入，它和孩子一同留在岸边。小象正在犹豫，而母亲耐心等待。它用象鼻触着水面，但还在等待。最后，母亲走进水里。小象也跟了上来。它来到母亲身边，用象鼻挽着母亲的象牙，以支撑身体。很快，水将小象托了起来，母亲用象牙牵着孩子，向前走去。

乌木与象牙

“我没法告诉它们，‘这个人在写书，对他好一点’。如果你是个好人，它们就会觉得你是个好人。如果它们喜欢你，就仅仅是喜欢你这个人。”朱利叶斯·施瓦亚说。

最小的一头象将小小的象鼻伸向朱利叶斯的嘴。一般来说，小象会把象鼻放在母亲的嘴边，根据它正在咀嚼的食物的气味学习分辨安全且有营养的植物。“你在吃什么”这个询问后来演变成了大象用象鼻触碰嘴巴的问候行为，也许有点像人类的接吻。朱利叶斯抓住象鼻，往里面吹气逗它。小象的鼻子完全放松下来，这种行为相当于小狗仰面躺下，让你揉揉肚皮。朱利叶斯温和地用手掌大力揉搓着象鼻，就像面包师把面团揉成法棍一样。

这头正在接受象鼻按摩的小象，是人们在它身受重伤的母亲身边发现的，当时它只有两周大。另一头小象身上有弯刀留下的疤痕。还有库安扎，它的家族来自安博塞利，曾因被拍摄而出名，而它是家族中唯一的幸存者。由于受到袭击的时候库安扎已经超过了一岁，它的大脑中留下了恐惧和困惑的印记。“它仍然非常焦虑，”朱利叶斯说，这或许可以解释它为什么喜欢横冲直撞，“如果它们在哀悼或者感到悲痛时，你能看得出来。当它们快乐地玩耍的时候，你也能看出来。”

因为象牙，它们成了孤儿象。这几头幸运儿被救下来，送到位于内罗毕的谢尔德里克基金会。它们年轻得足以原谅我们，而我再也回不到那样的年纪。不过，领着它们走进灌木丛进行日常锻炼的也是我们，带着它们再一次穿过山峰和峡谷的也是我们。

20世纪60年代，伊恩·道格拉斯-汉密尔顿在密林中发现了一条小路，被踩得极其平坦，至少12英尺宽。这条路可能已经有几千年历史了。大象走过的路曾经将陆地上的水源彼此相连。当人类崛起时，我们的祖先跟着大象走出来的路穿过非洲；而当我们向外迁徙时，我们很可能也是沿着大象走过的路。这样古老的道路大多已被遗忘。如今幸存的大象却依赖于其他物种所划出的一个个孤立的栖息地。几个世纪以来，它们都处在围城中。

在罗马帝国晚期，大象遍布整个非洲。从地中海沿岸到好望角，从印度洋到大西洋，除了最贫瘠的那片菱形的撒哈拉地区，其余的土地几乎全被大象踏足。现在，想象一块带着象牙把手的巨大的橡皮擦。1000年前，大象已经被从非洲北部清除。在19世纪，非洲南部的大象被分裂、被孤立，最密集的几个群体被几下擦除。东非沿海地区的大象也被消灭了。这简直是奇耻大辱。到1900年，这种从不被遗忘的动物已经被大多数出生于非洲西部的孩子遗忘。20世纪七八十年代带来了一场风暴：人口密度急剧增加，武器越来越致命，象牙价格不断飙升，国际市场不断开阔，还有越来越坏的政府。

在过去200万年中，大约十几种不同的大象行走于世界各地。地中海的马耳他岛上曾经生活着约1米高的小型象，而加利福尼亚州的海峡群岛上曾经存在一种侏儒猛犸象。印度尼西亚的科莫多巨蜥很可能是在捕食岛上的两种侏儒象的过程中演化出来的，直到人类探险家消灭了它们。在大陆上，大象战胜了捕食者，它们身材庞大，甚至不需要隐藏。这样的体型给它们带来了不少好处。但是，当捕食者中的一些人崛起的时候，大象便难以遁形。人们学会了猎杀大象，而且其中一些人过于擅长。在捷克斯洛伐克，一个猛犸象猎手的营地巧妙地设在两座山脉的交点处，其中共有 900 头猛犸象的遗骸。仅仅在 4000 年之前，最后的猛犸象死于北极地区，那时古埃及人已经建起了金字塔。在阿拉斯加，我曾经见到一个因纽特女孩拿着一根小小的猛犸象牙，那是从河堤上冲刷出来的，因为时间久远而发黑。尽管近代的北极地区居民已经很难想象一头猛犸象，他们从未停止觊觎那些象牙。

无论什么时期，大象遭遇人类时都会遭到重创。叙利亚地区最后一批大象于 2500 年前被消灭。在公元 1 年的时候，大象已经从中国的大部分地区消失；到公元 1000 年，大象从非洲大部分地区消失。与此同时，在印度和南亚，大象成了国王的坐骑，进攻堡垒的坦克，死刑犯的行刑者[①]；它们还是弓箭的靶子，被战争逼至疯狂；大象还成了搬运圆木的卡车和推土机，就像其他奴隶一样，它们被强迫劳动，遭到殴打和虐待。从罗马时代起，人类已经导致非洲的大象数量减少了大约 99%。与 1800 年相比，90% 曾经有非洲象活动的地方如今不再有它们的身影，而在当时，即使经历了早期的损失，仍然有大约2600万头大象行走在这片土地上。现在，它们的数量大约是 40 万头。（亚洲象在历史上的灭绝状况远比这更加惨痛。）这个星球的生物多样性就像玻璃的碎片，我们还在将碎片砸得越来越小。

① 指象刑，用经过训练的亚洲象踩踏和折磨犯人，在 18、19 世纪的南亚和东南亚地区尤其盛行。

简而言之，大象的特点就是脆弱。古罗马的精英们对象牙的需求实在太大，以至于在公元 77 年，老普林尼[1]提出警告，指出非洲北部的大象数量正在下降，“对奢侈品的需求已经让当今世界不堪重负”。几个世纪以来，在最早的火器出现之前，非洲北部的大象种群就在萎缩。随后，1000 多年间，阿拉伯商人驾着阿拉伯式帆船沿非洲东部海岸航行，用物品交换象牙和活捉的人类。到 15 世纪，非洲东海岸的大象数量已经衰减。象牙贸易路线延伸到内陆几百里。几个世纪之后，19 世纪带来了工业革命，飞轮、齿轮和皮带传动的机器用象牙制造出发梳、牙签、纽扣、台球、剃须工具套装、香烟盒、茶壶把手、发报机按键、镜框和数百万的钢琴键，猎人们为此杀死了数百万头大象。对新兴中产阶级来说，贵重的物品已经变得寻常，象牙就如同当时的塑料一般。

“象牙”（ivory）这个单词拉开了它和大象之间的距离，模糊了它的来源。象牙是一种材质，一种颜色，就如同“玉”或“金”一样。它将名字借给了香皂[2]，广告上写着“纯度 99.44%”，洁白无瑕。“象牙”这个词实现了一种语言上的分离，这是“犀牛角”“虎骨”“鱼翅”所没有的。它在英语中并不叫作“大象的牙齿”。也许这就是为什么象牙需要被解释。

纳博科夫写道：“我的手掌心里仍然充满了象牙般的洛丽塔——充满了……隔着薄薄的连衣裙上下抚摸她的肌肤时的那种象牙般光润、滑溜的感觉。”[3]象牙充满了性的隐喻，象征着丰腴的白人女性；但对于有着乌木般乳房的黑人女性来说，象牙不过是另一种折磨。在 16 世纪，欧洲人已经将人口贩卖产业全面工业化。几个世纪以来，奴隶制与象牙一同处

① 老普林尼，全名盖乌斯·普林尼·塞孔杜斯（Gaius Plinius Secundus，23—79 年），古罗马博物学家。

② 指宝洁公司于 1874 年推出的象牙牌香皂。

③ 译文来自《洛丽塔》，上海译文出版社第一版，译者主万。

于极其凄惨的境地。那些把象牙带给会客室里的贵妇们的商人同时也是奴隶贩子。随着大象种群崩溃，以及奴隶贩子将大片土地上的人口全部掳走，非洲仿佛是为提供象牙和奴隶而经历了一场大出血。最终，要抵达哪怕是一个小村庄，也需要朝内陆走上 3 周。被捕获的人们将被捕获的象牙运到沿海的港口，然后一同被装船运走。而象牙甚至比被迫搬运象牙的人更加值钱，受到更精心的保护。1844 年，有个叫迈克尔 • 谢帕德（Michael Shepard）的人受生活在马萨诸塞州塞勒姆（Salem）的父亲之托前往桑给巴尔（Zanzibar），他记录："人们习惯同时购买一根象牙和一个奴隶，让奴隶把象牙搬到海边。" 在 19 世纪，一根象牙的重量通常超过 80 磅。（如今，象牙的重量只有当时的 1/3。有记录的最大的象牙来自一头庞大的大象，它于 1898 年在离安博塞利不远处的乞力马扎罗山坡上被一个奴隶射杀，它那对象牙重量超过了 440 磅。从一张照片中可以看到，那两根象牙长度都超过 10 英尺，完全把两个男人比了下去。）

这种极端的残忍简直不可理喻。直到 1882 年（此时奴隶制已经在许多国家被废除或受到限制），在如今的坦桑尼亚地区，英国传教士阿尔弗雷德 • J. 斯万（Alfred J. Swann）目睹了极其骇人的景象：人被锁链拴在一起，脖子卡在两根大约 6 英尺长的棍子交叉的地方，正在搬运象牙。"女人的数量和男人一样多，她们不仅要搬运象牙，还把孩子背在背上……他们的脚上和肩上布满烂疮，成群的苍蝇跟着队伍，吸血为生，这加剧了他们的痛苦……这是一幅极其悲惨的景象。" 惊骇的斯万大声质疑，"有多少人能在这段漫长的征途中活下来？刚果河上游离这里至少有 1000 英里远！" 工头肯定地说："是的，死了不少人。" 斯万注意到很多人看起来已经无力搬运货物，工头微笑着回答："他们别无选择！要么往前走，要么就死掉！" 工头解释说，奴隶主会杀死生病的人，这很符合逻辑，"因为如果我们不这么做，其他人就会假装生病，以逃避搬运货物。不行！

我们从不让病人活下来。”斯万继续质疑，如果女人身体太虚弱，无法同时背着孩子和象牙。那又怎么办？然而斯万心目中的优先级仿佛成了一个笑话，工头回答说：“我们不能把这么贵重的象牙丢在路上。我们会刺死孩子，减轻她的负担。象牙要紧。”

随后，象牙和奴隶被运到桑给巴尔出售。迈克尔·谢帕德记录，那些奴隶“像一群羊那样被赶下船，死掉的奴隶被从甲板上抛下去，被潮水冲走……本地人拿着长竿走过来，把他们从沙滩上推到海里”。

奴隶船终于返辔收帆。象牙狩猎已经消灭了非洲大部分地区的大象，对象牙的需求却还在继续，并且愈演愈烈。几千年来，象牙贸易的信条就是斩尽杀绝。而在我们的时代，大象的处境就是：因象牙被捕杀，因人的扩张而被压迫成为“难民”。它们是难民。同时因为象牙，避难所也变得不再安全。还有，因为人的扩张，长期而言没有一个避难所是安全的。

• • •

安博塞利以北 300 英里处有棕鹫翱翔的地方，便是伟大而永恒的桑布鲁国家公园。这片园区始于一个俗丽的小镇，名叫阿切站（Archer's Post）。在此安家的是一小群从事非法象牙贸易的罪犯，以及大量极其贫困的牧民。牧民们以放牧山羊为生，生活在棚屋里。棚屋由掰弯的小树苗搭建而成，上面覆盖着废弃的塑料薄膜和摊平的垃圾袋。触目惊心的贫困。他们显然没有什么东西能够与大象或者其他任何人分享。从人类的黎明到现在，非洲始终为共存提供了足够的空间。但随着人类的数量增加，大象失去了立足之地。很多人失去了一切：机遇，选择，人的尊严。在每一幅描绘诺亚方舟故事的画作上，大象都和人一同安稳地待在船上。这是一个恰当的隐喻：世界上的大多数动物，都被逐渐上涨的人潮所吞没。穷人也是同样的命运。我遇到的每个人都很友好,孩子们警觉又天真,就像小狗一样。年轻的桑布鲁男人腰带上拴着长矛、大棒和宽刀，他们走近我，绽放出一个灿烂的微笑，用双手握着我的手。有人问我的国家中有没有狮子和大象，也有人会礼貌地询问我拥有多少头牛（并且对我的答案所体现的穷困表示礼貌的惊骇)。他们方方面面都和我一样，但他们缺少一种东西，那就是运气。他们不太可能逃脱他们的命运，正如我不太可能被剥夺我的命运。

桑布鲁和安博塞利一样，属于少数几处仅存的乐土之一。在这里，对人类的恐惧不再完全支配着大象。它们仍然能够体验它们丰富多彩的感情生活，但这里也存在着恐惧，太多的恐惧。

下午，空气中充满了细腻的尘土的味道，它融入了一切。你与大象所分享的事物之一，便是这片荒芜、热情的、最后的土地给予的温柔而永恒的拥抱。

施芙拉·戈登堡（Shifra Goldenberg）将汽车挂上空挡，尘土渐渐散去。她解释说，在桑布鲁，研究人员给象群起名字的时候用的不是字母，而是“主题”。比如，沿着河堤上方前进的那个家族就以著名诗人的名字命名。

施芙拉告诉我:“这个家族深受偷猎的打击。所有的年长母象都死了。”艾米莉·狄金森[1]活到55岁，死了。弗吉尼亚·伍尔夫[2]，西尔维娅·普拉斯[3]，死了。爱丽丝·奥斯沃尔德[4]还活着。玛雅·安杰卢[5]，死了。此

① 艾米莉·狄金森（Emily Dickinson，1830—1886），美国诗人。

② 弗吉尼亚·伍尔夫(Virginia Woolf, 1882—1941),英国作家,意识流代表人物,女权主义先锋人物之一。

③ 西尔维娅·普拉斯（Sylvia Plath，1932—1963），美国作家、诗人。

④ 爱丽丝·奥斯沃尔德（Alice Oswald，1966— ），英国诗人。

⑤ 马娅·安杰卢（Maya Angelou，1928—2014），美国作家、诗人、编剧。

时此地，有11头还活着的家族成员在场，但这个家族目前的族长温迪•可普[①]不在这里，它4岁大的孩子也不在。

温迪先前曾经受到枪击，它的两头小象也中了枪。野生动物兽医给它们用了镇静剂，进行了治疗。温迪和一头小象痊愈了。研究人员和温迪守着另一头小象苦苦坚持了两周，小象最终还是死去了。

温迪戴着一个项圈，用来进行定位。两天前，温迪带着整个家族走了约15英里，去往沙巴国家“保护区”（Shaba National Reserve）——加引号是因为沙巴对大象来说已经变得很危险。那里对偷猎者来说也并非绝对安全。不久前，肯尼亚野生动物保护局的护林员射杀了两名偷猎者。现在，温迪的家族回到了这里，温迪却不在场，而且它们看起来很难过，颞腺流出大量的液体，表明它们情绪激动。它们不是在赶往水源地或者觅食，只是沿着河堤走着。

施芙拉打电话给桑布鲁营地的吉尔伯特・萨宾纳（Gilbert Sabinga）。他告诉我们他会尝试捕捉温迪的项圈发出的信号。我们等待着。施芙拉是一名研究生，正在研究偷猎对大象家族社会生活的影响。吉尔伯特就职于伊恩・道格拉斯-汉密尔顿的拯救大象组织（Save the Elephants）。

项圈能告诉我们那些看不见的旅行。一头公象在4天里走了155英里，主要从农场上穿过。它只在晚上前进，白天就躲起来，仿佛很清楚自己正穿过一片危险的土地。

20世纪80年代，当时我20多岁，我和童年好友理查德・瓦格纳（Richard Wagner）、马赛朋友摩西斯・欧勒・基比利安（Moses ole Kipelian）一同穿过查尔比沙漠（Chalbi Desert）[②]。这段旅程很漫长，而且有时候比预想的要危险。最后我们偶然来到了桑布鲁。桑布鲁看起来仿佛是

---

① 温迪・可普（Wendy Cope，1945— ），英国诗人。

② 肯尼亚北部的一个小型沙漠。

永恒的，是狂野非洲真正的遗存。太阳已经下山，我们赶紧搭起那摇摇欲坠的帐篷，整夜躺在那儿，听着狮子的咆哮，睡得很少。在公园和保护区之外，我们看到了大群自由奔跑的羚羊、斑马、长颈鹿……

到达这里并不是一场自驾游，而是一场探险。现在已经不一样了。从公园南部的这个被山羊过度啃食的国家出发，经过伊西奥洛小镇的街道，街道上挤满更多的山羊、垃圾、四处游荡的穷人和过度劳动的失业者，由此一路南下，才能到达这里。这片土地上曾奔跑着瞪羚和林羚，身后跳跃着金色的影子；如今，这里覆盖着一层玉米田和亮黄色的芥末田，紧紧包裹着被耕种的山坡的轮廓。如今大象要想在这里生存，就如同要在爱荷华州奔跑一般——那里的北美野牛曾经把土地染上一层黑色，那里的旅鸽曾汇成遮天蔽日的云层，那里还曾经生活着使用长矛的游牧民族，他们和它们就像这片支离破碎的土地上的大象和羚羊一样不可或缺。从亘古到不久前，那片麦浪起伏的土地上曾经也有一个世界。我们要多少地球才能满足它们的需要？人类和大象也许会对这个问题作出不同的回答。而我满足于大象的回答。

吉尔伯特终于回电。出事了。温迪的项圈本该在上午 9 点发来报告，却一直没有来。其他的项圈全都报告了。

几辆旅行观光车从附近的宿营地出现了，它们互相推挤，争抢一个好位置，以观看温迪的家族。照相机快门噼里啪啦响起。乏味的拍照是唯一能在经济效益上与猎杀大象相匹敌的项目。祝福这些旅游者。

大卫 • 达柏林（David Daballen）和露西 • 金（Lucy Kin）抵达了。大卫是桑布鲁人，说话温文尔雅，头脑却很敏锐；他身材高挑结实，通晓多种语言，在拯救大象组织担任场地管理者。露西的工作是减少村民与大象之间的冲突，她研究如何巧妙利用大象对蜜蜂的厌恶来减少冲突，同时让蜂蜜成为村民新的收入来源。露西发送了信息，要求对 9 点钟那次报告出现的问题进行故障检测。每个人都紧绷着。忽然，露西说了句“天哪”。我准备好接受任何可怕的可能。结果，那只是因为她的网络供应商的客户服务再一次暂停了她的网络。她气冲冲地挂掉了电话。没人说话。最后，露西带着典型的英式矜持，说：“有点让人担心。”

现在，大卫从电话里得知，有两个人在阿坦的沼泽开枪，试图将一群大象从水里轰出来，赶到方便屠杀的地方。大象受惊逃跑，附近在农田里劳作的妇女们看到横冲直撞的大象，纷纷尖叫起来。大卫努力一边听对方解释骚乱的情况，一边转述给我们，而我得到的信息是：大象往北逃跑了，正往这边过来。

大卫和露西决定沿着河岸继续前进，而施芙拉和我原地等待。

几分钟后，施芙拉的手机响了起来。

是露西。他们找到了温迪，在伊斯沃洛河（Isiolo river）汇入干流埃索瓦恩吉罗河（Ewaso Ng’iro）的地方，在水牛泉国家公园内部。它还好。

我几乎能听见所有人都松了一口气。当我们与大卫和露西会合时，温迪的项圈再一次开始发送报告，露西在电脑上展示了它的旅行。昨晚，温迪的象群突然从 16 英里之外的地方直奔这里，中途没有休息。这叫作“疾走”（streaking）。露西向我们展示了地图，叙述着：“看看它们在保护区外面的行动。这片湿地很茂盛，所以它们喜欢；它们先前到过这里。现在，看看午夜和凌晨 3 点之间，它们从村子边上经过。这是片危险的区域。”那里有人的居所和农场……

大卫指出：“那是偷猎的热门地点。”

“看它们在夜里逃跑的样子，绝对是在躲避偷猎。”

现在，在河堤上，我们实时观察了两个小时，温迪的家族正在打盹，几乎一块肌肉都没有动。经过了昨晚紧张的跋涉，它们一定累坏了。终于，它们走进河里，喝了水，然后趟过河，消失在对岸。大象不过是蜉蝣。它们极其难以追踪，又令人费解；它们惹人喜爱，也容易被人杀害。我们很容易失去它们。

今天，拯救大象组织和迪士尼世界自然保育基金（Disney Worldwide Conservation Fund）的员工赞助了一个旅行项目，将附近的偷猎者天堂——阿坦村的孩子们带到桑布鲁国家公园看大象。这些孩子的教室里只有被白蚁啃蚀的木头墙壁，泥土的地面，以及用来当作小组“书桌”的简陋的课桌。孩子们瘦得皮包骨头，双腿就像木棍一样。

从孩子们的微笑中可以看到，什么是在课本里找不到的惊奇。还有对我们人性的挑战。大多数孩子长大后没有可以挣钱的技能，活在一个没有机遇的社会。部落战争和偷猎是年轻男人们所能拥有的少数机会。而脆弱的女人们总有一条出路，就是性。

尽管他们住在离水牛泉保护区不到 5 英里的地方，尽管这个学校所在的村庄就是一个偷猎者据点，尽管周围的农场对在保护区和外面的沼泽之间往返的大象构成了威胁，尽管这里的大象和农民频繁发生冲突，大多数的学生，甚至老师，都从未见过一头大象。今天，在保护区，他们得以观看大象洗泥浆浴的场面。

被要求描写大象的时候，大多数孩子都表达了对这种动物的恐惧，并对它们造成的破坏表示愤怒。大象有没有让他们喜欢的地方呢？有：他们喜欢大象能带来金钱，来自游客和象牙的金钱。怎么才能让他们意识到，长期而言这两者不可兼得？

• • •

昨夜，遥远的狮吼将我从睡乡深处带到了一个更加原始的地方。吼声回荡着，一点点唤起了我的敬畏之心。噢噢噢噢噢，噢噢噢噢噢呜，噢噢噢，噢呜，呜呃——这吼声再次激起了河里青蛙的合唱，它们原本在黄昏之后就沉默了。我发现，自己不知为何身处这个星球，这里的岩石、尘土和水给这番庄严的午夜宣言带来了肃穆，我品味着它们崇高的狂喜和阴冷的恐惧。虽然我得用言语来描述，但这种体验本身是无言的。那些声音从漆黑的山峦飘往河岸，钻进我的大脑，我进入了一种如梦似幻的意识状态。我倾听着，平日里纷纷扰扰的念头已无影无踪。声音在我的脑海中描绘着，勾勒出我听到的场景；受我那天马行空的潜意识所助，我产生了一种强烈的情感反应，也就是说：我切身感受到了那些声音，我直接理解了它。

这天早上，当我们吃早餐的时候，青腹绿猴在河边和营地上方的树上忙成一团。花花公子们炫耀着粉蓝色的睾丸，母猴怀里的幼崽睁大眼睛，天真地打量着这个奇妙的世界——这个世界比它们目前所了解的更危险，比我们所认为的更加不可思议。灵长类同胞们，在我们观察猴子的时候，一只面熟的犀鸟正机警而耐心地等待着时机，趁我们不备俯冲下来。我看见一块煎饼腾空飞起。你知道犀鸟带着一块煎饼飞走是什么样子吗？嗯，那让我想起了星舰“企业号”[①]。

这个星期天早上，电话来得晚了一些。大卫•达柏林站起身接了电话，边聊边从桌子旁走开了。他很快回来，宣布：“刚刚发现了另一头被杀死的大象，在河对面的路边。”

那么近的距离，不过3英里左右。“这是有史以来最糟糕的情况了，”大卫喃喃地说，“我们走错了方向。”在过去的45天里，偷猎者已经在附近方圆20英里的区域内杀死了27头大象。这星期几乎每天都有一头大象被杀死。但是，在最近这股偷猎的狂潮中，先前还从未有大象在保护

① 系列科幻影片《星际迷航》（*Star Trek*）中的飞行器，又称进取号。

区深处被杀，在离旅行者宿营地和我们的研究点那么近的地方。

大卫和我趟过了河，没有顾及那些鳄鱼。大卫安慰我：“这里的鳄鱼不会攻击成年人，只是有时会攻击小孩。”

大卫有辆车停在河的另一边，在水牛泉国家公园里。我们爬进了车。大约有 1000 头大象在使用桑布鲁和水牛泉国家公园，如今每周减少几头。但是这两个国家公园，就像非洲的绝大部分国家公园一样，都太小了。就像在安博塞利一样，大象一直在传统的进食点和饮水点之间来回跋涉，但那些古老而久经考验的生存习惯已经无法再保证它们的安全。在保护区之外，它们会遭遇不断扩张的村庄和偷猎者；在保护区里，它们会遇到从村里跑出来的偷猎者。随着象牙价格一路飙升到历史新高，每头大象的前景也变得空前暗淡。

大卫冷静地开着车，说：“偷猎者不过是没受过教育的小伙子。他们和我们一样聪明，只是被坏人利用了，因为他们除了自己的生命，已经没什么可以失去。”这让我吃了一惊。

象牙关乎贫困、种族冲突、恐怖主义和内战。操纵这些的大多是心怀不轨的人，比如罪犯、腐败的政府官员、官方政府，他们迫害大象，用得到的利益资助野蛮的冲突。就像“血钻”一样，大象的鲜血中混合了人的鲜血。染血的象牙协助资助了约瑟夫·科尼的圣主抵抗军和苏丹的金戈威德，也许还有基地组织的青年党。而为这一切提供金钱的不过是普通的消费者，渴望着那些事实上可有可无的象牙雕刻。所以象牙不仅关乎大象，如果是的话，事情要简单得多。

当然，象牙也关乎大象。聪明而敏感、热爱社交、和家人一起生活、需要母亲的大象。在 20 世纪早期，大象的数量估计有 1000 万；这个数字跌到了 40 万左右，而今天非洲的大象数量只有过去的 1%。辛提娅·莫斯估计，在 20 世纪 80 年代的象牙危机期间，每年有 8 万头大象被送上了象牙磨床。坦桑尼亚失去的大象数量达到了惊人的23.6万。在20世纪70年代中期，坦桑尼亚的赛卢斯禁猎区（Selous Game Reserve）曾拥有11万头大象，到80年代末已经有一半被杀死。在同一时期，肯尼亚的大象数量从约16.7万头直线下降到1.6万头，减少了90%。中非共和国的大象数量曾接近10万,后来下滑到1.5万。乌干达默奇森瀑布“国家公园”曾有1万头大象，后来仅剩25头（没错，25头），因为乌干达政府杀死了全国85%的大象，为恐怖统治提供资金支持。塞拉利昂最后的大象在2009年被杀死。刚果民主共和国的大象锐减了90%。加蓬在过去10年中，大象被杀害了80%。乍得、喀麦隆、苏丹、索马里、莫桑比克、塞内加尔,这些国家被打成了筛子,幸存者寥寥无几。这一切都是对象群的掠夺,没错，但也是对人的掠夺。仅仅在肯尼亚，就有30万人直接依赖旅游业实现就业，而每个来这里的游客都想看大象。用偷猎换取利润实际上制造了贫困。

现在大卫正在打电话，对方告诉他护林员已经掌握了偷猎者的行踪，并设下了埋伏，但偷猎者掉了个头……其中一个护林员还是某个已知身份的偷猎者的兄弟。我担心大卫知道得太多，会危及他的安全。

100年前，象牙主要的消费者是欧洲人和美国人。如今西方文化已经过了这个阶段，中国文化加入其中。大象的数量一共就这么多，没法为每一个中国人提供他们喜爱的象牙雕塑。最近，一位可爱的中国女士来这里看大象，并且就像许多理智而人道的人一样，她以为象牙不过是在大象自然死亡后从地上捡来的。一天晚上在营地里，伊恩·道格拉斯-汉密尔顿告诉我：“有些人用非常傲慢的态度评价中国人，说他们漠不关心或是没有能力关心，说他们永远不会改变。那么，我们的祖先杀光了北美野牛和旅鸽，他们就没有今天的中国人那么贪婪吗？不是的。我想，人类历史给我们上了一课，就是人会改变的。看看德国在1943年和1953

年的样子，或者意大利的生育控制。”

我同意，人可以改变。但时间还够用吗？

象牙和其他“野生动物制品”的国际贸易受到《国际濒危物种贸易公约》（Convention on International Trade in Endangered Species，CITES）的限制。在20世纪80年代，CITES颁布了一项象牙贸易配给系统。没有效果。大象的数量继续急剧下降，因为象牙贸易合法化之后，要将任何非法象牙洗白都很容易。这是第一课。

唯一有效的措施，是一项勉强通过的全球性的象牙贸易禁令，最早于1990年开始实施。象牙价格瞬间下跌。大象数量缓慢增加。象牙禁令起效了。这是第二课。

但是，这种趋势只维持到1999年。那一年，CITES委员会批准津巴布韦、博茨瓦纳和纳米比亚将50吨库存象牙销往日本，称之为“一次性出售”。随后中国也想加入。2008年，CITES委员会批准中国从博茨瓦纳、纳米比亚、南非和津巴布韦购买库存象牙，这是第二次“一次性出售”。[①]

没有人吸取教训。没有从失败中吸取教训是不明智的，但是没有从成功里学到经验说明缺乏决心。

“象牙是非法的，不要购买”，这是消费者、执法者和政府收到的明确信息。“一些象牙是非法的，但另一些可以购买”则制造了困惑，并为猎杀大象提供了完美的借口。向中国出售库存象牙的举措为洗白非法象牙打开了方便之门。偷猎马上抬头，将成千上万头大象置于死地，并为

① 2016年12月30日，中国发出《关于有序停止商业性加工销售象牙及制品活动的通知》。该通知规定“2017年3月31日前先行停止一批象牙定点加工单位和定点销售场所的加工销售象牙及制品活动，2017年12月31日前全面停止。”中国于2017年12月31日前全面停止商业性象牙加工销售活动。——译者注

人与人之间的杀戮提供了利润支持。比如，在肯尼亚，杀死的大象数量增长了 8 倍，从 2007 年的不到 50 头增加到 2012 年的接近 400 头。现在在非洲，每年有 3 万到 4 万头大象被杀死——平均每 15 分钟一头。

正如我们正在寻找的那头大象。

秃鹫指明了这头庞大的灰色尸体所在的地点。大卫和我沿着尘土飞扬的道路走去。那是菲洛。

菲洛是一头年幼的公象，15 岁，离参与繁殖竞争还差一半年龄。从眼睛下面开始，它的面孔血肉模糊，那不可思议的象鼻躺在几码外，就像旧船坞上的一段被抛弃的缆绳。它的象牙不见了。

“他们拿走了两根牙齿，留下 4 吨重的肉在这里腐烂。多么愚蠢的事情。”大卫闷闷地说着，带着一股被压抑的怒气，如同熔化的岩浆在坚硬的地壳下涌动。

大卫沿着菲洛的脚印往回走，推断它在那片坡地上受到了袭击，流着血跑了 200 码来到这里，倒下了。在它倒下之后，偷猎者还对着它的头部后方开了好几枪。就像一场处决。一个弹孔还在汩汩流淌着暗红的血液。

4 天前，访问研究员艾克·莱纳德（Ike Leonard）拍下了菲洛最后的身影。照片上的菲洛是一头活泼健康的小象，带着几分少年般的神气。莱纳德是迪士尼动物世界的一名大象饲养员，在佛罗里达州的奥兰多市工作，前来学习如何改善圈养大象的福利。他告诉我，他来这里的目的是“观察野生大象的生活”。我们也在观察大象的死亡。

当下，大象的问题在于象牙。长远看来，问题在于空间。无论贫富，人类的数量对于某件好东西来说总是太多了。在最拥挤的桌子上，哪怕最小的一块随便什么派的碎片都会被瓜分。

美貌又怎能控诉他这种猖狂?

——莎士比亚，十四行诗第65首[①]

不断增加的人类已经将保护区切割为时间之河中的一座座孤岛。在肯尼亚，仅仅在过去的40年中，人的数量增长了4倍。与此同时，大象的数量减少了五分之四。自从我在20世纪80年代初第一次呼吸到非洲的空气时起，大象已经失去了它们在非洲超过一半的土地和超过半数的同胞。没有一头大象能够免于人类的某种盛怒，它们与许多国家的人民共同分担这盛怒。我们不禁要问这股潮流，这同时折磨着人类和大象的潮流将去往何方?我们能否承受对大象，还有人类，赋予更多的价值?我们能否承受对它们和他们的任何忽视?我非常喜爱文明，但文明的计划是什么?

亲爱的大象先生:

……当然，有人说您没用，说您在饥饿肆虐的土地上摧毁了农田，说人类要照顾好自己已经非常不容易，无暇顾及大象。事实上，他们说您是一种奢侈品，我们再也无法承受。这正是每一个独裁主义政权所提出的论据，用来证明一个真正“进步”的社会无法负担个人自由这种奢侈品。人权也包括大象的权利，异端的权利，独立思考的权利，反对和挑战权威的权利，它们很容易受到制约和压迫，以“必要”的名义。……在上一次世界大战期间，一个德国战俘营里……被锁在带刺铁丝网背后，我们想到了在非洲无边无际的平原上

① 卞之琳译。

奔跑的象群，而这种无法抗拒的自由的影像帮助我们生存下来。如果这个世界再也无法承担自然美这种奢侈品，那么它将很快被自己的丑陋所征服和摧毁。我深深地担忧，人的命运和尊严，正悬于一线……

毫无疑问，以完全理性的名义，您应该被摧毁，将这个人口过多的星球上所有的空间留给我们。同样毫无疑问，您的消失将意味着一个完全人造的世界的开始。但是，让我告诉您，老朋友：在一个完全人造的世界上，人类也无处栖居……

我们不是也永远不会是我们自身的创造。我们注定永远是一个谜的冰山一角，这个谜团并非逻辑或想象所能参透。而您的出现带来了一种共鸣，它无法用科学或理性解释，只能用敬畏、奇迹和威严。您是我们最后的纯真……

我清楚地知道，和您站在同一阵营——也许那不过是我自己的阵营？——我无疑会被当作保守主义者，甚至是反动分子，属于另一物种的“怪物”，以及，似乎来自于史前时代的，自由主义者。我很乐意接受这个标签。还有，亲爱的大象先生，我们正意识到，您和我，我们在同一条船上……在一个真正物质和现实的社会，诗人、作家、艺术家、梦想家和大象不过是令人讨厌的……

亲爱的大象先生，您是最后的个体。

你极其忠实的朋友 罗曼·加里[1]

① 罗曼·加里（Romain Gary，1914—1980），法国作家、外交官。

日落之前，大卫、施芙拉和我待在河边。如同奇迹一般，一群接着一群的大象走出树林，趟过河流，走向我们。有母亲，有孩子，有各种年龄的大象。这个世界知道该做什么，而我们知道吗？

沿着河流从上到下，一群群大象正从容地穿过缓缓流动的砖红色的河水。总共有大约250头大象在这里喝水、社交。大象怎样度过它们的生活，这是评估局势还有多好的一个指标。

大象试图在混乱中维系正常的生活，因为这是它们所知道的、所愿意做的，就像人们在战争期间也会吹灭生日蛋糕上的蜡烛一样。每一步都是一个希望，每一次啜饮和吞咽都是一个虔诚的举动。希望和信念也许是我们所仅有的，可能还是这里所仅有的。

大象从河里爬上岸过夜。它们走着，慢慢地咀嚼着，撕扯着，吞吃着，一口一口蚕食着距离，一步一步爬上养育了它们的山峦。

老年大象记忆中的路线已经阻塞，变成了农场，危机四伏。在它们还跟在妈妈身后的幼年时期，那些路线都属于同一个国度——它们的国度。它们明白吗？也许是的，用它们的方式。我希望它们不要明白。我担心我们没有明白。

阴天不期而至，光线变得均匀，颜色变得柔和。这让我意识到，草的味道是多么甜美，鸟鸣是怎样在空气中回荡。象群移动着，如同泥土塑成的时间。这个家族用《圣经》中的地名命名，其族长，55岁的巴比伦，是这个群体中现存年龄最大的母象。它曾经目睹了什么？我很是好奇，那可能会让我感到恐惧。正朝这边走来的象群还有鲜花家族、风暴家族、斯瓦西里人家族、山脉家族（族长叫喜马拉雅）、土耳其人家族、蝴蝶家族。

大卫关掉了引擎，以免机器发出的噪声打扰正朝这边走来的象群。但是，象群转过身，聚在一起，四下张望。现在，不带引擎声的人声会吓着它们。游客出现时常伴随着引擎空转的声音，这是无害的，但偷猎者没有车。大卫机智地重新启动了引擎，象群才放松下来。

一头母象带着幼崽从近旁经过，它重重地向前跺脚，耳朵张开。然后它向后退去，将一丛灌木的树枝折下来，宣泄着它的愤怒和力量。我有些吓坏了，但大卫明白这都是虚张声势。它真擅长虚张声势。但是，究竟发生过什么，让它对人类的出现感到如此不自在？

来自重组家族的小象也在这里，这有助于缓解严重袭击对社会造成的打击。一个家族失去了5头庞大的成年母象。大卫说："一些幸存者可能会组成新的家族，它们被这场针对它们的战争聚集到一起。"他指着那些大象，继续说："犹他，那边那头母象，它是家族中幸存的唯一一个成年母象。"阿兹特克、印加还有其他所有的家族成员都被象牙偷猎者杀死了，就在公园边上。"行星家族，真是太惨了。那是个大家族，有大约20头大象，还有几头年龄最大的母象。它们的活动范围也是最大的，因此它们受到的打击也最大。要我说，它们最后的一群是被屠杀的。那次猎杀发生在一年前，离这儿100英里。还活着的大象从事发地点往公园跑，但是距离太远了。一些受伤的大象死在半路上。小象跑过来之后严重脱水。很多小象独自来到这里，已经失去了母亲。它们遭受了心理创伤，非常紧张，行踪捉摸不定。所以我们没法救护它们。"最后，行星家族中几乎所有的大象都死了。"看到那个家族分崩离析，真是令人难过。活下来的只有这两头母象，妊神星和木卫二。"

• • •

我自己收藏了一些象牙雕塑，大约五六个，每个长3～4英寸。这里面有一半是我20多岁的时候，一位年长的女性送给我的，我很珍惜对她的记忆。它们放在我的书桌上，我一伸手就能够着。其中一个是非常精巧的球，上面刻着小小的大象在欢快地玩耍，从同伴身上跳过去。这种讽刺真令人痛苦。在加拿大，有人送给我一个用猛犸象的象牙雕成的小海豚，作为一个特色礼品。我永远不会买这类东西，哪怕一颗鲨鱼的牙齿，一块珊瑚，甚至一个贝壳，但我却发现自己拥有这些物品，仿佛我们曾经失散，后来不知怎么找到了对方。在一个人道的世界里，美丽的象牙雕塑将全部来自自然死亡的大象。它们会留下更大、更有价值的象牙。象牙本身并不会成一个问题，它真的可以很美丽。这之所以无法实现，仅仅是因为我们这个种族的贪婪，就像卡在喉咙里的一根骨头。

木卫二转过身看着我们。我看到的不是一头大象，而是一个美到哀伤的人。

大卫似乎沉浸在回忆中，怀念着眼前的象群所失去的大象。“真的，真的太惨了……”

“你为保护世界上最了不起的一些生物而工作，”我对大卫说，此时他似乎没有听见我说的话。我又说：“这三个小宝宝——真好。”

“是啊，看看它们玩耍的样子，”大卫说着，天真美好的场面将他从悲伤中一点点拉了出来。

我们看着，任时间将这幅场景书写、折叠，装进我的脑海。

大卫补充说：“在公园外面，它们会紧紧挤在一起。而这里面是一个更安全的天堂。看，它们分散开了，因为它们无忧无虑。”

大象宝宝从哪儿来

一个崭新的安博塞利的清晨，风吹走了围绕着乞力马扎罗山的云，露出蓝色的山峦上海拔 9000 英尺处的积雪。

我和卡提托正和菲莉西蒂的家族在一起。卡提托说："多好的一家。我很高兴你能遇到它们。"

早晨 10 点 30 分，它们回到沼泽。在几只苍鹭和埃及圣鹮的注目下，大象走进一个长 50 码、宽 10 码的池塘，在那里泼水，踩水，号叫，扔泥巴。它们潜进水里打滚。一头名叫韦恩的大块头公象反复往自己身上浇泥水。小象在水里踢着，看着泼溅的水花，玩得开心极了，看起来仿佛在微笑似的。在黏稠的泥浆的润滑作用下，它们互相挤来挤去，享受着这次沐浴；它们爬上泥泞的河堤，又打着滚回到象群中。平原上的尘土湿润了，在它们的身上显得乌黑发亮。

卡提托说："我做这件事永远不会感到无聊。20 年——想想吧。"

一只苍鹭抓住了一条被吓得逃到池塘边上的鱼。苍鹭知道会发生这种事情，它们明白自己的生存之道。"噢，"卡提托轻声说，"那是美丽的奥托莱。"她对我一笑，说："我能认得它，就是因为它的美。"

奥托莱，31 岁，是 OB 家族的族长。奥佐拉和奥普拉也在这里。卡提托试图解释："我认得奥普拉，因为它的身材很圆，耳朵很大。"

它们不都这样吗？

这个家族曾经的族长奥黛尔、欧莫和欧米加都死于马赛人的长矛之下。奥黛尔曾三次遭到袭击，最后那一次杀死了它。从那时起，这个家族幸存的8头成年象都变得很紧张，并且形影不离。它们刚刚在公园外面过夜回来，步伐如同太空步一般，说不清是整齐还是混乱。

卡提托指着那些大象说："这是欧拉贝尔，它在我眼里美极了。我喜欢它走路的样子，还有它领导家族的样子。对我来说，它是一头很好的大象。是的。"我同意。"噢，这些……"卡提托庄严地喘息着，象群走得更近了。"这是伟大的族长坎姆库尔特的家族的幸存者，"卡提托转向我，问："你听说了吗？"她又转过去看着那群大象："太糟糕了。你看到那座山了吗？"她指着远处，继续说道："那座山叫作罗莫莫（Lomomo）。它们是在这里和那座山之间被杀害的。就是那边，不是很远。"她沉默地望着远方，回忆起当时的情景。

坎姆库尔特，46岁，样子十分气派，曾经出现在许多照片上。就在3个月前的一天早上，坎姆库尔特和两个成年的女儿被杀死了，取走了象牙，只留下坎姆库尔特还在吃奶的小象库安扎和它6个月大的儿子科瑞斯。科瑞斯失踪了，大家都以为它死了。

但是，就在几天前，科瑞斯忽然重新出现，跟着WB家族。"它看起来迷茫又悲伤。但是看到它还活着，我眼泪都出来了。"

QB家族如今被科洛尔领导着，它曾经和坎姆库尔特非常亲近。卡提托悲伤地说："我为这个家族感到难过。"小库安扎是当时干旱之后的婴儿潮中最先出生的，因此维姬用斯瓦西里语中的"第一"给它命名。后来，它被发现站在10岁的姐姐的尸体旁边。它还太小，无法脱离母亲生活，因此被带到了内罗毕的谢尔德里克基金会大象保育所。我在这里见到了它。

我们开着车前进的时候，卡提托说:“这个家族也让我难过。萨维塔只有 23 岁，已经成为了族长。”她再次摇摇头:“大多数大象都死在了干旱期间。其他的大多成了孤儿。”

忽然，卡提托兴奋起来:“噢！那是科瑞斯！坎姆库尔特的儿子！噢，天哪。它跟着不同的家族走来走去，在寻找自己的家族。现在它的家族在我们身后不远的地方。可能就在今天，在经过了这几个月之后，它终于能跟它们会合了。天哪，太好了！”

我们继续往前开。卡利俄珀，KB 家族 33 岁的族长，一只耳朵缺了一角。它和它的姐妹显得极其焦虑不安，满腹狐疑，仔细打量着我们。卡提托同情地说:“它三次遭到长矛袭击，它的母亲也被杀死了。”

但是当我们停下来，休息了许多分钟后，它靠近了我们。不到 100 英尺。但是当我们启动引擎,它便转身挡在孩子跟前,拍打着耳朵,摇着头。

“对不起。现在没事了，你的坏日子会过去的。”卡提托说。

这是一个心愿。它无法成为承诺。

许多家族开始汇集到一起，相互融合，聚成了大约 100 头象组成的象群。我们沿着辽阔的沼泽的边沿缓缓前进，进行清点。我接收了它们的影像，它们的光线；我倾听它们；我呼吸着它们。

一头没有象牙的大象走过。大约有百分之一的大象一生都不会长出象牙。我很想知道,没有象牙的大象会不会看着它们那些备受眷顾的同伴,希望自己也能有一对又大又漂亮的象牙。

卡提托断言:“好在它们没有象牙。”

第二波大象的浪潮穿过平原走向水源，大约有 250 头。在 PC 家族的前方，是 26 岁的族长佩图拉，这个家族只有 7 头大象，其余的成员全部死于干旱或子弹。

这冗长的伤亡名单，就是一个正在走向灭绝的物种的档案。在一两代之内，狂野非洲的记忆将彻底被遗忘，就像美洲的草原那样。那片草原曾经有一人高的野花，野牛在其中穿行，野鸽子黑压压一片，草原边上挺立着栗子树。那一切仿佛还存在于不久以前。

在过去的一个小时中，400 头大象汇成两股巨浪，从我们身边涌过，摄人心魄。我们驾车走在这庞大的象群边上，然后开到前面，一同从尘土飞扬的平原走向翡翠一般的绿洲。我们爬上一座小山，久久地看着。我们被这浩浩荡荡几百头大象的生活全景图所包围，它们在进食、哺育、生长。小象打闹着，互相爬到对方身上；公象在检查母象的发情状态；母象警觉地张望着，听着，嗅着。河里映出广阔的天空，以及乞力马扎罗山白雪皑皑、晴朗无云的山顶。

这片历史悠久的土地上积蓄的智慧就存在于这些大象之中。但是，如果山峰能言，它会如何形容这里的往昔和今日？也许只有山峰才够古老，足以明白这里应该是什么样子。如果能从高耸的岩石那里打听点什么，一定能得到些金玉良言。即使山顶的冰雪正在融化，山峰也一直保持着更加冷静的头脑。那些无言的尸骨被深深埋葬在这片永恒的平原，每一米都记录着时间。地球的记忆破坏了许多韵律，那些舞步更慢得能看到更多，舒缓而简朴的旋律常常能让歌曲更加意味深长。

也许，山峰的答案就在这吹过山坡的微风中，在盘旋于山腰的尘土中。如果那就是这片土地在说话，我会更好地理解大象对我说了什么，用声音、用沉默、用大鼓一般的足踏出的缓慢节拍，用撕扯草叶的反复节奏。通过无数种方式，它们在说：“只要活着就好。这个要求并不过分。我们本不该如此。”

我们驾车穿过干涸的沼泽和森森白骨，很快就出了公园。距离不远。

野生动物并没有消失在公园的边界之外，这令人感到安慰。我们在公园外面看到了不少斑马和长颈鹿，但一切都显得如此脆弱。

说说长颈鹿吧。它们很庞大，并且值得注意的是，就像大象一样，它们的身体是食虫鸟类的觅食地。鹭会停在大象的背上，燕子也常在大象周围盘旋。而眼前这些停在长颈鹿脖子上的，叫作红嘴牛椋鸟。

我们爬上一道缓坡，它的名字在马语中意为“红色岩石的山峰”，可够简单的。我们在坡顶凝望着坦桑尼亚和周围马赛人的土地，红色的岩床在雨季会变成一片水域，叫作安博塞利湖，但它现在成了恶魔的舞台，红色的尘土在上面旋转着。阳光从晴朗的天空直射下来，使空气终于有了一点动静。四周只有鸟儿声嘶力竭的叫声，和甲虫发出的嗡嗡声。

在很长很长的时间里，这里一定始终如此。

始终。

如此。

卡提托柔和的声音突然闯进了热浪中，她用几乎听不见的声音说：“艾柯死的时候我在场。”在干燥的微风中，她的声音听起来如此温柔，仿佛让宁静更深了。“那个抱着它的头的人就是我。2009 年 5 月 5 日，下午两点三十分。”

“一天早上，我看到艾柯带着两个女儿，一个 9 岁，另一个 4 岁。艾柯蹒跚前进着，就像个老太太一样。我只能摇头。干旱太严重了。再说艾柯也不年轻了。你知道，它当时已经 64 岁了。我陪了它两个小时，看着它抬起一条腿，再抬起另一条腿，艰难地前进着。第二天早上，六点三十分，我接到电话：‘那头象牙交叉的大象……’我心想，‘天哪’。我赶到现场。艾柯倒下了，离我们住的地方不远。我待会把那里指给你看。它躺在地上，踢着，不断睁开眼睛，试图爬起来。有人开着卡车，带着一条绳子过来，他们说，‘我们把绳子固定在下面，然后把它拉起来。’我说，‘不。’我知道它要死了，自然死亡，是因为干旱。我说，‘我们就留在这里，看着它。’艾柯的两个女儿也在那里，它们甚至没有把我们赶走。

“护林员想射杀它。我说，‘不行！’我问他们，‘如果你奶奶要死了，难道你会把她弄死吗？’他们说，‘不会。’我说，‘那你为什么要打死它？让它平静地死去吧。我们陪它过夜，以免鬣狗袭击它。’我们陪了一整夜，直到第二天下午，有人带来了食物。我抱着艾柯的头，我只能安慰它，给它降温。它的女儿伊妮德甚至没有动一下，它一直在那里，直到母亲死去，仿佛一直在哀悼。

“我用双臂环抱着艾柯的头，然后，它只是慢慢伸直了腿。它眨了眨眼睛，看着我。看到这场面，我真是难受极了。最后它的眼睛闭上了，它死了。

“它的死给伊妮德造成了很大的打击。是的。它那悲伤的面孔，我无法形容。就像一个刚刚失去亲人的人那样，它一直在哭。它的面孔看起来就是那副样子，持续了一个月。这时间可不短。它还瘦了。

“艾柯的妹妹艾拉几个星期前去了坦桑尼亚。艾拉和艾柯一直相处得不是很好。艾拉很有自己的想法。我可以说，艾拉很贱。有些大象，你能说它们心地善良，头脑冷静，它们很好。但艾拉很贱。

“艾拉回来后，发现艾柯已经死了。

“现在艾拉成了年龄最大的，41 岁。它表现得仿佛自己是族长一样，但它的行为实在不是一个族长应该做的。尤朵拉 40 岁，但它不知道——它没法成为族长。你知道，有些人就是这样，虽然年龄上成熟了，但是没法领导他们的家庭。尤朵拉也是这样。它不知道怎么做一个族长。尤朵拉性情古怪。没有一头大象追随它。

“现在履行族长职责的是艾柯的女儿伊妮德。你知道，人快死的时候，他们会对孩子说，‘我要离开你了，你得照顾好剩下的家人。’艾柯先前一直在训练伊妮德接班。伊妮德在领导着家族，尽管它只有 30 岁。伊妮德不会胆小怕事，所以如果发生了什么事，大象受到了惊吓，就都跑到伊妮德身边。它们觉得她能保护好大家。”

艾柯的家族在它的领导下发展得相当好，1974 年时只有 7 头大象，到它去世的时候已经超过了 40 头。除了艾尔琳以外，艾柯从未损失一个家庭成员。从任何方面看来，它都是一个杰出的领导者，因为它能力超群，能够管理家族，让成员保持忠诚，并且以智慧带领家族一次次渡过生死难关。

现在做决策的是伊妮德。伊妮德带着象群离开了，这是以顾家闻名的艾柯从未做过的。有时候，这个家族似乎分裂成了三组，伊妮德、艾拉和艾德温娜分别带领一组。现在它们不在这里。实际上，它们已经离开差不多 3 个月了。卡提托说：“我们担心伊妮德可能将象群带到了坦桑尼亚。等它回来，我们得看看它有没有损失家庭成员。”

下午晚些时候，我们回到营地接维姬，然后再次出发。

公园里到处是尘暴，这是由包含雨水的锋面引起的。我们能看见雨，但雨水几乎从未落到地面上。锋面只洒下了尘土，洒在尘土飞扬的平原上。

400 头大象组成的壮观的队伍开始一波波走出沼泽，走向山间过夜。我感觉我肯定再也无法看到这么多大象出现在同一地点。它们就在这里，这里我们拥有的大象多得无法估量。我已经开始想念它们了。

我开始叫它们“eles”或“ellies”[①]，这是昵称。既然现在我已经认识了它们，我无法想象如果没有它们会是什么样子。它们将存在于我的脑

① 大象（elephant）一词的缩写。

海里，就像一个远方的家庭。它们将影响我对“我是谁”这个问题的答案。它们在自己的社区里，和自己的家人在一起，已经明白了“我是谁”。它们不需要我。它们不需要依靠人类的存在而成为大象。几百万年以来，它们和亲人、朋友一起度过了有意义的生命，并且远比我们活得更好。

那边有一个小群体，几十头大象，身后跟随着十几头公象。很可能那里面的某一头大象正处在发情期。

维姬告诉我：“母象有时候会假装发情。”

我思索着。

“虽然它们不会做出准备交配的动作，也不允许公象爬跨，但是它们喜欢受到公象的关注。它们会做出一些诱惑的姿势。”

因为喜欢受到关注，就伪装自己的性状态，这需要很多的思考。

传说有一头了不起的公象，名叫蒂姆，在离开 3 个多月之后终于回来了。我们扫视着象群，寻找它的身影。

想不到这么快就找到了——它在那儿。我们靠近了一些。

现在我明白了，它真是气度非凡。蒂姆，43 岁，有一对巨大的象牙，长度和高度略不对称，走路的时候较大的那侧象牙几乎擦到了地面。每根象牙都足足超过 100 磅。

它看起来就像一个再也不可能存在的生物，一头从洞穴岩画上走下来的猛犸象。我从未想过，一头像它这么庞大、拥有这样一对象牙的公象还能幸存下来。

维姬换了一种更平静的语气，说：“每次我看到它——每次它一出现，我们都松了一口气。我们可能会感到心碎——”

我看见她的眼里闪着泪光。

“一个人对它们的爱竟然可以这么深，这让我感到害怕，让我不知所措。”

我看着蒂姆。它正在周围徘徊，等待时机成熟。

维姬夸赞它：“看这家伙多么了不起。它让我再一次全身心爱上了这份工作。人们说我很幸运，这是真的。但是，你所承担的责任，这些照料……我相信，致力于研究其他受威胁物种的其他许多研究者也……这段时间真的令人担心。等象牙偷猎者把非洲中部的大象杀光了，他们都会到这里来。我很想在这里再待上 30 年，但以这样的速度，这里的大象活不到 30 年。我只是不希望出现一个没有大象的世界。你见得越多，你越能理解它们之间的联系有多么紧密，它们的个性，它们每天如何维护彼此的关系。”

蒂姆正在狂暴期，滴沥着尿液，也不吃东西，一直保持着警觉的状态。狂暴期的公象会收起下颌，将头部高高扬起，摇晃着。发情期的母象步态摇曳，扭来扭去，并且会盯着公象看，你简直感觉它们可能会抛媚眼。第一次见到这种状态的大象，你会觉得非常可笑。它们看起来简直轻浮放荡，而我们觉得这很好玩，我们看懂了。就是这么亲近。

蒂姆从我们的路上穿过，我嗅到了它的一丝气味。

“狂暴期的大象闻起来有点像大麻。”维姬说。

像什么？噢——我先前想到的是广藿香。

蒂姆只有 43 岁，如果没被杀死的话，那么它还有至少 10 年的时间可以交配。并且，因为它在降雨之后进入了狂暴期，而这时很多育龄母象也进入了发情期，蒂姆可以成为很多大象宝宝的父亲，将庞大的象牙传给它们。

在非洲的少数地方仍有超过 40 岁的公象。尽管有许多不足，尽管局势越来越危险，它还在那儿。这个世界仍然能够维系大象的存在和大象的生存方式。它们不需要被“保护”，它们只需要不受打扰。它们知道如何成为大象。我们的子孙后代需要知道我们对大象产生了一些认识。

忽然，象群发出高亢的号叫声，骚动起来。十几头大象从各个方向跑来，冲向一头公象，它正在追逐一头年轻娇小的母象。母象体重更轻，跑得比公象快；只有当母象愿意的时候，被选中的公象才能追上母象。

公象追上母象，并将象鼻放在它背上。母象停下来，让公象爬上去，全过程只用了大约一分钟。

我看着蒂姆。它正把庞大的象鼻盘在一根巨大的象牙上。我不明白它为什么没有冲上去，阻挠那场约会。

维姬说："它不在乎，这说明母象不在发情期的峰值状态。"

维姬说，蒂姆并不在意更小的公象在场。"它知道只要它愿意，它就能把它们都赶走。它比任何一头像它这样身材的公象都要体贴。"

和它身材相近的公象已经不多了。蒂姆的到来足以让其他本处在狂暴期的公象结束狂暴。社会知觉会影响激素水平。并且，与这样一个装备了长矛的"小货车"打上一架相比，还是退出竞争比较好。

交配过后，空气中充满了其他大象的咆哮和号叫。它们非常兴奋。微风中浮动着迷人的气息。年轻的公象都想去嗅一嗅"舞会"上的国王和王后所踏过的胜地，还想去检查那头母象的阴道。不过母象才不想被检查，它想回到家族中去。它那些兴奋的姐妹们也加入进来，抚摸它，嗅着它。

这是一场盛大的问候。所有的母象的颞腺都在大量分泌着液体。它们的咆哮声在我的胸腔中回响。喜庆的情绪不断蔓延，如此踏实。我大笑着说："它们简直好像在唱'我真美'！"一场欢聚的盛会。

大象可能只感觉到了性吸引，并没有体验到浪漫之爱。毕竟，人类的性吸引中也有许多与浪漫之爱无关。一些人类学家曾经相信其他文化中的人缺乏浪漫之爱，也许今天仍然有人持这样的观点。并且，一些文化实行包办婚姻，婚姻只服务于家庭的实际利益，爱情完全被置之不顾。当然，其他动物所拥有的选择或拒绝追求者的自由，比这样的人类习俗更加优越。但是，这些大象对刚刚完成了繁衍的女儿的温柔问候中，包含了什么样的感情？灵长类动物和鹦鹉互相整饰毛发的时候，又体验着什么样的情绪？这些行为的作用是建立亲密的情感纽带。而亲密的情感纽带不过如此。

“你听见那隆叫声了吗？”卡提托忽然专注起来，“它们在呼唤自己的家族。”

我听见了，但与此同时，空气振动起来，我也感觉到了。我看到许多大象在召集各自的家族成员。在庞大的象群中，随着个体和其他家族成员会合，准备以族群为单位朝高地出发，家族的划分正在变得明确起来。看着这一切发生真是太有意思了。

我们跟着蒂姆，它尾随一群大象从平原走到了一片开阔的林地。林地上生长着金合欢，看起来仿佛就是我们过去印象中的非洲。

我看着两头小象互相追逐，一头想去咬另一头的尾巴，一起走的时候它还总是跳起来，将前腿暂时搭在玩伴的背上。多么快乐啊。

还会有更多的孤儿象，更多的折磨和恐怖。这里的一些大象将会杀死人类。还有一些大象将被人类杀死。这就是我们这个时代，没有人知道，它们的生命在接下来的年月里将会遭遇什么。

维姬忽然说，桑布鲁保护区中曾有一些像蒂姆那么威风的公象，“它们都死了。”

但是，还是有一些迹象表明，建设性的改变正在发生。新的法律大幅提高了对象牙走私的惩罚力度；被逮捕的人数急剧增加；反对偷猎的肯尼亚人进行抗议游行；全世界都对此产生了新的关注。维姬提醒我们："此时此刻，一切都是它应该的样子。自由生活的大象赶上了大部分的好时光。我感觉前景是乐观的。"

卡提托说："再见，朋友们。"于是我们驾车离开了。

◉ 第二部分

狼群的远啸

它们常在我们眼前，

过着史诗般的生活。

——道格·史密斯，《狼的十年》

走进更新世[①]

在这个原初世界，一个更新世的清晨，松林深处传出一声郊狼警告的尖叫。我仔细观察那片山坡，目光扫过积雪、蒿草和松林。狼。它们在一里开外,但在望远镜里看得足够清楚。大约五六头狼正朝山谷中走来，样子就像腿很长的大狗，原始，看起来却如此熟悉。它们步履轻盈，不慌不忙，却走得出奇地快。我也不着急，一分钟又一分钟，我看着它们越来越近。走在最前面那头是灰色的，两头黑色的紧随其后，其中一头有点瘸；接下来是一头灰的，两头深灰的，再来两头灰的。一共 8 头。这是我第一次看到狼。

黄石国家公园拉马尔山谷（Lamar Valley）中的狼所受到的关注是其他任何地方的狼都无可比拟的。观察者中的“头狼”瑞克•麦金泰尔（Rick McIntyre）每天追踪这里的狼群。不是每周 5 天，或天气允许的情况下，而是 15 年来的每一天。每一次太阳升起的时候，瑞克 • 麦金泰尔都已经在拉马尔山谷里了。一天不落。无论冬天的暴风雪，还是夏天里成群的游客，世界上没有什么能阻止他。这个 60 多岁、性格强硬的男人，他观察野生狼群的时间比任何一个人都要多，也许比任何一个不是狼的活物

① 更新世，又叫洪积世，约 2 588 000 年前到 11 700 年前，是地质时代第四纪的早期。黄石国家公园拥有从更新世末期开始出现的大型食肉动物和有蹄类动物群落集合。

都要多。瑞克的打印笔记目前达到了一万页，单倍行距。“你会了解个体，看到它们的后代，并且你会希望一直做下去，”他总结说，仿佛事情就这么简单，“这是一个永不完结的故事。”

瑞克只要在一里外的山脊上用望远镜扫一眼，就能告诉你那头狼的名字和生平。作为一位职业护林员，他曾在死亡谷[①]和德纳里山[②]等地工作，见识过最好的国家公园。当狼群在黄石地区性灭绝70年后又被重新引进，瑞克得到了观察这一过程的机会，他意识到这件事终身难遇。“这就好比你是1860年的一名历史学家，有幸能在林肯的白宫里度过每一天，见证历史。”

在瑞克看来，狼和人必须应对相似的生存问题，“比如什么时候需要直面风险，离开家庭，在世界上找到自己的位置——有无数的相似之处。”但他也指出了狼和他自己之间的一点不同：“我认识的一些狼，它们作为一头狼的表现比我作为一个人的表现还要好。”

在向阳的山坡上，两三头原本躺在雪地里的狼刚刚站了起来。瑞克指着两头正在交叉的方向上穿过雪地的狼，说：“好，那两头灰色的母狼之前在睡觉，现在也要下来了。尾巴翘起来的那头是820，就是它。”

这些狼中有一部分戴着电子项圈，以便让研究人员追踪它们的行动，它们通常按照项圈编号命名。如果你有接收器的话（瑞克就有一个），你就能时常通过项圈发出的信号寻找和识别特定的狼。

大象有名字，而狼用的是编号。名字和数字哪一个更加客观？珍·古

---

① 死亡谷国家公园（Death Valley National Park），位于美国内华达州和加利福尼亚州的交界处，气候干燥炎热。

② 德纳里山（Mount Denali）是北美最高峰，位于美国阿拉斯加州中部，曾被以美国前总统的名字命名为麦金利山，于2015年8月31日改名德纳里山，恢复原住民对它的命名。有德纳里国家公园。

道尔的第一篇关于黑猩猩的论文曾被《纽约科学院年报》（*Annals of the New York Academy of Sciences*）退回，因为她没有使用编号，而是给黑猩猩起了名字。编辑还坚持要求她用“它”来称呼黑猩猩，不要用“他”和“她”。古道尔拒绝了。她的研究结果最终还是得到了发表。名字和编号会让我们产生偏见，还是能帮助我们更好地观察？就算给一丛玫瑰起名多萝西，也没有一个植物学家会声称它表现出爱或思想。朱丽叶请求罗密欧“抛弃你的名字吧！”这也许恰恰暴露了人类的心思。如果你需要做的是仔细观察，那么与动物过于亲近或是刻意疏远都同样会导致偏见。将一头狼称为“25”，那么观察者会将25视为这头动物的名字，因为每头狼都是一个个体，有自己的社会关系和个性。对狼来说，“我是谁”至关重要。

820只有两岁，却很老成，甚至比大它一岁的两个姐姐还要出色。道格·麦克劳克林（Doug McLaughlin）也是个执着的狼群观察者，他70岁出头，大多数的早上都来。他解释说：“820真像它的母亲。哪怕只有两岁，它已经很有主见，充满自信，具备那种天生的领导气质。而且它已经是个得力的猎手了，它的母亲06就以此闻名。”

10头狼正在山谷中的平地上会合。有胸口深色的成年狼，也有身材瘦长、背部毛发耸起的一岁龄的狼。

“好了，”瑞克对着录音机说，“大型集会。”

狼群热情地相互问候，竖起尾巴摇晃着，它们推来推去，互相舔舐着脸颊。它们互相问候的方式，和狗欢迎我们回家的方式是一样的。

那是我第一次意识到狼和狗最大的区别。狼尊重和服从年长的个体，就像狗对待主人那样。但是，成熟的狼会成为自己生命的主人，而狗始终依赖和服从人类。狗不过是狼的替身，并且发育受阻。狗就像永远不会长大的小狼，它们不会主宰自己的生命，不会自主决策。而狼会自己做主。它们必须这样。

瑞克对那一大串动作进行了解说："左边那头黑的和另一头灰的都是母的，大约一岁。灰的就是先前和 820 一起睡觉的那头，她是 820 的妹妹，没有戴项圈。"它热衷社交，外号叫花蝴蝶。"你看，它在用爪子推着，这个动作就像小狗一样，意思是'我想玩'。"就在花蝴蝶的右边，"那两头黑的和那头灰的，它们比花蝴蝶大一岁，帮助养大了它。"花蝴蝶必须用服从的姿态对它们表现出尊重，比如压低身体和耳朵，就像人类放低身体的仪式化行为一样，比如鞠躬、跪拜、行屈膝礼和放低目光。传递出的信息是："我没有攻击或挑战的意图，我使自己更容易被你伤害。"瑞克解释说："这对它来说完全不成问题。它很擅长社交，是大家的好朋友。"当然，明确的服从姿态能够保护地位较低的个体免受攻击。一般情况下是这样。

其中一头狼做出格外卑微的姿态，低着头，垂着耳朵，夹着尾巴。而当 3 头狼出现在跟前俯视着它的时候，它的攻击性突然增加，一下子挺直了身子。这就是骄傲而老成的 820。

它们的母亲 06 生前曾是无可置疑的头狼。但那是几个月以前的事了。现在这个公园中的母狼都在激烈竞争。俯视着 820 的三姐妹中，其中一头比它大一岁，地位很高。它很可能还怀孕了。820 也可能已经怀孕。它先前吸引了两头新来的公狼的注意。如果一群狼中出现了两窝狼崽，它们之间就会产生直接竞争，争夺群体成员能带来的所有食物。这一切都让 820 对姐姐的地位造成了威胁。这个姐姐打算将竞争扼杀在摇篮里，现在已经被 820 的两个同胞姐妹拦住了。

820 身子笔挺，它并没有要打架的意思，只是伸直了腿，试图架住姐姐。

双方僵持了一阵。

突然，激烈的冲突爆发了。其他的狼开始凶狠地撕咬 820。这不是一个仪式化的展示，也不仅是要一头狼安分守己。820 痛苦地呜咽着、嚎叫着。一个姐妹正在咬它的肚皮，另一头咬着臀部。现在，它的姐姐咬住了它的喉咙——这是狼互相残杀的方式。

当 820 有机会行动时，它逃跑了。但没跑太远。

它兜回来，卑躬屈膝，显示出极度的服从，希望至少能被留在家族里。但姐妹们毫不妥协，只想把它赶走。它们咆哮着、威胁着，清楚地表明：别过来。

820 消失在积雪覆盖的蒿草中。这一刻，被亲姐妹流放的这一刻，是 820 一生中最后的转折点。

主要的转折点是 4 个月前，有人杀死了它们的母亲，著名的 06。06 生命的终结在它留下的家庭中引发了巨大的骚动。

为了理解为什么 06 如此出色，为什么它的死如此重要，我们必须向前回溯一代，了解它的高贵血统。它的祖父是黄石地区最著名的狼——21。

一头完美的狼

“如果真有那么一头完美的狼，那就是21。它简直像个虚构角色，但它是真实的，”瑞克说。

即使在一段距离之外，也能认出21肩宽体阔的轮廓。21在保护家庭的时候无所畏惧，它具备那样的体形、力量和敏捷，足以战胜种种巨大的困难。瑞克说:“有两次，我看见21独自抵挡6头狼的攻击，并且把它们全部打败。看着它，感觉就像看到了什么超自然的东西，或者亲眼看着李小龙打斗一样。我一直在想，‘我现在看到的这头狼所做的事情，不是一头狼能做到的’。”瑞克形容，看着21“就好像看到了穆罕默德•阿里或者迈克尔 • 乔丹——那种百里挑一的天才，处在竞争的顶端，拥有极其完备的技巧和极高的天赋，远远超出了‘普通’水平”。并且，狼的普通水平可不同于人的普通水平，因为每头狼都是位职业运动员。

21以两种方式脱颖而出:它从未输掉一场战斗，并且从未杀死落败的对手。21是一头超级公狼。

21是黄石公园近70年以来出生的第一窝小狼崽之一。它的父母都在加拿大被活捉，然后用船运到黄石公园，这一举措是为了将狼重新引进这个已经失衡的生态系统，当时这里的马鹿已经多得让土地无法承受。在狼群绝迹大约70年后，马鹿的数量过于庞大，冬天对它们来说就意味着食物匮乏和饥饿。不过，对于被引进黄石公园的狼来说，这种失衡意味着充足的食物。

但是，即使狼已经从很多人的记忆中消失，就在21出生前不久，有人射杀了它的父亲。

狼很难胜任单亲妈妈的角色。研究人员做了一个无奈的决定，将21的母亲和一窝小狼全部捕获，在一块一英亩大小的场地里喂养了几个月。

当人们将食物带到场地时，其他所有的狼都逃往场地另一头的篱笆，只有一头小狼会稍微向前，来回踱步，挡在人类和其他家庭成员之间。这头小狼后来被戴上了第21号追踪项圈。

两岁半的时候，21离开了母亲、养父和兄弟姐妹。它加入了德鲁伊峰（Druid Peak）的狼群，此时那里的头狼刚刚被非法猎杀不到两天。德鲁伊峰的母狼很欢迎这头漂亮的公狼，它们的小狼也喜欢这个新来的大家伙。21收养了那些小狼，并帮忙喂养它们。一切顺遂，它刚离开家就成了另一个重组家庭的头狼。这是它生命中的一大突破。

瑞克说,21对狼群中的成员“特别温柔”。在刚刚捕到一头猎物的时候，它常常会走开，去撒尿或者躺下来小睡，让那些没有参与狩猎的家庭成员饱餐一顿。

21最喜欢的事情之一就是和小狼角力。“而且它特别喜欢假装被打败，”瑞克补充说，“它从中得到了极大的乐趣。”那可是头庞大的公狼，却会让小狼跳到背上，撕咬它的毛皮。“它会仰面倒下，爪子伸在空中，尾巴摇来摇去”瑞克比划着，“小狼就神气活现地俯视着它。”

瑞克补充道:“伪装的能力表明你知道自己的行为如何被其他个体感知。这体现了很高的智力。我能肯定小狼知道那是在假装，但这是它们学习的一种方式，学习如何征服一头比你大得多的动物。这种自信是狼在狩猎生活中每一天都会需要的。”

在21当上头狼后不久，狼群中有3头母狼生下了小狼。这很不寻常。一般来说，只有狼群中的主雌，或者说“女族长”，能够繁衍后代。3窝小狼的出生体现了这里食物供应的异常充足。20头小狼活了下来，这简直不可思议。这个已经很庞大的狼群扩展为难以置信的37头狼组成的大家庭，成为有记录以来的最大的狼群。由于狼群的大小取决于食物的量，而这里由于人为干扰，食物量在狼群绝迹70年之后极度膨胀，因此这群狼很可能也是全世界空前绝后的最大的一群。

瑞克·麦金泰尔评论说：“只有21有能力统治那么大的一个狼群。”当时并不太平。狼的高密度很容易导致大量非正常的狼与狼之间的冲突。在保护和扩张领地方面，21参加了大量的战斗。

狼群的领地战争就像人类的部落战争。当狼群战斗的时候，数量很重要，但经验发挥了关键作用。当两个狼群中的成年个体排成直线进攻或撤退，或是为保命而战斗时，小狼可能会感到迷茫困惑。一岁以下的小狼似乎常常会被攻击吓倒（似乎即使是狼也必须学习暴力），而一头被进攻者扑倒的小狼可能会放弃抵抗。狼通常会攻击对手群体中的头狼，仿佛它们完全明白只要击败或杀死对方经验丰富的首领，它们就胜券在握。

部落群体之间的致命冲突不仅仅发生在人类和黑猩猩当中。在落基山脉地区，狼的常见死亡原因中排名第二的就是被其他的狼杀死。（被人杀死排名第一。）但是，正如前文提到的，21以两种方式脱颖而出：它从未输掉一场战斗，也从未杀死落败的对手。

21会将落败的对手放走，这种克制看起来很不可思议。那叫什么？慈悲？对于不仗着自己的优势打压有威胁的对手的人，我们有另一个形容词，那就是有风度。一头狼可能有风度吗？如果有的话，这是为什么？

如果一个人没有选择杀死落败的对手，而是放走了他，那么在旁观者的眼里，失败者仍然失去了地位，但胜利者更加令人印象深刻。你只有在胜利的情况下才能展现风度，所以此时你已经通过胜利证明了自己。并且，如果你展示出慈悲，那么你的无畏就体现了极度的自信。如此强大，却又如此克制，旁观者也许会感到很乐意跟随这样一个人。

和平的战士能赢得比暴力者更高的国际地位。穆罕默德·阿里曾经被称为“全世界最著名的人”，他是仪式性战斗的践行者，却为和平发声，拒绝参加战争。尽管这个决定给他带来了几百万美元的损失，令他失去了重量级拳王的称号，他的地位却因为拒绝杀戮而上升到了空前的高度。

对人类和其他许多动物来说，地位非常重要，它占据了个体的头脑，消耗了个体的时间和精力。我们为之付出了许多的财富和鲜血。地位和统治为何如此重要，这点狼并不比人更清楚。我们的大脑并不征求我们的意见，甚至懒得告知我们其中的深层策略，这就产生了激素，让我们感到强烈的为地位而战、夺取统治权的欲望。统治的目的似乎只是统治本身，我们不需要知道原因。这个原因是：较高的地位有助于生存。对于每一天的择偶竞争和食物竞争，地位就是一个代理人。当配偶或食物短缺的时候，地位较高的个体拥有优势。而为了争夺地位，赌注就是生存，而生存的终极赌注就是繁殖——繁衍的机会才是最重要的。统治地位能让你打败其他个体，赢得食物、配偶和有利的领地，这都会促进繁殖。就像狗喜欢坐车兜风去新鲜的地方一样，我们不需要理解这是为什么，或者其中的机制是什么，我们只需要知道我们渴望它。对于这种支配着人和狼的动机，很难指望狼能比我们懂得更多。

所以，回到那个问题：一头狼可能有风度吗？正如前文所言，对人类来说，放走落败的对手体现了强大的力量和极度的自信。我们欣赏这两种特质。野生动物的这种公开展示能力富余的行为有时被称为不利条件原理（handicap principle），它所传递的信息是：“看，我足以承担浪费。我的能力很强，所以能够承担对自己不利的条件。”几乎所有的展示富余的行为都会给同类留下良好的印象，只要它所展示的东西是被认可的，比如勇敢、美貌或财富。对人类来说，通过炫耀财富来提高社会地位的行为被称为“炫耀性消费”。但是，人类展示古董车收藏所传递的信息，和伯劳展示死老鼠几乎没什么不同。伯劳收集大量的死老鼠，却不吃掉它们，只是挂在荆棘上高调地公开展示。

为了赢得更高的社会地位，人和许多动物展示多余的收藏（比如人的豪宅和伯劳的老鼠）、多余的美丽（如孔雀的尾巴、长而浓密的毛发）、多余的风险（如运动、战斗和经商）。离经叛道的以色列研究者阿莫兹•扎哈维（Amotz Zahavi）首先发现和定义了不利条件原理，他曾经研究一种名叫阿拉伯鸫鹛的群居鸟类，发现它们经常互相竞争迎战对手的机会。他认为这些鸟类是利他主义的，因为我们可以说，“战士”竞争的是荣誉，是被其他鸟儿看到自己代表群体冒险战斗的机会。如果它们成为士兵，它们就会戴着军功章回到巢穴中。扎哈维写道：“这种利他行为可以被视为一种投资（即给自己创造不利条件），以赢得社会声望，并证明这一要求的合理性。”你不仅是声称自己拥有富余的能力，还在证明自己确实拥有。这会给旁观者留下深刻的印象——它们应该如此。

放走眼下被打败、但将来可能致命的对手，这大大增加了风险。如果一个个体能够展现出这种非凡的自信，其社会地位就会大幅提高。这些自信的动物可能是狼，也可能是超级英雄。

“蝙蝠侠为什么不干脆把小丑杀死？”瑞克提问，随后给出了自己的答案：“通过崇拜克制了自身力量的英雄，我们对英雄的力量产生了强烈的印象。一个好人杀死坏人的故事远不如让好人面对道德困境的故事有趣。在号称历史上最伟大的电影[①]中，亨弗莱•鲍嘉[②]已经赢得了他所追求的爱情。但是，他妥善处理了局面，让另一个男人不至于失去妻子，不受到伤害。因此我们崇拜他。看到力量与克制相结合，我们就会想要追随这个人。这大大提高了他们的社会地位。”瑞克显然对这个问题有过深入的思考。

影片中的角色被他自己的道德标准所束缚。但是，狼也有伦理道德吗？

瑞克笑了。“如果说它们有的话，这简直是异端邪说。但是——”

在21的生命中，有一头特别的公狼，是个死缠烂打、纠缠不休的花花公子。它极其漂亮，性格独特，并且总会做出一些有意思的事情。“对它最好的形容词就是‘魅力’，”瑞克说，“母狼都喜欢和它交配。人们尤其喜欢它，特别是女人。女人只要看它一眼，就不愿意听到你说它半句坏话。它的不负责任和不忠都无损它的魅力。”

有一天，21发现这个花花公子和它的女儿们在一起。21冲过去扑倒了它，并将它按在地上撕咬。狼群中的许多成员也加入进来，一起狠揍花花公子。瑞克说：“花花公子体形虽然很大，但它不擅长打架。它被打得毫无还手之力，最后狼群几乎快把它打死了。

“突然，21后退了。大家都停了下来。其他的狼看着它，仿佛在说，‘爸爸为什么停住了？’”这时，花花公子跳起来，逃跑了。这是这种情况下的普遍反应。

但是花花公子一直在给21制造麻烦。所以，为什么蝙蝠侠不干脆把小丑杀死呢？这样就不用再为它操心了。对花花公子和21来说，这种行

---

① 指《卡萨布兰卡》。

② 此处指亨弗莱•鲍嘉在《卡萨布兰卡》中所扮演的角色瑞克•布莱恩。

为也显得不合理，直到多年以后，真相才水落石出。

长话短说。21死后，花花公子很快当上了德鲁伊峰狼群中的头狼。但它做得不太好，瑞克回忆说：“它不知道该做什么，它就是没有领导的特质。”尽管年幼的个体推翻兄长的情况非常少见，在它身上就发生了这样的事情。“比它小一岁的弟弟天生拥有更多的领导特质。”花花公子并不在乎，这意味着它又能自由地游荡，追求其他的母狼了。

最后，花花公子和德鲁伊峰狼群中几头年轻的公狼一起，找到了一些母狼，组成了黑尾狼群。瑞克回忆说：“和它们在一起，它终于成了一头负责任的主雄，一个伟大的父亲。”与此同时，强大的德鲁伊峰狼群受到疥癣的困扰，并且被群内冲突所消耗。2010年，德鲁伊峰狼群的最后一名成员在蒙大拿州的比尤特（Butte）附近被射杀。而花花公子，尽管一度厌恶战斗，最终却死于和一个敌对狼群的战斗中。但是在它的黑尾狼群中，所有的成员都毫发无损——其中就有21的孙子辈和曾孙辈。

对于这些情节转折，狼所了解的并不比人更多。但是演化了解一切，演化的算法考虑的是长期结果。通过宽恕花花公子，21实际上保证了自己能有更多的后代存活下去。并且在演化中，只有存活后代的数量才是唯一的“通货”。任何能够帮助后代存活的因素都会留在基因里,代代相传，演化为一种行为倾向。

所以，严格从生存主义者的角度考虑，一头狼是否“应该”把对手放走？克制是不是一个能带来累计收益的有效的策略？我认为如果你能承担风险的话，那么答案是肯定的，因为有时候你今天的敌人就是你明天的继承者。瑞克这些年来所目睹的种种事件也许恰好是塑造狼的风度的基础，也是人类慈悲的核心。

早先，当21还跟母亲及养父生活在一起的时候，它们新出生的一头小狼表现不太正常。其他小狼都有点怕它，也不和它一起玩。一天，21给小狼们带来了一些食物。给它们喂食之后，21站在那儿，四处张望，寻找着什么。很快，它开始摇尾巴。瑞克说："它在找那头病恹恹的小狼。找到之后，它就走上前去，陪小狼玩了一会儿。"

突然，瑞克似乎在搜肠刮肚，想表达内心某种更深的东西。然后他看着我，说："在我所有的关于21的故事里，这是我最喜欢的一个。"力量能打动我们，但我们记住的是善良。

大多数的狼都死得很惨烈。即使用狼的标准来看，21也度过了充满暴力而惊心动魄的一生，而且它始终不同寻常：它是一头黑色的狼，毛色随年龄增长而渐渐变浅，并且成为黄石公园中少数自然终老的狼之一。

在21满9岁那年的6月，某一天，它的家族成员正躺着休息，一头马鹿从附近经过。所有的狼都跳起来前去追捕。21也跳起来，但它只是站在那儿看着这次行动，接着又躺了下来。随后，当狼群朝巢穴进发时，21穿过山谷，朝相反的方向走去，似乎正打算去往什么地方，孑然一身。

不久后，一个游客在这个偏僻的地点登山，并爬到了高处，回来后报告发现了不同寻常的东西：一头死狼。瑞克弄来一匹马，赶往现场。

那天，21似乎知道它大限已至。它用尽最后的力气爬上了一座高山的顶峰。在它的家族喜爱的聚会地点，它年复一年与孩子们嬉戏的地方，在夏日高高的草丛和山地野花的怀抱里，21蜷缩在一棵大树的树阴下。按自己的计划，它最后一次进入了梦乡。

瑞克几乎目睹了21漫长一生中的每一天，看着它从小狼成长为一家之主，再到它最后一次穿过山谷的旅程。那天骑马上山前，他告诉道格•麦克劳克林回来后报告发现了什么。晚些时候，当道格看见瑞克穿过草地回来时，他迎上去，等待瑞克的报告。

但是瑞克径直走向了他的汽车。他拉开车门，还没钻进去，就忍不住抽泣起来。当道格·麦克劳克林向我回忆这个故事的时候，他哽咽了，我也垂下了目光。

分分合合

一个狼群就是一个家族。我们所称的狼群，实质上就是一对配偶加上它们的后代。我们通常将这对配偶称为主雌（alpha female）和主雄（alpha male）。不过，研究狼的专家认为“主”这个词太过时了，并常将繁殖的雌性称为狼群的族长，因为它主导了许多决策。

在传统观念中，动物群体是这样形成的：雄性遇到雌性，它们生育后代，组成了一个群体。没错，是有这样的情况。但是对狼来说，一切皆有可能。狼群的形成极大地取决于个体性格和机缘巧合。有时候，两三个兄弟与另一个狼群中的两三个姐妹一起，组成了新的狼群。在一两年内，它们中可能会有一些脱离群体，再形成新的狼群。这就是狼和人（以及大象）的社会中共同存在的“分裂—融合”形态。

在防御和协作方面，主雄和主雌彼此展现出高度的忠诚。（我们所喜爱的狗的忠诚，这个它们作为“最好的朋友”的特征，就是它们身上保留的狼性。）而在重要的事务上，这对首领又高度依赖它们的孩子，如狩猎、哺育和保护幼崽、保卫领地以及抵御对手的进攻。

就像人类一样，狼既遵守规则，又破坏规则，将家族的形式玩出了许多花样。而且就像许多所谓的“单配制”人类一样，狼有时也会越界。公狼可能会悄悄跨越狼群之间的边界，去寻找艳遇。母狼通常也会容忍游荡的公狼。但是，对一头公狼来说，进入其他狼群的领地是非常危险的。

但是公狼有时还是会冒险进行夜间的幽会。

养育后代的繁重工作是狼的社会和家庭生活中的一个重要组成部分。小狼会和父母共同生活许多年。年龄较大的孩子开始步入成年的时候，也会协助照顾更小的孩子，这形成了多代共存的群体。最后，它们会离开父母，组建自己的家庭。狼窝和集会地点都比较隐蔽，以便藏匿很小的幼崽。而成年狼往返于这两个地点之间，它们轮流狩猎和带回食物，和小狼玩耍，进行模拟伏击，并忍受小狼拉扯它们的尾巴——小狼简直是全世界最贪玩、最不知疲倦的幼崽。

“狼所做的不过是三件事，”黄石国家公园的狼研究领导者道格·史密斯（Doug Smith）说着，掰着自己的手指头数道，“就是旅行、杀戮和社交。它们有大量的社交。它们生命中的很大一部分内容都取决于社交能力。并且，”他总结说，“在研究狼30多年之后，我可以告诉你，你不能简单地说，‘狼会这么做’‘公狼会这么做’‘母狼会那么做’。不能。狼有着鲜明的个性。”

道格说：“如果你看过被囚禁的狼，你会发现它们一直在走动。它们就是想走。”狼一天能走5～40英里。“这不光是为了狩猎，也是为了保护领地。它们在保护领地方面有强烈的竞争意识。”

“狼的第四个特征是什么？”史密斯自问自答，“它们很顽强。”

在将狼重新引进黄石公园的时候，研究人员曾担心从加拿大野外捕获的狼可能会一路跑回加拿大的家。因此，他们将狼在宽阔的“适应区”中关了几个星期。大多数的狼接受了这样的安排。但是，有3头大胆的狼无法忍受这样的囚禁。一头狼高高跳起，抓住了10英尺高的围栏上凸出的一块，然后竟然设法绕过了悬挂的铁丝网，逃了出去。随后，它在外面向内挖洞，放走了同伴。这三头狼不停地咬着被锁链连在一起的围栏，这对它们的犬齿造成了极大的损害，几乎把牙齿都磨平了。

史密斯回忆："我想，'天啊，这些家伙差不多是死定了'。但是，在释放所有的狼之后，你说不出有任何不对劲的地方。我想，'这些没有犬齿的狼，到底要怎么杀死马鹿啊？'"狼的下颌能够产生每平方英寸 1200 磅的咬合力，是德国牧羊犬的两倍。"那是碾碎一切的力量。"

有四五次，道格·史密斯抓住一头狼，要给它更换项圈，却发现它有一条曾经折断但已经愈合的腿。"自从我给它们戴上第一个项圈起，我就一直在追踪它们。但是，我从未发现任何迹象表明它们折了一条腿！"直到有一次，史密斯在直升机上观察一个正在前进的狼群。"它们在深深的积雪中跳跃着。我用麻醉飞镖射中了后方的一头狼，好给它戴上项圈。降落之后，我惊讶地发现它只有三条腿。在空中，我看不出它跑动的样子有什么异常。"在同一群狼中，另一头狼的肩膀在深冬季节受了伤，可能是被马鹿或者野牛踢了一下。"它已经 10 岁了，"——这对野生环境中的狼来说极其长寿——"但她一直活过了第二年的春天和夏天。我觉得是其他的狼在帮助她。"秋天，它去世了。

"如果你检查狼的骨头，你会发现这些家伙度过了极其艰苦的一生，并且它们极其顽强。"有一次，史密斯看见一头主雌的腿受伤了，吊在那儿，但它仍在专注地看着自己的狼群狩猎。它没有躲起来养伤，而是"就在那里，警惕地观察着局势"。它恢复了，活了下来。

道格还说："不，狼永远不会自怨自艾。它们从不会想'我真可怜'，而是永远想着'向前！'它们的问题永远是'然后呢？'"

狼群会发展出不同的个性。德鲁伊峰家族四处迁移，无视边界的存在。莫莉家族占据了一块领地，地势较高，夏天很舒适，但冬天就变得极其贫瘠——那里会有深深的积雪，温度可降到零下 40 华氏度。而且还没有马鹿，只有少数大野牛在那里徘徊，史密斯将它们称为“顽强的巨兽”。几个季节过去之后，莫莉家族的狼变得尤其擅长捕杀那些重达1000磅的、冬天出没的野牛。有一次，14头狼轮番进攻，将一头公野牛拖进了深深的积雪中，“这一步是为了牵制它的腿，让它没法踢”。尽管那头野牛“反复把狼从背上甩下去”，狼群仍然坚持着，在9个小时的围攻后，它们终于杀死了野牛。杀死野牛体现了狼群狩猎能力的最高水平，并且莫莉家族中能杀死野牛的那些狼也是黄石公园中体形最大的。这有点像自然选择的过程，只有最庞大的狼能够在这种严寒的气候中成功捕杀大块头的野牛，持续生存下去。

• • •

几乎所有的捕食者都捕杀比自己小的猎物，然而狼捕食的动物比它们要庞大许多，它们的猎物的体重通常有一头狼的5～10倍。这样的捕猎需要合作，所以狼过着群体生活。狼的生存是群体努力的结果。这使狼变得高度依赖社交，反过来又使狼变得特别。

为了猎杀比自己大的动物，捕食者通常形成有组织的集体，其中有社会结构和劳动分工。只有少数物种属于这个精英阶层，如非洲野犬（*Lycaon pictus*）、狮子、斑鬣狗和几种鲸豚类动物（包括几种捕食哺乳动物的虎鲸）。还有人类，我们也很特别。

狮子会移动到“侧翼”和“中心”位置，侧翼的狮子将猎物赶向中心的埋伏中。一头狮子可能擅长中心或侧翼位置，而擅长侧翼位置的狮子中有的擅长在左侧，有的擅长在右侧。宽吻海豚有时候会分配劳动，一些海豚来回游动，阻止鱼群逃跑，其他的海豚则积极捕鱼。并且，它们不时交换位置，负责阻止鱼群逃跑的海豚游到中央，原先在进食的海豚前去阻拦鱼群，所以海豚一定有某种方式，示意同伴和自己交换位置。

有时候，它们还会分为“驱赶者”和“阻拦者”，前者将鱼群往后者的方向驱赶。在这些群体中，个体倾向于保持同一个专门的角色。座头鲸潜到鱼群下方，然后用一连串上升的泡泡包围它们。当恐慌的鱼群被困在这个“泡泡网”中，座头鲸就上浮进行攻击，张开大嘴来回游弋，吞吃鱼群。研究人员惊讶地发现，座头鲸有时候会组成固定的团队，共同编织“泡泡网”，并且其中一些个体似乎会一年接一年留在团队中，并且始终待在固定的位置。研究人员观察了 8 头座头鲸，它们在 3 天内进行了 130 次围猎，每头座头鲸和同伴的相对位置都是固定的。至于狼，它们似乎清楚地理解发生了什么，它们在做什么，谁在做这些事，并据此判断时机，这使得它们能够最大限度地争取生存的机会。

狼的狩猎初看起来似乎是无组织的。瑞克说，10 头狼可能会遇到 100 头马鹿，而你看到的场面，就是“每头狼都在追逐不同的鹿。但在这混乱中，它们都在仔细分辨哪一头特别容易攻击。并且它们都会留意其他狼的行动，这是一种高效的方式，能够在大量的潜在猎物中快速进行筛选。”

狼也会进行分工。大块头的公狼比母狼和体重更轻、年龄较小的公狼跑得慢。（母狼的体重在 90 ～ 110 磅之间。公狼在 4 岁左右体重达到顶峰，重 120 ～ 130 磅。最大的能达到约 150 磅，超过这个体重的极其罕见。）在狼群快速追逐一头落单的猎物时，你常常会看到母狼和 1 岁左右的公狼冲在最前面。年龄较小的狼通常最先追上一头奔跑的马鹿，它们咬它的后腿和臀部，拖慢它的速度。但是年轻的狼不知道杀死马鹿的最好的方法。（并且，狩猎的时间越长，对狼来说就越是危险。狼可能被鹿角刺伤致死，或者被猎物的一次绝望的踢蹬踢断骨头，或打掉牙齿，形成致命的脓肿。）这时候，一头较大的狼冲进来，它越过孩子们，冲到马鹿前面，然后一个转身，猛地咬住猎物的喉咙。

发起狩猎的通常是年长个体。有时候较年轻的狼群成员不太明白策略。有一次，瑞克看到章克申峰（Junction Butte）狼群的主雄帕弗试图将狼群带往更高的地方，但没有一头狼愿意跟上去。瑞克看见那上面有一些马鹿。帕弗独自往高处走去，消失在树林中。突然，马鹿提高了警惕，骚动起来。帕弗从树林里跑出来，追赶着最后一头马鹿，一头成年母鹿。瑞克说："马鹿在选择路线的时候做了很多糟糕的决策，帕弗渐渐逼近它。"直到这时候，整个狼群才意识到发生了什么。帕弗的配偶从旁边跑过来，从后面咬住母鹿。马鹿将它踢了下去，但这次减速足以让帕弗追上来，咬住它的喉咙。随着第三头狼的加入，它们扑倒了马鹿。瑞克记录："对幼年个体来说，观察年长而有经验的狼如何应对生死，这样的教育至关重要。"

"头狼"（alpha male）这个词也指"大男子主义者"，即那些攻击性最强、最专横独断、最有权势的人，比如骂骂咧咧、目中无人的管理者，他对每个人都大吼大叫，时时刻刻都在证明自己是掌控一切的人。咆哮的老板已经成了对大男子主义者的一种讽刺。但狼才不是那样。

狼是这样的：头狼在狩猎时扮演了关键角色，但捕猎完成后就离开去睡觉，等所有的成员吃饱。瑞克说："头狼最主要的特征就是充满自信，充分肯定自己。它知道自己想做什么，知道对狼群来说什么才是最好的。它很适应自己的角色。它的出现令其他成员感到安心。重点在于，头狼意外地没有攻击性，因为它们不需要。"

瑞克继续解释："21就是典型的头狼。它是这一带最强硬的家伙，但它的主要行为特征之一就是克制。想象一位稳重而可靠的男人，一位伟大的重量级拳击冠军；不管他需要证明什么，他都已经证明。或者这样想，想象两个同样的群体，比如两群狼，两个人类部落等。一个群体的成员更合作，更乐于分享，彼此之间更少动用暴力；另一个群体的成员总在互相攻击、互相竞争。哪个更有可能存活和繁衍下去？”

所以，从瑞克在这里的经验看来，头狼几乎从不对其他雄性表现出过强的攻击性，它们通常是它的儿子或养子，也有可能是兄弟。它只是具备某种其他雄性认可的特质。“唯一有可能看见头狼行使统治权的情况，就是在交配季节。如果狼群里排行第二的雄性接近繁殖期的雌性，头狼可能就会咆哮起来，露出牙齿。甚至可能只是盯着它看，这就够了。”如果头狼气势汹汹地朝另一头雄性逼近，后者就会仰面躺倒；随后，头狼暂时咬住它的口鼻部或脖子，这是为了宣示等级，而不是造成伤害。另一头雄性从不反抗，通常只是做出屈服的姿态，或者溜走。瑞克总结说：“你知道，当你责骂狗的时候，狗有时会显得很内疚，对吧？狼看起来就是这样。轻微的暴力能够促进集体的团结和合作。这正是狼群所需要的。头狼做出了表率。”

瑞克将道格·史密斯比作头狼一般的男人：“道格是我共事过的最好的导师。他很好相处，大力支持我们；他从来不朝任何人大吼大叫，并且非常能够理解其他人的处境。他有一种自然而温和的管理风格。还有一种天生的非凡自信。他甚至不用做什么就能完全激发其他人的积极性。和他在一起，人们简直会心甘情愿地一周工作 90 小时。不过，如果他听到我这么说，他大概会感到很不好意思。”

我决定去向“头狼”本人征求他对头狼的看法。史密斯说：“在过去，人们将头狼称为老板。”他咧嘴一笑，补充道：“这么说的主要是男性生物学家。”他解释，狼群里实际上有两个等级制度，“一个雄性的等级制度和一个雌性的等级制度。”那么，谁掌管大权？“这不太清楚，但似乎雌性做出了大多数的决策。”这些决策包括迁移到哪里，什么时候休息，采取什么路线，去哪里狩猎，以及狼群中最重要的决策：在哪儿筑巢。

一些雌性似乎对狼群拥有更大的影响力。“内兹佩尔塞人[①]家族，主雌被杀死后，”史密斯打了个响指，“狼群就解体了，没了。但是利奥波德家族，主雌死了，你简直看不出来。它的女儿们承担了繁殖的任务，无缝对接。”

每个了解狼的人都会告诉你，正如史密斯对我所说的，“性格对狼来说非常重要。”个体的性格影响了一头狼有多贪玩，它们如何狩猎，小狼在离家冒险之前会和父母共同生活多长时间，以及——它们是否会成为领导，如何领导。

“举一两个例子，”史密斯说，“07 是它那群狼的头儿。你能连续几天观察 07，然后说，‘我觉得应该是它在掌权。’观察了这么多年，我看到它确实在掌权。它以身作则。所以，当我使用‘族长’一词的时候，我的意思是这头狼的个性在某种程度上塑造了整个狼群。”

对比一下：07 以身作则，而 40 实行铁腕统治。道格·史密斯强调了这一点，他一字一顿地说：“非常——不同的——个性。”07 足以让你观察几个星期，它的领导角色十分微妙。“但是你只要观察 40 一小时，就能看出它是族长——那个婊子！”40 的攻击性格外强烈，它甚至把自己的母亲从一把手的位置上推了下去。（在被篡位之后，母亲走出了公园。12 月的一个晚上，一条狗吠叫起来，于是房门打开，灯光亮起，枪口冒出了烟，那位母亲死了。）

3 年来，40 以暴政统治着德鲁伊峰家族。道格·史密斯说，如果狼群中某个成员盯着 40 看得太久，40 就会将它推翻在地，露出犬齿逼近它

① 内兹佩尔塞人（Nez Perce），一个原住民部落，生活在太平洋西北地区。

的喉咙。他回忆:"在 40 的一生中，它总是决心用暴力抢占上风，次数远高于我们所观察的其他所有的狼。"

40 对自己的同龄姐妹态度最为恶劣。由于这个姐妹一直生活在 40 的暴力压迫之下，它被叫作灰姑娘。

有一年，灰姑娘悄悄离开狼群，做了一个窝。狼只有在准备分娩的时候才会这么做。在它完成之后不久，它的姐姐来了，把它暴打一顿。灰姑娘完全没有还手，只是一如既往地默默接受。我们不清楚那年它有没有分娩。如果有的话，40 很可能会把小狼杀死，总之没有人见过小狼。

不过，第二年，灰姑娘和它那盛气凌人的姐姐（当时 5 岁），还有一个低等级的姐妹，都生下了小狼，它们的窝互相距离几英里。（正如我先前指出的，这很不寻常，这反映出在当地重新引进狼群的最初几年，马鹿密度处在不自然的高水平。）

新妈妈们需要时刻哺育和看护小狼，它们依赖狼群中的其他成员来获得食物。

那年，去狼窝拜访坏脾气族长的狼群成员寥寥无几。40 的食物几乎全部来自于它的配偶，著名的"超级狼"21。但是，灰姑娘得到了好几个同伴的热心帮助，包括它的成年姐妹们。

分娩 6 周后，灰姑娘和几头先前来拜访的狼离开狼窝出发了。在 40 的窝附近，它们推翻了王后。40 马上朝灰姑娘发起攻击，那举动"即使对它来说，也是极其残暴的"，随后又将怒气撒在一个曾经陪伴着灰姑娘的妹妹身上，也揍了它一顿。很快，40 朝灰姑娘的窝跑去。夜幕降临，所有的狼都跑向了灰姑娘的窝。

只有狼知道接下来发生了什么。但是这一次，局势似乎发生了逆转。与上一年相反，这次灰姑娘不再忍气吞声，它没有让姐姐接近它的窝和那些 6 周大的小狼。一场战斗在离狼窝不远处爆发了。当两头狼之间发生争斗的时候，其他的狼会很快加入，各自站队。如果是一对一单挑，灰姑娘很可能会输给姐姐。但是当时至少有 4 头狼在场，没有一头成为 40 的同盟。复仇的时刻到了。

黎明时分，40 躲在路边，奄奄一息。它浑身是血，从伤口可以看出它曾经受到了可怕的猛烈攻击。它的脖子被狠狠咬了一口，露出了脊椎；还有一个深深的洞，史密斯说："我能把食指全部插进去，而且里面还有空间。"没过多久，它死了。它的颈静脉破了，那些饱受压迫的姐妹们咬断了它的喉咙。

那是研究人员唯一一次观察到狼群杀死自己的首领。40 是头极其专横跋扈的狼。它导致姐妹们超越狼的行为模式，发起了叛乱。

这已经足够不同寻常了，但灰姑娘的事业才刚刚起步。它收养了死去的姐姐留下的全部血脉，还接纳了低等级的姐妹和它的小狼。因此，在那年夏天，德鲁伊峰家族在一个狼窝里养育了 21 头小狼，这个数字前所未闻。

摆脱了 40 的暴力统治之后，这个低等级的姐妹成了狼群中的猎手。后来，它成为晶洞溪（Geode Creek）家族慈爱的族长。这一切表明：狼就像人一样，随着运气的波动起伏，它们的天赋和能力可能被压抑，也可能蓬勃发展。

瑞克·麦金泰尔说："灰姑娘是那种顾家的主雌。它很合作，用分享的方式回报其他的成年雌性，邀请它的姐妹把幼崽带来，和自己的幼崽以及死去的姐姐的幼崽一同抚养。它设立了接纳和团结的政策，使德鲁伊峰家族成为记录在案的最大的狼群。"瑞克评价它是"帮助大家和睦相处的完美选择"。

那头名叫 06 的狼

清晨斜斜的阳光里，粉末状的新雪将这个冰雪王国装点得如同梦境。没有风，一片沉寂，这景象令人谦卑。

虽然景色很美，但我们没有看到狼，所以我们开始谈论狼。

性格强硬的观察者、《黄石报告》（*Yellowstone Reports*）中狼群相关新闻的编撰者劳里·莱曼（Laurie Lyman）说："它有一种难以置信的能力，能够及时察觉狼群中有什么不对劲的地方。"她说的当然是那头著名的 06，这个名字来自于它的出生年份；它是伟大的 21 最高贵的孙女，是我们正在等候的拉马尔家族的首领和奠基者；它还是 755 和它那大块头兄弟的导师和配偶，少年老成、目前在流放途中的 820 的母亲；它更是一位死得不明不白却不屈不挠的烈士。

道格·麦克劳克林附和道："它是那种活得特立独行的主雌。"他从不错过任何一次赞美 06 的机会。"它我行我素，而且做得非常好。你越深入观察它，就会越欣赏它。"

"真是很大的损失。太令人难过了。"劳里回忆着。那不过是几个月之前的事情，他们的脸上仍然流露出悲痛，还有自责。劳里承认："可以说，我们爱它爱得要死。在公园里，它经常见到很多的人，所以在公园外面，它没有留心。"

06 的祖父就是“超级狼”21，而 06 是一名顶尖的猎手、一位大师级的战略家。

一天，瑞克看见莫莉家族（就是善于捕猎野牛那个狼群）的 16 头狼正去往拉马尔家族的窝，这群狼先前已经杀死过其他的狼。狼如果发现了竞争对手的窝，有时会把小狼全部杀死，还有所有挡道的成年狼。这就是那天即将发生的事情。

半路上，它们消失在密林深处。忽然间，17 头狼从树林里冲出来，朝远离狼窝的方向跑去。06 冲在最前面，遥遥领先，但对方的 16 头狼全在追赶它，并且迅速逼近。它跑上一片开阔的坡地，而坡地的尽头是高高的悬崖。它正在直奔悬崖而去。

瑞克回忆：“我能看出，由于恐慌，它犯下了一个重大错误。我看到当它跑到坡地尽头的时候，它发现了错误，而唯一的选择就是转身战斗。”但 1 头狼对 16 头，没什么胜算。他说：“我们观察了它的一生，那时我们觉得即将目睹它的死亡。”

“但是，有一点是它知道而我不知道的，就是悬崖的崖壁上有一条窄窄的沟壑，它能从这里跑下去，一直跑到谷底。所以它就沿着沟壑跑下去了。其他的狼来到悬崖边上，完全不明白它是怎么下去的。

“还剩下一个重要问题，就是狼群只要沿着它的气味往回走，就能找到狼窝，那里的小狼毫无还手之力。

“这时候，06 的一个成年的女儿出现了，做了一件我原以为很愚蠢的事情。它就那么站在开阔的地方。前来攻击的狼群看到它，追了过去。它往东跑，跑得非常快，轻松甩掉了所有的狼。但是在这个过程中，它将它们带到了远离狼窝和小狼的地方。”这场追逐结束时，莫莉家族的狼看起来困惑又疲惫，乱作一团。它们走进山谷，游过了河，没有回来。

由于成年狼骗走了进攻者，那些小狼活了下来，如今已经1岁左右。它们就在我们现在等待的狼群中。

06有着黄石公园头号猎手的名声。先前，人们只观察到4次狼群在一次狩猎中杀死两头马鹿的事件。而且如你所料，一次杀死两头马鹿总是需要一群狼的协作，但“那是在06出道之前”，道格·麦克劳克林带着某种类似骄傲的情感说。有3回，06在一次狩猎中就杀死了两头马鹿，单兵作战。

一天，一头重500磅的母鹿带着半大的小鹿，出现在森林中。在它们身后100码的地方，06出现了，漫不经心地踱着。马鹿加快了脚步跑到河里，站在深水中，让狼无法跑着接近它们。马鹿知道该做什么，并且目的达到了。

06决定耐心等待——它曾将一头马鹿困在水里长达3天，最终杀死了它——它在河岸上趴下来。

两头马鹿分开了，母鹿在下游，小鹿在上游。当易受攻击的小鹿来到一段较浅的河道时，局势变得紧张起来。

道格说：“几秒钟之内，06就朝母鹿发起了全面攻击。”

人类更关注容易受攻击的小鹿，但06对情况有不一样的判断：如果它去攻击小鹿，那么当它试图一口咬死小鹿的时候，和一匹马那么大的母鹿就会挥舞着尖利的鹿角，怒气冲天地奔过来。

接下来，06无法在水里抓住母鹿，就在岸上挑衅它。母鹿冲上岸，愤怒地用前腿踢着。06瞄准时机，从它伸开的腿之间一跃而起，咬住了它的喉咙。

它们都从河岸上滚下去，掉进水里。06的头泡在水里。它马上松口，用全身的力量将母鹿的头按在水下。道格告诉我：“我从未见过有哪头狼能像它那样，在狩猎中展现出对猎物的全部了解。这是我见过的狼杀死马鹿最快的一次。”狼通过咬住喉咙的方式杀死猎物，这个过程可能长达10分钟，但是“这头马鹿两分钟就淹死了”。

但是，现在06杀死的马鹿泡在深深的水里。它试图将鹿从水里拖出来，但是做不到。它又想了一个办法。06将鹿拖到了更深的地方，让它朝下游的岸边漂过去，然后在那里将它拖上了岸。

它吃了一点，然后在河岸上趴下来休息。

与此同时，小鹿似乎也有自己的想法。“它已经从水里走出来，从当时我们站的地方跟前大摇大摆地走过去，”道格说。

06似乎在等小鹿回到河里去。当小鹿回去的时候，它先走进较浅的水里，在那里它会有优势；但水再深一点，马鹿就无法快速奔跑，狼却能追上马鹿。小鹿一走到那样的地方，06就跳起来追上去。

“它们一直在奔跑，拍打水面，来回追赶。小鹿已经有250磅重了，06花了好一段时间才追上它，可能有10分钟。当它咬住小鹿的脖子的时候，小鹿尖叫个不停。那一次咬得不是很好。带着小孩子来看狼的游客开始离开，”道格回忆着那残酷的一幕，“又过了10～15分钟，那头可怜的小鹿才死去。”

瑞克还有一个关于06和郊狼的故事。有一年春天，这个山谷里出现了一个像狼群一样的郊狼群，这很不寻常。大约六七头郊狼驻扎在一个狼窝周围。郊狼通常是害怕狼的，理由显而易见。但是，这些机智的郊狼发明了一个策略，能激怒单独行动的狼，尤其是那些一岁龄左右的，它们要去往06的幼崽所在的窝。照顾幼崽的狼都会在肚子里装满食物带过去。（一头狼能在胃里携带约20磅重的肉。）郊狼就将狼包围起来，威胁它。面对临郊狼的勒索，为了避免被咬成重伤，狼会将肉吐出来给这些强盗，然后安全脱身。下一次，郊狼再看见肚子里又装满了肉的狼，于是……你明白了吧。

你几乎能听见郊狼大笑着给你讲故事。在美国土著传说中，郊狼通常是个骗子；而在现实中……郊狼就是个骗子。有一次，4 头郊狼正围着被吃了一半的马鹿的尸体，那是狼先前杀死的。这时一头母狼漫不经心地走过来。一般来说，郊狼都会给狼让路。然而，一头郊狼摇着尾巴朝狼走过去，仿佛要邀请它一起玩——然后把狼狠狠咬了一口，仿佛在说："我们有 4 个，我们才不让路！"

06 可不觉得好玩。"有一天，"瑞克说，06 离开了狼窝，带上整个狼群，朝郊狼的窝走去，"仿佛它已经受够了"。当它们走到郊狼的窝的视线范围内，"它似乎不知该如何示意狼群坐下来观望，后来它们照做了"。06 走向郊狼的窝，当然，郊狼开始围着它转，骚扰它。它们咆哮着，露出牙齿，低着头，竖起颈部的毛，缩小了包围。

06 置之不理。

它挖开郊狼的窝，将小郊狼一头接一头拖出来，又一头接一头弄死。然后，当着郊狼的面，它把小郊狼全部吃掉了。"它转过身，朝后方等待的家族走去，仿佛在说，'事情办成了'。那是我们唯一一次看到狼吃掉郊狼。"

这些生物，在它们祖祖辈辈的家乡，或者在一个合适的复制品中，是知道自己在做什么的。有时候，它们让我们窥见它们的洞察力、谋划能力和对自身生命的理解。它们以一种我们不具备的方式停留在自己的环境中，它们知道自己的生命在于什么。尽管我不愿与它们交换位置（它们的环境不是我的环境），我确实仰慕它们，深深仰慕它们。它们属于自己的环境。

06 似乎确实是按自己的方式生活着。例如，它有着无法解释的罗曼史和奇特的性偏好，这使它成为了拉马尔家族的创立者和族长。当它还是个年轻的探险家时，它曾经和一头能力很强的公狼交往，那头公狼后来成为银灰狼家族的头狼。但是，它只停留了大约一个星期，就又独自上路了。它有过许多追求者，其中一些的地位和狩猎技巧完全配得上它。有一个繁殖季，人们曾观察到它和5头不同的公狼交配，这是个纪录。但它没有和其中任何一头公狼结下缘分。瑞克半开玩笑地说："因为它的要求很高，它拒绝了所有的公狼。"他知道这肯定不是真实的原因，因为这无法解释它后来为什么选择了那两兄弟。

那两兄弟，754和755，刚刚离开它们出生的狼群，和德鲁伊峰家族里剩余的4头母狼在一起。当时德鲁伊峰家族的母狼都得了疥癣。06出现了，754和755一看见这头年轻健康的母狼，就离开那4头母狼去追求它。按照它自己的选择，而非两兄弟的安排，06做了一件对狼来说很不寻常的事：它和两兄弟都交配了。

谁也说不清它为什么选择了这俩倒霉的孩子，754和755。也许它真的很喜欢处在明确的掌控地位。当时它4岁，是个经验丰富的猎手，精明强干，自力更生；而这两兄弟的年龄只有它的一半，狩猎技巧更是远远比不上它。第一年，它为它们不成熟的技巧付出了代价，不得不亲自为小狼狩猎更多的食物。还有一回，06杀死了一头马鹿，两兄弟吃饱后，发生了一件有趣的事。它们本该回到狼窝，把肉吐出来喂给小狼，但是当754在回窝的路上碰到了06，它竟然把肉吐出来了。道格·麦克劳克林回忆："06看着它，仿佛在说，'你这傻子，你应该到那上面去做这件事'。"但是后来，它们成熟了。

一段时间后，755赢得了一个绰号：骡鹿杀手。它发现，尽管自己跑得没有鹿那么快，体能却强得多。瑞克指出："你现在还能看出来，755

有那种马拉松运动员一般的精瘦身材。我们看到，它从苏打孤峰（Soda Butte Corn）开始追一头骡鹿，一直追到拉马尔山谷深处。鹿穿过河，再一次往南跑，它就跑上了汇流点（Confluence）[苏打孤峰溪（Soda Butte Creek）汇入拉马尔河（Lamar River）的地方] 后面的山，紧紧跟随着鹿的脚步，眼睛始终盯着它。最后，鹿终于在一处石滩上停了下来，755 跑下山，朝那片开阔地跑去。鹿眼睁睁看着它过来，却无动于衷。它的体力已经消耗完了，没有半点抵抗。

瑞克说："你可能会认为，对于每一头狼来说，狩猎和杀戮就是它们心目中的头等大事，它们活着的每一天都想去捕猎。但事实并非如此。" 通常，在大部分时间里，两三头狼包揽了狼群中大部分的狩猎工作。所有的狼都能分享食物。"对于狼中的某些个体，狩猎真没有那么重要。"

比如，瑞克介绍说，754 的体形比它的兄弟 755 要大得多，但它更喜欢和小狼一起散步。它陪在小狼左右，无论它们跑到哪儿，它都不辞辛苦地跟着，就像牧羊人一样。如果哪头小狼掉队了，它就会仔细检查，留心照顾，提供必要的保护。这让 06 和 755 闲了下来。毕竟它们跑得更快。但是，当它们要杀死一头很大的马鹿，遇到困难的时候，754 的体形就派上了用场：它会赶来扑倒马鹿和分割尸体。这就是年长的狼的重要性的一个方面。

所以，这就是 06、755 和 754 建立拉马尔家族的经过。06 曾是名独立的事业女性，它第一次生育的时候已经 4 岁，这对于狼来说已经很晚了。它在 3 年中每年都生下了小狼。

06 的一个女儿就是早熟的 820，来自它第二次生育的那窝。我在拉马尔山谷度过的第一个清晨，瑞克将它指给我看，在我们的注视下，它被自己的亲姐妹赶出了狼群。

瑞克、道格和劳里的故事解释了 06 是怎样的一头狼，让我更好地了解了我所见到的这些独特的狼背后的历史，以及它们为什么聚在一起。我差不多明白这个狼群为什么四分五裂了。

破碎的承诺

严寒从 11 月开始封锁这座公园，这时离我的到达还有 4 个月。在黄石公园，这个冬天比平常更严酷一些。大多数的马鹿和骡鹿直接迁移到海拔较低的地方，在公园外觅食。

06 和拉马尔家族其他的狼到领地边上碰碰运气，但它们没有遇到其他狼群的阻挠。它们确实找到了更好的猎物。

在 11 月的第二周，拉马尔家族向海拔较低的地区走去，一路上没有碰到任何竞争对手，它们一直走到离公园边界 15 英里的地方，来到了一片更丰美的土地，那里的马鹿要多得多。一片全新的土地，它们从未来过这里。

拉马尔家族不会明白，在它们平常领地的东部边界为什么没有遇到其他的狼。它们不会知道，它们刚刚离开了国家公园和《濒危物种保护法》的庇护，在刚刚开始的狩猎季成了人们的目标。拉马尔家族没变，但人类的承诺变了。

因为先前生活在黄石公园，它们习惯了经常见到人类，也不会小心隐藏自己。

走进那座标志着黄石公园入口的骄傲的拱门，这座公园辽阔的土地令人印象深刻。但是地图告诉我们，它不仅是一张明信片上的邮票，也不仅是曾经广袤的西部得而复失的遗迹残片。

直到不久前，还不存在那种蜷缩在明信片一般的山峰之中、被安全地保护起来的“公园”。那时只有世界。1806 年，当刘易斯和克拉克抵达黄石河（Yellowstone River）附近，如今的蒙大拿州比林斯（Billings），远在今天的公园边界之外，克拉克用他那宝贵的笔墨告诉我们：“要说明或大致估计这条河流域上的不同野生动物，尤其是野牛、马鹿、叉角羚和狼，我是不够格的。对于这个话题，我还是就此沉默吧。”

黄石公园看起来好像很大，然而实际上它太小了。它那横平竖直的边沿是为前来欣赏黄石公园的间歇泉、温泉和美景的游客而描绘的。在 1872 年，这个公园对保护野生动植物所起到的作用简直微乎其微。就算动物每年冬天都不得不离开公园觅食，谁在乎呢？不过人们可能会担心南飞的大雁。对于骡鹿、马鹿和野牛来说，这片公园主要是盛夏时节的草场，而不是一片全年候的栖息地。在海拔 7000 英尺的地区，冬天太难熬了。秋天一到，黄石公园内的高原就全空了。这里有 7 群马鹿，其中 6 群迁移到了公园外面。大多数的骡鹿和许多野牛也离开了。在这个“大黄石生态系统”，公园里的大型动物所需要的土地面积是公园的 8 倍。一头狼能在公园内度过一生吗？这已经实现了。那么，一个可持续发展的狼群能完全生活在公园内吗？不，公园太小了。狼也必须来来去去。当动物离开后，其中许多就不再回来。所以每年秋天，公园里的大型动物就会去往较低的山谷和周边的平原，寻找食物，以维持冬季的生存。但是一旦抵达，它们就已经走进了一片枪林弹雨中。

11 月 13 日，在离黄石公园 13 英里的肖松尼国家森林公园（Shoshone National Park），猎人打死了一头重达 130 磅的狼。它是狼群中最大的公狼。猎人们感兴趣的只是它的毛皮。那张毛皮曾庇护的成年狼的技巧和经验，对整个狼群至关重要。那头狼就是 754。

狼群撤回到公园中，但那只是暂时的。754 和 755 这两兄弟也许一辈子每一天都生活在一起，并且相处得很好。整个狼群都注意到了 754 的缺席。但因为猎人们把它拖走了，幸存的拉马尔家族成员从未见过它的尸体。它们没有办法知道它为什么不在了。有时候，狼会离开狼群，旅行几天，然后回来。很难说拉马尔家族的狼是否目睹了那次狩猎，它们对一个成员的消失又能够理解多少。

拉马尔家族在公园中短暂停留，随后又出去了。它们也许决心去找 754，也许只是出于和上次离开公园相同的原因，那边猎物更丰富。无论它们是去哀悼，去寻找，还是去开拓新的领土，到猎物更丰富的地方狩猎，还是以上几种原因都有，重点是，它们回去了。有意思的是，它们恰好来到了 754 最后出现的地点附近。

12 月 6 日，有人杀死了 06。

06 的死对幸存的家庭成员造成了巨大的打击。对观狼者来说也是如此，他们从未经历过这样的一个时刻，他们所熟悉的狼，就这么轻易地被猎人打死了。

如果一个物种在“所有或较大比例的分布范围内”面临着威胁，那么《濒危物种保护法》就可将其列入濒危物种。狼显然满足条件。狼曾经被从几乎所有的分布范围内赶尽杀绝。研究人员估计，在欧洲人到来之前，可能有超过 100 万头狼奔跑在美国本土，仅美国西部和墨西哥就有 38 万头。到 1930 年，在美国本土的 48 个州，人类已经将 95% 的栖息地上的狼杀光了。因此，几十年来，狼都被列为濒危物种。

在欧洲人踏足北美之前，狼在几乎整块大陆上留下了足迹。事实上，在 100 万年来大约四分之三的时间里，狼群统治了整个北半球，从欧洲大西洋沿岸往东，跨过广袤的欧亚大陆，一直到太平洋和印度洋。在北美，它们的领地从北极西部地区到格陵兰岛一路向南延伸，东至北美东部森林，向西穿过大平原直到落基山脉，再到西海岸，南下抵达墨西哥。这是一种适应性良好、随机应变的生灵，一种极其成功的社会动物。

现在，在美国西部地区，它们仅分布在有限的区域，并且数量分散。然而近几年来，联邦政府减弱了对狼的保护力度。在这些举措中，他们声称，整个落基山脉北部有300头狼，其中30头配对，这就构成了一个"已恢复"的种群。（对比一下吧：300头狼，这大约只有先前数量的0.5%；而整个美国西部地区曾经有38万头狼，300头还不到这个数量的0.08%；而在1871—1872年间，在今天的黄石国家公园境内，毛皮商人卖出了超过500张狼皮。）2012年9月30日，美国鱼类及野生动植物管理局将"狼"，尤其是怀俄明州的狼，从国家濒危物种名单上删除。这个州的狼狩猎季马上拉开帷幕，就在10月1日。每一只渡鸦都知道这块土地属于一个国家，"黄石公园"和"怀俄明"这两个长方形对时间的形态和记忆的轮廓做了假证明。但是怀俄明州的官员开发了这个长方形，允许在这里全年狩猎狼。不需要证件。对猎物没有限制。只有死掉的狼才是好狼[①]……

仅仅两个月，754和06就死了。

• • •

我们要谈的是文学和文化中的狼。我们要研究的已经不是一种生物了，而是人类对文明缺乏安全感的恐惧的一种投射。狼首先是集体狩猎者，

① 此处借用美国南北战争时期军官菲利普·谢里登（Philip Sheridan）名言"只有死了的印第安人才是好印第安人"（The only good Indian is a dead Indian）。

有时确实会杀死家养动物，并且曾经攻击人类，尤其是在旧大陆。不过，人当然也会杀死家养动物，有时攻击其他人类。但狼的隐喻是如此强烈，人们极少仅仅将它们视为集体狩猎者，也就是它们本身的角色。精神分析学家承认："有时候，雪茄只是一根雪茄。"但狼极少被认为仅仅是一头狼。

在人类的观念中，狼成了一种隐喻，象征野性和未开化的暴徒，或是不受习俗约束、与众不同的异族。也许人类讨厌狼，还因为狼对自己家族的奉献，因为它们食用的动物是我们也想要杀死和食用的。我们在狼身上看到了太多自己的影子，因此我们将狼视作竞争部落或小偷。人们让狼扮演恶棍，随后混淆了演员和他们所扮演的角色。

但是，几个世纪以来，无论当班的恶魔形象是路西法还是联邦政府，"狼"已经成了一个倒影池，一个放大器，投射甚至放大一切人类所恐惧的东西。

在欧洲中世纪，教会将狼视为"魔鬼的忠犬"，撒旦四处游荡的证据。狼不仅被残杀，甚至遭到迫害——它们就像女巫和异教徒一样被绑在火刑柱上烧死，还被公开处以绞刑。它们不仅威胁人身安全，还诱惑人们做出邪恶的事情。一些人被怀疑是狼人或能够操纵狼，并由此遭到审讯。几个世纪后，在美洲，人们有时会将被捕获的狼烧死，或者将它的下颌砍掉或捆紧，然后放走，让它慢慢饿死。道格·史密斯将其形容为"一种其他任何动物都从未遭遇的复仇"。

狼所做的一切都为憎恨狼提供了借口。20 世纪初，人们开始对动物尸体投毒。因此，道格·史密斯记录，狼很快学会了不要返回猎物那里吃上第二顿。而那些避免服下毒药的狼又被指控"浪费肉"，并进一步引申为"以杀戮为乐"。"以杀戮为乐"又受到道德审判，成了某种死罪，成了屠杀狼的绝佳借口，而屠杀狼也是为了——乐趣。今天仍然如此。当我在写这本书的那年，作家克里斯托弗·凯查姆（Christopher Ketcham）来到爱达荷州的一个猎狼大赛，有个“善良的老人家”在酒吧里分享了他的观点：“打死所有的狼，一个不剩！”人们不光要杀死狼，还要折磨它们。

对猎食动物的轻蔑主要是西方文化的观点，而没有什么地方比美国西部更“西方”了。“西部政治上极端保守，过度开发……对这片土地犯下了无法解释的罪行……文化上还不成熟。”这是华莱士·斯特格纳[①]的观点，他曾经生活在那一带。他希望有一天，西部人会建立起“一个与其景色相配的社会”。也许他当时在读海明威，后者那些大大小小的旅行启发了他，让他认为“土地总比人更美好”。

一些人对狼的憎恶太深，简直到了种族歧视的地步。在西方特有的文化战中，他们将狼当成了武器。有一次，两名60多岁的女性出去徒步旅行，没有在预期时间内返回，一个西方政治网站的头条就宣称，“自由派的狼谋杀了两个女背包客”（原文如此）。文章的开头是：“扔掉政治正确的废话吧。不过，对那些精神有问题的爱狼的自由派来说，这两个女人还活着。”另一个网站宣布，“狼杀死女背包客，自由派隐瞒真相”。几周后，第一个网站发布了这条撤销声明：“她们仅仅穿着T恤和牛仔裤，暴露在冰点以下的低温中。没有遭遇野生动物的证据……这两名女性死于寒冷。”（第二个网站保持缄默。）

• • •

当国会在1872年建立黄石国家公园的时候，没有任何联邦政府机构来保护它。当时以商业为目的的偷猎极其猖獗，直到1886年，美国军队

① 华莱士·斯特格纳（Wallace Stegner，1909—1993），美国历史学家、小说家。

被派去打击偷猎。在大平原上的猎人杀死了数千万头野牛之后，黄石公园中发现的 23 头野牛被认为是保护这个物种的救命稻草。

而猎食动物却受到了不一样的对待。1916 年，在美国国会建立国家公园管理局后，护林员被下令猎杀山中的狮子、猞猁、短尾猫、郊狼和其他的肉食动物。一个关键的公园管理员恰好喜欢黄石公园的熊，这让它们免于被消灭。护林员追踪狼的足迹，倾听狼的嚎叫声，找到狼窝和小狼。1926 年，一名公园护林员杀死了黄石公园的最后一头狼。而这片土地上曾经有数十万头狼，此时整个美国都没有狼了。

69 年来，黄石公园里听不到一声狼嚎。你也许会以为这是马鹿的天堂。

道格·史密斯告诉我："在一块没有猎食者的土地上，猎物也得不到安宁，它们会遭遇其他的苦难。"猎物要么死于被捕食，要么死于饥饿。捕食是可怕而痛苦的，但饥饿会引发更大规模的苦难，并且更加漫长。

由于狼的缺席，黄石公园的马鹿数量激增，因此野生动植物管理者开始屠杀马鹿，或将它们运到外地，比如亚利桑那州和加拿大的阿尔伯塔，那里的鹿已经全部被猎杀了。从 1930 年到 1970 年，黄石国家公园送走和杀死了数千头马鹿。但是这些工作一旦停下来，马鹿数量就再次激增。

饥饿的马鹿和骡鹿在黄石地区四处搜刮柳树和杨树的幼苗。于是，从游鱼到飞鸟，所有动物的生活都被颠覆。没有狼意味着马鹿数量过多；马鹿数量过多意味着河狸几乎找不到食物，这导致了没有供鱼类生活的河狸塘，这又意味着……

就像马鹿害怕狼一样，你也可以说树木和河流害怕马鹿。在那篇经典论述《像山那样思考》（*Thinking Like a Mountain*）中，奥尔多·利奥波德[①]指出："从那以后，我在有生之年见证了狼从一个州又一个州中覆亡，

① 奥尔多·利奥波德（Aldo Leopold，1887—1949），美国生态学家、环保主义者。

也目睹了许多狼消失后的山的‘新面貌’，看见了……每一株可食用的灌木丛和幼苗都被啃食……直至最终死亡……每一株可食用的树，马镫高度以下的叶子被吃得精光……从长远来看，太多的安全似乎仅能带来危险……或许，这就是狼的嗥叫所隐藏的含义，长久以来它早已为山所理解，却极少为人们所知道。”他意味深长地指出，“只有山活得最久，见得最多，能够客观地聆听一匹狼的嗥叫。”[①]

• • •

那是 1995 年 1 月 12 日，就在这个地方，一辆敞篷小货车拖着拖车，停了下来。拖车里是从加拿大阿尔伯塔省捉来的狼。其中 6 头狼，一对首领和 4 头雄性小狼，被送到这里南部 1 英里远的一个适应区。这些狼会在适应区里生活两个月，然后放生野外。

野放之后，狼群认为拉马尔山谷是个合适的地方。数万人目睹了它们，这是一次狼和人都从未有过的体验。在 1995 年和 1996 年，总计 31 头狼被野放，为两个世纪的争论画下句点。这场争论涉及整个美国国会，引发了一大堆诉讼。这一切仅仅是为了将自然的猎手还给这方久遭蹂躏的土地。

随着狼的回归，黄石公园完成了对本地所有哺乳动物的重新“收编”。在 20 世纪 80 年代末，美洲狮自己悄悄回到了黄石公园。（狼可能最终也会完成这个过程。在 90 年代，加拿大的狼重新进入了美国的落基山脉地区。）现在，黄石公园基本上有了所有曾经生活在这里的生物，所有属于它的生物。所以，狼重新赋予了黄石公园曾经的魅力。捕猎不仅本身是美的，它还造就了其他许许多多的美。

① 本段引文来自《沙乡年鉴》，舒新译，北京理工大学出版社，2015。

除了狼的尖牙利齿，

还有什么能让羚羊的四肢如此轻捷？

——罗宾逊·杰弗斯[①]

狼的数量增加了，马鹿数量过多的局面得到了缓解。狼将颤杨、窄叶杨的树苗和其他植物从过多的马鹿贪婪的胃口中解放出来。随着植被的恢复，河狸得以回到河堤，那里的风再一次在柳树间低语。在宁静的池塘里，新建的河狸坝后面，畅游着麝鼠、青蛙和蝾螈，还有鱼和野鸭，连生活在溪流边的鸣禽也回来了。如果黄石公园的动物植物能投票选举的话，它们中的大多数很可能会选择狼。而随着其他影响因素开始发挥作用，系统重新达到平衡，狼的数量在21世纪初达到高峰，随后开始回落。当然，真实的情况更加复杂，但大体上就是这样。

道格·史密斯说："这是黄石公园最好的状态。"自从狼被重新引进黄石公园，他就负责这里的狼群研究，但那不过是黄石公园的底线。

美好的成就？一些猎鹿人当然不这么想。一名狩猎马鹿的律师说："一杯咖啡的工夫，就有一头狼跑过来，杀死12头小鹿。简直是大屠杀。"这样的胡话讨论的才不是保护马鹿，而是谁有资格杀死它们。一些人喜欢把黄石公园当成一座马鹿农场，希望那里生长的动物能自动从公园里跑到他们的枪口下。

在重新引进狼群之后，美国的落基山脉北部地区又出现了狼的踪迹。但是，尽管狼的地盘很小（也正因为如此），来自西部地区国会代表的压

① 罗宾逊·杰弗斯（Robinson Jeffers，1887—1962），美国诗人。文中选段出自《血腥的陛下》（*The Bloody Sire*）。

力还是增加了。出于政治原因,美国鱼类和野生动植物管理局宣布狼群“已经恢复”。2012 年，国会将狼从濒危物种名录上清除，这一举措开创了先例，相关措施被写在一项预算法案的一条附加条款里面。在狼失去《濒危动植物保护法》的保护之后的头 6 个月，蒙大拿州、爱达荷州和怀俄明州的猎人杀死了超过 550 头狼，而狼的种群数量大约只有 1700 头。在美国西部地区，大多数的狼死于人的屠杀。在黄石国家公园内，狼与狼之间的暴力导致了大约一半的死亡。(这可能对狼来说高得不正常。在重新引进狼群的早期，不自然的猎物密度导致狼的密度异常升高，狼群之间相遇频繁。)在黄石公园外面，在落基山脉的美国境内地区，狼的死亡中有 80% 是人为导致的。具有讽刺意味的是，猎杀狼会导致幸存的狼杀死更多的家畜,因为狼群失去了它们最有经验的首领后,就变得四分五裂，于是有了更多饥饿的、四处游荡的独狼。

· · ·

06 的项圈显示，它一生中 95% 的时间在黄石国家公园内度过。那个狩猎季，猎人一共打死了 7 头戴着昂贵的、研究用项圈的狼，那些项圈是在公园里戴上去的。喜爱狼的人怀疑猎人用接收器探测狼的项圈发出的信号。这并不是他们的被害妄想。HuntWolves.com 网站上给出了这样的建议:“如果你有能力扫描项圈信号的话，在 281.000 ~ 291.000 兆赫的波段进行搜索，以 0.003 兆赫的精度调节。”

“这是否破坏了我们的研究？是的，造成了很大的破坏,”道格·史密斯告诉《纽约时报》,“这是一个重大损失。”

06 是黄石公园最出名、最受瞩目的狼。在它死后几天,《纽约时报》发表了它的讣告，题为“哀悼一头主雌”。不同于大多数人的讣告，它的讣告包括了来自那些痛恨死者也痛恨哀悼者的人的感言。有个人将对狼的喜爱形容为“异端”，蒙大拿射击运动协会主席将06形容为“一个精神失常的掠食者，悄悄溜进中央公园，撕开不设防的游客的喉咙”。而对蒙大拿州加德纳市“黄石狼追踪之旅”的内森·瓦利（Nathan Varley）而言，他的收入大半来自给寻找狼的游客当导游，他抱怨猎人们杀死了“价值上百万美元的狼”。

价值上百万美元的狼？《黄石科学》发表的一项研究总结道，在一年内，“大约有94 000名来自其他地区的游客，为了观看狼或听见狼的声音而特意来到公园”。他们“在3个州总计支出了3550万美元”。被狼杀死的牛羊的市场价格（即如果这些牛羊被屠宰出售，牧场主能得到的收入）为“大约每年65 000美元”。如果这额外的94 000名游客每人支付70美分，就能轻易弥补这个损失，而他们的人均消费是375美元。研究发现：“将旅游业增长的经济影响与畜牧业和大型猎物狩猎受到的损失相比较，狼的种群恢复的净影响是正面的，产生的直接经济收益约为3400万美元。”

正因如此，拉马尔家族才能够一路向东，没有遇到其他狼的阻挠。因此，它们越过了一条假想的、平直的公园边界，去往大多数猎物越冬的地方。因此，它们最庞大的雄性和雌性首领都被射杀身亡。

战火还在燃烧。在怀俄明州对狼宣战两年后，在本书即将付梓之时，一位联邦法官发出了自己的呼声。她取消了怀俄明州对狼的管理计划，恢复了《濒危动植物保护法》对怀俄明州的狼的保护。但没有人认为这能成为最终定局。

休战时期

有一段时期，土著猎人曾对狼（以及其他的捕食者，如狮子和老虎）抱着更敏感、更有灵性、更接近事实的观点。最近，美国土著团体试图阻止开放对狼的狩猎。当威斯康星州在2012年开放对狼狩猎时，奥吉布瓦族[1]恶河[2]部落首领麦克·威金斯（Mike Wiggins）回应："再也没有任何神圣的东西了吗？"奥吉布瓦人认为，狼（ma'iingan）是神圣的。部落成员艾希·列奥索（Essie Leoso）说："杀死一头狼，就相当于杀死了一个兄弟。"狼曾与最早的人类并肩而行。（事实上，狼确实出现在最早的人类居住地周围，以人的食物残渣为食。）

奥吉布瓦人相信，在一个人身上无论发生什么事情，将来总会落到另一个人身上。事实确实如此。白人定居者认为，奥吉布瓦人就像"ma' iingan"一样，是一个竞争部落，要对它加以限制。西方观点通常以统治和灭绝为目标，而对其他动物的自然态度常常与长期适应兼容。并不是说土著人的观点更加科学，但在捕捉深层的关系方面，他们的信念之网确实更胜一筹。

很长时间以来，其他生物的力量使人类对其产生了深深的敬意，有

① 奥吉布瓦族（Ojibwe），北美原住民部落，原生活在格兰德河北部。

② 恶河（Bad River），美国威斯康星州北部的一条河流，汇入苏必略湖。

效缓和了相互残杀的局面。在这个漫长而如梦似幻的时期，充满了停战协议和有魔力的契约，我们祈求更强壮、更智慧的生物不要对我们作恶，与我们和平相处。然而，随着人的智慧增长，我们的敬意逐渐消蚀。我们杀死狼、鲸、大象和其他动物，不是因为它们低等，而是因为我们有能力。因为我们有能力，我们告诉自己它们是低等的。就像人对待其他人一样，智力和道德上的优越性并非重点，关键在于致命的力量，以及强者能在多大程度上为所欲为。17 世纪的荷兰哲学家本尼迪克特·德·斯宾诺莎（Benedict de Spinoza）写道："我不否认野兽也有感觉，我否认的是，我们也许不会考虑到自己的优势，而是按照自己乐意的方式利用野兽。""强权即正义"很有吸引力，这简单粗暴地决定了我们如何对待从肉类到人类的一切事物。

其他动物无法谈判，但这并非决定性因素。人可以谈判，但只有强者能够谈判。被压迫者、被奴役者和被剥削者免谈。有能力用复杂而有语法的语言为自己说话，只能让你走这么远。金钱能够发声，枪也可以说话，但两者都不需要语法来实现自己的目的。我们给自己编了一个借口，就是动物不会说话。然而事实上是它们无法反击。弱者也是如此，他们常常被欺凌、被贬低，遭到非人的对待。曾经领导对越南战争的美国将军威廉·威斯特摩兰[①]说："东方人不像西方人那样，赋予生命同样高昂的价值。东方的人命很廉价……人命不重要。"这种幻觉让他履行了他的职责。

让"人之所以为人"的特质之一，就是恃强凌弱。人能做出伟大的事情，也能做出可怕的事情。在我们对待其他动物、土地和水源的方式中，几乎不存在有预谋的恶，因为几乎没有预谋。但是，我们把未来这块画

① 威廉·威斯特摩兰（William Westmoreland，1914—2005），美国陆军上将，在 1964—1968 年越南战争期间担任美军驻越最高指挥官。

布烧出了一个个洞，就像在床上吸烟一样。

出人意料的是，当其他动物重新占据上风的时候，它们有时似乎更能为我们着想，而且甚于我们为它们的着想，比如，当人独自在野外遭遇狼的时候。道格·史密斯就有这样的经历。在美国本土，似乎从来没有人受到过狼的袭击。北美洲的狼见到人一般会立即逃跑，并不将人视为潜在猎物。（20 世纪 40 年代，两个阿拉斯加人被狼咬伤，那是因为狼得了狂犬病。）在北美洲，自由生活的狼已知只杀死过两个人，一个在加拿大的萨斯喀彻温省，2005 年；另一个在阿拉斯加，2010 年。本质上，狼杀死人的数量排在其他所有人类死亡原因后面。狼群当然常常会发现容易受害的背包客。但是，这群天赋异禀的捕食者的害羞或自制有点让人摸不着头脑。人们不免好奇它们到底在想什么。

• • •

现代性似乎削弱了人类的一种更古老的能力，就是理解其他动物的心智。但是，可以看出，其他动物能够读懂人的心智。在《老虎》（*The Tiger*）一书中，约翰·维尔兰特（John Vaillant）描述，东北虎对当地人有着某种古老的理解。人们早就习惯了和东北虎共同生活，比如乌德盖人[①]和赫哲人[②]，猎人不仅知道不该挡老虎的路，还会留下猎物的一块肉。这是一种礼尚往来，猎人有时候也会从老虎杀死的猎物那里获得一点食物。在极北的针叶林里，这种力量的平衡产生了一种双向的理解，一种互相不使用暴力的共识。这样的和平令人印象深刻，因为老虎以肉为食，它的躯体由重达 500 磅的肉驱动。

---

① 乌德盖人，生活在黑龙江、乌苏里江流域一带的少数民族。

② 赫哲人，中国东北地区的一个少数民族，在俄罗斯远东地区也有分布。

但是，维尔兰特写道，在 17 世纪，俄国殖民者开始抵达，“这种精心达成的共识开始瓦解”。殖民者和传教士狂热追求毛皮、金子和木材，这股潮流愈演愈烈，对当地动物保护主义者那微妙的文化平衡以及对森林社区中的非人类成员都造成了巨大的破坏。

对这个整体的破坏所引发的后果足以说明，曾经确实存在着一种双向的理解。为了说明“东北虎延迟复仇的能力”，维尔兰特记录了一个现代猎人讲述的故事。猎人们曾经将老虎从猎物旁边吓跑，拿走了一些肉，随后，“老虎破坏了我们的陷阱，并且吓跑靠近诱饵的动物。如果任何动物靠近，老虎就吼叫起来，把动物都吓跑。我们付出了惨重的代价。那头老虎一整年都不让我们打猎……很聪明，而且复仇心很重。”那头老虎似乎不仅是一名猎手，更是自己的狩猎领地的管理者。

在食物短缺的时候，一个猎人决定消灭一头被他视为竞争对手的老虎。他设了一个机关，如果触动绊线，枪就会射击。老虎绊到了绊线，但子弹只擦过了它的毛皮。第二次经过的时候，老虎再次绊到了绊线。它留在雪地上的脚印显示，它慢慢后退，但它仿佛明白了是谁想杀死它似的，没有沿着猎人的脚印走去，而是直接走向了猎人的小屋。猎人及时发现了老虎，躲进屋里。老虎在外面等候了几天，然后离开了这个地区。一位曾负责调查老虎袭击事件的首席调查员告诉维尔兰特：“如果有猎人对老虎开了一枪，那头老虎就会追踪他，哪怕要花上两三个月也在所不惜……老虎会坐下来，等候那个曾经对它们开枪的猎人。”

想想看，要明白枪发出的“砰”的一声代表了伤害的意图，或者那个疼痛的伤口实际上来自于远处那个中等体型、直立行走的生物，老虎具备了怎样的抽象思维或敏锐的直觉。也许最有趣的是，生物学家在这一带捕捉老虎，进行麻醉，给老虎戴上项圈然后释放，他们从来没有被跟踪，没有遭遇过袭击。如果上文所述全都是真实的，这就说明老虎应该能够理解伤害的意图。有一头老虎显然做到了。在被偷猎者弗拉基米尔·马尔可夫（Vladimir Markov）打伤后，这头老虎在马尔可夫的小屋外面等候了几天，等待他狩猎旅行回来。当马尔可夫回到家附近的时候，老虎袭击了他，不是出于饥饿，而是因为复仇；老虎没有简单地吃掉偷猎者，而是将他的残骸撒在屋后的一大片空地上。"就像一堆到处乱扔的衣服……他被极其残忍地杀死。"

不知道有多长时间，桑人（旧称布须曼人）[①] 生活在辽阔而古老的卡拉哈里沙漠 [②] 中，以狩猎为生，他们不猎杀狮子。他们的礼让得到了回报。狮子和桑人设法达成了牢固的停战协议。即使要从狮子那里抢走猎物，即使狮子的数量比人要多，桑人仍然会坚定而尊重地对狮子说话。豹子和鬣狗不会得到这样的尊重，桑人在狩猎的时候常常无视它们。从未有人听说过狮子杀人的故事。豹子偶尔在夜间杀过人，但狮子从来没有。

当然，白人不了解这样的停战协定。20 世纪 50 年代，少女时期的伊丽莎白·马歇尔·托马斯（Elizabeth Marshall Thomas）生活在祖瓦 [③] 和吉克维 [④] 桑人部落中，看到了古老的生活方式，并目睹了它的瓦解。（伊丽莎白的母亲是民族志研究先锋洛娜·马歇尔 [⑤]；伊丽莎白还将自己的经历写进了《无害的人》（*The Harmless People*）和《古老的方式》(*The Old Way*)。）有一次，托马斯一家和一个南非白人在露营，5 头狮子靠近他们，但什么也没做，只是眼睛反射出篝火的光，暴露了狮子们的存在。南非白人马

① 桑人，生活在南非、博茨瓦纳、纳米比亚和安哥拉的原住民。桑人曾被称为布须曼人（Bushmen），即生活在灌木丛里的人。

② 卡拉哈里沙漠，又名卡拉哈里盆地，位于非洲中南部。

③ 祖瓦人（Juwa），桑人的一个分支。

④ 吉克维（Gikwe），桑人中较大的一个分支，生活在博茨瓦纳中部。

⑤ 洛娜·马歇尔（Lorna Marshall，1898—2002），人类学家。

上朝黑暗中开枪，射中了其中两头狮子，让托马斯和她的家人大受惊吓。他刚刚制造了一个危险的情景，让两头受伤的狮子出现在营地旁边，但他拒绝和托马斯一家一起走进黑暗中。因此，吓坏了的伊丽莎白跟着弟弟，还有另一个男人一起，在星光下出发了。她写道：“最后，我们听到了一阵柔和的呻吟声。”在手电筒的光线下，他们发现了一头刚刚成年的公狮子，伤得很重，没法站起来。“它显然很痛苦，因为它在咬着草。”为了结束它的生命，还得多开几枪。托马斯回忆：“当我们站在它身旁，朝它开枪的时候，那头狮子将头扭向一边，不看我们。我不知道它是否有意转移视线，以试图让我们停止攻击。”每当一颗子弹射中它，它就发出一声哭号。

他们找不到另一头狮子。直到黎明时分，他们看到了一头狮子的脚印，脚印跳了两大步。它的尸体躺在第二步的地方。由于露水的缘故，它的毛皮和周围的草都又冷又湿，只有旁边的一小片地方是温暖而干燥的，那里的草还在回弹——另一头狮子刚刚离开它的身旁。从脚印的大小看来，刚才离开的那头狮子非常庞大。“那头巨大的公狮子……留在死去的母狮子旁边，在我们的营地的视线之内，听着我们走来走去，听着那些枪声和叫声……但它仍然为死去的母狮子梳理毛发，只是将毛发梳错了方向。”

桑人从不猎杀狮子，狮子也从不杀死桑人。也许双方都知道对方具有潜在的危险。双方都本可以探测对方的底线。但他们没有这么做。托马斯写道：“没有人能解释这样的停战协定，因为没有人理解它。”但他们选择不去打扰另一方，并且这样过得很好，还将这种习俗传给了后代。也许这就是解释，也许就这么简单。但情况不再是这样了，他们都变了。

托马斯记录：“20 世纪 50 年代，高查湖[①]的狮子属于一个连续的种群，

---

① 高查湖（Gautscha Pan），卡拉哈里沙漠中的一个湖泊，位于纳米比亚境内。

这是一个狮子的王国，占据了一片多少没那么分裂的地区。”随后，欧洲人来了，为这片动物奔跑的土地带来了步履沉重的牛。他们将土地从所有的居民那里抢走，建起了牧场和农场。确实，“曾经是不受打扰的狮子王国的地方……变得更加不稳定了”。新的牧场周围的狮子曾经拥有富饶的领地。在过去，狮子有时会分散开来，相隔一英里以上，用叫声保持联系。但是，随着农场的扩张，“曾经生活在那里的狮子变成了倒霉蛋……变成了穷人”。农民抢走了狮子的领地，打死了它们的羚羊和其他动物，击溃了狮子的经济、文化和狮子本身。随后，欧洲定居者对祖瓦桑人和吉克维“布须曼人”做了同样的事情。托马斯描述，她在观察一头狮子的时候打了个哈欠，随后狮子也打了个哈欠，反复再三。她写道，“狮子是出色的观察者，观察对它们来说非常重要——因此它们能产生共情”。

落难贵族

06的死使拉马尔家族的头狼755一蹶不振。它的兄弟，还有配偶和狩猎搭档，都死了。即使它能找到一头合适的雌性，邀请其加入狼群，它那些已成年的女儿也可能不会允许。拉马尔家族其他9头幸存的狼中，有8头是它的女儿，还有一头是这年春天出生的雄性小狼。其中两个女儿已经快3岁了。现在它们可能会想要寻找自己的配偶，并寻求更高的地位。755面临的问题非常棘手。

两头地位最高的成年狼已经死了，而父亲在领地上徘徊，试图收拾残局。女儿们遇到了两头从岩柱家族出走的精壮的公狼，这个家族来自怀俄明州的阳光盆地（Sunlight Basin），在黄石公园外面：一头身材较高，灰色毛皮，控制欲强；另一头是个大块头，毛皮灰白，成熟稳重。狼的繁殖季节到了，它们都在发情期。

岩柱家族的公狼受到了拉马尔家族的母狼的热情接待，得了意想不到的好处。但女儿们的收获是以父亲755的直接损失为代价的。狼群中有了新来的岩柱家族的公狼，755在自己的家族中再也没有了一席之地。

一个小时又一个小时过去，天气越来越冷——5华氏度。这是一种“干冷”，但这个措辞并不能让天气稍微缓和一些。我崭新的靴子据称能抵御零下60华氏度的严寒，但我的脚可做不到。我的脚很冷。我无时无刻不感到寒冷——除非有狼出现在视野中。任何一段有狼出现的时间里，我都会忘记了自己并不觉得暖和。我穿着滑雪裤、三件衬衫、一件马夹、风雪大衣，戴上了耳罩、围巾和渔夫帽，帽子的后帘拉下来遮住耳朵和脖子，还戴了兜帽。我们的视野中没有狼。

温度很低，我们却热情高涨。我们从狼那里得到了斗志，它们似乎对足以置人于死地的严寒不以为意。

过了一段短暂的时间，事情似乎有了转机。755 勾引了一头先前遇到的莫莉家族的母狼。它们交配之后，母狼怀孕了，755 将它带回拉马尔山谷。狼窝对狼来说是一个特殊的地点，有着强烈的吸引力。755 将母狼带到了它的家族一连使用了 15 年的狼窝。

看起来，755 将继续成为山谷中的头狼，在它的地盘上。它的女儿们和岩柱家族的公狼生活在公园外面。大家各得其所。

莫莉家族的母狼将会成为下一头在拉马尔的狼窝里分娩的狼，这真是讽刺。拉马尔家族和莫莉家族曾经是宿敌。当莫莉家族来侵犯拉马尔家族的狼窝，06 沿着小路跑下悬崖的时候，这头母狼很可能就在进犯者中。

经过了纷乱的 3 个月，拉马尔家族的女儿们和岩柱家族的公狼组成另一个家族，回到了黄石公园。当它们发现父亲和另一头母狼在一起，它们不知是不是识别出了它的味道，想起了那天莫莉家族前来攻击的事情。更有可能的是，它们只是将它视为一个霸占了狼窝的入侵者，或者是狩猎领地的竞争者。06 的死引发的动荡在幸存的狼中持续发酵，这有点像一个首领或亲王被杀死后出现的权力真空，能在人类群体中引发流血冲突。

夜幕降临前，拉马尔家族的母狼攻击了莫莉家族的母狼，它受了重伤。

但是观狼者还看到，黑色毛皮的拉马尔家族里那头近 1 岁的小狼，用它们的话说，“想见爸爸”。道格·麦克劳克林回忆：“755 一直在我们身后嗥叫，很多家庭成员都回应了它，但它们始终保持距离。但是，那头小狼仿佛是下了决心，‘我还是头小狼，我要见我的爸爸’，它离开了其他的狼，沿着气味去找爸爸，走了差不多有两英里。”

小狼走到了爸爸跟前，发现那里还有一头新来的母狼，“它感到很困惑”。它识别不出母狼的气味。“它沿着母狼的气味走去，又回头追踪爸爸的气味。它还想弄明白这个新来的家伙到底是谁，但从它的行为看来，它似乎不确定自己是不是走进了某种埋伏。”所以，它犹豫不决地前进着，“等到它终于看到了爸爸，那模样就好像在说，‘爸爸！它是谁？’”小狼肚皮贴地，朝父亲爬过去，向两头年长的狼表明自己并没有威胁。尽管地位较高的狼在对一段时间没有见面的家族成员行使权威的时候，它们可能表现得有一点强硬，但 755 只是摇着尾巴，也许它感到宽慰，也许它只是以它的方式想念着大家。

小狼来到新来的母狼身旁，后者已经被它的姐姐们袭击，受了重伤。母狼作势要咬它，要小狼保持距离，但它似乎也明白，小狼不是来伤害它的，它还小，地位低，并且为它信赖的新伴侣所熟悉和喜爱。

太阳落山，夜幕四合，场景定格在这一刻。

黎明之前，莫莉家族的母狼发出的信号从另一座山上传下来。不久后，拉马尔家族的一部分成员也爬下了同一座山。这不是个好兆头。

在第一缕阳光出现前的黑暗中，755 出现在路上。它的 4 个孩子和它在一起。

但是，岩柱家族的两个追求者并不准备接纳它们的新岳父。它们还在犹豫。它们待在路对面的山坡上，它们在公园外长大，不喜欢公路。

眼前的社交场面可能让它们感到困惑。它们可能没有理解 755 和新交的女朋友是什么关系。也许它们能通过它的气味判断出来，或者通过其他的狼与它互动的方式，熟悉而恭敬。

岩柱家族的公狼并没有马上下来。当它们下来的时候，755 只是稍微让了让，似乎不确定该怎么办。这曾是它的家族，它的山谷。但最重要的考虑因素是：对方是两头精壮的公狼，而它孤立无援。

755 没有继续退让。它的家族按兵不动。两头公狼也没有前进。

"于是后来，"道格·麦克劳克林回忆，"755 穿过马路，和它们站在同一边。它们只是看着对方。"

然后 755 掉过头，小跑着离开了。

"如果它们想拿下它？那么它们一秒钟内就扑上去了。755 并不是一头怕死的狼，但它有理由谨慎一些——那两头公狼可真大。"劳里·莱曼说。

显然，755 在谨慎行事。它继续西行，这头孤独的狼从不放慢脚步，从不回头看望新的伴侣。那天黎明时分，它可能已经明白，那头母狼死了。

捕食者必须以某种可操作的方式理解死亡。它们知道自己正在试图结束猎物的挣扎，而当猎物毫无反抗之力的时候，它们就从杀戮模式转为进食模式。

正如狼不太可能和人有着相同的死亡观念一样，狼也不太可能对死亡一无所知，因为死亡就是一头狼的生存之道。狼必须具备关于"生存"和"死亡"的实用知识。也许狼只是理解了像"猎物不动了，我可以停手了"这样的区别。当你观察一头正在狩猎的生物，你会感觉到它的技艺多么专业、娴熟和富有知识。

我不是说狼对死亡有什么洞见，或者知道自己的死亡无可避免。毕竟，我们为什么要期望它们懂得比我们更多？大多数人无法预见自己生命的终结。大多数人相信他们将会永生，或是在一个名叫天堂的地方，或是在轮回转世之间。这是人类想象力的广阔,也是它的局限。我们存在。我们无法想象某一天我们将不再存在。人类心智的局限，对于我们中大多数平凡度日的人而言，在极大程度上取决于我们既有的经历。

当配偶死去，狼会有什么感觉？道格·史密斯回忆："这个问题一直困扰着我。"黄石公园的心湖（Heart Lake）附近有一群狼，头狼已经很老了。它那黑色的毛皮已经因为衰老而变成了蓝灰色，"所以我们叫它蓝老头"。蓝老头活到了 11.9 岁，简直是个超自然现象（对狼来说活到 8 岁已经很老了）。人们曾目睹它艰难地跟着狼群。后来有一天，蓝老头死了。第二天,它的配偶14做了一件研究狼的科学家前所未见的事情。它离开了,它离开了它的领地,离开了孩子们,甚至丢下了9个月大的小狼。闻所未闻。史密斯说:"它在雪地上往西走，它走过的土地环境太恶劣了，没有留下任何其他动物的脚印。"走出几里地后，它独自停在松脂高原（Pitchstone Plateau）的一处风蚀形成的坡地上。随后，它又继续向西走了 15 英里。一周后，它回来了，与家族重聚。史密斯说："尽管我们没有人愿意说它在哀悼，但我很好奇是不是这样。"

瑞克讲了一头雌性头狼被另一群狼杀死的故事。接下来几天里，它的配偶不停地嗥叫着。总之：一头丧偶的母狼进行了远足，一头丧偶的公狼一连嗥叫了几天。当我和妻子帕特里夏第一次一起旅行的时候，我们将两条狗留下来，让一个朋友住到我们家照看，结果一向快活而好胃口的舒拉整整两天没有吃东西。它当时有什么样的感觉？

出于对所爱的思念，我们会哀悼一个人或者一个特别的宠物的死亡。其他动物也会这样，它们当然会想念一个死去的亲密同伴。当它们都还活着的时候，它们互相呼唤，互相照顾，并回到同一个巢穴里栖息。它们的行为明显表示出它们对自己的配偶、巢穴和领地有一定的预期。它们期待配偶的归来。当配偶消失了，幸存者会继续寻找它们。它们知道自己在找谁。换言之，它们想念配偶。随后，就像我们一样，它们调整了心情，让生活继续下去。有时，生活将以一种极其不同的方式继续进行。

755一直与陌生的家庭成员保持距离，直到来到狱吼溪（Hellroaring Creek）附近。这里靠近黑尾鹿高原（Blacktail Deer Plateau），渡鸦群飞。它这辈子从未来过这个地方。

就在几周前，它还是整个拉马尔山谷的骄傲的头狼，它的配偶是黄石公园最好的猎手，给它撑腰的是体形庞大、性情温和的兄弟，还有三代后代。想象一下它的处境吧。在过去的4个月里，它输给了人类，失去了兄弟和配偶；因为这件事，它输给了自己的女儿，失去了新的配偶；而女儿们引来了凶恶的公狼，它无法掌控；它在自己的地盘上，自己的家族里，已经没有一个安全的位置了；在这个严峻的深冬，它在狩猎上得不到帮助，也没有了狩猎领地；繁殖季节到了，它也没有配偶，它这辈子基本算完了。

随后，我们看到嫉妒的姐姐们串通起来，赶走了早熟的小妹妹820。

劳里·莱曼曾经是教师，她指出："猎人总喜欢说，杀死头狼没什么大不了。实际上这事关重大。没有头狼的狼群就如同一个没有老师的班级。"

具有讽刺意味的是，拉马尔家族的幸存者中能力最强的两头狼现在都成了流亡者。头狼755和女儿820的处境一落千丈，它们分头流浪，前途无望。

我早就知道，狼群就是一个家庭，由一对配偶加上它们的子女组成，子女会帮助抚养更小的子女。我早就知道，当子女成熟的时候，它们会离开家独立生活，组建自己的狼群。但我从来没想到，这其中掺杂了政治和性格特质，涉及复仇和结盟，家族流血冲突的悲剧，还有忠诚与背叛。这一切看起来……太像人类了。

这其中一部分确实就是人类的所作所为。人类会挑起这些事件。正如人类学家塞尔日·布沙（Serge Bouchard）观察指出："人对待人就像狼一样，你会同意，这么说对狼可不太好。"

• • •

小雪下了一整夜，山坡和山谷仿佛再一次进入了冬天。清晨的阳光让新雪染上了一层粉红色。16 华氏度。

东边几千里外，在我的家，与海平面齐平的海滨地区，雨蛙在春天的湿地里叫唤着，让 3 月中旬的夜晚充满了生机，归来的鹗正在检查自己硕大的鸟巢。但是，在这海拔 7000 英尺的地方，冬天仍然施展着淫威。唯一一点点春天的迹象就是头上盘旋的六七只大雁。白昼渐长，新雪不过是一个谎言，褪去冬羽的大雁知道来自太阳的信息更加可靠。

经过一番合作搜寻，我们在一处高高的山坡上发现了狼，它们正躺着休息。在拉马尔家族中，岩柱家族的公狼看起来似乎十分自在。大灰睡在一个雪堆的边沿，下颌搁在粉末状的新雪上，爪子悬在空中。它扮演着头狼的角色。当 1 岁的公狼表示恭敬时，两头新来的公狼都友好地问候了它，舔了它的脸，对它摇尾巴。这个家族正在安顿下来，家庭关系即将恢复正常。

一阵无线电的嘎吱声。两头狼出现在山谷上方两英里外的地方，它们发出的信号证明了身份：是 755 和它被流放的女儿 820。我们出发了。

在一处高高的山脊上，下方是一片开阔的积雪的山坡，几乎是我们的望远镜所能看到的范围的尽头——它们在那里，前进着。755 从昨天到现在已经走了不可思议的一段路，它一直走到狱吼溪又走回来，来回可能有 40 英里。它知道这个山谷是它的家，也知道 820 是它的女儿。所以，在这漫长的旅程中，在白雪覆盖的山峦、丛林与蒿草间，它们找到了彼此。

它们以大约每小时 6 英里的速度，行走在这片壮丽的景色中。820 小跑的时候，尾巴笔直地向后伸出，这是头狼的姿态。它感觉良好。它两岁就已经全部长成，披着典型的灰色皮毛，背部的毛皮颜色更深，但已经有些褪色，还有浅色的面颊。而 755 生下来的时候是黑色的，毛皮颜色随着年龄增长不断变浅，再过两周就是它的 5 岁生日了。它们现在跑了起来，跑过积雪的山坡，在树林间时隐时现。

它们找到了彼此，这是多么典型的狼的行为；我们分享了它们重聚时的欣慰，这又是多么典型的人类的行为。但我预言，欢乐的时光将是短暂的。一个新的开始才不是那么简单。以 820 的领导者性格，它很可能不会接受父亲找来一个新配偶。反之，如果 820 自己找了个新配偶，它的父亲也不会接受。还有一个关于领地的细节问题：它们还能到哪里打猎？现在，820 和 755 已经离其他的家族成员只有 1 英里了，就在它们的视线范围内，那些狼曾经给它们带来了那么多的麻烦。

与此同时，拉马尔家族的主要成员正回去睡觉。我们在严寒中徘徊着，看着狼睡觉。一头一岁大的小狼醒了，跑向一个隐藏的缝隙，然后叼着马鹿的一截小腿回来了。它躺下来，开心地啃着，就像狗在啃骨头一样。

大约下午 3 点，拉马尔家族起身集合。随后狼群开始嗥叫，人们都安静下来。

它们的声音令我吃了一惊。那声音比我想象中那种从胸腔深处发出的呼喊更加尖锐。而且出人意料地多变：一些狼高声嗥叫，另一些尖声附和；一些嗓音多变，另一些则发出长而单调的音符，并逐渐减弱。不同的狼发出的声音是如此不同。当我闭上眼睛，这声音给我的印象远远不止是狼。

嗥叫声充满了山谷，对我这个人类的大脑而言，这如同教堂中的圣歌一般庄严而充满向往。它直击人心。我听到了坚定和悲怆，但它的意义是否真的和听起来一样？这是一次集体哭泣，还是情感的宣泄？抑或是一个警告？无论它们在说什么，无论狼从中听到了什么，这叫声给我的印象是某种古老的无言的故事，如同黎明时分的一场梦。

如果820和755用叫声回应，这也许会引发一次暴力冲突，这些狼现在都声称对这个山谷拥有主权。所有的玩家都明白这种变化。820和755聪明地保持着沉默，但是它们再也不能在这个山谷里藏身了，除非能避免在经过的时候留下气味。排斥早晚会发生的,人和狼都希望一劳永逸，820和755处境窘迫。

它跟了上去，消失在密林中。嗥叫声渐渐弱了下去，空气中再一次充满了阳光和寒意。

下午6点左右，820开始嗥叫。

这是个战略错误。拉马尔家族马上站起来应答，然后动身了。

岩柱家族的两兄弟与820并无过节。不过，在母狼的带领下，拉马尔家族径直走向那个被流放的姐妹发声的地方。

它们消失在一处较矮的树林里，然后重新出现在高处的一块长条形平地上，下方是开阔的山地上的一条积雪的大路。

820随后出现在一段距离外。它的叫声很可能是朝755发出的。但755一言不发，消失了。没有信号的哔哔声。发出叫声是820经过计算风险后做出的行为，但它算错了。它无法将自己在世界上唯一的朋友叫到身边，却引来了所有新的敌人。

820那些年龄相仿的姐妹们有着相似的野心，能力稍逊于它，820是其中最优秀的一头狼。狼群政治很复杂。即使一头狼也有可能过于强大，结果不仅无法给自己带来好处，还要为之付出代价。这一幕正发生在这个狼群的政坛中，就在我们眼前。夜幕降临，820上路了。这一次，它的尾巴卷了起来，它看起来垂头丧气，很不开心。我能看到狼群，也能看到它。我不知道它们是否看到了对方，但显然它们都知道对方的位置。

跟随渡鸦的踪迹

820和父亲只共度了不到一天。现在，在冬天的空气里，755的项圈信号已经不能被任何手持天线设备定位了。它离开了这个山谷。820孤零零的，但仍然能监测到信号，我们看不到它。如果它怀孕了——这很可能是导致它受到同样可能怀孕的姐姐们攻击的一个原因——那么由于它独自生活，它能获得的食物就会急剧减少，它的身体可能会中止怀孕，然后将死掉的胚胎吸收。

754和06的死完全暴露出狼群政治中生命的运算法则。死亡不仅带走了被杀死的那些狼的生命，还改变了幸存者甚至其后代的游戏规则和生存前景。个体很重要，但一头狼不是一个无差别的个体，而是由关系所定义。

劳里就像渡鸦一样仔细搜寻着山谷，她检查所有脚印的痕迹，轻微的活动，树上的一只鹰下方的土地——一无所获。

我什么也没看见。

当劳里说“找到了”,那模样就像帽子里变出了兔子。我问,在哪儿?我朝着她目光的方向看过去，还是什么都没看见。

她往旁边让了让，做了个邀请的手势。我向她的望远镜中望去，看见两英里外有8头狼围在一头猎物旁边，不可思议。用我的双筒望远镜朝那个方向看过去，我看到了一团深色的斑点，如同雪地上的胡椒。没错，是渡鸦。

当狼杀死先前追捕的猎物时，渡鸦已经来了。这一行为由来已久，渡鸦甚至因此得名“狼的鸟儿”。狼的猎物通常能引来十几只渡鸦。但是，如果人将马鹿的尸体摆出来，渡鸦通常会无视它。渡鸦信任狼，不信任人。在渡鸦的课程表里，一定有一门必修课，就是对被投毒的尸体保持警惕。

并不是一直如此。北欧神话中的奥丁（Odin）尽管是所有神灵的父亲，但他在眼界、记忆和学识方面尚有不足。奥丁只喝葡萄酒，只用诗歌说话。他需要帮助。弥补他那神圣的缺陷的是两只渡鸦——福金（Hugin）和雾尼（Munin）（分别象征思想和记忆），它们落在他的肩上，对他讲述全世界发生的事情。他身旁还有两头狼，提供食物和营养。他们构成了神、人、渡鸦和狼组成的一个庞大的整体。力量就隐藏在这种结合的协同作用中。生物学家和作家贝恩德·海因里希（Bernd Heinrich）猜测，奥丁的神话或许体现了“一种强大的狩猎联盟，一段早已随着我们抛弃狩猎文化、成为牧人和农民而被遗忘的过去”。还有牧场主。

研究者德里克·克雷格黑德（Derek Craighead）发现，一对渡鸦当中年轻又轻佻的那个有时会在山的另一边其他渡鸦的巢穴里过夜，这令他十分震惊。他指出：“我们一直以为渡鸦是领地性很强的动物，但它们似乎有一个庞大的社会网络，并不像我们先前所想的那么简单。”

狼、猿类、大象、鲸显然都很聪明。鸟类的大脑相比之下要小得多，但是它们的生活同样丰富多彩。尤其是渡鸦和它们鸦科的亲戚，包括松鸦、喜鹊、寒鸦和秃鼻乌鸦，它们都很聪明。它们善于观察，其中一些还与海豚科、大象和某些食肉动物共享一套推理、计划、变通、顿悟和想象的工具包——而且它们的智力与猿类相当。

几千个冬天来，黄石公园的渡鸦将黑色的感叹号点缀在雪地洁白的书页上。它们还自学了新的技能：拉开登山者的背包。前脑主管思维，而渡鸦及其近亲的前脑与身体的相对大小明显大于其他的鸟类，某些鹦鹉除外。渡鸦的大脑与体重的相对大小与黑猩猩相当。一些科学家认为，是较大的前脑赋予了鸦科“灵长类一般的智力”。

在一个实验中，渡鸦遇到了此前从未见到的东西：用绳子挂起来的肉。要得到食物，唯一的办法是用嘴将绳子拉动一点，每拉一下，就用爪子踩住绳子，反复再三，直到能够吃到肉为止。一些渡鸦在第一次实验的时候就成功了。也就是说，只要看到了装配实验装置的过程，它们就能理解因果关系，想象出解决方案，不需要摸索和试错。在另一个实验中，渡鸦很快解决了问题，而与此同时，一个人类幼儿和两条贵宾犬（先前已经熟悉了实验部件）看起来仿佛“甚至没意识到眼前有一个问题要解决”。

现在，来聊聊个例。贝蒂是一只新喀鸦，能借助先前的经验进行推理、解决问题。在学习了什么是钩子之后，它就将直的铁丝弯成钩子，去钩管子底部的食物。向它展示一束不同的铁丝，贝蒂能选出长度和直径合适的一根，来完成眼前的任务。怀疑贝蒂是新喀鸦中的特例是没道理的，它只是刚好进入了一群人设计的实验情景。新喀鸦能使用工具，打开一个需要 8 个步骤才能破解的机关，获得食物（你可以在网络上观看这个视频）。

秃鼻乌鸦能毫不费劲地发现，只要往眼前的透明塑料装置里丢进石头，就能掉出一条美味的蛆。而且它们会在若干可供使用的石头中选出最大的。当实验者换上了更窄的管子后，4 只秃鼻乌鸦中有 3 只马上改用较小的石头，以便通过较窄的管子，它们甚至不试一试先前用过的大石子。当它们无法获得石头，只得到了一根树枝的时候，所有接受测试的秃鼻乌鸦都立即将树枝插进罐子，向下按压，让食物掉出来。当研究人员提供一块过大的石头和一根长度合适的树枝，或一块大小合适的石头和一根过短的树枝时，所有的鸟儿都在第一次就选出了能让食物掉出来的工具。如果给它们一根树枝，但需要先把上面的分叉去掉才能插进管子，每只秃鼻乌鸦都会麻利地掰掉分叉，而且通常是在第一次尝试将树枝插进管子之前。如果将蛆装进一个小桶，再放进管子里，并给秃鼻乌鸦一根直铁丝，它们都会将铁丝弯成钩子，以钩住小桶的提手，将小桶提出来取出食物。它们都知道自己想要什么，明白自己为了达到目的都做了什么。这是真正的顿悟。凤头鹦鹉是鹦鹉的一种，它们也能利用顿悟，解决先前从未见过的问题，破解包括锁、螺丝钉和插销的机关。

乌鸦能够记住曾经捕捉它们进行标记和测量的研究人员，而且长达多年。每当看到这些人走在校园里，它们就会大声叫骂。从那些被抓过的乌鸦那里，其他的乌鸦也学会了辨识这些看起来很危险的坏家伙，一看到他们就发出警报。最后，研究人员不得不戴上面具或穿上特殊的服装去捉乌鸦，以免接下来几年都要挨骂。

这些鸟类的大脑结构和我们猿类不同［我们具有哺乳动物的新皮层，并且猿类的这一部位较大；而鸟类具备独特的巢皮质（nidopallium），并且鸦科的这一部位较大］。但是伟大的心智有相似的思维，而且我们具备某些共同的心智能力。两位研究人员写道："新喀鸦和秃鼻乌鸦已经被证明在一些物理任务上能与黑猩猩相匹敌，有时候甚至更胜一筹。这促使我们重新审视我们对智力演化的理解。"科学家总结，整体上，乌鸦及其近亲"表现出和高等猿类相似的智力行为"。谁知道呢？

• • •

我们先前讨论了使用工具的鸟类，刚好借此快速探讨一下动物使用工具的整体情况。正如关于行为的其他主要概念一样，科学家对"工具"

的定义并没有达成一致。我给出的定义是：工具是你用来实现目的的东西，而它并非你身体的一部分。

1960 年，珍・古道尔发现黑猩猩能用小树枝——也就是工具——吸引白蚁，轰动了世界。在此之前，科学家曾认为只有人类能够制造工具，而工具“让我们成为人”。但是——等一等！ 1844 年，利比里亚的一位名叫托马斯・塞维奇（Thomas Savage）的传教士记录，野生黑猩猩敲碎坚果的时候“用的是石头，使用方式和人类一样”。一个多世纪以来，科学并没有重新发现这位传教士的发现。而 1887 年，另一位观察者报告，在退潮的时候，猕猴经常用石头砸开牡蛎。这样的一种发现，也被书面记载下来，怎么能从记忆中被抹去呢？也许使用工具看起来并非如此不同寻常，直到进入航天时代，我们与自然已经彻底决裂。世界不知怎么忘记了，而对古道尔的重新发现，人类学巨擘路易斯•里奇（Louis Leakey）[①] 作出了著名的评价：“现在，我们必须重新定义工具，重新定义人，或者承认黑猩猩也是人类。”这个发现强迫我们重新审视人类在理性和文化方面的垄断地位。它让我们似乎不那么特别了。但是，黑猩猩使用工具的历史已经有几十万年，唯一新奇的不过是我们对这个现象的认识。如今我们知道，灵长类、大象、海獭、海豚、多种鸟类、章鱼甚至昆虫都会使用简单的工具。

珍•古道尔在坦桑尼亚观察到的黑猩猩会使用工具，而且不仅是石器。在其他一些地区，例如几内亚和科特迪瓦，黑猩猩能够熟练使用岩石或木质的斧头敲开坚果。敲坚果占据了它们进食时间的 10% ～ 15%，并且在一连三四个月的高峰期，一只黑猩猩每天能从富含油脂的食物中获取

① 路易斯・里奇（Louis Leakey，1903—1972），英国考古学家、人类学家，对人类演化理论有重大贡献。

3500卡[1]的热量。敲开坚果的技术能让黑猩猩多吃至少6种坚果，这是用其他工具无法实现的。这些生活优渥的黑猩猩享有更高的繁殖率，群体关系更加融洽。但是，非洲还有许多地区的黑猩猩，即使面对着同样的石头、木材和坚果，也无法利用面前唾手可得的工具去敲开营养丰富的坚果。在一些地区，它们用树枝挖开地面，然后将一种可活动的工具伸进去钓白蚁。在某些地区的黑猩猩会提前制作工具，有时候它们会利用两种工具来完成一个任务。从钓白蚁到磨碎棕榈果，从用树叶吸水到用长矛猎杀树洞里的婴猴，每种技能都是有的种群掌握了，有的却不会。技巧是习得的，是一种文化。

尽管倭黑猩猩和黑猩猩很像，也非常聪明，却从未有人见到它们使用工具。大多数人认为大猩猩也不会，但维姬•费什洛克和同事们观察到，大猩猩会用树枝探测沼泽的深浅，或是借助木板爬到水面上方，还会搬来圆木搭桥跨过水塘。一头圈养的大猩猩独立发明了用棍棒和砧板的组合砸开坚果的方法，并且精于此道。卷尾猴会将较重的石头搬到敲坚果的地方，选择大小合适的石头当作砧板，并选择不同重量的石头当作锤子，来敲开不同类型的坚果。

面对管子里够不着的食物，红毛猩猩会将水吐进管子，让食物浮起来，直到它能够得着为止。秃鼻乌鸦和松鸦在类似的实验中也做出了同样的举动，它们将石头投进管子，让水平面上升，直到能够着漂在水面上的食物。在我们家，鹦鹉把水当成了软化食物的工具。如果我们用干面包皮喂两只鹦鹉，凯恩就会立即跑到水边，把面包皮丢进去。过了一会儿，它将浸湿的面包取出来，拿到笼子的对面，放进装食物的碗里，然后才开始享用这份被水泡得松软可口的零食。小玫瑰也经常这么做。(我

---

[1] 1卡=4.185焦耳。

们当时没打算买鹦鹉，但我在宠物店里看到凯恩有意用水软化食物，我十分好奇，就将它们俩带回了家。它们中一定有一只先发明了这种做法，而另一只进行模仿。它们属于不同的物种，凯恩是僧鹦鹉，而小玫瑰是绿颊锥尾鹦鹉。因此，它们浸泡食物的行为体现了物种之间的文化传播，这一现象显然还不为科学界所知。而你最先在这里读到了这点！）

大象至少能制造 6 种工具，多数用来挠痒和去除蜱虫。它们会做痒痒挠，还会用石头或圆木将电网压下去。海獭会仰面躺在水上，用石头敲开贝类。新喀鸦和拟鴷树雀用荆棘伸进树洞，寻找昆虫。一些鸦科鸟类会把交通工具当成胡桃夹子，把坚果扔在车来车往的路上。鸥科鸟类会将蛤蜊、扇贝、蛾螺等带硬壳的猎物扔到坚硬的表面上。如果不这么做，它们就无法攻破这些堡垒，得到其中的食物。它们在海平面以下的地方找到这些硬得像石头的猎物，然后往高处飞。它们的意图很明显，等飞到了一个合适的平面上方，它们就会放开猎物，让猎物借助重力加速。如果第一次没有成功，它们就再次飞到空中。

我无数次目睹海鸥将贝类扔到岩石满布的海滩、道路或房顶上。（但它们只使用平坦的表面。我的邻居只要看看自己家被轰炸的程度，就知道今年的扇贝收成如何。好在我的屋顶是倾斜的。）白秃鹫用石头砸破蛋壳。美洲绿鹭在捕鱼的时候会用昆虫作为诱饵，还会将羽毛甚至面包屑扔在水面上吸引猎物。网络上有一个非常精彩的视频，展示了美洲绿鹭用一小块面包将鱼吸引到攻击范围内的过程。这只绿鹭很有耐心，多次改变投放诱饵的位置，最后抓到了一条大鱼。

座头鲸会吹出一圈圈的气泡，借助气泡上升形成的网来捕获成群的鱼，这是某种“包围和干扰”（corral and confuse）策略。当它们进食的时候，它们张开嘴在网中上浮，吃上一大口，溅起巨大的水花，如同海面上发生了爆炸。这是世界上最壮观的景象之一。

还有一件事简直出乎所有人的预料。在巴哈马群岛，宽吻海豚会用尾鳍或鳍状肢拍击沙子，制造出一个一边移动一边旋转的漩涡，看起来就像沙子的龙卷风。漩涡沿着水底移动，然后停下来，继续旋转。当它停下来的时候，海豚就将口鼻部伸进沙子里。这是怎么回事？原来，漩涡会被吸引到一个低气压的地方，比如说洞口处。海豚将可见的漩涡当成一种工具来寻找鱼藏身的洞穴！丹妮斯·赫辛写道：“这是我见过的最奇特的事情，但它对海豚来说似乎很平常。”

许多使用工具的动物都是从把玩树枝和石头开始的，这有点像人类儿童通过发出咿咿呀呀的声音来学说话，或者通过玩积木来探索物理世界——这能让他们在没有压力的条件下发展自己的能力。

还有一篇科普文章，附上了一个精彩的视频，展示了一只名叫费加罗的凤头鹦鹉如何利用一截竹子制作出像棍子一样的工具，并进行调整，以将食物扒拉到自己的笼子里。（另外两只凤头鹦鹉也得到了竹子，但没有制作工具，这表明鸟类就像我们一样，个体的顿悟能力各不相同。）我曾经把食物放到一只红毛猩猩刚好拿不到的地方，看到它用稻草把食物拨过来，我大感惊讶。不过冠蓝鸦也会做相似的事情，它们会将纸撕成纸条，把小颗粒的食物扫成一堆。

在鱼类当中，隆头鱼科的一些物种会把岩石和珊瑚当成砧板，用来敲开海胆和贝类。隆头鱼的大脑重量占体重的比例也相对较大，就像会使用工具的鸟类和灵长类一样。一些丽鱼和鲇鱼会将卵粘在叶片或小石头上，如果巢穴受到威胁就把卵带走。射水鱼会喷射出水柱，将停在水面上方的叶片或树枝上的昆虫打下来。

昆虫使用工具的行为尤其令人惊讶，因为它远远出乎我们的意料，并且看起来具有充分的意识。许多蚂蚁，在遇到腐烂的水果之类的液化的食物之后，会离开这里，几分钟后再带着叶子、沙粒或木头之类的东西回来，将液体吸收，然后将吸满了液体的东西搬回巢里。还有一些蚂蚁，为了骚扰竞争对手，会将沙子扔进对方的蚁穴入口。这样做仿佛将沙子扔进了蚁穴经济的齿轮，让对方既花时间又花力气。还有的蚂蚁甚至会将在地面筑巢的蜜蜂从安全的地洞里骗出来。约翰·D. 皮尔斯（John D. Pierce）描述了它们的行动："发现蜜蜂后，蚂蚁在蜂巢边缘停留几秒，然后爬到附近的地方，拾起一小块土……它直接回到巢穴入口，在洞口处举着土块……迟疑了大约 1 秒钟，然后把土块放下来。"几秒钟后，蚂蚁离开去取更多的土块。与此同时，其他的蚂蚁也来了。现在，蜜蜂来到地面，张开大颚扑咬着。这简直就是微缩版的勇士大战恶龙。当蜜蜂试图逃离被破坏的防御工事时，蚂蚁发起进攻，杀死了蜜蜂。

某些胡蜂会用卵石和泥土建一个巢，将猎物和自己的卵关在一起（卵孵化后幼虫将以猎物为食）。皮尔斯说："最主要的石块被放在巢穴深处，其他较小的石块被放在上方……在某些情况下，雌蜂会把石头当作锤子，把填充物敲成紧实的一块。"猎蝽在捕捉白蚁之前会披上一层伪装，它们将白蚁的巢穴碎片粘在自己身上，以带上巢穴的气味。在捉到一只白蚁，将它的身体吸干后，猎蝽会将空荡荡的尸体举到自己的头部前方，"轻轻地掂着它，那动作或许可以被形容为'掂量'"。当一只白蚁抓住了尸体，猎蝽就以稳定的速度向后拉，慢慢将附在上面的工蚁拖出蚁穴。只要工蚁的头进入了攻击范围，"猎蝽马上抓住它"，并扔掉用来当诱饵的尸体，将毒液注进猎物体内。

关于昆虫使用工具的案例只有寥寥几个，但我们还没算上白蚁的蚁丘、蜜蜂的蜂巢、蜘蛛的网等建筑，那令人惊叹的结构、通风系统、食物生产和保暖功能。这是否说明，使用工具的昆虫非常聪明？或者说，制造工具不能体现智能？如果脑子那么小的昆虫也能做到，工具制造是不是也没什么了不起？说到它们微小的大脑，它们有意识吗？是什么样的意识？它们是怎样做决策，或评估自己的进展？科学似乎表明，我们自己的大脑只是做了一个决策，然后通知我们的意识脑，让我们相信这是自己思考的结果，真的是这样吗？

具有讽刺意味的是，最擅长制造工具的我们也是动物中最无助的。如果不借助工具和设备来达到目的，我们就无法睡觉、进食甚至排泄。如果我们要在野外过上一夜，赤身裸体，手无寸铁，我们最急迫的需求就是开始制造足够的工具，来维持生命。但是，尽管我们会制造工具，大多数人只是使用了别人制造的工具。大多数人无法借助大自然的原材料制造最基本的人类工具——火、绳子、小刀、随便什么布料。事实上，我们中没有一人发明过任何东西。此时此刻我在使用一台计算机，但我对它的工作原理一无所知，也不明白它是怎么造出来的。作为一个物种，我们确实不同凡响；但作为个体，我们中的大多数人，就算拿到了几匹布料，也无法缝制一件像样的衬衫。

我们热衷于赞美人类的集体成就，尽管我们作为个体在其中毫无贡献，并且这些成就大多数人也不理解。但是对于人类集体制造的恐怖，我们通常不愿意承认自己有所参与（在20世纪，一部分开化的人民杀死了超过上亿其他开化的人民。而这个世纪也并没有一个好的开始。）。我们更愿意关注自己制造飞机和计算机的能力，让那些其实并不明白如何制造飞机和计算机的人产生了一种令人宽慰的幻觉，这似乎倒没什么大碍。狗不知道人类制造了汽车。对于制造汽车所需的过程，比如采矿、冶金、化学、设计和组装、出厂和分销，我们中的大多数人所了解的只比狗略多一点，而我们照样跳上车，出门兜风。

狼的音乐

我们跳上车，朝西开去。现在，从山谷对面望过去，能清楚地看见乌黑的渡鸦落在洁白的雪地上，围着一条被鲜血染红的小路。几头拉马尔家族的狼，脸上也染了血，走进了我的望远镜的视野中。它们激烈地拉扯着马鹿的骨架，这头鹿刚才已经被它们迅速地吃得干干净净。皇冠般的鹿角躺在一边，伤痕累累的头部面朝上躺在雪地里，就像一座奖杯。留给渡鸦和喜鹊的食物看起来已经没多少了，但它们的出现和耐心证明，剩余的食物还是足够的。它们的职业就是处理这样的猎物。在场的一共有 9 头狼，其中 7 头肚子里已经装满了肉，正懒洋洋地躺在旁边的雪地上，心满意足。

停下来想想这里的形而上学吧。一头曾经拼命逃跑的马鹿，被转换成了狼的肌肉、骨骼和神经，其使命也变成了追捕同样拼命奔跑、企图逃脱厄运的马鹿，这种厄运完全来自于和它们一样的生物。捕食者就是博格人[①]的前身。头顶的天空因鸟鸣而生机勃勃，这鸟鸣也是马鹿造就的。当捕食者倒下之后，它将释放出所有曾经由马鹿构成的狼、渡鸦和熊，化作一丛芳草。草的捕食者——马鹿，啃食了它。草再一次变成了马鹿，于是在永恒中的许多个小齿轮中，有一个转动了一圈。当然，人类是永

① 博格人（Borg）是《星际迷航》（*Star Trek*）中的一个种族，是半有机物半机械的生化人，能够同化其他种族。

恒的破坏者，是吞噬所有博格人的超级博格人。

我跺着脚，想看清它们是否还在那儿。我们站在周围，一边等待狼从饭后打盹中醒过来，一边看着，闲聊着，吃着零食，再次比较我们的靴子和手套。除了取暖之外，我们几乎什么都干了。瑞克开始给我讲一头一岁大的小狼的故事，它病殃殃的，胸前有一个白色的三角形，因而得名“三角”。那是一个艰苦的时期。狼群感染的疥癣吸干了它们的力量，而且敌对的狼群杀死了它们的首领。

一天早晨，一岁大的三角和三岁半的姐姐遇到了 3 头充满敌意的狼。三角和姐姐在逃跑过程中分开了，这可能是一种策略，也可能只是因为恐慌。入侵者追赶着姐姐，尽管它是狼群中跑得最快的，一头狼还是抓住了它，将它按倒在地。它马上跳起来继续跑，朝河边跑去。对方又两次追上了它，它都逃脱了，尽一切努力继续奔跑。

当它第四次被追上时，对方三兄弟都围过来。它仰面朝天，绝望地挣扎着。两头狼猛烈地甩着头，咬它的肚子和后腿；这时最大的那头狼也加入进来，张嘴卡住了它的喉咙，准备杀死它。

母狼继续反抗，但最大的狼后退了。它咬到了无线电项圈的外壳。但它似乎明白了这是怎么回事，重新调整了位置，准备避开项圈咬下去。瑞克通过望远镜目睹了这一切。就在这时，一个小黑点跳进来，场面顿时一片混乱。那是三角，小个子、病殃殃的一岁的小狼，正试图将大姐姐从死神的口中救下来。

它的到来打乱了攻击者的阵脚。两头狼放开了它的姐姐，朝它追过去。它的姐姐跳起来，朝河边狂奔，但刚到河岸上就被抓住了，4 头狼一起掉进了水里。以一敌三，三角的姐姐毫无胜算。但三角再一次冲进来。混乱之中，它的姐姐游过了河，胸前带着一处深深的伤口，流着血，跑过了山谷，向北跑上山坡，朝自己家族的巢穴跑去。

这时，3 头公狼都来追赶三角。这次赛跑简直史无前例，病弱瘦小的狼跑赢了进犯者。它们放弃了，拖着脚步穿过山谷，朝南走去。

过了一周半，三角的姐姐重新露面了。它挺过了这次重创，伤口恢复得不错。三角继续狩猎，和狼群一起生活了几个月，但随着时间的推移，疥癣感染和那次打斗留下的伤慢慢削弱了它的体力，最终击败了它。

瑞克将三角视为“一个英雄”。

嗯。人可以成为英雄，但三角当时在想什么呢？

瑞克说：“我们评判英雄的标准不是他想了什么，而是他做了什么。”当消防员没有时间思考就冲进燃烧的房子，救出陌生人的孩子，他们在想什么？如果说英雄就是冒着生命危险拯救另一个个体的生命，那么三角，这个病弱的小弟弟救了姐姐的命，你说它算不算英雄？

睡了两小时之后，拉马尔家族的狼站起来，互相进行了热情洋溢的问候，随后排成一个弧形，开始嗥叫。人类的闲聊很快安静下来，我们都倾听着。多么迷人啊！感受吧，这种美无法言说。狼的声音波动着，变换着频率。那声音既欢快又哀伤，久久回荡。

我们全神贯注地聆听着它们的合唱。不知为何，这似乎对我们很重要。其他动物对我们的音乐似乎不屑一顾，我们的行为与其形成了鲜明的对比。那么，音乐和我们受音乐感动的程度，是不是“使人之为人”的一个因素？还是说，嗥叫就是“狼有、狼治、狼享”的音乐？

显然，我们自己的音乐都处在人的听力范围之内，并且音乐的节奏通常与人的心跳或节拍相符合，它的模式和音调与人说话的特征相似。声音的这些特征、节奏和音调，技术上被称为“副语言特征”（paralinguistic features），并且都属于韵律学的范畴。韵律学研究人类说话的声学特征。比如，它研究为什么倾听者能够识别任何一种语言中的摇篮曲和尖叫，并解释为什么钢琴、小提琴、萨克斯或吉他独奏听起来就像一个人在讲故事一般，尽管其中并没有包含话语。

声音有时能够在物种之间传递情绪。狗能意识到人在吵架，并且我们将咆哮声理解为一种警告。动物发出的声音所携带的某些感情色彩有着古老的起源。我们对它有共同的理解，这种能力是我们继承的古老遗产的一部分。不管耳朵长在人类、狗还是马身上，几声短暂、高亢的叫声都会导致情绪激动，长而逐渐降低的呼叫声有平静的效果，而一个短促的声音能够阻止调皮的狗或者孩子去拿罐子里的曲奇饼干。

研究这些起源和共同的感知的心理学家提出了“韵律学的前人类起源”。对于人和其他动物来说，这个模板在子宫里就准备好了。一个人来到世界上之前，一直在聆听母亲的心跳，她说话的音调，还有她走路的速度和节奏。感知母亲的语调中的含义，这种能力是与生俱来的（很多鸟类，当雏鸟在鸟蛋上啄出一个小洞时，亲鸟就立即对它们鸣叫）。在许多文化中，大多数乐器发出的声音都在 200 ～ 900 赫之间，这个频率范围与成年女性的声音相同。这不是一个巧合。

如果需要表达更具体的东西，歌词可以完成这个任务。但是谁都有过这样的经历：尽管不懂葡萄牙语，还是为巴西的巴萨诺瓦歌手所倾倒；尽管听不懂歌词，还是为宗教圣歌或其他文化的音乐所感动，如歌剧或摇滚乐……用另一种语言演唱的歌曲体现了韵律学中那些最纯粹的东西；我们不理解歌词，所以我们的反应完全是基于它的发音和韵律。还有人可能会说，有时候，将歌词的语义隔绝在语言屏障之外，反而能更纯粹地感受到声音所传递的音乐信息。如果歌词是最为重要的，我们就会去听诗朗诵，或者直接朗读歌剧的歌词了。但是我们没有这么做，因为音乐才是重点。

在某种意义上，音乐将我们生活中的语调和韵律抽象化，并模拟出一套纯粹的、能够激发情感的声音，并打包还给我们。聆听音乐能够改变大脑中的化学过程，例如使去甲肾上腺素水平升高，产生一种幸福感。乐感一词似乎下意识地表达了音乐在捕捉、传递和激发感情方面的成功。但是，听众对音乐所包含的情感的理解，在一定程度上取决于他们在文化上对音乐的韵律（及音调和节奏特征）的熟悉程度。对于人类来说，这一部分是普世的，一部分是文化的。在一个给定的文化里，乐器通常反映出语言的声学特征，比如东方乐器发出的铮铮声，美国乡村音乐中拖长的调子，还有西部音乐中的踏板钢棒吉他[①]。

其他动物为什么不喜欢人类的音乐？这方面人类并不缺少尝试。例如，有研究人员报告，“训练鸽子分辨巴赫的管风琴曲《d 小调托卡塔与赋格》和斯特拉文斯基的交响乐《春之祭》，鸽子最终能够分辨两部作品，但学得很慢而且表现不佳。”

一些动物确实喜爱音乐。我的朋友达雷尔说，他的乌龟“喜欢墨西哥音乐”，一听到这种音乐就开始到处爬。我们的绿颊锥尾鹦鹉小玫瑰，一听到节奏强烈的音乐就开始欢快地跳舞，特别是当我们把打击玩具拿出来的时候。网络上也常常能看到会跳舞的鹦鹉，比如雪球，一只葵花凤头鹦鹉。

然而事实上，许多其他动物认为我们的音乐大都处于没意思和讨厌之间。让两种猴子选择人类音乐，它们更喜欢慢节奏而不是快节奏、喜欢莫扎特而不是摇滚乐；但是，如果让它们在许多种不同的人类音乐和安静之间进行选择的话，它们更喜欢安静。

看起来，这似乎是因为它们并非人类音乐的主体。人类音乐的声音

---

① 踏板钢棒吉他，一种吉他，使用踏板演奏，常用于美国乡村音乐和西部摇摆乐中。

和韵律体现了人的特征。给狨猴播放舒缓的人类音乐和节奏强烈的人类音乐，两者都能让它们平静下来。能让人类躁动起来的“快节奏”音乐，其节奏只勉强达到猴子的静止心率。人类觉得这种音乐充满活力，但对狨猴来说这没什么好激动的。

如果将使人类音乐吸引人类的东西进行翻译，创造出猴子的音乐，会怎么样呢？研究人员真的这么办了。

他们研究了棉顶狨猴叫声的频率范围、节奏和音高变化，以及它们的心率。（例如，所有的人类音乐的音高都在 200 ～ 900 赫之间，而狨猴的警告声的频率在 1600 ～ 2000 赫之间。）随后，研究人员根据这些参数创造了音乐。他们没有模仿狨猴的叫声，而是利用了人类的音乐技巧，例如利用对位法创作，用和弦结束乐句，采用 A-B-A 结构等。他们制作了意图让猴子平静下来的音乐和意图让它们激动的音乐，用大提琴演奏。这是全世界第一首狨猴的音乐。狨猴对音乐的反应正符合作曲者的预期。在听到让它们舒缓的音乐时，它们减少了活动，并且吃得更多；在听到让它们激动的音乐时，它们更倾向于坐起来，保持警惕。

为猴子创作的音乐似乎能够引起预期的情绪反应。（研究人员指出：“在听了狨猴的音乐之后，我们还有其他人都不觉得它令人愉悦，可以假设狨猴对人类音乐也有相似的反应。”）声音能传递情感特征，例如愤怒、恐惧、愉悦、喜爱、悲伤和激动，并表达出这些情感的不同程度。音乐能够捕捉和传递这些情感。研究人员已经指出，“音乐是已知最好的情感交流的方式”。音乐中的情绪能够影响你的情绪，激动人心的音乐能让你激动起来。这又是一个“情绪传染”的例子。实际上，音乐依靠情绪感染而实现，情绪来自人类大脑激发情感匹配的能力。一句话，产生情绪匹配的能力就叫共情。感受音乐吧。

回荡的嗥叫声渐渐消散在稀薄的空气中。狼群又吃了些东西，玩耍打闹了一会儿。然后又是一次饭后打盹。两头郊狼前来吃肉，狼群就躺在雪地上离骨架不到 20 码的地方，但它们已经吃得很饱，对此不屑一顾。在接下来的一天一夜里，它们会一直吃了睡，睡了吃。我离开了，让它们进入狼的梦乡。声音回荡着。歌曲可以余音绕梁，也可以大音希声。

黎明时分，零下 3 华氏度。又是一个寒冷的春日。拉马尔山谷又披上了一层梦幻般的银装。沉寂，静谧。

我孤身一人，决心独自在这刺骨的寒冷中寻找狼的踪迹。我审视着山谷对面的山坡，搜寻狼的身影。但我找的不是狼，而是狼群在新雪上留下的足迹，也许还有渡鸦聚集的痕迹。

道格·麦克劳克林来了。

我试图在他之前发现什么有趣的东西，便用望远镜从上到下扫视着一片雪地，但是他说:“找到了。”

这家伙。

在密林上方，积雪覆盖的山脊构成的天际线上，行走着一头狼。一只滑翔的白头海雕吸引着我的目光一路向下，扫过积雪的山坡。就在那个山坡底部和山谷的谷底相接的地方，我发现了一串脚印，以及一道宽宽的毛发、血和渡鸦的痕迹。在一处很小的凸起后面，我看到了刚刚落下来的白头海雕，正使劲拉扯着什么。所以，尸体就在那里，刚好在视线之外。

几乎就在山坡上方——道格也发现了——这只海雕的配偶正在孵卵，用树枝搭建的特大号鸟窝就在一棵杨树的树冠上。春天和冬天在这里发生了激烈的碰撞，我从未见过这样的地方。一头郊狼走过来，开始撕咬白头海雕正在拉扯的那块尸体。

现在，拉马尔家族的全部 9 头狼，4 头黑色的，5 头灰色的，刚刚从树林中走出来，走下长长的山坡，在雪地上留下了一道新的脚印。它们经过星星点点的毛发和血迹，如往常一样朝尸体走去，仿佛只是暂时回到沙拉吧[①]去弄点儿吃的。占据统治地位的母狼在左侧，一举一动都如同头狼一般。一头地位较低的、同一窝出生的姐妹小灰走在它的身边。现在它们看起来似乎正和平共处。

正在抢夺食物的郊狼感觉到了狼群极度的沉着镇定。狼聚集在自己的领地中心，吃得饱饱的，有毛皮保暖，它们精力充沛，不可冒犯。

一头狼将马鹿红通通的肋骨和脊柱从小山坡后面拖了出来，进入了我们的视野。这个骨架没有头。另一头狼拖走了一大块后腿肉。其他的狼将肋骨一根根扯下来，或者找一根腿骨，一屁股坐下来，心满意足地啃着。这些狼每周大约需要吃掉 3 头马鹿。在离这些吃得饱饱的狼不到 500 米的地方，我看到 3 头马鹿在长着新柳的河岸上安静地吃草。

狼群吃了一轮又一轮之后，不到 1 岁的小狼互相追逐着，互相打闹，就像我们的狗在家里玩耍一样。你也许会认为，在狩猎了一头大家伙、饱餐一顿之后，狼并不会想玩一局“霹雳火龙”[②]。但是如果只有工作而没有娱乐的话……显然，狼的生活也需要平衡。

嬉戏打闹之后，它们走开几码，分散开来，就像撒落在地上的小点。它们舒展身体，就像在沙滩上一样；尽管这里是雪地，它们并没有试图蜷缩起来或者取暖。它们既不冷，也不饿，多么逍遥快活。这是它们与我的一个不同之处。

---

① 沙拉吧指餐厅里供顾客自取食物（沙拉）的台子。

② 霹雳火龙（snap-dragon），一种游戏，要求从燃烧的白兰地中取葡萄干，流行于英国、美国、加拿大地区，主要在冬天进行，尤其是平安夜。

小灰醒来了。这是一头好脾气的狼，3 岁，喜欢小狼。它地位较低，主要是因为它那霸道的姐姐，也就是赶走了 820 的那头。小灰消失在山上。

“它是去找 820 了吗？”劳里大声问道。

• • •

两小时后，狼群中的其他成员醒了，开始伸懒腰、撒尿。它们集合起来，摇晃着尾巴，互相舔着脸。它们玩耍了一会儿，然后，所有的狼一起嗥叫，持续几分钟。接下来又是全体休息。

1 小时后，瑞克收到了 820 发出的一个强信号。它正在靠近山坡上睡觉的狼群。要接近它们？它一定会挨打的。

它那复仇女神一般的姐姐还在熟睡。

过了一会儿，可以看出 820 离其他的狼有一段距离，并且留在那里。

劳里问：“755 在哪儿呢？”没有收到 755 的信号。昨天一整天，我们都没有它的消息。

道格说：“它有理由感到害怕。”他们说话时眼睛都没有离开望远镜，都在寻找 820 的身影。

“是的，”劳里回答，“但如果那些公狼想干掉它的话，它们上次就已经这么干了。”

上午，雪下得很大，我们都没怎么动。

早先，有人看到一头灰熊缓缓走进了汇流点那边的柳树丛。反正也没有别的事情做，于是我们在暴风雪中开着车，走了两英里来到汇流点。这里，苏打孤峰溪在两排柳树的簇拥下，汇进拉马尔河。

在 3 月的溪流中，一只水獭正冒着暴风雪，朝上游游去。

这头熊先前在吃从雪里露出来的一头马鹿的尸体。它刚刚从冬眠中醒来，此时的天气乍暖还寒，它可能一晚上都在敲开骨头吃骨髓，也许还从冻僵的头骨中吸食了脑浆。冬天，动物的尸体能一连几周保持新鲜，滋养着许多生物。狼、郊狼和狐狸，渡鸦、鹰和喜鹊……生命依赖于死亡。狼不仅是收获者，也是播种者。

拉马尔家族的一头黑色的狼竟然在这里！这是怎么回事？它原本在我们来的地方睡觉。我们发现，大雪中，狼群不知怎么走在了我们前面。我们以为在开车前来的过程中已经把它们甩掉了。但它们在这儿。如同魔法一般。

在漫天的大雪中，它们看起来几乎飘在半空。我们之间从来没有离得这么近，只相隔几百码。岩柱家族那头公狼大灰的身影填满了我的双筒望远镜，它沿着一丛柳树走着，琥珀般的眼睛朝我投来一瞥。但它没有表现出兴趣，并转移了视线。

它们嗅了嗅冰冻的骨头，然后在风雪中舒服地躺下来，样子十分自在，就像舒拉和裘德要我们摸肚皮一样。如果说狼有什么地方让我感到恐惧，那就是它们的自在，这反衬出我的脆弱。

大雾和一阵更猛烈的暴风雪降临，如同降下了一层白色的幕布。当幕布再次升起时，所有狼都从视野中神秘消失了。

下午 3 点半，我已经离开了拉马尔山谷。远处，两头看不见的狼在互相呼唤，嗥叫声穿过了开阔的空气，穿过了时间。叫声忽远忽近，它们在移动着。它们是谁？嗥叫就像烽烟一般，一阵一阵升上天空。我们还未能破解其中的信息。

我们只瞥见了一头黑色的狼，正穿过一片树林满布的山坡上的一小块空地。它颈部的毛发凌乱，身材修长，说明它还不到两岁。但我们所知的就这么多。它正远离另一头发出嗥叫声的狼,而那头狼似乎在跟着它。

我将眼睛从望远镜上移开，看着那个黑色的小点消失在山脊后面。我们开了两英里，绕到山的另一边，站在外面等待着，在不断下降的气温中，等待那个黑色小点再次出现。

两小时后，我们还在等待。这时候，我们偶尔能听到同一群狼断断续续、含糊不清的嗥叫声。它们来了。

自从我们看见那头黑色的狼，已经过去了 4 小时。嗥叫声断断续续，一唱一和,但我们再也没见到它。我们能听见先前看到的那头黑狼的声音，它还在前进着，嗥叫着。

黑狼又出现了!

离那位黑衣旅行者至少 1 英里的山头此刻突然变得清晰可见，从那里传出一声奇异的呼号，半是嗥叫，半是呜咽。这声音悠长、凄切，带着泥土的气息。用一个词形容，就是哀转久绝。这就是发出叫声的那头狼的感觉吗?

在那上面——一头孤独的灰狼步入了我们上方的天际线，俯视着山谷，望着那头黑狼不久前重新出现又再次消失的地方。

黑狼仍在不断嗥叫着，还在继续远离那头灰狼。但我们看不见它。

我又将目光转向灰狼，它看起来就像迷路的狗一般犹豫不决，不停地打转。最后，灰狼决定转过身去，翻过它出现的那座山脊，朝来处走去。

“那头黑色的肯定是黑曜石,”劳里说。那是一头年轻的母狼，来自章克申峰家族。

“那头灰色的肯定是 755。”这是麦克劳克林的看法。

一阵长久的沉默。然而，它的声音还在回荡吗？还是我的耳朵欺骗了我？那凄切的嗥叫声似乎已经住进了我的脑海，我仿佛还能听见它在稀薄的微风中回荡着。

同伴们摇了摇头，他们没有听见我所听到的声音。

瑞克打来电话。755 的信号又出现了，在离章克申峰不远的地方。820 的信号也传了进来，来自沼泽溪，离它父亲不远。

这就是 755 转身回去的原因吗？

答案消失在暮色中。

孤独猎手心

瑞克的无线电信号告诉他，在拉马尔山谷西边探测到了 755 的信号，离这儿大约 7 英里。我们出发了。走向一处低矮的坡地时，我们看到 755 在周围的雪地上留下了新鲜的脚印。有人听见东边覆盖着茂密林地的山坡上传出一阵悠远的嗥叫，回音不绝。我不确定。

随后，章克申峰家族的另一头狼嗥叫起来，那声音来自一座半掩在云雾中的山坡，仿佛在回应一般。

现在，通过望远镜，我们可以看到章克申峰的几头狼，走在 1 英里外一处高耸的山脊的雪地上，山脊上覆盖着森林。两头头狼，公狼帕弗和它那瘸腿的配偶墩布尾巴，领着两头灰狼和三头黑狼，在明亮的阳光中穿过细碎的新雪，走下一列自然形成的阶梯状的土地，这叫作阶地。“它是个好首领，喜欢走在狼群前面。”瑞克说着，眼睛仍然没有离开望远镜。

在高处一级阶地的边沿，章克申家族停下来，俯视着下方大片的蒿草和点缀在水晶溪（Crystal Creek）两岸的野牛，仿佛在欣赏自己的家产。

随后，它们仰起头，朝着广阔的天空，进行了长达一分钟的合唱，这声音仿佛来自原初世界的清晨。它们是自己生命的主人，是自己土地的守护者，是真正的“第一民族”。一连一个多小时，它们每走一段便停下来嗥叫，然后再继续前进，有时边前进边叫。就这样，它们慢慢走下山坡，在树林间穿行，穿过广袤的土地，一路朝山下走去，嗥叫声穿过开阔的雪地，穿过高高的蒿草，消散在空中。

我们当然也在走走停停。我们将在 1 英里之外等着它们，它们应该会到那儿去。一方面是因为我实在太冷了，另一方面是因为它们在视线之外，我思考着，我们为何如此急切地要一直看着，看着它们。为什么不满足于瞥见狼的身影，听见狼的声音，让一天就这样过去？为什么我们对它们如此感兴趣，这就和它们接下来要到哪里一样神秘。但是一天天过去，这种感觉变得越来越独特。这里面有某种真相、某种真理，某种被深刻证明、更加理智、无比持久的东西。它们活在对自己的某种信念中，实现了不朽。我兴奋地等待着再次目睹它们的出现。劳里说，我们对狼感兴趣，是对它们会做些什么感兴趣。当狼无所事事的时候，我们就想知道它们接下来会做什么。她补充说："如果有人告诉我，'有一头灰熊，就在路边！'这时候我只想知道，'会不会有一头狼和它在一起？'"

我们能看见野牛和加拿大盘羊，但我们会选择观察狼。连野牛和盘羊也在观察狼。我们不是在观察狼，就是在等待狼的出现。劳里说："当我还是教师的时候，我很喜欢观察孩子们，看他们之间如何相处。在小学里，有的学生喜欢玩沙盒，有的喜欢互相追逐，而我观察他们多年的成长。这也是我观察狼的方式，这差不多是同一回事。我们所追踪的不仅是狼，还有狼的故事。"

嗥叫声还在继续，断断续续，那是狼在讲述自己的故事。

忽然，就在我们身后，在东边纯净的空气中传出了一声嗥叫，比整个章克申峰家族的合唱更浑厚、更悲凉。755，我们看不到它，但它的声音多么特别！

狼也许没有词汇。它们确实拥有的是：认知、动机、情感、心智图像、领地的思维地图、社区成员的花名册、丰富的记忆和习得的技能，还有气味目录，上面每种气味都有各自的含义。正如我们在狗身上所看到的，要在一生中理解谁是谁、哪里有什么，这对它们来说绰绰有余。

一个多小时，它们之间的对话来回往复，嗥叫声此起彼伏。人演奏音乐的时候，有时也会进行较长的即兴演奏。我就参加过这类活动。乐队集合，听众聚集起来，我们必须玩得尽兴，因为这份体验值得演奏者所付出的精力，他们将音乐传递给对方，也传递给现场的听众。那里有某种故事正在发生，无言却充满活力。

755 是个男中音，是我想象中一头身材庞大的狼的样子。它的声音很独特，明天或者后天，我一定还能轻松分辨出它的声音。我从它的歌声中听见了它最近的悲剧命运。但是，其他的狼是否听到了它的悲叹？我是不是将情感投射到了它的身上？或者，它有没有将情感倾注在歌声中？

755 一直躲在我们看不见的地方，在一处布满了茂盛树木和巨大卵石的山坡上嗥叫着。山坡笼罩在树阴中。我们用望远镜在树阴中搜寻。我正徒劳地寻找着，劳里却说："找到了。"

劳里有着特异功能一般的好视力，远比她的口头表达能力要强。整个山坡上全是大树和巨石，"在那块大石头左边的大树下"并不能帮我缩小范围。直接从她的望远镜里观看要方便得多，所以我走过去看了。

我看见在松树粗大的枝干下，一块岩石沐浴在阳光中，还有一团银色的毛皮。755 忽然现身了，仿佛我的眼睛需要花一点时间才能描绘出它的身影。它蜷缩在一块大石头上，下巴搁在前爪上，就像狗在走廊上打盹一样。它在等待什么？一个想法，一个决定，还是一个小伙伴的出现？

“你到底是怎么看到它的？”

“我不知道——我就是看到了毛。”

755 在那块大石头上坐起来。它就坐在那块阳光里，像一条毛绒绒的小狗。它的目光穿过山谷，望向嗥叫的章克申峰家族。

刚出生的时候它是黑色的，但随着步入老年，毛发开始发灰。无论从哪个角度看去，它都有两种毛色，尤其是那张独特的两种颜色的脸。它有着黑色的前额、耳朵和口鼻，与浅灰色的下颌形成了鲜明的对比，下颌下方又是深黑的蓬松的颈毛，背部和尾巴是暗色的，但身体两侧呈奶油色。一头很特别的狼。它仰起头,嗥叫声过了一两秒后才传到我这儿，所以离我大约 1/3 英里。

它的目光直勾勾地穿过了我的望远镜。有人告诉我，狼能一眼看穿你。但是你知道我意识到了什么吗？狼能一眼看穿你，那是因为狼对你不感兴趣。人类总是很难接受自己并非别人眼中最重要的人物。对它来说，我不够重要,不值得注视。它只是看了过去,黄眼睛只在我身上短暂停留，“人类”。就像一个渔夫把没用的东西扔回大海，嘟囔着：“这不能吃。”

章克申峰的母狼黑曜石前进着、嗥叫着，走向蒿草丛生的平地，走过陡峭的河岸，走进柳树丛中。这就是 755 昨天跟踪的那头狼，离开它的那头狼。

现在，章克申峰的狼已经全部来到谷底，由一对头狼墩布尾巴和帕弗带领着，在柳树丛中穿行，时隐时现，不时嗥叫几声。

755 一直在留心章克申峰的狼时断时续的呼唤。它略微转动头部，进行定位，始终关注着它们在山谷中的移动。

它再次转动头部，仿佛直接从我的望远镜中看过来似的。我久久注视着它，注视着那双眼睛、那张面庞，直到眼睛被风吹得流出了泪水。

我转向一边，把泪水擦干。等我再次从望远镜中看去，却只看到了空荡荡的岩石。755 消失了。

忽然，不可思议地，它出现在我们站立的较矮的山脊上，离我们左边只有 200 码。我转过身，它的身影出现在望远镜视野的正中央，唤醒了我头脑中一系列它的影像。在侧光的映照下，它聚精会神地望向前方，我从未见过那样明暗分明的面庞。它迈着修长的腿，跑下一片覆盖着蒿草的生机勃勃的山坡，直奔黑曜石藏身的柳树丛。从我们这座山坡上，可以看到它、黑曜石和章克申峰家族。但从它所在的谷底望去，它们都在溪边，不在视野中。

帕弗怔了一下，随后昂首阔步地离开了。帕弗的名字有点蠢，但它是个生还者，并且劳里说："相对它的体形而言，它是很勇敢的一头狼。"帕弗冲进蒿草中，飞快地奔跑着。755 跑出了草丛，跑进开阔的地方。但帕弗似乎在追逐自己的女儿，黑曜石，仿佛要责怪它。现在它停止了追赶。

章克申峰家族的小狼集合起来，尾巴高高竖起，如同旗帜一般，它们用鼻子和身体互相摩擦着。成年狼之间的行动是否让它们感到焦虑？

反正我感到了焦虑。

755 直冲着它们所在的方向跑去，似乎打定主意要和它们碰面。它潜进高高的蒿草丛中。章克申峰的狼东张西望，似乎不知道它在哪里。

忽然，墩布尾巴那蓬松的大尾巴一下子伸直了。它看到了 755。

755 突然弓起了身子。它在冒一个很大的险，也许它明白自己的处境。它很可能对章克申峰家族知根知底。帕弗以回避争斗而闻名（这也许就是它还能活下来的原因），但 755 仍然引起了它的警惕。尽管如此 755 似乎决心求爱，它需要一个配偶，这就是它此次前来的目的，它知道自己想要谁。它似乎在爱慕和恐惧之间摇摆，这很合理。尽管帕弗攻击性不强，

755也毫无胜算。它以一敌众，处于劣势。

瑞克指出："如果你是一头情商很高的公狼，那么你也许会通过展示服从来得到一个狼群的接纳。或者你也可以把一头成年的母狼拐跑，这些事很常见。"他补充说："所以，狼和你所了解的人类行为之间有许多相似之处。"

多年前，当德鲁伊峰家族和沼泽溪（Slough Creek）家族交恶的时候，德鲁伊峰的一头公狼和沼泽溪所有的小狼成了朋友。随后它又和所有的成年母狼成了朋友。瑞克说："这花了它一些时间。但它一直回避狼群里的大家伙。当大家伙朝它走过来的时候，它就夹着尾巴走掉，表明自己完全没有威胁，并马上撤退。"后来，当头狼靠近的时候，"它留在原地，仰面躺下来，然后舔了大家伙的脸。"这一招奏效了。"如果当时是另一种反应，它可能已经被干掉了。"

瑞克承认，我们也许不会想到狼有着长期的社交策略，"但如果你真的日复一日、年复一年地观察它们，那么最好的解释就是它们可能有某种策略，有时候确实如此。并且这些策略的结果在某种程度上取决于个性。你真的不知道接下来会发生什么。"

突然间，在陡峭的河岸上，755与首领墩布尾巴打了个照面。它们的会面可以说是亲切而平静，没有攻击行为。但是帕弗为什么没有攻击？它得意识到，755正在和它的配偶碰面。

很难打消这种印象：755正在向房子的女主人问好，就像一个紧张的追求者正要带这家的女儿去约会一样。755和黑曜石似乎互相有好感，但保持着距离。我想它们先前已经见过。劳里将黑曜石称为个性小姐，但它还不到两岁，地位在章克申峰的母狼中属于最低的一级。

所以，黑曜石面对着一个冒险的选择：要么离开父母和兄弟姐妹，和一头孤独的、没有家庭也没有领地的公狼繁衍后代；要么留下来，留在狼群的底层，以辅佐父母为职责。关键词还是“生存”。

让我感到惊讶的是，755 和黑曜石只碰了个头就分开了。这个过程太快了。两位首领立即表态，光是它们的出现就好像给 755 指出了门口的位置。帕弗和墩布尾巴似乎希望将狼群保持在某种控制下，它们不愿意失去一名成员。

755 转过身，走进了白雪覆盖的蒿草的迷宫中。我想知道它的感受，我知道这不会是故事的结局。

求生的意志

3月末,狼群之间的明争暗斗仍在上演。在3月的第三周的一个早晨,气温只有零下17华氏度,没有一点儿春天的气息。道格·麦克劳克林见到一大群狼追逐着820。岩柱家族的大块头公狼和820霸道的姐姐都在其中,还有花蝴蝶。形势不像先前那么惨烈,却更加残酷,和解完全不在它们的考虑范围内。820试图跟上狼群,但它们再一次抛弃了它。

第二天,我们看到820朝西走去,在陶尔章克申峰(Tower Junction)那里,吃着章克申峰家族杀死的一头猎物的尸体,这非常冒险。820先前从未来过这里,它似乎在追踪自己父亲的气味,而它父亲已经去了狱吼溪。

拉马尔家族朝反方向走去,向西走出了公园,去往岩柱家族来的地方,走进了那片陌生而危险重重的土地,怀俄明州。

3月的最后一周,820的信号仍然时不时从公园西部传出。755仍然徘徊在章克申峰周边区域,花费大量的时间向黑曜石求爱,同时躲避着帕弗。与此同时,帕弗似乎满足于狩猎。大家都说它不爱争斗,确实如此。

4月初,几百头马鹿开始回到公园。令人困惑的是,755一直在和一头新来的陌生母狼在一起,这似乎让它恢复了一点儿年轻活力。它们在一处白雪覆盖的山坡上玩耍,从山上一直滑下来。然后,母狼爬到了755

身上——尽管现在并不是繁殖季节。劳里说:“不管它是谁,它可真活泼。”

与此同时,820 遇到了姐姐小灰,还有一头新来的公狼,大块头,灰色毛皮。小灰先前在同胞姐妹的暴政下忍气吞声地活着,从未对 820 表现出敌意。它身边原本跟着一个黑色毛皮的姐妹,但当这个姐妹欺负 820 的时候,它将其打倒在地,俯视着对方。小灰是否将自己当成了新的头狼?拉马尔家族将来会团聚吗?

这对 820 有好处。但是,理智不能完全掌控决策,狼和人都是如此。也可能是因为这个黑毛的姐妹不愿意。总之没过多久,820 再一次离开了。

它独自朝西走去,一连走出了几里地。在狱吼溪附近,820 找到了父亲和它的新伴侣。这头新来的母狼可能将 820 当成了竞争对手。第二天,820 消失了。

这个家族为什么无法和睦相处?它们本来做到了,直到猎人拆散了它们。

在沼泽溪,一群马鹿如同风向标一般面对着 7 头正在穿过一处低谷的狼。拉马尔家族回来了。岩柱家族体形较大的那头公狼,大灰,加快了脚步。一头两岁的黑色母狼开始跑向相反的方向。接下来,一头落单的马鹿拼命跑过平地,朝溪边跑去。在马鹿身后,一个黑色的身影紧追不舍,渐渐拉近距离。这是一段很长的狩猎。黑狼咬住了马鹿的跗关节,被带得上下跳动,如同风中的树叶。马鹿刚跑到西边,其他的狼就包围过来。几头全身湿透的狼完成了它们的任务。

出乎意料地,小灰突然出现了。它看起来好像怀孕了,并受到了拉马尔家族中所有狼的热情问候。它那大块头的新伴侣去哪儿了?发生了什么? 6 个月前,拉马尔还是一个团结的大家族。现在,这个部落正处在持续的动荡中。

4 月 18 日，零下 5 华氏度，寒风凛冽。冬天似乎已经紧紧咬住了黄石公园的喉咙。不过，听到了体内生物钟的召唤，灰熊妈妈已经带着新生的小熊，走出了冬眠的洞穴，四处抛头露面。叉角羚也回到了拉马尔山谷。

拉马尔家族放慢了脚步，看着一头年幼的野牛。这看起来很轻松，但野牛也有自己的生死观，并且与大多数人一样，它们更喜欢活着。一小群成年野牛追赶着狼，轻松赶走了它们。道格告诉我，有时候野牛甚至举行“葬礼”，包括集体探访一头倒下的同伴，这与大象的习惯相似。我从来不知道这点。

与此同时，劳里想给帕弗换一个名字，叫它“猎手”。考虑到打猎本来就是狼做的事情，我不觉得这个名字对狼来说有什么特别。那么，我让劳里告诉你，她刚刚看到它做了什么：

“帕弗分开了一群马鹿，然后开始追赶，它选了一头一岁大的健康小鹿。小鹿体重足有帕弗的两倍，跑起来跟火箭似的。但是帕弗加大马力，缩小了差距。它先是咬住了小鹿的喉咙，然后是腿，但两头成年母鹿跑过来进行防御，其中一头好像踩到了帕弗。这让那头小鹿逃脱了，和狼拉开了很长一段距离。到这个时候，小鹿应该已经成功逃脱了。但帕弗竟然兜了一个大圈，绕过其他的马鹿，跟着它先前袭击过的那头小鹿。它再次加速，很快就追上了那头飞奔的小鹿。帕弗扑上去，紧紧咬住了小鹿的喉咙，但小鹿很强壮，速度完全没有慢下来。帕弗就用身体拦住它，然后猛地一扭，把小鹿绊了个跟头。帕弗的狼群跟上来，大吃大喝。帕弗体形不大，得过一次严重的疥癣，勉强活了下来，它的名字就这么来的[1]。在那之后，它变成了一个心狠手辣、效率惊人的猎手。”

---

① 帕弗的名字“puff“在英语中指“一口气”。

5月，755和820的信号轮流从埃弗茨山（Mount Everts）传出，在公园的西北方边界附近。父女俩似乎已经团聚了。但它们似乎并没有生活在一起，很可能是因为820无法和父亲的新伴侣和睦相处。820向北走去，离开了公园。

与此同时，拉马尔家族的小灰在德鲁伊峰家族的旧窝里生下了小狼。没有人见到过那些小狼，但小灰显然在养育它们，小灰的配偶和黑毛的姐妹也在将大量的食物运往狼窝。拉马尔家族的其余成员再次朝东走出了公园，进入怀俄明州，那里是岩柱家族的公狼原先生活的地方。

有人竟然无耻地在脸书上说："把小灰做成毯子一定很不错。"这样的嘲讽表明，射杀狼不仅是狩猎行为，也是出于某些人制造痛苦的渴望，不仅是针对狼，也针对与他们不同的其他人。

到了7月，820基本上在公园外安定下来，在蒙大拿州的贾丁村附近。820一直生活在人类身边，一辈子无数次穿过马路。对于像它那样的狼，在贾丁村太容易发生误会了。

"《比林斯公报》(*The Billings Gazette*)，8月26日

一小时前更新——周六，一头戴着项圈的年轻的灰色母狼被一名贾丁村村民射杀，它先前曾接近多家房屋 ……被射杀的时候，它正在吃一只鸡。"

我自己也吃过不少鸡，因此我不禁停下来思考吃鸡为什么会导致送命。文章中写道：

"去年秋天，在怀俄明州的狩猎季，拉马尔家族的其他两头狼被射杀，其中一头是狼群中的主雌。去年，周边各州的猎人总计打死了12头狼，它们都曾经生活在黄石公园边境之内。这12头狼中有6头戴着项圈。"

820的悲歌就这样结束了。少年老成的它，如果生活在一个更美好

的世界，也许会成长起来，领导一个伟大的狼的家族。即使它的叔叔和声名显赫的母亲遭到杀害，它也从未真正明白，人是会谋杀的。

如果你喜欢狼，我就喜欢——这里有一个好消息。755 终于和黑曜石建立了稳定的关系。黑曜石曾是章克申峰家族中地位最低的一头狼。由于处在劣势，它似乎值得被挖角。当它和 755 碰面的时候，它们互相扑到对方身上，快乐地摇着尾巴。尽管发生了这么多死亡和悲剧，它们每天的碰面仪式中仍然存在着某种真正的救赎的力量。它们对彼此的肯定足以支撑它们渡过难关。我们都能感觉到。

尽管去年秋天，厄运降临到它和它的家族头上，它的生命也仿佛走到了尽头，755 还是活下来了。在它失去配偶、兄弟、狼群和领地的两年后，我完成了这本书。杀青那天，我打开了劳里·莱曼的黄石公园报告网站[①]。它在那儿。755，仍然活着，活得好好的。它已经证明自己是一个生还者，战胜了一切无常。我想起了道格斩钉截铁地说过的一句话，他告诉我："狼很顽强，非常顽强。"

① https://www.yellowstonereports.com

被驯化的家伙

在狼的性格、能力和社会动态中，我仿佛看见了那些有机会成长起来、掌控自己生命的独立自主的狗。它们有自己的家庭，自己的社会秩序、政治和雄心壮志；它们自主决定，独立谋生。它们是自己生命的舵手，尽管有时对同类残忍而凶暴，但往往是友好、忠诚和可靠的。它们知道要保护谁，要攻击谁。它们是自己的主人，自己最好的朋友。它们没有牵引绳，也没有狗食盆。它们拥有自由，而自由也伴随着风险。狼拥有充分的自由，也常常遇到风险。它们总是小心行事。

狼与狗之间有诸多相似之处，因为所有的狗都是被驯化的狼。我们在狗身上看到的交流方式，比如压低身子发出玩耍的邀请，躺下来并把尾巴夹在两腿中间的示弱行为，以及忠诚的流露，这些实际上都是狼的行为，在被驯化后生活在我们身边的狼身上保留了下来。

在继续讲述之前，需要重点说明一点："驯化"指通过选育，使其在基因上与野生的祖先产生区别。可以这样想：动物园圈养野生动物，而农场饲养被驯化的动物；植物园种植野生植物，而农场种植被驯化的植物。"驯化"并不意味着驯服。一头在圈养条件下出生并接受人工喂养的狼，哪怕极其驯服，也是一头被圈养的狼，它没有被驯化。还有宠物鹦鹉，即使是人工繁育的，它们也没有被驯化。

驯化意味着人类有意识地创造大自然中不存在的动植物品种或品系，这一般是通过选育完成的，但是现在技术人员也开始使用基因工程手段。农民、育种者和研究人员选择自己想要的特征，并进一步培养。他们用具备这些特征的个体进行繁育，得到许多不同品种的家养的鸡、牛、猪、鸽子，实验室里的大鼠、梗犬，人工饲养的三文鱼和农场种植的玉米、水稻、小麦等。与它们那些自然演化出来的野生的祖先相比，这些动植物的基因都发生了变化。

而狗是驯化中一个十分有趣的案例。狗可能是唯一已经实现了自我驯化的生物，但也许并不是唯一一种。

总之，所有的狗都是从野生的灰狼驯化而来的。大约在 15 000 年前，它们的驯化过程只发生了几次，也许仅有一次。尽管不同品种之间千差万别，但所有的狗都是由狼驯化而来的。从外表看来，许多狗与狼大不相同，因此科学家最初认为狗与狼是不同的两个物种。于是，分类学家将家养的狗命名为家犬（*Canis familiaris*），将灰狼命名为狼（*Canis lupus*）。并且，不同品种的狗，比如灵缇、獒和腊肠犬，它们的基因显然各不相同。但是，对狗的 DNA 进行深入研究后，科学家发现它们尽管外表上差异很大，基因的差异却很小。你也许会对“物种”的定义提出质疑（很多人确实这么做），但从狼到家养的狗，基因只发生了极微小的变化。科学家甚至因此将狗的学名改回了狼，*Canis lupus*，以表明它们在被我们接纳之前曾经是谁，它们真正的身份是什么。现在，狗的学名是 *Canis lupus familiaris*，狼，但它的亚种名为 *familiaris*，家庭，表明它是我们的狼。

当学界刚刚认识到狗是狼的直系后裔时，有人猜想在石器时代，人类发现了狼的幼崽，就将其带回洞穴，作为最早的宠物。但据我们目前所知，狗的起源大致是这样的：狼在人类的营地和洞穴周围徘徊，搜寻被丢弃的骨头和宰杀动物时被扔掉的部分。比较大胆的狼走得近一些，得到了更多的食物。吃得更饱的狼能养育更多的小狼，它们也携带着那些让它们更加大胆而成功的基因。这些发生了细微变化的小狼在人类身边长大，与人发生了更多、更友好的互动。

这些狼具备对陌生人和掠食动物保持警惕的倾向，这一特点在当时很有价值。人类也许曾经用更多的碎肉欢迎这些守卫者，让它们在周围警戒。更多的碎肉又促进了对人类较友好的小狼的生存。

这持续了几个世纪。这些亲近人类的狼将人作为一种新的资源进行开发，人类的营地成了它们新的栖息地，最友善的狼得到的食物最多。最终，它们成了营地周围的常客，并开始将人类营地当成自己的领地加以保护,还开始跟随人类外出狩猎。这些友善的基因得到了进一步的增殖。

今天的研究人员认为，这就是狗最初的起源。通过率先表示友好，狼无意中使自己得到了人的驯化。

但是，这种最早的无意识的驯化过程不完全是单向的。因为得到了生存优势，狗发生了演化，对人更加亲近。而人类从狗那里得到了生存优势，我们也变得对狗更加友善。并且，随着我们对它们摇晃的尾巴产生了独特的情绪响应，它们也有一点驯化了我们。

狗能理解人发出的信息，例如指令，这连黑猩猩都做不到。（大象也能遵守人的指令。）狼也能根据人的指令找到隐藏的食物，即使它们没有受过这方面的训练。有时候，狼的表现甚至比家养的狗更好。毕竟，野生的狼必须对其他个体的意图高度敏感。狗能完全理解人的意图，所以如果你扔出一个球，然后转过身，狗就会将球叼到你面前。最重要的是，研究狼的学者表示，“驯化并非产生与人类近似的社会认知的先决条件”。

与人类近似的社会认知——请记住这一点。

与此同时，人类也变得非常亲近狗。但人类是否真的演化出了对狗的亲近感？笔者是这么想的：奶牛、鸡、兔子、山羊或猪能不能用自己的身体传达出某种信息，让你产生看到狗摇尾巴一般的感觉？当然，也有人不喜欢狗，他们可能更喜欢猫的呼噜声或者猪滑稽的外表，但很多人将狗视为家庭的一部分。人类的情绪能与狗的情绪达成更深入的匹配。对于大多数人而言，相比其他物种，狗更容易引发情绪的传染，换言之，他们能对狗产生更多的共情。

因此我认为，是的，在一定程度上，人和狗发生了共同演化。人类变得信赖狗，甚至也许有些依赖狗。狗是追踪和狩猎的同伴，是报警系统和全副武装的守卫，是人类儿童的保护者和玩伴。狗还能打扫房间，充当热水袋。人类为狗提供食物，而狗成了人类的私人保镖和向导，它也帮助我们保护了食物的安全。

一旦我们拥有了它们，它们也拥有了我们；我们无法离开它们。狗陪伴人们走遍了天涯海角。如果没有它们，狩猎民族也许就无法深入北极地区。在北极地区，狗成了交通工具和搬运工；在最艰苦的时候，狗成了食物。狗也去了澳大利亚（在那里，面对一片没有竞争者的新大陆，一些狗重新野化，成了澳洲野犬）。狗跨过白令海峡，来到美洲。在《夏月帝国》（*Empire of the Summer Moon*）一书中，S. C. 格温（S. C. Gwynne）描述了 1860 年一次军队袭击科曼切人营地的行动：“在打斗中，印第安营地里冲出十几条狗，袭击了白人士兵。这些狗受过训练，能够英勇地保护自己的印第安主人。几乎所有的狗都被子弹打死了。”这些狗的忠诚和身份意识让它们成了英勇的战士。几乎有人的地方就有狗。有一次，我到巴布亚新几内亚研究海龟，在那片原始的海滩上散布着仅有 20~80 个居民的小村落，村落之间相隔步行几小时的路程。但是，每个村庄周围都有几条半野生状态的狗在游荡，以食物残渣为生——正如它们的祖先数万年前的所作所为。

几千年过去，我们仍然在不断发现狗的潜能。边境牧羊犬如果听到不熟悉的词汇，会选择不熟悉的物品。如果要求它“把‘达克斯’拿过来”，狗似乎会作出这样的推论:“那边有一个球，但她要的不是球。‘达克斯’一定指的是我没见过的另一件东西。”科学家写道，这样的推理能力“先前只在人类儿童学习语言的过程中被观察到”。

不过，狗的感知能力也有一些缺陷。例如，非人大猿[①]擅长推理食物的隐藏位置，如果将一块板子平放在地上，另一块倾斜放置，它们会发现其中的差异，并据此推理出后者下面隐藏着什么东西。狗在这方面的能力很差（因为这依靠视觉信息，而狗擅长通过嗅觉进行搜寻）。渡鸦能够找出几条相互交错的绳子中哪一条会激发危险，灵长类也能轻而易举地完成这项任务，而狗做得很差（因为这也完全依靠视觉信息）。

但是，渡鸦可没法引导盲人穿过马路，也无法在你发病前发出警告。狗能够轻松而骄傲地完成这些任务。狼是社会动物，而人更是极其社会性的。狗之所以能依赖我们，是因为我们都具备足够的社会性，能够相互理解。不过，依赖人类也伴随着代价（我们都明白这点）。依赖意味着放弃自由、自给自足和一定的自主。如果在狗和狼面前放一个上锁的盒子，里面装着食物，狗几乎马上就停止了尝试，它抬头看看人，然后再看看盒子，来回转移视线，仿佛在说，“你能帮我吗？”而狼会不断尝试解决问题，直到实验停止。在解决实际问题和完成记忆任务方面，狼的表现要么和狗一样好，要么超过了狗。狗的社交技能继承自狼，但它们对人

① 大猿是人科（Hominidae）的统称，包含4个属，即猩猩、黑猩猩、大猩猩和人。相对地，长臂猿科（Hylobatidae）被称为小猿。

的亲近是驯化的结果。

我们正处在一段独特的关系中的一个奇特的位置：狗驯化了自己。狗不仅驯化了自己，也驯化了人类。它们变得依赖我们，也让我们依赖它们。我们彼此变得更加相似。

在狗的驯化的早期阶段，狗身上发生变化的基因与人类身上发生变化的基因"高度重合"。这其中包括与淀粉的消化和代谢相关的基因（因为人和狗从猎手变成了从事农业的杂食动物），还有影响某些神经调控过程和癌症的基因，以及对膳食胆固醇的运输起到关键作用的基因。

狗的友好来自于它那被基因改变的大脑化学环境。我们也是如此。在狗和人身上，越来越拥挤的居住条件对血清素系统造成了压力，降低了攻击性。康奈尔大学的亚当•博伊科（Adam Boyko）说："人类不得不让自己更加驯服，你必须容忍其他同类的出现，这种情况与狗相似。"血清素是一种关键的神经递质，而在狗和人类身上，相同的基因控制了一种运输血清素的蛋白。如果这个基因发生突变，会导致攻击行为和抑郁、强迫症和自闭症等疾病。令人惊讶的是，狗和人具有几种相同的强迫症，并能对同样的抗抑郁药物作出相似的反应，例如5-羟色胺（即血清素）再摄取抑制剂。我一直很好奇，为什么野生动物似乎从来不会出现精神疾病或情绪障碍（被人类逼疯的大象或许是个例外）。目前看来，这些问题似乎是伴随高人口密度出现的。我们能从狗身上了解人类的行为障碍，对此，研究血清素的科学家总结说："我们最好的动物朋友或许提供了最了不起的系统，以加深我们对人类演化和疾病的理解。"

看起来，狼就像我们的狗一样，曾以某种独特而值得称道的方式进入了人类的对话。并且不可思议的是，我们都能很好地理解对方。

但是，狗的样子是如何变得不那么像狼，而更加像狗的？这也是自然发生的。实际上，携带着友好基因的动物外貌也发生了变化——没有人能够预见这点，事实上也确实没有人提出这样的预言。控制外貌特征的基因“偷渡客”与能够促进与人友好接触的基因登上了同一条船。在《物种起源》的第一章，达尔文讨论了家养动物的选育，并指出：“如果让一个人进行选择……他几乎一定会无意识地改变其他的结构，产生神秘的规律。”奇怪的是，不仅仅是狗，在许多哺乳动物身上，同一批基因不仅产生了能够减少恐惧和攻击行为、使其更友善的激素，还会制造出耷拉的耳朵、蜷曲的尾巴、斑块花纹、较短的脸和较圆的头部。

尽管达尔文并不明白这是为什么（当时基因还未被发现），但他确实观察到，“所有的家养动物，在它的整个分布范围内，都有耷拉的耳朵。”如今，没有任何一种野生动物的成体的耳朵是耷拉下来的。但我们不就喜欢耷拉的耳朵吗？狗身上一些惹人喜爱、让人感到亲近的特征，恰好就伴随着基因中的友善的倾向，这纯属巧合。从我们对耷拉的耳朵的情感响应看来，我们自己对狗的友善确实是随着狗对我们的友善共同演化而来的，因此面对看起来最友善的动物时，我们体验了积极的情感响应。它们确实是最友善的。还有，正如我先前所说的，我们为什么会对狗摇尾巴作出即时响应？人类和狗似乎在更深的基因层面上学会了爱对方。确实会有这样的感觉。

但是，我们如何确定友善的性格、耷拉的耳朵和蜷曲的尾巴在基因上存在着关联？我们以著名的俄罗斯银狐为例来解释这一点。1959 年，西伯利亚的科学家展开了一项长达 10 年的实验，以研究行为的基因基础。为了研究友善是否存在基因的基础，他们建立了两个人工饲养的银狐种群。一个种群自然繁育，而在另一个种群中，只有攻击性较弱、更加大胆、对人类更友善的狐狸被允许繁育。研究人员只关心攻击性，不在乎外表，但他们得到了一些意外收获。

实验的进展事实上比预期要快，几代之后，实验组银狐变得更加友善了（这并不是圈养导致的，几十年后，自然繁育的银狐的外观和行为仍然与野生狐狸相同）。但是，真正让科学家和其他人感到惊讶的是，经过一代代的繁育，更友善的狐狸外观也发生了变化。研究人员得到的银狐有着耷拉的耳朵、不同花色的带斑纹的毛皮、弯曲而不停摆动的尾巴、较短的腿、较小的头部和大脑，以及较短的脸和较小的牙齿。而且，除了古怪的花纹之外，其中一些还表现出古怪的性癖好，例如在非繁殖季节进行交配和发生非繁殖性性行为（记住这点）。较友善的银狐成年后仍然表现出亚成体的行为，例如表示服从，发出呜咽的叫声和尖利的吠叫。换言之，这些银狐变得更加像狗了。

在实验组银狐身上，科学家发现它们血液中多种与恐惧和争斗相关的激素水平出现了下降（包括糖皮质激素、促肾上腺皮质激素，以及面对压力的肾上腺素响应）。他们还发现，大脑中负责调控情绪和防御反应的区域中的化学活动发生了变化（这些变化会影响血清素、去甲肾上腺素和多巴胺递质系统）。毫无意外，天生更加友善的银狐的大脑化学活动与对人表现出恐惧和攻击性的狐狸有所不同。它们本该如此，因为大脑中的化学物质决定了行为倾向。

总而言之，能够导致不可见的大脑变化、产生更友善行为的基因也导致了狐狸外表的明显变化。科学家并不关心狐狸的外表，只针对友善行为进行筛选。外表的改变搭了顺风车，与友善的基因纠缠在一起。

一些研究人员将伴随着友善的基因出现的一系列特征称为“驯化综合征”（domestication syndrome）。那些被筛选的 DNA 会引发一些相互联系的结果，例如，同一种激素既能够影响情绪，也有可能影响毛皮的颜色，如多巴胺。

研究人员和农民曾以为他们仅针对温顺的性格进行了筛选，但他们实际上选出了与亚成体相似的成体，选出了永远长不大的幼崽。在牛、猪、山羊和兔子身上也能看到，它们在变得温顺的同时也出现了相似的外貌变化。人类选育者说："不要咬人"，而基因组所听见的是："永远不要长大"。因此，相比"驯化综合征"，"彼得·潘综合征"这个名字或许更为贴切。

一些狼似乎已经自我驯化成了狗。在这个过程中，它们也驯化了我们。这一切都不是出于预先计划，而是就这么发生了。这说明：无论什么物种，只要阻止有攻击性的个体进行繁育，你最后就会得到一群更像青少年的成体。

在牵引绳的两端

让我们再大胆一点，我们要从狗谈到猿了。

不需要经过训练，黑猩猩就能进行合作，一起拉动绳子，把一箱沉重的食物拉到面前，但它们极少这么做。它们有一个问题，就是：它们可能会成为自己最糟糕的敌人。要让黑猩猩合作拉绳子，需要满足3个条件：①食物能够被分享；②合作伙伴之间无法相互接触；③合作伙伴相互之间曾经分享食物。如果达不到这些标准，黑猩猩就不会合作。低等级黑猩猩不会去冒被高等级者攻击的风险，而高等级的黑猩猩似乎无法控制自己攻击获得食物的低等级个体的冲动，哪怕只有通过合作才能获得食物。即使在合作实际上对它们更有利的情况下，它们也无法合作。“友好一点，大家都有得吃”，这个要求对黑猩猩来说太高了。

黑猩猩缺乏狗身上那些与人相似的技能，因为它们缺乏狗那些与人相似的合作倾向。我们知道狗从狼身上继承了这些。但是，人类的“人性”又是从哪里获得的？

一些研究人员认为，早期人类先演化出了亲和、友善的性情，然后才发展出交流和合作行为，并从中获得极大利益。

好吧，如果亲和、友善的人性能带来这么大的好处，为什么黑猩猩没有演化出这种性情？一些黑猩猩似乎确实做到了。在研究人类的时候，这点颇有建设性。你有没有想过，为什么黑猩猩通常如此粗野，而倭黑猩猩对同类如此友好，并热衷于性？答案可能是自我驯化。倭黑猩猩也许就像狗一样，完成了自我驯化。而更加不可思议的是，它们的自我驯化完全与人类无关。倭黑猩猩出现于大约一百万年前，在刚果河形成之后，河流南部的一群黑猩猩被隔绝开来。不知为何，倭黑猩猩身上发生了很多变化。

随着黑猩猩达到成年，它们变得不那么贪玩，并极其不愿意分享。而倭黑猩猩就像始终没有长大的黑猩猩。成年倭黑猩猩一起玩耍的方式就像青少年黑猩猩玩耍的方式一样。倭黑猩猩以花样百出的非繁殖性性行为著称。这种“性福”极大缓解了压力，促进了食物共享、合作和部落之间的友好会面。黑猩猩无法克服自己的攻击性、合作拉动绳子、获得装满食物的箱子，而在同样的场景中，倭黑猩猩先是来一段“前戏”，然后就像幼崽一样愉快地分享食物。研究人员指出：“成年倭黑猩猩的行为就像青少年黑猩猩一样。”与好战、贪婪而斤斤计较的黑猩猩表亲相比，倭黑猩猩就像一起玩耍、乐于合作的孩子——这就是重点所在。

黑猩猩部落之间的会面往往是紧张的，有时候甚至会爆发战争。如果雄性黑猩猩脱离了自身群体，单独遭遇其他群体的话，这样的会面甚至足以致命。雄性有时候还会杀死其他群体的幼崽。相比之下，遇到陌生部落的倭黑猩猩往往只是撤回自己的领地。但有时候，不同的倭黑猩猩部落会混在一起，相互调情，纵情嬉戏；它们把这次机会当成一次社交访问，相互整饰毛发，一起玩耍。如果机会合适，它们还会展开一次群体性交——这以黑猩猩的标准看来是不可想象的。

黑猩猩善妒，野心勃勃，对群体内部成员也常常充满攻击性。黑猩猩部落是雄性主导的。雄性黑猩猩之间会形成联盟对抗其他雄性，而高等级主要意味着独占能够繁殖的雌性（这导致群体中出生的幼崽大多数都是高等级雄性的后代，这是它们攻击性强、热衷权力的性格的主要优势）。而倭黑猩猩部落的首领都是雌性，没有雄性。雌性相互结盟，维护和平,并使雄性处于较低的社会地位。雌性权威阻碍了雄性攻击性的发展。

雄性倭黑猩猩一生中最重要的社会联系来自它的母亲（就像虎鲸一样）。倭黑猩猩之间极少发生冲突，小矛盾也通常能通过多种多样的性交得到解决。雌性自主选择配偶和交配时间，而且它们不怎么挑剔。雌性倭黑猩猩更喜欢面对面的性交，并且通常主动发起性交——而高傲的雌性黑猩猩从不这么做。倭黑猩猩可以说是三性恋：它们会和任何个体尝试任何方式的性行为。分享意味着关心。倭黑猩猩群体中的许多雄性都能拥有数量相近的后代。

倭黑猩猩的黑猩猩祖先当年被隔绝在刚果河南部的时候，是否只有一个小部落，并且其中大多是雌性？尽管如此，雌性的主导和领导地位是怎么制度化的？这些仍然是未解之谜。

就像所有动物一样，倭黑猩猩的性格特征与大脑有关。与黑猩猩相比，倭黑猩猩在参与感知其他个体的焦虑的脑区中有更多的灰质。在控制攻击冲动、抑制伤害其他个体的行为方面,倭黑猩猩有更大的神经通路。这些结构能限制它们的压力水平，化解紧张局面，降低焦虑水平，而这一切又为性和玩耍打开了方便之门。

即使在成年个体身上，倭黑猩猩的大脑激素和血液化学成分也体现出青少年的典型特征，例如它们的血清素水平更高，这能抑制攻击倾向，降低压力激素水平。这些化学特征导致了青少年的行为特征，例如贪玩、友善和信任。内在的基因改变引发了一系列行为、生理和外貌特征的变化。例如，与黑猩猩相比，倭黑猩猩在生理、心理和社会行为上发育成熟的速度都更加缓慢，学习技能的时候则更慢。同样的基因还导致了更接近青少年的外形特征。一头成年倭黑猩猩的头骨看起来与青少年黑猩猩的头骨相似。更重要的是，成年倭黑猩猩的头骨也与青少年倭黑猩猩的头骨相似。它们头部的形状和大小都更接近青少年，并且拥有较小的犬齿（倭黑猩猩的犬齿比雄性黑猩猩的犬齿小 20%）。与黑猩猩相比，倭黑猩猩有着较小的下颌和较扁平的脸。雌性黑猩猩达到性成熟后大阴唇会消失，而倭黑猩猩和人类成年后仍然拥有大阴唇。与黑猩猩相比，雌性倭黑猩猩的阴蒂和外生殖器的位置更靠前，这解释了它们为何更喜欢传教士体位。倭黑猩猩还失去了嘴唇上的色素，它们有着迷人的粉红色嘴唇。

倭黑猩猩完成自我驯化的原因和过程仍然不甚明朗，但存在一种模糊的可能，就是它们曾经无意中来到了某个食物充足的伊甸园。这么说可能有点夸张，但食物充足可能就是引发差异的原因。与倭黑猩猩相比，成年黑猩猩能记住的食物隐藏地点要多得多，这表明黑猩猩的食物资源可能更稀缺，因此它们需要进行更多的搜寻，需要更多的技能和精力才能找到食物。事实上，倭黑猩猩觅食的时间更短，觅食范围也更小。倭黑猩猩生活的区域中没有大猩猩。所以，即使大猩猩和黑猩猩都爱吃的食物其实并不多，倭黑猩猩也会因为活动范围内没有大猩猩而获得更多的食物。黑猩猩之间的打斗可能会引发严重的伤亡。它们通常在相互保持一段距离的地方独自觅食，并且雌性花费大量的时间独处。相比之下，倭黑猩猩的食物资源更集中，足以让更多的个体一起进食。这样看来，倭黑猩猩必须面对更频繁、更密切的接触所带来的压力和摩擦。因此，它们必须发展出一种建立更加和平的关系的能力。倭黑猩猩不知怎么做到了，它们几乎完全消除了暴力。

灵长类动物学家理查德·沃汉姆（Richard Wrangham）将倭黑猩猩形容为“拥有通往和平之路的黑猩猩，它们减少了两性关系、雄性之间关系和群体关系中的暴力”。日本灵长类动物学家古市刚史（Takeshi Furuichi）是唯一一位对野生黑猩猩和倭黑猩猩都有研究的人，他总结说：“倭黑猩猩非常平和。每当我观察倭黑猩猩的时候，它们仿佛都在享受生活。”

“按照这种方式进行推理，”布莱恩•黑尔（Brian Hare）和迈克尔•托马塞罗（Michael Tomasello）小心翼翼地提出了一个猜想，“也许应该严肃考虑这一假设：现代人类社会演化开始的重要一步，就是某种自我驯化。”

为什么这么说？黑尔和托马塞罗提到了俄罗斯的银狐实验，在这个实验中只有友好的个体才能繁殖。他们推测，人类“要么杀死了那些攻击性过强或过于专横的个体，要么将他们放逐了。因此，就像被驯化的狗一样，针对更温和的性格进行的选择让我们的人类祖先进入了一个新的适应环境”，为演化出“现代人类的社会互动和交流行为”提供了条件。

好吧，杀死攻击性过强的个体听起来可不怎么友好。然而，这不就是民主和为人类自由与尊严而奋斗的整段历史吗？如今我们不正是让政府杀死和隔离攻击性过强的人，把他们关在监狱里吗？我们不是始终磕磕绊绊地寻求和平，寻找驯服自己的更好的方式，即使在无法言说的恐怖而黑暗的时期也从未间断这样的努力吗？自我驯化似乎确实是人类这个项目中的一部分。社会化的过程就叫作文明。

我一直认为人类似乎处在一种青少年的状态，并且我曾假设我们正走向成熟。如果自我驯化这个观点是对的，这就意味着我们确实处在一种青少年的状态，但正朝着越来越幼态的方向发展。

成人的青少年特征非常明显，甚至早在1926年，就有一位科学家进行了如下总结：“如果要将我的基本观点总结成简短有力的一句话，我会说，人类，从身体发育的角度而言，不过是一个达到了性成熟的灵长类胎儿。”

实验中的银狐，家庭里饲养的狗，还有野生的倭黑猩猩都表明，伴随着基因中友善的倾向而来的还有其他未经选择的意外改变，编码在同一组 DNA 中。事实上，在所有被驯化的动物身上，伴随着更加驯服的、人为塑造的生活出现的还有其他一系列特征。与野生的祖先相比，在经过许多代的驯化之后，大多数哺乳动物（牛、猪、羊，甚至还有豚鼠）的体形都变小了，骨骼也变得更加细小。尤其是头骨，颅骨变得更小，大脑也随之变小了；口鼻部变短，导致脸变得更加扁平；雄性和雌性之间的体形差异缩小。它们的毛色和纹理变得更多样化，皮肤和肌肉储存脂肪的能力增加。它们活动减少，更加顺从。它们的繁殖季节延长，这带来了求偶行为、性模仿、非繁殖性性行为、多胎分娩和泌乳的增加。青少年的行为特征一直保持到成年，包括玩耍和雄性攻击性减弱。

与未驯化的狼相比，驯化之后的狗大脑相对身体的大小降低了大约30%。猪和雪貂也差不多；鼬科动物的这一数据大约是 20%，马大约是15%。被驯化的动物野化之后，大脑大小不会恢复驯化前的水平，说明这一变化确实是基因导致的。与野生的祖先相比，被驯化的豚鼠攻击性减弱，对性更感兴趣，并且对周围的环境更不关心。基因的变化改变了内分泌系统，导致被驯化的动物身上出现了这些改变。

在晚更新世，一些人类种群身上也发生了许多相似的形体特征变化。到人类化石记录里去看看吧。尽管我们倾向于认为文明让人类体型增大，早期人类实际上缩水了。到大约 18 000 年前，欧洲人的身高减少了足有10 厘米，这种趋势一直持续到进入农业社会。气候变暖或许可以被排除在原因之外。人类是一个独特的例外，在演化的时间尺度上，随着气候变暖，人的身高反而增加了，因为对人类来说，修长的四肢增强了散热能力。因此，是其他方面的变化导致了人类变矮。（在最近 200 年中，健康和营养方面的进步让欧洲人的身高终于再一次达到了旧石器时代祖先的水平。）

人类慢慢演化出我们现在的外貌，其他的变化也随之而来。美国人类学家奥斯布约恩・皮尔森（Osbjorn Pearson）说，与尼安德特人相比，13 万年前那批最早的现代人类“面部要小得多”。在更新世末期，一些人类部落和他们的动物的体型和身高开始逐渐同步缩小，并且面部和下颌变小，牙齿变得更小而密集。皮尔森表示，我们的面部和牙齿的缩小是在走向定居生活的漫长过程中开始的。

至于人类的大脑与体型的相对大小是否降低了，专家们对此仍有争议。但是无论如何，我们的大脑确实比尼安德特人要小。例如，澳大利亚定居民族和游牧民族中的男性，头骨容积从更新世到现在的全新世降低了 9%。大约 12 000 年前，几乎所有的人类身上都发生了这样的改变。我们现代人的大脑体积大约是 1350 立方厘米，比尼安德特人的 1500 立方厘米减少了大约 10%。农业出现之后，这些形体变化普遍加快了速度。

早期的驯化动物得到了庇护所和被农业改造了的食谱，并且以行动受限为代价，获得了不受捕食者侵犯的保护。这一切减少了动物的感官需求，促进了进一步的驯化。而当被驯化的动物安定下来，就接受了活动和刺激较少的生活，人类也是如此。随着人类为家畜提供了更安全稳定的生活条件，他们自己也获得了这些条件。这样的约束是双向的。通过迁出大自然，在农场上定居，我们真正变成了一种农场动物。加州理工学院的脑科学家约翰・奥尔曼（John Allman）说，通过农业和其他降低日常生存风险的方式，人类驯化了自己。如今我们依靠其他人来获得食物和居所，从这个角度看来，我们与哈巴狗多么相似。

被驯化的动物不需要依靠自己的智慧而生存，它们理应接受自己的命运，而不是傲慢自大。牛和山羊对周围环境警觉性很低，也没必要警惕。饲养它们的人类也不必这么做。考古学家科林·格罗弗斯（Colin Groves）写道:“人类对环境的警觉性降低了,这一过程与被驯化物种平行，并且出于完全相同的原因。”他解释说，驯化就像某种合作关系，在此过程中“合作双方都在一定程度上被它与另一方之间的联系所改变”。格罗弗斯说，安全让我们的感觉在一定程度上变得迟钝了，这解释了大脑变化导致人类“对环境的感知能力下降”。

我觉得这个结论很有意思。他用“环境”一词指代我们周围的整个环境，但我认为这其中包括了我们对自然世界的意识。爱默生很早就观察到:“老实说，只有极少数成人能看见自然。多数人看不见太阳。”①

我一直认为，人类与自然的疏远不过是一种习惯。显然，直到现在还存在着狩猎采集者的部落，与生命世界保持着紧密的联系。但是，如果我们已经被从伊甸园永久驱逐，人与自然的疏远已经根植在人类的天性中，那该怎么办？我们作为人的本性是否被自我驯化改造了？我们是否被自己驯化的动物驯化了？如果“驯化综合征”就是人的本性，那该如何是好？

罗宾逊·杰弗斯②写道：

> ……人类的基石
> 由震惊和悲痛造就……
> ……他们学会了宰杀野兽，屠杀同类，
> 以及仇恨世界。

---

① 出自爱默生《论自然》（*Nature*）第一章。

② 罗宾逊·杰弗斯（Robinson Jeffers，1887—1962），美国诗人，环境主义者。

• • •

总而言之：在走向文明和“驯化”的过程中，我们对自身带来的变化是否真正改变了我们的脂肪储存、性生活和多胎分娩频率，使我们感觉钝化、脸变得更扁平、牙齿更密集、性情更温顺，就像我们在其他被驯化的动物身上所看到的那样？

可以肯定的是，我们将自己视为后演化的、纯粹的文明动物，自以为能够免受自然选择的压力，完全掌控自己的命运，这一观点是错的。我们倾向于认为人类曾经发生了演化，随后停止演化并开始了文明，而事实远远不是这样。农业和多种文化的出现本身就对人类的生存环境带来了巨大的变化，极大地改变了选择压力。保持狩猎者的体型和力量的压力减少了，而合作行为、发展社交技能和压抑暴力冲动的压力增加了。身型矮小、骨骼较细的人类也许在狩猎猛犸象的艰苦时期不占优势，但所需热量更少的人类或许能更好地度过作物歉收的时期。达尔文提出了“自然选择”这个术语，是因为他需要将大自然的选择机制与人类饲养家畜时进行的人工选择区分开来。但是大自然实际上不是在选择，而是过滤。环境就像一个过滤器，而随着环境发生变化，它过滤的方式也在改变。重点在于，由于生存压力的不断变化，我们始终是一件半成品。

看看镜子里这个演化中的生物吧。在能像倭黑猩猩一样友好相处、普天同乐之前，我们还有很长的路要走。

有人说，没有两种生物之间比人和狼更为相似。如果你观察狼的时候不仅欣赏它们的美丽和适应能力，也看到它们的残暴，你几乎肯定会得出这样的结论。

我们自己也过着家庭生活，躲避如狼似虎的同类，控制内心的狼性，因此我们很容易在真实的狼身上看到它们的社会法则和对权力的追求。难怪美洲土著会将狼视为有灵性的同胞。

狼与人之间的相似之处令人惊叹。只有在少数几个物种当中，雄性会对雌性和年幼的个体提供全年候的直接照料。例如，大多数雄鸟只在繁殖季节会给雌鸟和幼鸟送去食物。鱼类和猴子中有少数几个物种，雄性会积极照顾后代，但只有在后代还小的时候才会这么做。雄性夜猴会携带和保护幼崽，但不会给它们喂食。雄性狐猴会抵抗捕食者，让雌性得以逃脱，但它们不会提供任何食物。

全年候提供食物，还将食物带给幼崽，且连续多年协助抚养后代直到其完全成熟，并且在其他个体威胁雌性和后代的安全时还能挺身而出，这样的雄性简直太稀少了。满足条件的差不多只有男人和公狼。并且，这两者当中，更忠诚可靠的那个并不是我们。公狼更加努力维系关系，协助抚养后代，并帮助雌性生存下去。

黑猩猩与人的亲缘关系要近得多，但雄性黑猩猩不会协助哺育幼崽，也不会把食物带回部落。狼和人类能更好地理解对方。这就是我们为什么邀请狼而非黑猩猩进入我们生活的一个原因。狼、狗与我们，毫无意外，我们找到了彼此，我们彼此相配，我们为彼此而生。

狼披着狗的外衣，堂而皇之地出现在已经忘记了它们的祖先是谁的人类面前，出现在我们的厨房里、地板上和沙发上，爬上我们的大腿和床铺，摇着尾巴；它们不仅登堂入室，还成了我们的工作伙伴和最好的朋友，改变了我们的家庭和内心。一种像狼这样凶狠的动物，竟然能自我驯化，成为最受人类宠爱的伙伴，这实际上没那么讽刺。它们也可以对我们作出同样的结论。狼凭借对群体内外生存智慧敏锐的理解，化身为狗，混迹于人类当中。狼知道该保护谁，该袭击谁，以及如何战斗至死。我们都有着敌我分明的观念，这一方面让我们互相理解，另一方面也让我们互相畏惧。因此，自从远古时代起，我们就为狼赋予了从守护者到神灵的种种意义。

看着野生的狼，你会发现这是一种与我们极其相似的生物，时而惹人喜爱，时而令人畏惧，让我们心生崇拜。你还会看到，我们的狗有多少性情和才能完全形成于野外，并在我们的家中得到了保留。

狗被划分为许多品种——想想大丹犬和吉娃娃之间的区别吧。而且，即使离着一段距离，狗似乎也能分辨出另一条狗和猫之间的不同，无论那条狗是什么品种。小孩子也能做到这一点。

瑞克•麦金泰尔常常对人们说，因为很多家庭都养狗，我们已经“熟悉了两者”。

“你说的是狼和狗，还是狼和人？”我问。

“都有。”他回答说。

“我的狗是真的爱我，还是只想吃点零食？”一位研究气候变化的教授最近向我提出了这个问题。我自己也常常这样问自己。简单的回答是：你的狗确实爱着你。这一部分是因为你的善良。如果你虐待狗，那么狗就会害怕你。但是它们仍然会爱你，出于责任或是需要，这与被困在虐待关系中的人没什么不同。但是，如果要直接回答这个问题的话，答案是：通过了解狗的大脑、大脑化学成分和驯化引发的变化，我们知道，是的，你的狗爱你。狗感知对人的爱的能力一部分来自狼与狼之间的爱，一部分来自它们被驯化的祖先所发生的基因改变。在狗身上，我们培养出了我们自己渴望拥有的特征：忠诚，勤奋，警觉，敢于保护，直觉敏锐，感性，深情，能够帮助有需要的人。这些感情，无论如何产生，对它们而言都是真实的。你的狗真的爱你，正如已被驯化的你在大脑深处被激活的古老区域中爱着你的狗一样。

就在蒙大拿州波兹曼市（Bozeman）郊区，克里斯·巴恩（Chris Bahn）和妻子玛丽-玛莎（Mary-Martha Bahn）经营着一家小旅馆，叫作狼嗥旅店（Howlers Inn）。在他们家旁边有一片4英亩[①]的土地，用篱笆围起来，里面饲养着几头需要庇护的人工繁育的狼。克里斯和玛丽-玛莎亲自照料这些狼，从它们3周大的时候开始用奶瓶喂养。它们是真正的狼，不是狼和狗的混血儿。当我开车靠近的时候，它们好奇地来到篱笆跟前，就像狗一样。

尽管我已经了解有着卷尾巴的友善的俄罗斯银狐，读过了友善的狼驯化了自己的理论，并且这两者都极其合理，但是当我第一次看到一个人和驯服却未被驯化的狼互动时，我仍然感到手足无措。

当克里斯进入围栏时，他穿着一套帆布连身裤，以免被有着又尖又长的爪子却极其热情的狼抓伤。而最让我感到惊讶的是，它们就像狗一样友善。它们摇着尾巴，快乐地围在克里斯身边。（我只能留在外面。）

克里斯跪在一大群狼中间，抬头看向我，说："狼非常善于表达，甚至比一些狗还要擅长。你总能知道狼在想什么，知道它们是开心、放松还是感到不适。"

6岁大的主雄凑上前来，热情要求克里斯抚摸它，然后躺下来露出肚皮。克里斯蹲下来照办了。其余的狼舔着克里斯的脸，就像在我家，我抚摸舒拉的肚皮的时候，裘德就喜欢这么舔着我的脸。我问克里斯他

① 1英亩=4046.86平方米。

自己是不是狼群秩序中的一分子，他说不是，他的角色不是统治者，而是照料者。

看着这些狼，我完全相信了：习惯于在人类的居所周围游荡的狼获得了双重公民的身份，许多个世纪之后，它们开始脱离自己的祖先，融入人类的社会。这应该是事业上的成功一步。

小象通常在树阴里休息，成年象在外围警戒。

在 25 岁的母亲佩图拉（后方抬起脚的大象）和它的表亲们的帮助下，新生的小象第一次站了起来。（Vicki Fishlock）

（除特别标注外，图片作者均为 Carl Safina）

一次严重的干旱之后，便是婴儿潮。小象会一连几年待在母亲身边，保持肢体接触。

水和泥浆让大象感到快乐。

大象通常会用象鼻伸进对方的嘴里以示问候，就像是握手、拥抱和亲吻的结合。

这头雌性（前方）交配后情绪高涨，颞腺流淌着液体。它回到家庭中，它的家庭激动地嗅它、抚慰它。

在肯尼亚的安博塞利国家公园里，乞力马扎罗山脚下，维姬·费什洛克在识别一头陌生的公象。

卡提托·塞耶拉尔能肉眼识别 900 头大象。

在肯尼亚的桑布鲁国家公园，大象研究之父、拯救大象组织创办者伊恩·道格拉斯–汉密尔顿（左）和本书作者卡尔·沙芬纳在一起。

菲洛的最后一张照片。4 天后，偷猎者杀死了它。（Ike Leonard）

拯救大象组织的大卫·达柏林。

普拉希达（左），30 岁，和提 – 杰伊在一起。提 – 杰伊 24 岁，是个大块头公象，性情温和。在这本书写作过程中，普拉希达分娩了。

43 岁的蒂姆。在象牙盗猎猖獗的时代，它那庞大的象牙可是个不利因素。

瑞克·麦金泰尔日复一日地观察黄石国家公园的狼，坚持了 15 年以上。

名叫 21 的超级狼，从未输掉任何一次战斗，从未杀死任何一个对手，因衰老而自然死亡，以自己的方式。（Mark Miller）

754（右上方）和 06，在离开黄石国家公园边界后被打死，尽管它们带着醒目的研究用项圈。（Doug McLaughlin）

被打败，被流放，曾经骄傲一时的、早熟的 820 被同胞们赶出了自己出生的家庭，迎来了自己生命的转折点。（Doug McLaughlin）

755，兄弟和配偶被杀死之后，他的生活被颠覆了。（Alan Olivier）

从望远镜中看到，拉马尔狼群中的两头狼正在吃一头驼鹿，身边围绕着喜鹊和“狼群之鸟”渡鸦。

狼嚎旅馆，克里斯·巴恩和他人工喂养的狼。

裘德（左下）、卡尔和舒拉。（Patricia Paladines）

肯·鲍尔科姆研究虎鲸40年了。

尾鳍高耸的是L–41，36岁，雄性。它左边是42岁的L–22，和L社群的另外两名成员，它们正穿过哈罗海峡。

过客鲸 T-20，大约 50 岁，它和同伴们刚刚吃掉了一头港海豹。

能够如此接近罗斯海的一头虎鲸，丹・马洪似乎很开心。虎鲸显然也分享了这种感觉。（Bob Pitman）

卢纳，迷路的小虎鲸，任何一个母亲都可以爱它、信任它。（Caterine Forbes）

L-86和女儿维多利亚，后者的死亡显然是由美国海军的实弹演习造成的，尽管海军予以否认。（Ken Balcomb）

这头患了致命疾病的座头鲸搁浅后的那个晚上，在 15 英里外的蒙托克，灯塔管理员听见了“极其悲痛的鲸鱼的歌声”，仿佛一个悲痛的母亲在寻找或哀悼失去的孩子。

几年后，出现在蒙塔克的一头座头鲸。

人类并非唯一一种彼此相爱的动物。照片从上到下分别是：黑背信天翁；一头小象用象鼻拥抱打盹的亲戚；永远的挚友裘德（左）和舒拉。

◉ 第三部分

牢骚与抱怨

我们目前的话题非常模糊，
但考虑到它的重要性，它必须
被加以讨论，并且
总该清楚地认识到我们的
无知。

——查尔斯·达尔文，《人与动物的情感》

问题在于规则很简单，
而动物并不简单。

——贝恩德·海因里希，《河狸沼泽的加拿大雁》

去它的“心智理论”

实验表明，狼一开始不能根据人类的手势找到隐藏的食物，而狗一般都能做到。但是，在进行实验的时候，狼和提供指示的人之间是用篱笆隔开的。而狗在实验中当然没有隔着篱笆，而且往往有它们最亲密的人类朋友在场。当实验人员终于改进场地之后，狼的表现就和狗一样好，而且它们没有经过训练。

实验能够成为研究行为的有力工具。但有时候，实验场景过于局限，过于人工，导致动物无法发挥出人们所要研究的能力，比如篱笆后的狼无法根据手势找到食物。现实中的行为和决策不一定能被塞进实验中。

任何一位曾观察过野生动物的生态学家在它们面前都会感到谦卑：它们应对世界的方式多么深刻而微妙，它们又多么容易逃出人类观察者的束缚，忙于自己的事情，以便让自己和后代存活下去。

另一方面，实验室研究似乎主要“测试”学术界提出的观念，比如“自我意识”，还有让我感到恼火的“心智理论”（theory of mind）。我不是说这些观念没用，它们确实有用，然而动物并不在乎学术界的分类和实验设置。它们才不关心行为分类中那些鸡毛蒜皮的争执，例如水獭用石头敲开蛤蜊的行为算不算使用工具，海鸥将蛤蜊扔到石头上是不是就不算使用工具。它们关心的是生存。而且，一些学者将概念拆分得实在太细，仿佛行为不过是羊肉串。因此，在这一章节中，我将对行为科学家创造的一些乱七八糟的概念进行调侃。至于羊肉串，上面的第一片肉就是“心智理论”。

“心智理论”（这个词可真古怪）是一个观点，它的具体表述取决于你询问的人。从事自闭症儿童相关工作的内奥米·安戈·齐格（Naomi Ango Chedd）告诉我，心智理论意为“了解其他个体可能有和你不一样的想法”。我喜欢这个定义，它可真有用。海豚研究者戴安娜•莱斯（Diana Reiss）认为，它是感知“我大致知道你在想什么”的能力。这就不一样了。还有人认为这是“了解其他人的想法”的能力，我觉得这很奇怪。“读心术”阵营发表的论文最多，也最得意忘形。意大利神经科学家、哲学家维多利奥·加雷西（Vittorio Gallese）甚至提出了“我们复杂的读心能力”。

我不知道你行不行（我想这就是我的重点所在），但我无法读出任何一个人的心。根据经验和肢体语言推测出信息，这差不多就是我们全部的能力了。如果一个看起来很危险的陌生人穿过马路朝我们走来，我们面临的最大的问题就是我们无法得知对方在想什么。如果“心智理论”的定义是理解其他人可能具备和你不同的想法，那么很好，这就对了。但是宣称人类具有“复杂的读心能力”，这简直是胡闹。所以我们才要问：“你好吗？”

“心智理论”诞生于1978年，由一群研究人员在研究黑猩猩后提出。对于什么内容对黑猩猩而言是恰当的或有意义的，他们极其缺乏人类的洞见。他们对黑猩猩播放人类演员面临困境的一系列录像，如试图去取够不着的香蕉、在录音机插头没有插上的情况下试图播放音乐、因为暖气坏了而不停发抖等。黑猩猩被认为应该选择一张代表问题解决方案的图片，例如“对暖气故障的情况，选择点燃的灯芯”，以证明它理解了人类的问题。不，研究人员可没有在开玩笑。如果黑猩猩没有选择正确的图片，他们就宣称黑猩猩没有理解录像中人类演员所遇到的问题，因此不具备“心智理论”。（现在，想象你是一只黑猩猩，被带进房间里。人们给你看了录像，录像中有一个人在暖气旁边发抖，并且没有人能够给你解释这个问题是什么，这个实验是什么，火的用途又是什么。而你被认为应该选择一根点燃的灯芯。对于这个问题，再想象你是托马斯·杰斐逊[①]，在录像中看到一个人试图用没有插上插头的留声机播放音乐。你完全不会明白自己在看什么。）在接下来的几十年中，经过了许多后续研究之后，这个领域的科学家终于认为，这些结果可能受到了实验设计的影响。科学继续前进。你好啊，科学。

到目前为止，一些科学家终于承认猿类和海豚科具备心智理论能力——一般而言，是理解其他个体可能具备与你不同的想法和动机的能力。少数科学家承认大象和鸦科鸟类具备这种能力。极少数人认为狗也可以。但是，许多科学家仍然坚持认为，心智理论是“人类所特有的”。即使在我写这本书的时候，科学记者凯瑟琳·哈蒙（Katherine Harmon）还写道：“在大多数动物身上，科学家仍然没有观察到半点这方面的证据。”

没有半点证据？这是盲视。看不见证据的人只是没有留意而已。弗朗斯·德·瓦尔（Frans de Waal）就留意到了。他说，一些动物园里的黑猩猩喜欢朝不设防的游客身上喷水，这样的恶作剧就体现了“一种复杂而似曾相识的内心活动”。

无论研究人员是否认为黑猩猩、狗和其他动物“具备心智理论”，这几乎无关紧要。重要的是：它们具备什么能力？怎样具备了这些能力？狗会做什么？它们的动机是什么？与其探讨狗或黑猩猩是否能够跟随人类

① 托马斯·杰斐逊（Thomas Jefferson，1743—1826），《美国独立宣言》主要起草人，美国开国元勋之一，后担任美国第三任总统，

的目光，我们还是谈谈它们如何引导其他个体的注意力吧。

人类理解人类的能力比理解狗的能力要强。海豚更善于理解海豚，黑猩猩更善于理解黑猩猩。我们根据陌生人的肢体语言判断他们是友好还是恶意，但我们的狗也能做到。其他的动物都是理解肢体语言的高手。这种能力生死攸关，但是它们没法提出问题。我们收养的浣熊马多克斯（我们用奶瓶喂养了它，但没有把它关起来，它是散养的）有时候会读出我的意图，甚至几乎就在我产生这个念头的瞬间，我不知道我给出了什么线索。比如，如果我决定停止让它在厨房里玩耍，要把它赶到户外，它会马上竖起毛发，开始发脾气。我常常开玩笑说我养了一只会读心术的浣熊。（一定是我看它的方式发生了什么变化，但它的直觉可真犀利。它的牙齿也一样。）

通过观察野生动物如何用自己的方式应对世界，你会发现它们丰富的心智能力。也许你可以先看看那位在你家里跑来跑去的同伴，它正用询问的目光看着你，等待你的回应。

早上，我在煮咖啡。因为天气很冷，我拉起纱帘，放下了防风窗。电话铃声响起，我去接电话。舒拉跟随着我的一举一动，望着我的眼睛，寻找一切与它互动的意图——也可能是去拿零食罐的意图。它不理解什么咖啡、纱帘或者电话。我们历史中的大多数人都不会理解我在做的任何事情，比如一个来自于1880年某个未与外界发生接触的部落的美洲土著，或是一个今天的狩猎采集者。我那疯狂的狗和疯马酋长[1]之间的区别，就是疯马酋长可以学会我在做的所有的事情（也许反之亦然）。但是，再

① 疯马酋长（拉科塔语：Tȟaš ú ŋke Witk ó；英语：Crazy Horse），19世纪北美洲原住民印第安人的一个民族苏族的酋长，曾英勇抵抗白人的入侵。

次强调，重点不在于狗是否与我们相似，而在于狗就是它们自己。而有趣的问题是：它们是什么样的？

我们的女儿亚历山德拉当时 20 岁，她看到我们的另一条狗裘德出现在纱门后面，示意它想进屋。通常，这两条狗要么都在外面，要么都在屋里，但是当裘德来到纱门跟前的时候，舒拉刚好在里面。亚历克斯[1]看到了全过程，她说："裘德呜咽着要进来，舒拉来到门前，看着裘德，仿佛在说'哈哈！'，就像它们开始玩耍之前舒拉捉弄裘德那样。然后，它把爪子放在门上，但动作很轻，就跟人开门的时候一样。它把门推开，然后转过身去继续啃先前在啃的那根骨头。它知道自己在干什么。在裘德进来的时候，它已经转过身去了。它只是起身去开了个门，仿佛在说，'好吧，让你进来'。这里面最有意思的，"亚历克斯强调，"就是它给裘德开了门，然后转过身去继续做自己的事情，就像我自己给裘德开门的时候一样。"

我们拿上外套，舒拉和裘德便兴奋起来。可以这么说：它们希望我们能带它们出去走走。我打开门，说："上车，"它们就跳上了汽车后座。

来到河边，我们将它们放出来。它们当然非常喜欢这样。一只天鹅看着它们跑过河岸，小心翼翼地迈进水里，在很容易够得着的地方游着。事实上，它只是逆着水流划水，留在原地，没有游走，甚至没有漂走，要么不想离开这个靠近河岸的地方，要么在嘲弄两条狗，要么感到了战与逃的冲突。但现在不是筑巢的季节，天鹅互相之间不会争夺领地。它似乎在嘲弄我的狗，但它为什么要这样做？我不知道它为什么会留在那里——但它自己一定知道。是因为它觉得这样做好玩吗？

舒拉正在权衡要不要朝天鹅游过去。你能看出它正在思考接下来该怎么办。它朝水深处走去，几乎要漂了起来，但它似乎明白了自己办不到。

① 亚历山德拉的昵称。

天鹅显然知道舒拉办不到，因为它正在离狗不远的地方盯着狗看，但一点儿也没有后退。两条狗马上意识到，这对它们来说一点儿也不好玩。它们拍打着水花跑上岸，在那里打闹起来。

天鹅刚才的表现表明，它知道自己需要避开狗，同时也理解狗在水中的运动会受到限制。它知道如何利用水保证自己的安全，并且离得很近，如果它们是在岸上，狗两下子就能跨过那段距离，也许还用不了半秒钟。天鹅证明了它具有心智理论，并表现出对媒介的娴熟运用。

在河岸走了一段路之后，舒拉跳进水里，不远处有几只绿头鸭正在游泳。它们也朝水深处游去，但没有飞走。再往下游走几百码，就是河流汇入长岛海湾的地方。河口处大约有一百码宽。在河中央，几百只潜鸭正在潜水捉贻贝，它们也对狗视而不见。但是，当 4 个人出现在远处的河岸上时，所有的鸭子都惊慌地飞了起来，它们逃离河流，朝长岛海湾飞去。随着它们飞过，河岸上的潜鸭和长尾鸭也陷入一片恐慌，纷纷飞向了长岛海湾。

为什么鸭子见到了它们长期的宿敌——狼（以被驯化后的形式）——之后只是游走，而当人类出现在更远处的河岸上时，它们却陷入了恐慌？因为鸭子理解狗的局限，并且明白人类能够隔着很远的距离进行杀戮，这就是其中原因。它们知道人类的大脑中可能有伤害的企图，并对死亡、袭击或更大的危险有一些概念。而且，它们在几百万年的演化过程中都没有见过枪，因此它们对狗和人的安全距离所作出的不同判断是最近习得的。它们是否具备心智理论？随着我们日渐意识到它们的行为和感觉之丰富，这个问题的吸引力就减小了。鸟儿在做什么，为什么这样做，这些问题才更有意思。

我们回到家，舒拉全身是沙子，沾满了咸味的水。我用毛巾给它擦干，它忍受着，但并不喜欢。而我一打开毛巾放走舒拉，裘德就钻进来，使劲摇着尾巴，胡乱朝空中咬着，就像披着毛巾扮演幽灵一样。裘德喜欢玩盲人捉迷藏，游戏规则是在它乱咬一气的时候抓住它的嘴。如果把毛巾取下来，它就停止了咬的动作，并且试图钻回毛巾里。但舒拉对这个游戏不感兴趣，也对玩游戏时傻乎乎的裘德不感兴趣。

随后，在我们房子周围的庭院里，两条狗互相追逐，这完全是不必要的玩耍。在围着棚子或小屋赛跑时，它们会互相做假动作。舒拉会试图原路折返，截住裘德，但裘德会停下来观察舒拉从哪一边过来。它们知道眼前的情况，并且它们似乎明白另一方正在试图欺骗。这也是“心智理论”。它们揣摩对方在想什么，并且它们都非常清楚地知道对方可能会做假动作，假装要从相反的方向过来。因为它们在玩，这其中既有聪明，又有心情的因素。（除非它们不过是两台无意识的机器，正通过感觉或知觉与对方互动。有些人仍然坚持认为“我们无法确定”，这就是我说的否认。）

一条狗如果从来没见过球，它就不会把球捡回来，放到人的脚边。但是先前玩过球的狗会来邀请人一起玩。它们能预见游戏的情形，计划一种开始游戏的方式，并找到一个它们认为知道规则的人类同伴一同执行计划。这也是心智理论。

当狗做出邀玩动作[①]时，这就是在对你发出邀请，并且它们认为你可能会加入。（邀玩动作不完全限于犬科动物，我们的浣熊马多克斯就经常用这种方式邀请玩耍。）狗和其他动物不会对树、椅子或其他无生命的物体做出邀玩动作。我们的小狗艾米曾对球做出邀玩动作，那是它第一次见到球的时候，我把球滚到它那边。但这种行为仅有一次。艾米原以为在地上自己滚过来的东西都应该是有生命的，但它很快意识到这个新玩

① 邀玩动作（play bow）被认为是狗和其他一些犬科动物发出玩耍邀请的信号，即压低上半身，翘起臀部，摇晃尾巴。

意虽然很不错，但是没有生命，无法做出有意识的回应，也没法和它一起玩。因此，艾米再也不用对球发出邀请，也不用考虑球的感受，可以无拘无束地咬球、丢球、扑球。

有一次，舒拉对一条真狗大小的混凝土做成的狗发出吠叫，但也只有一次。只要嗅一嗅，它就知道自己被外形欺骗了。狗，或者大象，通常用气味判断物体的真实性。一条喜欢追逐兔子的狗会漫不经心地嗅一嗅陶瓷兔子。它显然能通过外观认出兔子，但它很聪明，不会被赝品欺骗。对一条狗来说，如果什么东西看起来像鸭子，叫起来像鸭子，但闻起来不像鸭子，那么它就不是鸭子。

这些小故事揭示了狗在识别什么东西具备心智方面的卓越能力。这就是心智理论。你没法将正在游泳的天鹅和成群的潜鸭带进实验室。有时候，与其用各种精巧的装置和人为设置的条件，对脱离了生活环境的动物进行“测试”，不如只定义自己感兴趣的概念，然后观察野生环境中自由生活的动物，看看它们是否理解其他个体可能怀着不同的想法和动机，甚至能够欺骗其他个体？是的。这就发生在我们身边，一天 24 小时，一周 7 天，如此显而易见。但你必须睁大眼睛。在实验室里研究行为的心理学家和哲学家通常似乎不太明白知觉在现实世界中是如何发挥作用的。我希望他们能走出去，好好观察，玩得开心。

性、谎言与被羞辱的海鸟

我们的两条狗是春天从动物收容所接来的。它们在夏天长大，整个温暖的天气里，它们都能通过一扇被撑开的门自由出入。它们几乎从来不会要求我们放出去。在极少数情况下，门关上了，但它们想出去，就会站在门旁边。它们从来不会吠叫着要求人去开门。它们大约在每天晚上 10 点最后一次出门，然后回到卧室，趴在垫子上睡觉。它们会一直睡到晨光初现，然后活跃起来，把我们都叫醒。到了第一年的 10 月，有一天晚上，我们回家的时间比预想的要晚，喂它们的时间也晚了许多。由于作息被打乱了，它们凌晨 4 点就跳起来，跑到楼下门边。我意识到了它们的需求，因为其中一条狗叫了好几次。它们先前从未吠叫着要求出去，因为它们从来不必这么做。那么这次它们为什么会吠叫呢？它们显然知道我们在楼上睡觉，并发现楼下的门关着，它们需要引起我们的注意。因此，它们发出了一个信息，我们接收并理解了信息，这就是交流的定义。

当帕特里夏第一次单独开车把狗带往我们在雷希海岬（Lazy Point）的小屋时，当时我已经在那边住了几天。当她抵达的时候，舒拉看了看我的车，然后马上跑向车子寻找我。当时我去散步了，但舒拉激动地在房子里跑来跑去，查看每一个房间。在帕特里夏看来，舒拉想要找到我，向我问好。

你一般不知道你的狗在想什么——虽然有时候你能知道，但狗似乎总能明白你在想什么。如果你要出去散步或者钻进车里，它们都会知道；当你打算把一些剩菜给它们吃的时候，它们都会明白。没错，大多数时候我都不知道它们在想什么。但是，大多数时候我也不知道我的妻子是在想她有多么爱我，还是晚餐要吃什么。她可以告诉我，或者展示给我。爱与晚餐也会发生在我们的狗身上，但狗的口头表达能力有限。它们的展示能力更好一些。尽管如此，它们该有的想法还是会有的。并且，以我们有限的词汇和手势，我们深厚的感情与信任，我们足以共享彼此的生活。

裘德是我所认识的最可爱的狗之一，但它并不是最聪明的。我们把它叫作“诗人”，因为它看起来似乎总在做白日梦，总是一副心不在焉的样子。至少我是这么觉得。有一天，我带着它和舒拉到海滩上走走。在去海滩的半路上，它们嗅到了鹿的气味，然后消失在悬崖顶上的一片森林中。平时它们一般都会在 5 分钟内回来，但这一次，它们去了 20 分钟到 25 分钟，而我一直在呼唤它们。最后我爬上了悬崖。我喊啊，喊啊，却一无所获。随后，我看到裘德沿着海滩跑回来，朝着它们离开的时候我们要去的方向全速跑去。

这太奇怪了。平时舒拉总会跑在裘德前面，而且舒拉总会率先跑来找我。我喊了裘德，走下藤蔓盘虬的山坡，它马上停下脚步，朝我的方向跑过来。到了沙滩上，我给它系好了牵引绳。现在我担心起来：舒拉去哪儿了？我想到了种种糟糕的可能，比如它受伤了，比如它被误以为它走失了的人带走了（但它挂着姓名牌）；比如它被车撞了。又过了几分钟，舒拉还是没有出现。也许它回到车子那儿去了。裘德有两次就是这样做的，在我们短暂分离之后。我决定回到车子那里，大约半英里外，如果到时候还没有找到舒拉，我就把裘德带上车回家。

裘德却百般不愿意。它拒绝改变方向。很明显，它想继续朝我们原先的方向前进。这是因为它玩得太开心了吗？不太可能。一般来说，在达到这么大的活动量之后，它会留在我身边准备回家。它坚持要继续前进，这很奇怪。随后，在海滩上很远的地方，比我们以前走过的地方都要远，我看到舒拉艰难地跑着，走着之字形。我大大松了一口气。但是它正朝远离我们的方向跑去。我用尽力气大声喊它，挥舞着手臂，希望风能将我的声音送到它的耳朵里。

它听见了，立即转过身，看到了正在挥手的我，便奋力朝我们跑来。它肯定以为，当它们跑进树林的时候，我一直在沿着相同的方向往前走。实际上，当它们短暂离开的时候，我确实经常这么做。显然，它回到了海滩上，原以为会在那里找到我。但是，我看到它跑得很快，似乎想要追上我。裘德知道它在哪里吗？它是不是担心我会抛弃舒拉？我们无法确认，但从它的表现看来确实如此。是的，你这个可爱的小家伙，说的就是你呢（当我写下这段话的时候，它就躺在我的书桌旁）。相反，我认为狗始终明白自己在做什么，而我才是感到困惑的那个。

让我们暂停一下狗的故事，我要给你看看《科学》期刊上新闻栏目中的一篇文章，题为《狗不会读心术》（*Dogs Are No Mind Readers*）。好吧，谁会啊？这难道是个新闻吗？难道有哪个实验表明狗都是预言家吗？据说，这篇文章重点介绍了一个实验，“实验显示狗会继续信任不可靠的人，因此缺乏所谓的心智理论”。让我们忍住别去问伯纳德·麦道夫[①]的顾客，或者其他诈骗犯的受害者，他们是不是缺乏所谓的心智理论。作者的意思是，人类就从不信任不可靠的人？人们有时会采用一种奇怪的双重标准：我们先作出其他动物不如人类聪明的假设前提，然后要求动物们的表现达到更高的标准。并且，接下来你会看到，新闻报道所介绍的实验结

① 伯纳德·麦道夫（Bernard Madoff，1938— ），前纳斯达克主席，曾制造美国历史上金额最大的诈骗案。

论并不是实验真正的发现。

研究人员对 20 多条狗进行了测试。他们用了两个都散发着食物气味的桶，其中只有一个确实装有食物。一半人总是指着有食物的桶，另一半人总是指向空桶。在 5 轮实验中，每条狗都分别与两种类型的人进行了 100 次实验。说真话的人和说谎者在实验中是混合的。超过 90% 的时候，狗会遵守说真话的人的指示。在第一次和说谎者一起实验时，它们只有 80% 的时候会遵守说谎者的指示，并且花了两倍的时间才靠近说谎的人（14 秒，而靠近说真话的陌生人的时间是 6 秒）。它们的直觉似乎相当敏锐。随着实验次数的增加，狗逐渐对给出错误信息的人失去了信任，越来越少地走向说谎者所指的桶。在最后一轮测试中，狗几乎无视说谎者，直接随机进行选择。研究人员得出的结论就会和大多数理智的人一样："狗学会了对诚实者和欺骗者区别对待"。

但是，研究人员随后翻转了自己的结果，认为"狗停止相信人类，不是因为它们能用直觉判断人类在想什么，而仅仅是因为它们学会了将某些人类与食物奖赏的缺乏联系起来"。等等！在这个实验设置里，没有人能"用直觉判断"实验人员在想什么。实验人员仅仅展示了他们是否可信任，而狗学会了区分谁可信任，谁不可信任。（毕竟，这些狗先前从未遇到过说谎的人类。）但是，研究人员的意思是狗需要能够猜透人类的想法，以"证明"它们具备心智理论。我的天哪，这太荒谬了！

研究人员不知为什么没能看出来，狗实际上证明了它们具备所谓的心智理论。狗知道人类能够知道它们不知道的食物的位置，这就是心智理论；理解某些人类的指示并不可靠，这也是心智理论。问题不在于狗没有心智理论，而是人类常常忽视这一点。面对说谎者的时候，狗有 20% 的时候拒绝选择任何一个桶。简单来说，它们在一定程度上知道发生了什么事情，而人类在隐瞒它们。研究人员不知如何得出的结论，认为他们的实验“并未对狗能理解人类意图这一观点提供任何支持”。所以，我们还是试试另一个实验吧：无意中踩到你的狗，然后再故意踢它。你会看到狗显然理解你的意图。

一些实验对研究人员的特点体现得更多。如果研究人员无法用直觉判断动物的想法或观点，这就说明许多人类缺乏对其他动物的心智理论。不过，许多动物（如哺乳动物和鸟类）能够意识到，如果另一个动物正在看向它们，这就说明自己被对方发现了。它们还会意识到大家并非总是有着一致的利益。（除非是沙克尔顿[1]的狗，它们学会了绝对的信任，只知道忠诚。）

沙克尔顿的决定

在某一刻他作出决定，他们无法再负担
那些狗了。总有人要把它们一条接一条地
带到堆积的冰雪后面，开枪打死。
我试图想象那不再消散的极夜，
黑暗浸透了他们的衣衫。
有人提出反对，因为狗就是温暖和爱，
让他们想起原先的生活，睡在柔软的床上，
肚子里装满了晚餐。
狗的尾巴由欢乐造就，躯体包裹在希望的毛皮中。
它们按照命令，自愿走向死亡，
其中一条还叼着它的旧玩具。

① 欧内斯特·沙克尔顿（Ernest Shackleton，1874—1922），英国南极探险家，在1914年到1916年乘坐“持久号”探险期间，曾因食物供应不足而杀死雪橇犬。

读到这里，我不得不把书放下。
它们曾经信任那些
将它们带进这片白色恐怖、刺骨严寒中的人。
天哪，它们曾拉着载满物资的雪橇，驱赶了海豹。
有人被要求把狗杀死，因为物资供应不足，
而狗围在篝火旁，
舌头因善意而湿润，
它们对背叛一无所知，只知道
如何取悦，如何低头，如何停留。

——菲斯·谢林[①]

从未有人假设老虎具备心智理论。如果老虎具备心智理论，它就会知道你能发现它在跟踪你，并且可能对此作出反应。好吧，它们确实如此。在印度的孙德尔本斯三角洲（Sundarbans delta），在森林中活动的村民们将化妆舞会一般的面具戴在脑后，大大减少了老虎的袭击，因为这样他们的后脑勺上就有了面孔和眼睛。如果老虎感到被注视，就不会发起袭击。先前，老虎每周都会杀死一个人。但自从采用了这个方法，没有一个戴着面具的人受到袭击，尽管人们曾目睹老虎跟踪戴着面具的人，并且在同一个时间段它们杀死了29个没有戴面具的人。（老习惯根深蒂固，为什么不人人戴上面具呢？）就像母亲希望孩子认为自己"背上长了眼睛"一样，许多蝴蝶、甲虫、毛虫、鱼类，甚至还有一些鸟类都有着明显的眼斑，并且通常长在后方。这些斑点的目的是欺骗捕食者，使其认为潜在的猎物正在向后看，无法攻其不备。总之，许许多多的捕食者具备一种广泛的共

① 菲斯·谢林（Faith Shearin，1969— ），美国作家、诗人。

识，即猎物有时候能看到你悄悄接近，并且能够根据这一信息作出独立行动。这就是“心智理论”。因此捕食者才会偷偷摸摸，隐藏起来，从后方接近猎物等。

一天早晨，在坦桑尼亚的恩戈罗火山口（Ngorongoro Crater），我看着一群狮子醒来，相互问候。随后，它们排成一列，朝一处低矮的草原山坡走去。在山坡后面大约半里地的地方，一小群斑马正在吃草。毫无预兆地，一头狮子坐下来，其他的狮子继续前进。又一头狮子坐下来，其他的继续沿着山脊往前走。又一头狮子坐下来。如此这般，直到山峰上的狮子一字形排开，它们坐在高高的金色的草丛中，彼此隔着相等的距离，组成一座篱笆，面朝远处正在吃草的斑马。有一头狮子没有坐下，它走向那群斑马。我看到，它们组成了一个精心设计的埋伏。最后那头狮子的任务是使斑马受惊，让它们跑向山坡。等待的狮子被高高的草丛掩护着，能够俯视整片山坡，一旦有斑马朝山上跑来，它们就往山下冲刺。这个战术看起来真是太高明了。但斑马也不是傻瓜，它们早早发现了跟踪的狮子，朝远离山坡的方向跑去。

看吧，你很容易发现，许多生物的性命都取决于决策，快速作出正确决策——它们要判断捕食者是在捕猎还是仅仅在迁徙，对手是感到忧虑不安还是计划发起攻击。你还会发现，动物对其他个体的意图作出的判断至关重要。

理查德·瓦格纳（Richard Wagner）的研究工作就包括观察自由生活的鸟类。我们从 10 岁起就认识了，在我们 20 多岁的时候，曾经一同穿越肯尼亚，研究海鸟，一起展开了精彩的冒险。如今，在一个夏日，我们在我的后院里，坐在枫树的树阴下，他对我讲起一种名叫刀嘴海雀的鸟。他在它们的繁殖地进行很长时间的研究，一个小时又一个小时，日复一日地观察着，持续数年。他说："当你观察刀嘴海雀的时候，你会发现谁是优秀的战士，谁是体贴的配偶，谁性情轻佻。有一只雌鸟发现它的配偶在和另一只雌鸟交配，它就把配偶推开了。第二天，它遇到了同一只雌鸟。它知道对方是谁，就扑向对方，将其从石头上推了下去。"

它为什么会在乎呢？也许雄鸟悄悄把一点食物带给了另一只雌鸟，或者它的幼鸟？瓦格纳说："这种事不会发生的。我观察它们几千小时了，就看这个呢。它们才不这么做。"瓦格纳发现，这种攻击性行为的原因在于第二年这只雄鸟可能会和另一只雌鸟私奔。"今年偷情，下一年就会结成一对。雌性在维护它的配偶关系。与此同时，雄性看守配偶，以保护自己的父权。"这就是那些鸟儿实际上的想法吗？不太可能。但我敢打赌，它们感到了某种被我们认为是嫉妒的东西。毕竟，人类看守自己的配偶的动机就是嫉妒，而不是对演化遗传学的可能的理解。

"刀嘴海雀之间互相都认识，就像校车上的小孩子互相认识一样，"瓦格纳解释说，"它们不会犯错。刀嘴海雀是社会动物。它们每天都来到同一块石头上，每天都会见面。它们能活 20 年！它们还没落到地上，地上的鸟就知道谁飞过来了。比如说，一只雌鸟来了。雄鸟 A 爬到它身上；雄鸟 B 把 A 推开，自己爬上去。雄鸟 C 爬上了雄鸟 B。它刚刚看到 B 证明了自己是雄性，这次攀爬不是愤怒中犯下的错误，而是一种战斗策略。位于下方的鸟已经公开表明自己处于弱势地位。爬到其他雄性身上有助于减少竞争。一只雄性被其他雄性攀爬的次数越多，它继续出现在交配地点的次数就越少。它们有可能感觉到了某种我们称之为羞辱的东西。它们失去了地位。"我们也会争取更高的地位，但我们也没有真正理解自己的动机，这点并不比它们要强。更高的地位能促进繁殖，但我们并不会有意计算一生中繁殖后代的平均值，是演化在计算它，并将它写在一张叫作冲动的小抄上塞给我们。我们感到了嫉妒和追求地位的动机，并且常常受这些动机的驱使而行动。

尽管我们似乎缺乏对动物的心智理论，其他动物似乎对我们的心智有所了解。它们知道我们能知道什么。有一天，我的朋友约翰和南希发现他们的草坪上出现了一对野生的绿头鸭。他们给了鸭子们一些面包。第二天，这对鸭子又来了。他们给鸭子们喂了碎玉米。毫不意外，这对鸭子成了他们草坪的常客。但是有一天,约翰听见了一阵敲门声。他打开前门，透过纱门往外看，却没看见敲门的人。纱门的下半部是金属的，这时他又听见了敲门声，于是往下看，才看见了鸭子。那么，当一只鸭子走向前门敲门的时候，它有没有可能“没有意识”，或者“不自知”，或者“没有心智理论”？

当特立尼达的一只卷尾猴离开了群体，爬上我们头顶的一棵树，开始折断树枝朝我们扔来时，很显然猴子看见了我们，将我们视为潜在的威胁（那里的人会猎杀猴子），并试图用树枝恐吓我们，阻止我们继续跟随。它是否有意试图保护自己的同伴，这并不清楚，但这就是我的印象。它很显然传达出这样的信息:“走开。”我读博士学位时的导师乔安娜·伯格（Joanna Burger）曾经在一处很小的、几乎干涸的水坑旁观察卷尾猴的互动。猴子不喜欢她躲在它们看不到的观察点，如果她一直靠在树上，让它们能看到她，它们反而不那么困扰。每天黎明前一个小时，周围还没有猴子的时候，乔安娜会提来一桶水，倒进水坑旁边的一个塑料盆里。当猴子来到这里时，它们就能从盆里喝水，而不用一直走到她看不见的池塘深处。当她观察猴子的时候，那个桶就放在附近的一棵树后面。离开那里的当天，她最后去看了一眼，但没有把塑料盆装上水，因为她没时间观察。见到她没有往塑料盆里装水，一只猴子就跑到树后，把桶拿过来交给她。一次清楚的交流，他们都理解了对方的心智。

自负与欺骗

会敲门的鸭子和会将桶拿给教授的野生猴子似乎能够预见它们所期待的结果，预见一种与它们直接观察到的即时现实不同的事态。有时候，动物甚至能将它们的期望传递给我们。当我们的狗在一个个房间里寻找我们的时候，它们在想象找到我们。它们在寻找一种比现状更加符合它们兴趣的东西，并且它们知道自己要找什么。它们的思维就是它们的心智图像，是它们想象中的因果关系和预期结果的场景。想象一条实现目的的路径，比如先做这个，再做那个，这甚至有可能是一种简单的叙述。这些老伙计们还说了些什么?

当裘德和舒拉发出咆哮声，互相扑咬的时候，它们的样子和发出的声音就像在打架似的。客人们有时会警惕地问:“它们在打架吗? ”但这两条小狗知道它们在玩耍，我们也知道这点。我们很容易听出来，因为我们理解它们的咆哮声的音调，我们也加入了它们的玩笑。我们都理解其中的意图。我们人类也欣赏自己的语言游戏。作为人类，我们能理解比喻，能分辨善意的玩笑中的幽默和讽刺的笑话中的冒犯。但我们并不是唯一能够根据隐藏信息进行判断的。

狗和猿类能够发出和理解意图，这点你也许很容易接受。但如果说一条鱼也可以呢? 而且还是一条美味的鱼。我们所知道的越多——就会越发困扰。

我们认为猿类很聪明，因为它们确实聪明，也因为它们的长相与我们相似。但认知科学领域中正涌现出在其他动物身上观察到“类猿行为”的报告。最新的一批报告提到了某些鱼类。一些动物能用姿势吸引同伴的注意力，比如人类、倭黑猩猩、海豚、渡鸦、非洲野犬、狼、狗，如今这个短短的名单上要加上石斑鱼了。是的，就是出现在无数的酥炸鱼排三明治里的那种鱼，它们是最聪明的物种之一。

如果目标猎物躲进了珊瑚的缝隙里，石斑鱼会在附近转来转去，指着下方猎物隐藏的方向。如果得不到帮助，石斑鱼可能会游到它所知道的一处洞穴，找到一条正在休息的大海鳝，快速摇动身体，仿佛在说:“跟我来。”海鳝能钻进珊瑚中的缝隙，它通常会跟随石斑鱼前去寻找藏起来的猎物。为了确保海鳝跟上来，石斑鱼还会回头检查。如果海鳝没有理解它的信息，石斑鱼有时会“试图将海鳝推向它先前指示的缝隙的方向”。来到猎物的隐藏地点后，石斑鱼面向隐藏地点摇着头。石斑鱼和海鳝不会分享猎物，但它们会轮流获利:有时候海鳝捉住了隐藏的鱼，有时候鱼会跳出来，石斑鱼便捉住它。

如果附近没有海鳝，石斑鱼可能会找来一条能弄碎珊瑚的波纹唇鱼，或者一条主刺盖鱼。石斑鱼会持续发出信号，直至得到帮助为止。这些姿势是有意的，向另一条鱼类发出的，而对方的回应是自愿的。至少有两种石斑鱼会这么做。研究人员说，红海中的石斑鱼“定期与其他不同物种的鱼合作捕猎”，而在澳大利亚那岌岌可危的大堡礁，它们还会“与章鱼合作”。而且，石斑鱼极其有耐心，能在猎物隐藏地点上方停留长达 25 分钟，等待一个潜在的搭档路过，这表明它“在记忆任务中达到与猿类相似的水平”。在一项新的实验中，研究人员发现石斑鱼很快能够学会分辨一条海鳝是不是一个好的合作者，并且它们选择效率更高的同伴的能力“几乎与黑猩猩相同”。石斑鱼的合作狩猎行为不仅是新闻，而且是个大新闻。然而石斑鱼很可能数百万年来一直在给自己的狩猎搭档指路。

石斑鱼和它的搭档们展示了灵活的跨物种合作，这极其罕见，即使是人类也只能与两三个物种建立这样的合作关系。响蜜䴕是一种鸟，能带领蜜獾和人类找到蜂巢，以便从被破坏的蜂巢中分一杯羹。人类和狗或鸟类一起狩猎，但这是由人类控制和策划的。然而，海豚已经能够控制和主导自己的狩猎，利用人类帮助自己获得食物，并且在曾经一两个案例中，它们似乎在训练人类。

在巴西和毛里塔尼亚，海豚驱赶一群群的鲻鱼游向渔民。在巴西的海域，海豚似乎已经训练了渔民；而在毛里塔尼亚海域，渔民似乎训练了海豚。巴西的宽吻海豚用头部和拍打尾部引导人类，告诉渔民应当在何时何地撒下渔网。海豚会吃掉迷路或者被渔网弄伤的鱼。礁湖中只有一小部分的海豚会这么做，它们从母亲那里学会了做“人类的渔民”，而渔民们也非常熟悉它们，还给它们起了名字，比如卡罗巴和史酷比。毛里塔尼亚的渔民一发现鲻鱼，就用棍棒击打水面，叫来宽吻海豚和白海豚，它们会将鱼赶向渔民的渔网，并分享食物。这样的合作可以追溯到1847年。

更加不可思议的是，在澳大利亚双重湾（Twofold Bay）附近一座名叫伊登（Eden）的小镇，一百多年来，即从19世纪中期开始，世界上最大的海豚科动物——虎鲸训练人类成为了它们的狩猎伙伴。虎鲸将较大的鲸驱赶到海湾里，然后对捕鲸人发出警报，让捕鲸人前来发动攻击。虎鲸知道它们会得到猎物的一部分。甚至有人报告，虎鲸咬住拴在被刺中的鲸身上的绳子，以拖慢这个庞然大物的速度，帮助人类杀死它们。

传统观点认为只有人类能够有意识地计划。但是，当松鸦储存易腐烂和不易腐烂的食物时，它们会先吃掉容易腐烂的食物。这表明它们会对不同食物的耐久性进行评估和分类，并以此行动。在瑞典的富鲁维克动物园（Furuvik Zoo），有一只黑猩猩会收集石头，计划用它们袭击不设防的人类游客（好在黑猩猩的准头极差）。在10年的时间跨度里，它收集了数百堆的“弹药”，每天早上动物园开门之前，饲养员都得去检查黑猩猩笼舍，拿走它收集的石头。在另一家动物园里，一只猩猩发现，只要将一段铁丝缠在锅炉房的门闩上，就能打开锁，让它和同伴们都能跑出去，到动物园里的树上玩耍。它这样做了许多次，直到困惑的饲养员们发现它是怎么出去的。与此同时，它还会把铁丝藏起来，这完全是为了继续使用这个它精心打造的工具。

红毛猩猩灵巧、狡黠，还有一点欺骗性。欺骗涉及有意识地尝试将错误的信念植入另一方的大脑中。因此，欺骗表明人类具备“心智理论”。人类在不诚实这点上简直出类拔萃，因此我们每天都要应对欺骗，比如说谎的政客，花言巧语的销售员，还有自己的孩子。自然界充满了欺骗，从伪装到巧妙的谎言。但是，即使在有意识的欺骗方面，人类也不是唯一的。

一种名叫叉尾卷尾的鸟，当它们看见带着食物的哺乳动物或鸟类，比如细尾獴和鹈鹕的时候，就会模仿对方的警戒叫声，让对方匆忙逃跑寻找掩护，然后它们前去偷走食物。鸻是一种生活在海滨的鸟，会用“断翅表演”将捕食者引向远离它们在沙地上的鸟巢和幼鸟的方向。它们假装残疾，这样做的主要目的是给捕食者造成错误的印象，以误导对方。它们会根据捕食者对这一假象的反应调整表演的强度和方向，我曾经多次目睹这种情形。实际上，我常常是鸻的目标。它们知道自己要干什么。

社会群体生活给了你说谎的动机和对象。当绿猴输掉了一场群体战斗的时候,它们有时会发出“豹子”的警报声。这样的假警报是一种策略，此时所有的猴子都会爬到树上，于是战斗停止。据称，有一只绿猴还会喊出“老鹰！”,以把竞争对手从一棵果树上赶走。其他的猴子都四散逃跑，而它迅速大吃起来。相似地，当附近有其他猴子的时候，知道食物隐藏在一个箱子里的猴子会“无视”那个箱子，以免让其他猴子看见怎么打开它。

在著名的贡贝溪国家公园里，研究黑猩猩的研究人员用一个遥控器打开上锁的放有食物的箱子。当箱子被打开的时候，一只雄性黑猩猩恰好在旁边。但它见到一只等级更高的雄性黑猩猩正在靠近，于是关上箱子走开了。高等级黑猩猩一走开，它便再次打开箱子，开始大吃香蕉。但那只高等级黑猩猩刚才只是藏了起来，一旦箱子打开，它便冲过来，抢走了食物。

在一些实验中，猕猴能够从两个人中的一个那里偷到一颗葡萄，两人所在位置不同，而它们会选择那个看不见猴子在干什么的人。这表明猴子相信人类会阻止它们偷东西，因此要小心行事。相似地，猴子倾向于从不会发出声音的容器里取食物。鬼鬼祟祟的偷窃表明，它们知道最好不要让任何人知道它们的偷窃行为。同样，相比人类看着别处或是不在场的时候，当人类看着狗的时候狗偷吃被禁止的食物的可能性降低。它们知道我们会知道的，还知道我们的目标是不一致的。

会欺骗同伴的并非只有哺乳动物。如果西丛鸦发现另一只西丛鸦看到自己在藏食物，它们就会在观看者离开后移动食物——但只有在它们自己抢过另一只鸟的食物之后才会这么做。它们一定是在自己的经验中形成了对偷窃的概念，并大致意识到“这只鸟可能会偷走我的食物”。但有时候它们仅仅假装移动了食物。如果一只西丛鸦曾经看到其他鸟储存食物，但自己从未偷过藏起来的食物，它就不会移动自己的食物。这要求将自己的偷窃动机投射到另一只鸟的可能决策中。西丛鸦需要想象另一只西丛鸦的视角。科学家将这种能力称为心智归因（mental attribution）或观点采择（perspective taking），并就此大做文章。但对西丛鸦而言，这没什么了不起，这不过是在一个“人们”（包括像它们一样的西丛鸦）无法被信任的世界里的生存之道，它们知道另一只鸟会知道的。并且它们知道曾经发生在别人身上的事情也会落到自己头上，说不定还知道生活可能就是这样，是不公平的。

公平感将一些动物选入了另一个精英俱乐部。研究员给了一只卷尾猴（一号）一片黄瓜。嗯，猴子喜欢吃黄瓜。研究员又给了旁边的猴子（二号）一颗葡萄。一号猴子只能看着二号猴子享用葡萄。当研究员再次给一号一片黄瓜时，它接过来，然后将黄瓜扔向研究员。这不公平！黄瓜是不错，但如果同伴得到了更好的东西，那就不一样了。渡鸦、乌鸦和狗都会留意完成相同的任务之后是否得到了同样的奖赏。人类当然也会意识到什么才是公平——当我们愿意的时候。为什么不是所有人都能意识到，面对同样的工作，女性被迫接受较低的报酬是不公平的？也许“使人之为人”的还有一种能力，就是创造双重标准。

猿类可不只是聪明，它们往往有洞察力、有策略、有政治。有时候，这一点会体现在试图欺骗并杀死猿的人类和试图通过欺骗欺骗者来求得生存的猿之间的高风险对决中。一只大猩猩幼崽掉进了偷猎者的陷阱并死亡了。几天后，保护区工作人员看到一只名叫罗威玛的 4 岁雄性大猩猩折断了一根弯曲的树枝，那是一个陷阱的触发机关；与此同时，另一只年龄相当的名叫杜可莉的雌性大猩猩破坏了陷阱的套索。这一对大猩猩随后看见了附近的另一个陷阱。一只青少年大猩猩特特罗也加入它们，一起破坏了陷阱。目睹了它们的速度和“自信”，现场的一位研究人员认为这不是它们第一次这么做，并让自己免除了厄运。（谁是更好的“人”？是设下陷阱的人类，还是人道地保护了自己和家庭的大猩猩？）

斑鬣狗生活的社会远比狼或其他任何食肉动物要复杂。斑鬣狗群体能有多达 90 个成员，并且彼此之间互相认识。它们能够理解亲缘关系和等级关系，并将其运用在决策中。斑鬣狗也会欺骗。研究野生斑鬣狗的学者曾观察到这样的场面：当高等级斑鬣狗进食的时候，一只低等级斑鬣狗发出了假警报，让它们四散逃跑，同时自己直奔猎物的尸体，赶在同伴们发现其实没有危险之前咬上几口。为了干扰正在和自己的幼崽打架的斑鬣狗，斑鬣狗妈妈有时会发出假警报。知道食物隐藏地点的低等级斑鬣狗有时会将其他斑鬣狗带往错误的方向，过后再独自返回并享用食物。研究人员还曾经看到，当一群斑鬣狗正在迁移的时候，一只低等级雄性斑鬣狗看到河床边上有一头豹子，正一动不动地趴在一只年幼角马的尸体旁边，那是它刚刚杀死的猎物。其他的斑鬣狗都没发现。这头低等级雄性斑鬣狗继续前进，但一直盯着那头豹子和它的猎物。当所有的斑鬣狗都已经离溪流很远了，它便直接返回，从猎豹那里抢走了尸体，并且避免了与高等级同伴的竞争。

是的，不可思议——而描述了这一切的研究人员总结道：“但是，斑鬣狗似乎对其他个体的想法或观念没有任何理解。”

什么？他们刚刚描述了斑鬣狗欺骗的技巧呀。并且，研究人员声称：“我们没有证据表明斑鬣狗对其他（斑鬣狗）当下的心智状态或未来的意图有任何了解……除非它们直接探测到的感官信息能够为它们提供这类信息。”这简直莫名其妙！

好吧，我们该从哪里开始？感官信息，比如看见你、看到你的互动，这就是我能对你目前的心智状态或意图“有所了解”的唯一途径了。这还不够——明显吗？我的问题是：为什么研究人员要用一种人类根本不可能达到的标准去判断其他动物的心智表现呢？欺骗表明欺骗者知道另一方可能有着利益竞争，并且自己能够阻止对方获得某些信息，并从中获利。这就是“心智理论”。

在坦桑尼亚，两只敌对的高等级雄性黑猩猩都需要某只特定的低等级雄性黑猩猩的支持，以维持统治地位。两只都会让对方接近育龄雌性以示讨好。一旦自己支持的黑猩猩开始变得吝啬，这只低等级黑猩猩就转换阵营，以此不断获得交配权。在另一个案例中，克雷格·斯坦福（Craig Stanford）观察到一只低等级黑猩猩似乎要夺取统治权，让此时处于统治地位的黑猩猩忙于对整个群体展示武力，它便可以趁着这片混乱，在“老大”眼皮底下和一只雌性黑猩猩偷情。一个团队对 30 年来探讨黑猩猩知道什么的几十项研究进行了总结，指出：“黑猩猩理解其他个体的目标和意图，以及视角和知识。”弗朗斯·德瓦尔指出，黑猩猩追逐权力，并且对“人情往来”斤斤计较，“就像华盛顿的一些人一样冷酷无情”。他还观察到，“如果某个个体破坏了一条社会规则，它们的反应有感激、提供政治支持和狂怒等”，并补充“这些动物的情感生活与我们的相似程度远比我们曾经认为的要高”。

这种相似程度是否在黑猩猩身上得到了很好的体现？黑猩猩向我们举起了一面镜子，让我们看看其中照出的猿。我们通常无法在其中认出自己。黑猩猩的野心足以像古罗马的参议员那么黑暗而无情，仿佛它们内心囚禁着一个人类，吊在树枝上朝伊甸园荡过去，奔向我们的诞生；一个精灵，等待从瓶子里被放出来，在世界上自由驰骋。然而我们人类已经冲出了瓶子。对于我们是谁，对我们的所作所为，我们有充分的理由感到骄傲和羞愧。如果残忍和破坏是恶的，那么人类显然是这个星球上有史以来最坏的生物。如果怜悯心和创造力是善的，人类亦是最精巧的生物。但是我们并非仅仅是善的或恶的，我们是这一切的混合，不完美的混合。问题在于：我们的平衡点在哪里？

滑稽戏与怪念头

我从未否认在控制条件下进行的正式科学研究的巨大作用，但我也从未忽视这样一个事实：动物的现实生活实在太丰富，无法在实验室里恰当地体现出来。不过，许多行为学家仅仅在实验室里工作（或者更糟糕的情况，就是在哲学系）。现在我们将看到，研究人员将事实切成火腿一般的薄片，用术语腌渍之后，得到了如何滑稽可笑的结果。

在地球上寻找智慧生命的旅程中，发生了几出闹剧。一位喜爱狗的研究者连续两年在附近的一所公园里拍摄狗的录像，并得出以下结论：如果一条狗想和面前的另一条狗一起玩耍，它通常会作出“邀玩动作”（即身子前段伏在地上，后段抬高）。但是，如果它想邀请的狗面朝别的方向，它就首先会引起对方的注意，比如用爪子或者通过吠叫。在科学不断前进的某一时刻，这位研究者告诉我们：“它们似乎会根据不同的认知状态作出不同的反应。”用日常语言说出来就是：通过两年的录像分析，她发现狗能够分辨一条狗的脸和屁股。但请允许我这么说：一条狗的屁股不是一种“不同的认知状态”。为什么不说狗在邀请另一条狗一起玩耍之前会先引起对方的注意力呢？这是否过于浅显，以至于显得不像科学？

我开始搜索关于“心智理论”的正式学术文献，几分钟后一项典型的近期研究跳了出来。这篇论文题为《关于非人类动物缺乏“心智理论”相关能力的证据》，发表在《英国皇家学会哲学学报》(*Philosophical Transactions of the Royal Society*)上。作者们在开头指出：“心智理论需要一种基于在无法观测的心智状态和可观测的事实之间建立抽象而近似理论的联系，而且根据其他个体的行为可以做出合理推测的能力。”(翻译一下：通过观察另一方的行为，我们能推测出它们可能在想什么。)他们继续道：“对于一个有机体的状态是模态还是非模态，抽象还是离散，符号还是联结，甚至对于它们一开始如何产生了这些行为或信息的素养，我们完全持不可知论(出于我们当前的目的)……当然，有许多其他因素也参与塑造了一个生物有机体的行为。”

我也许能理解这个研究，但我就是不想理解它。

罗格斯大学(也就是我获得博士学位的母校，所以我有情感偏向)的两个家伙发表了一篇综述，题为《理解自己的心智：自我意识的认知理论》(*Reading One' s Own Mind: A Cognitive Theory of Self-Awareness*)。论文中写道：“我们将首先探讨也许是最为广泛接受的自我意识，即‘理论之理论’(Theory Theory)。自我意识的理论之理论的基本思想是，个体对自己心智的了解的认知机制与了解其他个体的心智状态的关键认知机制相同……理论理论学家称，理论理论得到了发展心理学和精神病理学方面证据的支持……在提出反对理论理论、支持我们的理论的案例之后，我们将讨论在近期学术文献中找到的其他两种自我意识理论。”

不，谢了！相比直接观察动物的自然行为，对理论进行理论似乎是个很糟糕的替代手段。

“心智理论”也许是人类心理中被滥用得最厉害的概念，同时也是非人类心智中最不受肯定、通常被否认的方面。然而我们在关系中都想过这样的问题，比如“我不知道怎么和她相处”或“我不知道该对他有怎样的期待”。

正如17世纪的约翰·洛克[①]指出:“一个人的心智无法进入另一个人的身体。”当画家保罗·高更[②]提到他那13岁的塔希提岛妻子时,他写道:“我努力去看透、去理解这个孩子。”琼尼·米歇尔[③]唱道:“没有什么理解/无论如何肌肤相亲,眼神相对/无论嘴唇离得多近/你仍然感到孤单。”而古罗马诗人卢克莱修[④]对此进行了苦涩的描述,叶芝将其称为“有史以来对性交最精妙的描写”(更别说翻译了[⑤]):

> 他们紧握,他们相拥,他们潮湿的舌来回往复,
> 仿佛要一直钻进彼此的心中;
> 徒劳啊:他们不过搁浅在海滩,
> 因为身体无法进入,亦无法交融……
> 他们尝试了一切手段,却证明一切都无法
> 治愈爱那隐秘的酸楚。

叶芝[⑥]悲叹:“性交的悲剧之处在于灵魂永恒的贞洁。”另一位诗人保罗·瓦莱里[⑦]指出“在人与人之间交换人的思想,这要求大脑是可进入的”。

---

① 约翰·洛克(John Locke,1632—1704),英国哲学家,英国经验主义代表人物之一。

② 保罗·高更(Paul Gauguin,1848—1903),法国画家,印象派代表人物之一。曾在塔希提岛生活,并娶了一名13岁的当地女子为妻。

③ 琼尼·米歇尔(Joni Mitchell,1943—),加拿大音乐家、词作家。

④ 卢克莱修,全名提图斯·卢克莱修·卡鲁斯(Titus Lucretius Carus,约公元前99—前55),古罗马诗人、哲学家,代表作为哲理长诗《物性论》。

⑤ 这首诗的英文版由英国著名诗人、翻译家约翰·德莱顿(John Dryden)翻译。

⑥ 威廉·巴特勒·叶芝(William Butler Yeats,1865—1939),爱尔兰诗人、剧作家,神秘主义者,爱尔兰文艺复兴运动领袖。

⑦ 保罗·瓦莱里(Paul Valéry,1871—1945),法国作家、诗人、哲学家。

表扬这些诗人，他们都是优秀的科学家。科学家尼古拉斯•汉弗里（Nicholas Humphrey）说：“没有从一个人的意识通往另一个人的意识之门。每个人都只能直接了解自己的意识，而无法直接了解其他任何人的意识！”

如果我想悄悄接近你，或者想入非非地与你调情，或者偷走你的东西，我的心智必须无法被了解，这至关重要。我们越能彼此坦诚相待，我们的大脑就越需要一个全身而退的途径。所以，是的，我们观察，我们共鸣，但归根结底我们都是在猜测。这就是我们所能做到的了。我们可以选择敞开心扉或是有所保留，但选择权在我们手中。

我们可以这么说：黑猩猩主要拥有对黑猩猩的心智理论，海豚主要拥有对海豚的心智理论。人类常常会感到难以理解哪怕是其他人类的需求，难以预测其他人的行动。而那些假设其他动物没有意识的人类，或无视动物经历意识体验到能力的人类，则体现了我们是多么缺乏心智理论的天分。

日本和法罗群岛队居民会捕鲸，比如领航鲸，方法是将钢制长矛插进鲸的脊柱。鲸会发出痛苦而恐惧的尖叫声，在极度的痛苦中挣扎。（在日本，用如此痛苦而不人道的捕鲸方法杀死牛和猪是违法的。）对鲸的痛苦缺乏共情，这暗示人类的“心智理论”是不完备的。我们缺乏共情，缺乏怜悯。并且，人对人的暴力、虐待、以道德和宗教为名的屠杀在世界上实在太普遍了。大象永远不会开飞机，但大象也永远不会开着飞机撞上世界贸易中心。我们拥有怜悯世间万物的能力，但我们并没有充分发挥出自己的潜能。承认其他动物也能思考和感觉，这一点为什么会让人类的自尊受到如此大的威胁？是不是因为如果承认其他动物的心智，就更难虐待它们？我们的人性有如此缺陷，又如此充满防备，也许有缺陷恰是“人之为人”的一个方面。

一些人似乎无法察觉非人类动物的心智，而另一些人又仿佛能在一切事物中看见与人相似的心智。我们的心智会由感而生，好像在云朵、月亮甚至食物中看见人的面孔。许多人相信岩石、树木、溪流、火山、花朵和其他的事物都有思维，认为一切都具有心智，一切事物之中都居住着灵魂，可能对我们作善或作恶。这种观点叫作泛灵论。从原始人类的这种假设中衍生出的宗教就是泛神论。泛神论在狩猎采集者部落中很普遍，在现代社会中仍然存在。在夏威夷的基拉韦厄火山的顶峰，我看到许多钱和酒，那是相信火山女神的人放在那里的。人们相信火山中有一位女神，监视着一切，有时会恶毒地复仇。不要无视火山女神，以免她发怒。如果多给一点好酒、一点钱，定期献上鲜花、食物和一只烤猪，暴烈的火山女神佩里也许会得到安抚。但这里是美国，每个人都能到访客中心学点儿火山地质学知识。（公园管理员曾要求游客不要在基拉韦厄火山上留下食物、钱、鲜花、香薰和酒，因为享用这些贡品的显然是老鼠、苍蝇和蟑螂，而不是火山女神。）对超自然力量的这种迷信似乎是自然而然地发生在我们身上的。

哲学家克莉丝汀·M. 高斯格（Christine M. Korsgaard）写道：“非人类动物也许会产生基于证据的信念，但要能够自问证据是否真的证实了它们，并据此调整结论，这又是重要的一步。”然而现在，许多人类信念已经被证明无法自问证据所证实，并应据此调整结论。其他动物都是现实主义者，只有人类死死抱着教条和意识形态，完全无视证据，即使所有的证据都对此不利。理智与信仰之间存在巨大的鸿沟，这是由某些选择了信仰而非理智的人所造成的，反之亦然。

其他动物的行为和信念都是基于证据的，它们不会相信任何事，除非得到了证据的证明。其他动物只会留意实际上具有意识的证据。一条狗可能会吠叫着唤醒一个在客厅沙发上睡觉的人，但这时它们从来不会寻求沙发或是火山的帮助。它们很容易区分活物和无生命的物体，甚至还能区分赝品。没错，老练的猎人会用诱饵和呼叫声将路过的鸭子吸引到猎枪的射程之内，但必须精心布置，否则就不奏效。鱼类也不好蒙骗，哪怕人们煞费苦心制作的诱饵的外观和动作都和真的一样。

多年前，我在研究工作中要给迁徙的隼做标记，我用被拴住的椋鸟吸引隼飞向我的网。被吓坏了的椋鸟可不喜欢这样，我也不喜欢。所以，我在网后面放了一只假椋鸟，翅膀摆成飞翔的姿态。当然，如果它看起来像一只真鸟，身披羽毛，眼睛闪闪发光，身体上下移动，那就是一只鸟。然而这只假鸟从未骗过哪怕一只隼。它们都只是打量了一下，一眼就看出它“不是真的”，然后无视了它。这令人印象深刻。其他动物尤其擅长区分和应对捕食者、竞争对手和朋友。它们从来不会表现得仿佛相信河流或树木中居住着监视的精灵。通过这些途径，其他动物持续证明它们认识到自己生活在一个充斥着其他心智的世界，并且认识到其他心智的界限。它们的认识似乎更加准确和实际，并且老实说，它们比我们更擅长区分真伪。

所以我很好奇：人类是否真的具备比其他动物更发达的心智理论？让人们观看一个圆圈和一个三角形到处移动并进行互动的动画，他们总能编出一个故事，包含了动机、人格和性别。孩子会持续多年对玩偶说话，有些孩子还坚定地相信娃娃能听、能感觉，是一个可靠的密友。许多成年人会对雕像祈祷，虔诚地相信它们在听。当我还是少年的时候，我们的邻居（在纽约出生长大的美国人）会在每个房间里放上雕像，只有卧室除外，以免让圣母玛利亚见到了人间情事。这一切都表明人类普遍缺乏一种能力，就是区分有意识的心智和无生命的物体，以及区分证据和胡言乱语。

孩子常常会对一个完全想象出来的朋友说话，相信对方会听，并有自己的想法。一神教或许就是这种行为的成年人版本。我们将世界塞满想象的意识力量和存在，这其中有善有恶。今天的大多数人相信自己曾受到过世的亲友、天使、圣人、灵魂向导、精灵和神灵的帮助或陷害。在世界上科技最发达、信息最丰富的社会里，大部分人认为有一种无形的力量在监视和判断，并根据判断展开行动。大多数现代国家的领导人相信，能请求一位天上的神灵保佑他们的国家避免灾难和与其他国家的冲突。

这一切都是因为“心智理论”的失控，它如同脱缰的野马，让整个宇宙充满了想象中的意识。人类“更优越的”心智理论在一定程度上是病态的。“人类是理性的”,这个老生常谈可能是我们对自己最普遍的偏见。人类的本性中存在着一种高于一切的理智，同时潜伏着一种疯狂。在所有的动物当中，我们常常是最不理性、最扭曲、最充满妄想、最忧心忡忡的。

但我还想知道：我们这种产生错误信念、精心构建不存在的事物的病态的能力，是否同时也是人类创造力的根源？我们想象甚至坚守错误的东西，这种倾向是否也是我们所有的发明天分的基石？

也许，与相信错误的事物相伴的，是我们独特而奇异的天赋，即能够预见尚未存在的事物，想象一个更美好的世界。从未有人成功解释创造力从何而来，但某些人类的心智就能带着不断喷发的新想法蹒跚而行，就像一列有一个轮子被卡住的火车。人类所独有的并非理性，而只有是非理性，才是想象不存在的事物并追逐不合理想法的关键能力。

也许其他动物无需进行逻辑操作，因为它们的行为就是符合逻辑的。它们不需要工具，因为它们依靠自己的独特能力自给自足。也许人类之所以需要逻辑和工具，是因为没有它们我们便无法生存，在某种意义上，也无法取得我们今天的成就。也许这就像逐出伊甸园的故事所说的，通过一次交易，人类从与其他动物一样自给自足，变成了需要通过一种新的方式来获取知识。因此，通过大量的智慧和努力，我们也许用人类独特的能力弥补了人类独特的缺陷。

其他动物具备不同程度的洞察力，如其他猿类、狼和狗、海豚、渡鸦以及其他少数生物。洞察力这取决于看见不存在的事物的能力，比如回到家乡或者等候当时不在场的同伴。也许人类洞察力的深度来自于基因，它不仅赋予我们想象不存在的事物的能力，还让我们对此深信不疑，虔诚地坚信和追随虚无缥缈的信念。一段不存在的旋律，一个关于飞行的梦境，捕捉光线以定格影像，捕捉一段音乐表演以反复聆听，或者潜进深海并在水下呼吸，还有什么比这些更不理性吗？谁会想象这些事物？还有谁？

伴随着这种独特的想象能力而来的，是非凡的天才和疯狂。也许，在一切“使人之为人”的特征当中,最重要的便是我们产生怪念头的能力。

魔镜魔镜告诉我

另一件让我感到恼火并且值得一提的事情就是“镜子测试”。支持者们声称这能检验一个动物是否具有“自我意识”。测试是这样进行的：给一个人或一只动物做上标记，比如在孩子的额头上悄悄画一个点；如果实验对象后来在镜子里发现了这个点，并试图将它抹去，就说明他显然明白镜子照出的是自己的影像。这点没错。猿和海豚都会这么做，还有一些鸟类，大象有时候也能成功。但是，如果动物没有试图抹去标记，就说明它们缺乏自我意识和自我认识的能力。好吧，这一步跳得有点大。镜子测试其实无法检验实验对象是否具有自我意识。实际上，它经常被完全错误解读了，我在下文中将会解释这点。

首先，存在一个定义问题。心理学教授戈登·盖洛普（Gordon Gallup）于20世纪70年代发明了镜子测试，他曾说：“自我意识提供了思考过去、规划未来和推测其他人在想什么的能力。”这定义可真不错，你在镜子里找找看？这种困惑的另一个极端，就是“内省”学派，维基百科的条目给出了典型的描述：“自我意识是内省和意识到自己是一个脱离于环境的个体的能力。”内省不会反光，而在镜子里认出自己并不能说明你是否意识到自己是脱离于环境的。所以，仅仅根据这两种定义，“自我意识”这个简单的词可能包括：理解时间，猜测某人在想什么，探索自己的头脑，理解自己与世界其余部分相互独立。而这其中任何一项都无法通过在镜子里认出自己的影像体现出来。

对我们的目的而言，“自我意识”表示：理解自己是一个个体，与其他个体不同，也和世界的其他部分不同。自我意识仅仅意味着你能够将自己和其他一切事物区分开来。这不难，我们开始吧。

一个秋天的早晨，在我家附近的海滩上，二十多只鹬在一阵阵海浪之间跑来跑去。忽然，其中一只发出了警报声，整群鹬马上飞了起来，聚在一起，朝大海的方向飞去了。我转过身，看到一只游隼正追赶着一只落单的三趾滨鹬。

这只三趾滨鹬的处境极其不利——它独自处在水面上方，附近没有任何掩护，身后还有一只穷追不舍的游隼正快速逼近。滨鹬竭尽全力地飞着，时速大约 60 英里。而游隼的优势就在于飞行，它是飞得最快的生物。这只滨鹬几乎毫无希望。

就在游隼伸出爪子准备袭击的那一刻，滨鹬急速拐向右边。游隼的速度要快得多，无法以这样的速度改变路线，与它擦身而过。滨鹬突然改变了方向。

游隼朝上飞去，它利用刚才那次失败的尝试的惯性，徒劳地用所有的重力势能和高度优势。滨鹬改变方向的行为拉大了它们之间的距离，但它无路可逃。游隼在上升过程中让翅膀休息了几秒钟，然后发起了新一轮攻击。滨鹬的处境越发不利，它在持续施展自己的能力极限。游隼能够承担这次失败，但滨鹬什么也承担不起，最后滨鹬会筋疲力尽。

游隼轻松地发起了新一轮俯冲进攻，从滨鹬的右后方扑过来。后者再次转向。游隼从滨鹬旁边飞过，再次往上飞去，没有扑扇一下翅膀。

滨鹬转了个身，朝相反方向飞去。等游隼一个半滚[①]，准备再次攻击时，

① 半滚（half-roll），飞行术语，指在空中翻转飞机，腹面朝上沿原路线前进。

它已经飞出了 100 码。然而滨鹬没法保持这样的极限速度。这不可能。

滨鹬再一次突然转弯，游隼又扑了个空。这是一次生死较量，如同斗牛一般,只是斗牛从身后以 100 英里的时速扑来。滨鹬飞行方向的调整、良好的视力和精准的时间计算都表明，它不是个无助的受害者，更像一个技艺高超的对手。

也许游隼和我都误判了情况。我很肯定滨鹬的体力这时候应该支撑不住了，但我没有看到它的飞行速度有任何变化。并且，也许速度并非这场较量的全部。你也许会以为，游隼在每一次攻击中所体现的速度优势绝对会让它在捕猎中占据优势。但目前看来，当速度成为最关键因素的时候，滨鹬反而会利用这点来对付游隼。通过精准把握时机，及时改变方向，滨鹬反复将游隼的速度优势变成了劣势。

滨鹬的速度很关键，滨鹬飞得越快，游隼的相对速度就越慢。这给滨鹬争取了一点时间，判断这小火箭朝自己冲过来的情况，在恰当的时机拐弯。但游隼的绝对速度导致它无法随着滨鹬快速转弯。因此，当滨鹬需要飞得更快以逃离游隼的同时，它的速度也要足够慢，以让游隼无法跟上转弯。并且，当滨鹬反复利用速度的时候，对游隼来说速度优势就不管用了。

游隼再次逼近，没抓住。

它们周旋在很大一片空域中。在大约 3 分钟里，我看到了 6 次到 8 次袭击。每次袭击都会拉开大约 1/4 英里的距离。靠着滨鹬和我的双筒望远镜的快速转向，这一幕才能保持在我的视野里。

再一次扑空。滨鹬继续朝着大海飞去。但是——游隼放弃了！

不可思议！

每种动物在自己的行为方面都是专家。无论是游隼成功捕猎，还是滨鹬成功逃脱，都主要取决于两者对自己的精确认识，认识到自己与其他个体不同，认识到自己对空间、速度和环境中其他因素的熟练利用。自从远古时代以来，隼和人类就是狩猎伙伴，因为我们对世界有着共同的理解。当你和你训练的隼一同外出的时候，你们分享了期待，你能感受到它的激动，因为你们都在探索世界，寻找你们头脑中的某个目标。

• • •

镜子测试不知怎么就成了判断一个动物是否“具备自我意识”的标准。这太愚蠢了。测试无法区分出一个动物是否“具备自我意识”。一个缺乏自我概念的生物无法将自己和其他任何事物区分开来，因此它会假设镜子反射的影像就是自身。但是，一个有行动能力却无法区分自己和其他事物的生物几乎是不存在的。它无法应对真实的世界，无法逃跑、交配或生存。显然，许许多多的动物都知道自己和世界其余成分的区别。但是只有极少数能从镜子里认出自己。即使是人类，在第一次见到镜子的时候也无法完全理解他们的影像。当新几内亚的部落居民第一次见到镜子的时候，他们表现出了“恐惧”。因此，在镜子里认出自己一定有别的意义。

确实如此。如果一个个体“无法”认出自己的镜像，这只能说明它不理解镜像。因为只有少数几个物种能认出自己的镜像，并且因为“缺乏自我意识”没有一个明确的定义，科学作家们给人的印象就是自我意识非常罕见。实际上，它简直不能更普遍了。每时每刻，每一个地方，生与死都始终取决于高度的自我意识，以及对自我、环境与他者的明确区分。这一切都是不借助镜子而实现的。

许多动物只是不理解镜像，而其他的动物可能只是不在乎。在我们收养了我们的狗裘德后，一天早晨，我一睁眼便看见它正面对着卧室里高高的穿衣镜。当我坐起来，我在镜子里看到了它的脸。它没有转过身，就开始摇尾巴，似乎看见并认出了我的镜像。它没有转过来看着我（尽管它知道我在那儿，而且刚刚听见我坐起来）。它似乎只是喜欢看到镜子里映出我的样子。

每个人都“知道”狗“缺乏”在镜子里识别自己的能力。但现在我有所怀疑。小狗能认出录像中的动物，但很快会失去兴趣，这可能是因为那些影像无法和它互动，并且没有气味。也许狗知道镜子里的影像就是自己，但它们不在乎。狗不会将镜像误认为其他的狗，不会试图迎接或攻击它，而许多鸟类会这么做。也许狗只是对审视自己不感兴趣，也许它们高度依赖气味。

因此，当狗对着面前的镜子里我的影像摇尾巴的时候，我感到十分困惑。这些动物主要依靠气味来对世界进行判断，它们也许会发现镜子里的老鼠缺乏真实的气味。有趣的是，狗能识别影像，能认出计算机显示屏上展示的狗和它们认识的人的照片。更令我印象深刻的是，狗能识别其他的狗的照片，无论后者是什么品种，仿佛所有的狗都在“狗”这一分类里，与其他物种可以区别开。用狗是否会审视自己的镜像来判断它是否具有自我意识，就好比一条狗因为我们不会沉迷于闻嗅自己的衬衫，而断定我们缺乏自我意识。

猿类的确能发现镜子里的影像就是自己。一个多世纪以前，饲养员们就发现猿类如何在镜子里认出自己，并做一些类似检查口腔的动作，它们喜欢这么干。但是直到 1970 年才有 4 只黑猩猩首次经历了正式的测试。研究人员悄悄在黑猩猩的前额上画了一个斑点。随后，黑猩猩们在一面普通的镜子里看到了自己的影像，并触摸了自己皮肤上的斑点。研究人员总结，这是“首次在非人类动物中发现自我意识的实验证明”。完全不是这样。但是这个实验从此就成了一个教条。我们将镜子放在笼子前，观察笼中的动物是否会走上前去，“这是我！”如果它们这么做了，我们就宣称它们具备“自我意识”。反之，它们就“失败”了，用大多数研究人员的话说，它们“没有自我意识”。

不，不是这样。比如，当一只鸟攻击镜子的时候，它这样做是因为它将镜像当成了另一个个体，而非它自己。这表明它知道自己是和其他个体不同的。这就证明了自我意识。它没有在镜子测试中“失败”。如果一个动物攻击自己的影像，它显然能够区分自我和非自我。它正尝试攻击被认为是非自我的动物。相似地，如果实验对象对镜像表现出恐惧，或邀请对方一同玩耍，就像猴子和某些鸟类所做的那样，这也证明了它具有自我的概念。它只是没有理解镜像。

镜子测试所能体现的，不过是一个动物是否理解自己的镜像，并对此表示关心。镜子是一种理解心智复杂性的、极其原始的工具。要说没有理解镜像的动物无法区分“自我”和“非自我”，这简直荒唐可笑。一头狼会吃马鹿的腿，而不去咬自己的腿，这就是自我意识。“自我”绝对是一种基本的概念。

几年前的一个早晨，我离开家走了一小段路，去砍一根树枝，它横跨在我常常走过的一条小径上。我回到家，不久后再次出门，带着我们的狗进行日常的散步。狗通常跑在我前面几码远，但当它遇到被砍断的树枝时，它嗅来嗅去，似乎惊讶地发现那上面有我的气味，但我显然走在它身后。视觉并非狗的主要感觉，嗅觉也不是我们的主要感觉。但是，无论有没有镜子，狗都很好地理解了自己和自己的朋友。

即使是能在镜中认出自己的影像的动物，它们一开始也会将其当成另一个个体。它们会试图进行社交，可能会进行威胁，并常常试图察看镜子的后面。但是，能够解决镜子问题的“精英小组”，包括猿类、海豚、大象和其他少数动物，它们最终会意识到镜子里的个体的行为和自己一模一样。它们会开始用夸张而明显的动作检验自己的猜测，如摇晃身体、转圈、点头、张开嘴、摆动舌头。“那是——我吗？”它们很快会发现那就是自己。随后，它们会做我们都会做的事情：仔细观察没有镜子就难以看见的身体部位，尤其是口腔和生殖器，海豚对喷水孔尤其感兴趣（人类幼儿会观察自己的鼻孔）。戴安娜·莱斯研究过的一头海豚喜欢在镜子前旋转身体，同时眼睛尽量盯着镜子，就像练习转圈的芭蕾舞演员一样。如果一头海豚喜欢在大镜子前欣赏自己，而你将大镜子换成一面小镜子，让它只能看到自己身体的一部分，它就会后退，直到再次在镜子里看到自己的全身为止。海豚很清楚自己在干什么。

具有讽刺意味的是，镜子测试的拥趸们忽视了最有趣的事情：理解镜像表明你理解镜像不是你自己，它只是表现了你。彻底理解“表现”说明个体的心智具备理解象征的能力。

这其中的意义更大。如果你看到了一个与自己同一物种的个体，随后意识到，因为这个图像的一举一动与你完全相同，它一定表现了你（即使你先前可能也没怎么见过自己的样子），这表明了罕见的溯因推理能力。而猿类、海豚和大象都能认出自己的镜像表现了“自己”，它们都是些聪明的同学。喜鹊也能做到，这让我们十分好奇深藏不露的还有谁。

有一种动物非常擅长运用镜子，它不仅能在镜子里看见自己，还能在月亮和云朵中看见自己，假设整个宇宙都围绕自己而运行。也许镜子测试主要是为了判断哪些生物最为自恋吧。

说说神经元

世界上的任何一位活跃玩家，都一定有办法区分“我”和“非我”。我们必须建造一座堡垒（躯体和免疫系统），外面围绕着护城河（心智中的自我/非自我界限）。但是，当我们需要将自我和非自我相融合的时候，例如在判断另一个潜在同盟、对手或配偶的情绪时，我们也需要一座吊桥。这座吊桥由大脑中的神经细胞组成，被命名为“镜像神经元”。

讨论“镜像神经元”的问题在于这个领域已经严重过热，需要大幅降温。不过，了解它还是有用的。

在讨论“镜像神经元”和这股研究狂潮之前，别管它如何称呼，只要从字面上了解它，你就能跟上科学的最新形势：大脑中的一些神经网络能够帮助我们在情感上与其他个体同步。这是人类所特有的能力吗？一个提示：镜像神经元是在一只猴子的身上被发现的。再给一个提示：当我拥抱我的狗舒拉的时候，裘德就会摇尾巴；如果我和帕特里夏吵架，两条狗都会躲到家具下面。这是哺乳动物特有的吗？还有，鹦鹉有时会变得极其嫉妒。许多鸟类的集群，许多鱼类的集群和捕食，某些人类对某些海龟的偏爱，还有在蠕虫身上找到的产生情绪的化学物质，同样能让人类感受到爱——这些现象都表明，理解其他个体的能力有很深的渊源，它跨越了物种，跨越了时间。我们不完全相似，但我们并非简单地各不相同。环顾四周，你会发现这些关联。这些关联表明我们彼此之间存在着桥梁和联系。

尽管镜像神经元是在猕猴身上发现的，但它立即被某些学者和许多流行作家称为“一次使人之为人的演化的飞跃”。对于镜像神经元，加州大学圣地亚哥分校的 V. S. 拉马钱德兰（V. S. Ramachandran，朋友们都叫他拉马）有很多话要说,也许是过多的话。他声称这些神经元产生共情，让我们模仿其他人，加速了人类大脑的演化，大约在 7.5 万年前，让我们的祖先迎来了一次文化爆发。这个清单已经够长了，还有吗？猜对了！还有工具的使用、火、居所、语言，以及诠释另一个体行为的能力，这一切都是因为“一个复杂的镜像神经系统的突然产生……这就是文明的基础”。还有什么东西是因这些细胞而实现的吗？拉马钱德兰说：“我将它们称为甘地神经元。”好吧，好吧——但这是为什么？“因为它们化解了人类之间的障碍。”真的吗？“不是在某种抽象的意识形态意义上。”真的。“当然了，这就是许多西方哲学的基础。”哲学！“你的意识和其他人的意识之间没有实质的区别，这可不是巫术。”谁说它是了吗？但是镜像神经元的成就是不是稍微有点被夸大了？他回答：“我不认为它被夸大了，实际上，我认为它被低估了。”

一些研究人员和媒体将在猴子的大脑中发现的神经细胞誉为“使人之为人的东西”，并抓住这点，解释我们“人类高超的共情能力”，这太奇怪了。

我们沉迷于“(　　　)使我们成为人类”的填词游戏。为什么？如果仔细琢磨对“使人之为人”的狂热，你会发现有一种强烈的情感正好可以填进这个空格，那就是我们的不安全感。我们实际上说的是：“请给我们讲一个故事，让我们和其他一切生命区分开来。”为什么？因为我们非常需要相信我们不仅是独特的——因为所有的物种都是独特的——还需要相信我们非常特别，相信我们的辉煌、非凡和纯净，相信我们拥有神赐的灵感，相信我们体内栖居着永恒的灵魂。哪怕少了上述任何一点特征，都会导致致命的存在危机。

麻烦大家冷静一下。有人性，努力，带着善良和同情心行事，服务社会，又自娱自乐，在能享受的时候享受生活，这差不多就是作为人最好的成就了。我们拥有成就伟大的机会。但我离题了。

关于镜像神经元的一个事实，就是：实际上没有人理解它们究竟是干什么的。当我试图弄清楚为什么人们会将镜像神经元追捧为人类人道主义的驱动力时，一篇刚刚发表的研究综述对20年的研究进行了总结："镜像神经元的功能……有待探索。"

关于"镜像神经元"的另一个事实就是：它们可能并不是作为一类独特的细胞而存在。当猴子完成一项目标导向任务（如移动一只前爪），或观看另一只猴子或研究人员完成这项任务时，猴子大脑中多个部位的许多种不同神经元都被激活了。它们为什么会被激活？这意味着什么？它们被激活是不是为了形成对另一个体的行为的认知？还是说这种认知发生在心智的其他部位？事实上，这一切都不甚清楚。在我们确实了解的与某些研究人员宣称自己所了解的之间还存在着巨大的鸿沟。

为什么流行杂志作家会如此热情地投身镜像神经元的狂潮？拉马博士承认："我自己也有一部分责任，因为我开玩笑地说，镜像神经元对心理学的作用将如同 DNA 对生物的作用一般。这不完全是认真的。"也许当他补充下面这句话的时候他也在开玩笑，他说："后来我发现我是对的，然而……很多人把一切自己不理解的东西都归因于镜像神经元。"拉马，这些人中不包括你吧？最后，他似乎终于想起来这一切是如何开始的，说道："如果镜像神经元确实参与了共情、语言等，那么猴子在这些方面应该十分擅长。”嗯，没错。他指出，对于他所说的镜像神经元的种种能力，镜像神经元并非唯一的功臣。所以他也许会因为引起了某些误解而感到抱歉，对吧？“这些错误很普遍，但没关系。这就是科学进步的方式。人们会夸大其词，然后再纠正它。”有时候人们确实是这样。

但是，如果你谨慎一些，这些细胞的发现（抛开讨论不谈）仍然有它的价值。应该这么想：你的大脑不知怎么理解了我们和其他个体在做什么、为什么这么做。将参与这个过程的不同类型的神经元统称为“镜像神经元”，这就提醒了我们：理解周围发生的一切的能力不是“就这样”产生的。要让理解成为可能，需要专门的神经下拨网络。研究精神疾病有助于揭示不同的神经元负责不同的任务。患有某些自闭症的人无法感知其他人的目标、意图或社交模式。但这类人在其他领域通常做得很好。大脑是个内部高度分化、极其复杂、网络协同工作的多系统的庞大财团。

事实上，并不存在“大脑”这么一个东西，它不是“一个”器官。肝脏的每一个切片都大致相同，大脑却不是这样。大脑是分层的，并且每个区域有自己的分工，你能通过它的结构和功能看出它的演化过程。大脑躺在脑袋里，但在大脑中不同的区域、不同的部分代表了在母公司旗下运作的一个个不同的子公司。从遥远的生命之源到相对晚期、近期时代发生的“收购”“并购”“创新”造就了我们的大脑。其他物种的大脑也是如此，只是各有各的方式。许多物种共享了来自共同祖先的继承。在这共同核心的外面，演化给每个物种一点儿独特之处，使我们成为人，或是黑猩猩，或是一只唱着“噢加拿大，加拿大，加拿大”的白喉带鹀[①]。

① 白喉带鹀，生活在北美地区，其叫声有固定的节奏，听起来就像“我亲爱的加拿大，加拿大，加拿大”（My sweet Canada, Canada, Canada）。

当我们在其他物种身上寻找“智能”的时候，我们常常犯下普罗泰戈拉的错误，相信“人是万物的尺度”。因为我们是人类，我们倾向于研究非人类动物中与人相似的智能。它们是否像我们一样智慧？否，那么——我们赢了！我们是否像它们一样智慧？我们不在乎。我们坚持让它们加入我们的比赛，却不加入它们的比赛。

其他动物必须学会什么，必须解决什么问题，必须用什么样的方式解决问题，不同的动物在这些方面大不相同。人类需要制作长矛，而信天翁需要离开巢穴，飞行4000英里寻找食物，然后飞过海面，来到一座半英里宽的小岛上，在数千个同类中找到自己的幼鸟。海豚、抹香鲸和蝙蝠也许会同情我们，我们只能茫然地注视着黑夜，而它们的大脑会快速合成一幅高分辨率的声音世界“图像”，使它们得以在黑暗中觅食、识别其他个体和捕捉高速运动的食物。在它们看来，我们也许被剥夺了关键的能力，就像我们觉得它们缺乏语言一样——尽管事实上它们能力很强，在某些方面我们还无法与它们相匹敌。在视觉、听觉、嗅觉、反应时间、潜水和飞行能力、发声能力、迁徙和筑巢（即使在海底）能力方面，许多动物远远胜过了我们。许多动物是超级猎手、极限运动员。（但人类是最善于用两条腿奔跑的，如果你把鸵鸟排除在外的话。）不同的大脑强调不同的能力，让不同的生命得以充分利用不同的环境。这里有足够的空间和理由实现尊重和欣赏，以及对世界共同的理解。

托马斯·内格尔（Thomas Nagel）在一篇著名论文中提出了其他动物体验的不可感知，题为《当一只蝙蝠是什么感觉》。文章主旨是：蝙蝠的生活与我们如此不同，因此我们完全无法回答这个问题，我们只能回答作为一个人类是什么感觉。但是，我们真的知道作为一个人类是怎样的体验吗？我们真的知道作为人的意义是什么吗？在某种程度上，答案是肯定的；在某种程度上则不然。当我探访北极土著或与波利尼西亚人一同航行的时候，我发现我们有共同的基础，却有着细节上的不同。差异确实很多，但相似已经足够了。而我不完全知道成为他们是什么感觉。

在邮局和超市里，我看到的队伍和货架与那些为其他邻居打扫卫生的邻居们所看到的是一样的。我们看见并生活在同样的世界，但我不知道他们的体验，他们也不知道我的体验。一个纽约女孩，她的移民父亲在大萧条时期自杀，她的成长过程是怎样的？我的母亲，那个给了我生命的人，就过着这种不同的生活。在纽约爱乐乐团弹竖琴是什么感觉？当童子军是什么感觉？尽管我亲身到过内罗毕，但相比内罗毕的贫民窟里饥饿而绝望的人是什么感觉，我也许能更好地理解郊区人家里一条饥饿的哈巴狗是什么感觉，当我们的狗开心或者疲惫的时候，这很明显；我自己也知道开心或疲惫时什么感觉。但我真的不知道饥饿而绝望是什么感觉，并且这样的猜测让我感到痛苦。

因此，不仅成为一只蝙蝠是如此不同，成为另一个人也是如此不同。蝙蝠会感到舒适、休息、唤起、努力和母性的冲动，它们是哺乳动物，和我们有共同的基础。但是，我们说的是用声呐捕捉昆虫的蝙蝠、传粉蝙蝠还是果蝠？在所有的哺乳动物物种中，约20%是蝙蝠，所以大胆一点，我想我们得明确一下，是哪种蝙蝠？毕竟有超过1200种蝙蝠呢。

哲学家路德维希·维特根斯坦[①]曾说："即使狮子能说话，我们也无法理解。"就像大多数哲学家一样，他没有数据。更糟糕的是，他似乎从未见识过任何一头狮子。这些障碍并没有让他停下来。好吧。他表示人类至少能相互理解。真的吗？我们的语言常常失败。当阿拉伯人和以色

① 路德维希·维特根斯坦（Ludwig Wittgenstein，1889—1951），哲学家，出生于奥地利，后加入英国籍。

列人对话时，他们能否互相理解？逊尼派教徒和什叶派教徒能否对话？大多数人甚至无法和自己的父母或孩子有效沟通。所以，维特根斯坦，别装了。我们都在寻找食物、水源、安全和配偶。我们都在寻求社会地位，以能够优先获得食物、水源、安全和配偶。如果狮子能说话，它所说的琐事也许会让我们感到无聊：水坑，斑马，疣猪，角马，没完没了。性，幼崽，更多的性。新来的两兄弟长着厚厚的鬃毛，样子很吓人，焦虑。有那么难理解吗？食物，配偶，孩子，安全——它们的忧虑也是我们的忧虑。毕竟，我们曾和狮子在同一片平原上，追逐相同的猎物，互相窃取对方的狩猎技巧，恰是在这个过程中我们成为了人。我们有许多共同之处。如果一些人后来成了哲学家，这可不是狮子的错。

来自古老国度的人民

早冬，我刚刚走出我的书房。两条狗舒拉和裘德正躺在新近落下的叶子上一片温暖的阳光里，并不像在夏天的时候那样躺在树阴下。它们的行为和我们完全相同，沉浸在冬天宝贵的阳光里，感到舒适。（这也解释了为什么它们晚上会躺在垫子上，而不是睡在硬邦邦的地上——只有夏天除外，夏天地上更凉快。）我踩着落叶走过去，它们抬眼望向我。舒拉盯着我的眼睛，在思考我是有所要求还是有所给予。我站在那儿，它的目光便飘向了街道，我们都熟悉那校车的声音。它知道这点，不需要前去探查。在熟悉的领地上，听着熟悉的声音中同样的频率，享受冬日阳光的温暖，我们在很大程度上分享了这一刻。我们运用了相同的感官：视觉、嗅觉、触觉、温度感受和听觉。我看见了许多颜色，它们闻到了许多气味，它们的听觉也比我们要灵敏得多。我们的体验并不相同，但都十分鲜活。

这天早上，当我将鸡蛋从鸡舍拿进房子里时，不小心打碎了一个。两条狗马上跑过来舔食。我们也有共同的味觉、共同的感官。它们的眼睛、耳朵、鼻子、敏感的皮肤和可爱而柔软的舌头都与一个大脑相连，这还有别的原因吗？真是个好姑娘。冬日的晚上，当舒拉感到困倦，在炉火旁昏昏欲睡，眼睛都睁不开，我几乎完全知道那是什么感觉。随后，到了熄灯的时间，它们爬到自己的床上，我也知道那是什么感觉，因为我正在做着相同的事情，在同一个卧室里，按照我们共同的作息。这不是什么难事。

但是，当我们去散步的时候，舒拉不停地嗅着，嗅着，它嗅到了什么？那些气味激发了它怎样的想法和感觉？对于舒拉的体验中的这些方面，我就无法确切感知了，但裘德可以。并且，当我看到热情的流露，感觉到快乐，分享了爱意，我便知道了热情、快乐和爱。这些情感非常丰富。它们也许不会思考自己的死亡，或想象下一个暑假，但我大部分时间也不会。它们总是十分注意观察，高度警觉，当然，除了它们躺在阳光下的落叶上打盹的时候。狗是我的朋友，是我的家庭的一部分。实际上，我对它们的了解多于对住在街对面的那个人的了解。我尽一切能力照顾它们，保证我们的安全和康乐。它们和我所分享的生活比我的人类朋友更多。正如我的大多数人类朋友一样，我的狗和我的相聚只是出于偶然，但我享受它们的陪伴。有它们在身边，这让我感觉良好。这到底是为什么？只有狗知道。当裘德在抱抱和沙发之间进行选择的时候，它的一举一动都体现了意识和大脑的感觉逻辑。比如，它通常不被允许爬上沙发，如果我们回到家却发现它趴在沙发上的时候，看看它的反应吧。

当我在黄昏时出门，寻找鱼鳍搅起的漩涡时，鹗和燕鸥吸引了我的目光。它们具备鸟类的视力，也在寻找同样的鱼。我曾花了许多个小时研究燕鸥，并感到我们有许多共同之处。成为一只燕鸥是什么感觉？我不太清楚，但在某些方面我有所了解。我曾花上几百天在它们的筑巢地附近与它们共处，年复一年地观察它们求偶和养育雏鸟。我看到了它们有多么努力，在无数个清晨，我驾船跟随，看它们捕鱼。它们是专家、运动员、专业人士。关于它们所了解的世界，它们和我们共同的世界，我从它们那里学到了很多。

许多生物能在我们所能理解的情境中表现出饥饿、快乐或恐惧，表现得仿佛它们感受到了与人类相似的情绪。比如，如果你和一只雪貂或者浣熊幼崽一起玩耍（或者几乎任何一种哺乳动物，以及某些鸟类和爬行动物），你会看到它们能够感受到许多的快乐，并且能感觉到它们的玩耍包含了性情的元素。在大多数的清晨或是傍晚，我们一手养大的松鼠孤儿维克罗就会从树上爬下来，寻求食物和玩耍。它随便就能花上一个小时在我们的大腿和肩膀上跳来跳去，和我们的手游戏，仰面躺下来让我们挠它的肚皮。我们将维克罗发出的声音视为某种形式的松鼠的笑声（它让我们发笑了，这点是肯定的）。大鼠们一起玩耍或是被人类研究者挠痒痒的时候，发出的声音和人类婴儿的笑声非常相似。（老鼠的笑声的频率超出了人类听觉的上限，但研究人员对声音进行了降频，使其进入人类的听觉范围。）啮齿类动物的快乐所激活的脑部区域，与人类因快乐而激活的脑部区域相同。

所以，松鼠的快乐、大鼠的快乐和人类的快乐是相似的感觉吗？看起来很快乐的啮齿类动物显然就很快乐。著名学者雅克·潘克赛普写道："被我们挠痒的动物幼崽变得对我们格外友好。"我们的松鼠朋友维克罗总是玩不够。我们常常不得不把它放回那棵老枫树上，然后转身离开，因为我们有工作之类的事情要忙，没法花整整一早上玩耍。在这种时候，它似乎比我们更善于排列优先级。它当然懂得如何享受好时光。我先前对松鼠如此热衷于互动一无所知，但因为我们亲自养大了它，它对我们揭示了很多未知的事情。

不过，猿类会将玩笑付诸实施。弗朗斯·德瓦尔描述，当圣地亚哥动物园里的年长雄性倭黑猩猩掉进笼舍的干壕沟时，一只年轻的雄性黑猩猩有时候会很快拉起链子，让它没法从壕沟里爬出来。德瓦尔写道："它会一边拍打着壕沟边沿，一边带着一种张开嘴的表情俯视着壕沟里的倒霉蛋。这种表情相当于人类的笑。卡林德正在拿老大开玩笑。有好几次，另一只唯一成年倭黑猩猩罗瑞塔连忙跑过来搭救它的配偶，它把链子重新扔下去，并在旁边守着，直到配偶爬出壕沟为止。”

你得完全否认这些证据，才能总结说：人类是唯一现存的、有意识和感觉、能够享受生命，并期望继续享受生命的生物，换言之，是拥有生命和自由并追求快乐地存在的唯一生物。如果有人和狗或是松鼠、大鼠玩耍，随后却相信动物缺乏意识，那么他们自己也缺乏某种意识。这些人一定以某种典型的人类方式感知世界，但缺乏我们的狗和其他动物给予我们的广泛共情，而我们的狗和其他动物给予我们共情时，是那么的慷慨而自然。

问题在于，狮子和松鼠不会说话，即使是舒拉也不会。它们会交流，但不会说话，尤其不会对人类说话。一些鸟类（如乌鸦、椋鸟和鹦鹉）以及少数哺乳动物（包括海豚科、大象和某些蝙蝠）能学习和发出新的不同的声音。但是，多数猴子和猿类似乎有着本能的呼叫声，不会发生太大的改变。人类有着通用的、本能的呼叫声，如焦虑的尖叫、笑声、哭声，并且我们获得了语言。

人类用一个通用的大脑模板获得了语言。利用这个模板，我们学会了意大利语、马达加斯加语等。人类说话所用的生理结构，与狗用来吠叫和猫用来喵喵叫的生理结构相同。人类细致而强大的控制发声能力似乎仅仅来自于不同寻常的大脑连接。人类大脑具备不同于其他灵长类动物的结构，它在大脑皮层中参与自主运动的部分（位于侧面的运动皮质区）和一个叫作“疑核”（nucleus ambiguus）的部分之间有着直接连接，后者参与控制发声系统或者称为“喉头”的运动。负责人类语言能力的基因叫作 *FOXP2*，它也存在于其他猿类甚至小鼠身上，赋予了它们不同的发声控制能力，这有助于发展语言能力。而人类身上发生的这种创新似乎是说话和歌唱的一个先决条件。在某种意义上，灵长类的发声系统，包括下颌、嘴唇、舌头、肌肉以及脑部发出的神经，都在那里原地待命，等待喉头接收精确的控制信号。只要它们愿意，语言便成为可能。

而其他大多数动物确实缺乏语言的生理条件。倭黑猩猩坎兹能理解人类口语中的数百个词汇，能使用键盘符号，却无法像人一样说话。尽管人类与其他动物的区别很小，并且不过是程度的区别，小的量变累积起来也会造就很大的差异。复杂的语言让我们的大脑得以组织自己的思想，形成代代相传的记忆，这比其他一些动物在时间长河中学到的传统更为复杂。复杂的语言造就了复杂的叙事。人类不仅能使用一只猴子或鸟儿所用的现在时，如“嘿，我看到了一条蛇”，还能对另一个个体传递这样的信息：“我昨天还在那边看到了一条毒蛇，小心点。”

因为猿类通常无法发出与人类相似的声音，20 世纪 60 年代，研究人员艾伦和贝阿特丽斯·加德纳（Allen & Beatrix Gardner）以及他们的学生罗杰及其妻子黛比·傅茨（Roger & Debbi Fouts）一同在家庭环境中养育了一只黑猩猩，教它手语。它就是世界著名的瓦舒。后来，瓦舒教会了其他黑猩猩做手势，如“给我苹果”。黑猩猩能将手势结合起来进行运用，“水果”加上“糖果”就是“西瓜”的意思。一些会做手势的黑猩猩的句子能长达六七个单词。

“给我苹果”或许很明确，但当自由生活的黑猩猩合作切断疣猴的逃跑路线，令对方惊恐万状的时候，以及当黑猩猩准备袭击的时候，它们的心智过程、组织合作和所运用的知识远比这句话要强得多。黑猩猩无法在我们的社区里与我们共同生活，而我们也无法在它们的社区里和它们共同生活。但它们知道自己所需要知道的一切，并将大部分付诸实践。

黑猩猩能记住大约一千株果树的位置，它们结成群体在领地上巡逻，一连数周追踪果树的成熟情况。

考虑人类与被圈养的猿类之间的合作时，记住这点：猿类是高度社会化的生物，然而它们在实验室和动物园中的群体是由从小被捕获、脱离了它们社会环境和文化历史的个体组成的。如果将从不同的地方抓来的人类奴隶关在一起，他们之间的交流被称为“人类语言最模糊的影子，几乎没有任何语法”。同样，从被杀死的母亲那里带来的猿类幼崽很可能失去了发展丰富而细致的沟通技巧的机会，而这些技巧是可以在自然而具有深厚历史的猿类社区中观察到的。

自由生活的黑猩猩不使用具有具体意义的词汇，它们使用十几种呼叫声和相近数量的姿势，其意义部分取决于情境，但也能传递大量信息。最近，猿类研究者们发表了一项解读猿类交流的标志性研究（他们不仅研究猿类，但他们自己确实就是猿类）。研究者发现，所有的猿类都是用姿势进行交流。这些姿势能被群体中的所有个体理解，被具体的个体所接受，并且姿势的使用是有意图的、灵活的。乌干达的研究人员率先制作了一张“词汇表”，包含 66 种姿势，黑猩猩用其传递 19 种信息，例如“过来”“走开”“一起玩吧”“把那个给我”“我想要一个拥抱”。大猩猩能使用姿势表达超过一百种信息。倭黑猩猩会用与人类相似的“挥手”动作让另一个体过来，随后彬彬有礼地一摊手掌，指向一个方向，邀请对方一同前去偷欢。

倭黑猩猩坎兹在圈养条件下出生，在佐治亚州的一家研究机构里由其母亲抚养长大。通过与研究人员的密切互动，它能够通过特制的触摸屏使用 300 个词汇，能作出评论和表达请求，还能将单词进行组合。它能理解超过 1000 个英语单词，包含使用了语法的句子。一段录像展示了苏・萨维奇 - 兰波（Sue Savage-Rumbaugh）和它一同野餐的情形。她让它制作一个汉堡包和生火，它照办了。灵长类动物研究专家克雷格·斯坦福写道："如果说坎兹的理解和一个人类幼儿的理解之间存在什么区别，那么科学家还没发现。"但我发现了：你不会信任一个拿着打火机的幼儿。（YouTube 上有坎兹使用语法、切食物和使用石刀的视频，请观看"坎兹和新句子"，以及"工具制作者坎兹"。）

人类学家道恩·普林斯-休斯（Dawn Prince-Hughes）童年时患有自闭症，学习语言有困难，却在西雅图林地公园动物园（Woodland Park Zoo）的一群大猩猩中找到了某种身份，最后得到了饲养员的工作。她将大猩猩称为"我最早也是最好的朋友……它们是来自某个古老国度的人民"。与此同时，回到佐治亚州的实验室，坎兹观看了大猩猩可可的视频，随后在照顾它的人类研究者不知情的情况下，它学会了一部分可可使用的美国手语。（记住，坎兹曾被人教授用键盘上的符号进行交流。）但坎兹遇到普林斯-休斯的时候，它观察了她的举止一会儿，随后做手势："你大猩猩，问题？"

1982 年，瓦舒生下了两个孩子，但它们都死了，一个是因为心脏缺陷，另一个是因为感染。当研究助理凯特·比奇（Kat Beach）怀孕时，瓦舒对她的肚子表现出极大的兴趣，做手势说："孩子"。后来，比奇流产了。罗杰•傅茨记录："比奇知道瓦舒曾失去了两个孩子，决定告诉它真相。她对瓦舒做手势：我的孩子死了。瓦舒低头看着地面，然后望向凯特的眼睛，做了'哭'的手势，即抚摸脸颊上眼睛下方的部分……那天比奇离开的时候，瓦舒不让她走。它示意：请人拥抱。"

尽管一些非人类动物能够学会使用少量的人类词汇，人类利用大量语言的能力似乎是独特的。（这里的"语言"指的是一套包含丰富的词汇、语法和句法的系统。）人类儿童能够凭直觉掌握和驾驭复杂的谈话。当一个孩子开始使用过去式，说“我想过了”（I thinked）而不是“我想”（I thought），它们就在运用一条没有人教过它们的语法规则。哈佛大学的心理学家史蒂芬·平克（Steven Pinker）认为，孩子创造语言结构的能力表明人类大脑已被预编码，以获得语法。显然，人类生来就拥有语言本能。如果这是事实，那么人类获得语言的过程就是自然的，就像大象获得了咆哮和呼叫，狼获得了嗥叫，海豚获得了声呐。想想看，这似乎很明显。

但这其中的含义却令人不安。也许，我们在生物学上便注定无法理解其他物种以自己的交流方式所感知到的丰富世界，正如它们无法理解我们。如果它们的交流模式就是我们能够模糊却无法真正突破的界限，那会怎么样？“与动物交谈”是人类最大的梦想之一，它可能要破灭了。与动物交谈也许是不可能的，不仅是因为它们无法对我们说话，还因为我们也许无法对大象说话，正如大象无法用英语或波斯语讨论雨季的情况一样。

但是，还有一点点要补充的：当人类要求海豚或海狮找一件池子里并没有的物体时，它们要么极其努力寻找，这表明它们知道自己在找什么；要么就不屑一顾，这表明它们知道自己要寻找的东西不在那里。值得注意的是，由于“球”这个词本身不具备球形这个特征，人类的语言是一种抽象表现，是一个符号。然而，任何一个能理解“球”代表了球的动物，都理解了抽象符号。黑猩猩能形成“食物”“工具”等抽象概念，能将物体和代表物体的符号进行这样的分类。

伊丽莎白·马歇尔·托马斯写道：“当我们对动物提出请求时，它们通常能理解我们；而当它们对我们提出请求时，我们却常常感到困惑。”红毛猩猩能评估人类对它们的姿势理解了多少。如果人类无法理解它们的姿势，它们有时会用哑剧的形式表达对人类的要求。研究人员写道，当人类看起来似乎部分理解了它们的意图，“红毛猩猩会缩小信号的范围，集中使用已经被使用过的姿势，并频繁反复使用”。而且，如果人类误解了它们，红毛猩猩还会发明——新的信号。如果人类证明了自己能够理解它们试图表达什么，红毛猩猩就能传达共通的意义。

共通意义，相互理解。这就是它们的请求。

◉ 第四部分

虎鲸的悲歌

我们必须反对

给这种鲸取这个名字……因为我们

都是杀手。

——赫尔曼·梅尔维尔，《白鲸记》

海中霸主

肯·巴尔科姆（Ken Balcomb）的房子坐落在一个面朝大海的山坡上，栖居于松林中，有着水獭的房屋、鹿的草原和鹰的视野，享受着从圣胡安岛到哈罗海峡的全景。

今天，海峡里翻滚着白色的碎浪和泡沫。风夹着雨，海鸥在飓风中穿行。海峡对面，加拿大的温哥华岛如同蓝色的山峦，横在蓝色的天和蓝色的海之间。海峡中的居民有全世界最大的海星群，全世界展开长度最大的章鱼，还有全世界最大的海豚科动物——虎鲸。从一条海岸线到另一条海岸线，从海面到海底，在虎鲸看来都是同一个国度，它们的国度。

在一张低矮的咖啡桌旁，我从未在其他任何一个生活空间里感觉到离海洋如此的近。这张咖啡桌上放着一个头骨，长三英尺半，重 150 磅。它的庞大骨骼和交错的牙齿使它看起来与霸王龙极其相似。它是海中的霸王龙，而且它还未灭绝。就在外面的某个地方，畅游着如此庞大头骨的生物，正用如此巨大的下颌和这些大拇指般粗细的、匕首般的牙齿进食。6500 万年前，恐龙还没退场的时候，虎鲸就已经称王称霸了；而在我们的时代，连海里最大的鲸都惧怕它。但是，虎鲸微妙、敏感的一面使得它成为一种霸王龙永远无法做到的复杂杀手：聪明，有母性，长寿，合作，十分喜爱社交，奉献家庭。它们和我们一样，有着温热的血，能产生乳汁。作为哺乳动物，它们的性情与我们并无太大的区别，只是比我们大许多，而且远不如我们那么暴力。它们的大脑也远比我们的大脑要大，能够完成许多任务，包括家庭生活、地理学、社交网络合作和即时声学分析。

肯刚刚开始解释鲸如何产生和利用声呐，但出于某种原因，我的目光飘出了窗外，飘向了起伏的水面。

就在靠近海岸的海藻床外，我的目光捕捉到了一束突然喷出的水汽。但没看到鱼鳍。也许是无喙鼠海豚？随后，又是一股水柱。我无法想象一头虎鲸呼吸的时候怎么可能不露出高高的背鳍。但就在这时，海面裂开了，中间露出了一个黑白分明的头。天哪！但是，它们为什么没有提前通报自己的到来？肯的厨房船台上有一个喇叭，持续通过 OrcaSound.net 播放附近的一个水下麦克风阵列收到的声音，这叫水听器。目前，这些喇叭播放的只有大海发出的白噪声。

肯跑向架在厨房窗台上的三脚双筒望远镜，扫视着海面。他说：“可能是过客鲸[①]。它们通常很安静。”

现在出现了两三个背鳍。

“不是在往北或者往南走，”他说，几乎是在自言自语，“有几只海鸥跟着。游得不快，只是到处看看……”他仔细分析着这个场景，然后补充说：“那头雄性的背鳍基部还挺宽。潜水时间长。越来越像过客鲸了。”

过客鲸吃哺乳动物。居留型虎鲸吃鱼，主要捕食鲑鱼，它们大多是些话匣子，十分吵闹。而过客鲸可能是安静的跟踪者，悄悄偷袭海豹、海豚、海狮，有时也会捕食鲸——它们能听到鲸的呼吸声和吐气泡声。

我们走到肯的厨房外面的甲板上，就像在一艘船的甲板上一样。斜

① 过客鲸（transient），又叫过客型虎鲸，虎鲸中体型较大的一个生态型。下文中会谈到它与居留型虎鲸（resident）的区别。

阳在海面上撒下一片金光。肯打开了照相机的三脚架。

一条正在劳作的渔船开了过去。但几分钟过去了，还是没有看到新的水柱或背鳍。我问:“它们怎么就——消失了？”

“噢，过客鲸就能这么干。它们的呼吸很轻，就像你看到的第一道水柱那样。它们不露出一片背鳍，就潜进水里去了。许多细心的观察者都会错过过客鲸。”

整整一刻钟过去，它们才重新露面。真令人捉摸不透。

“噢——”肯深吸了一口气，他的眼睛仿佛粘在望远镜上了，“那应该是 T19。”在那被风吹乱的白色碎浪中辨认虎鲸，这简直不可能。“看到那往左偏的背鳍了吗？”

T 代表过客型（transient）。它们没有固定的路线，也没有固定的作息。它们一直在游动，它们会突然消失，又突然出现在这里。

还有一头雄性虎鲸，背鳍更坚挺一些。另一头可能是年龄较小的雄性虎鲸。它们缓缓游来，离海岸越来越近。远处还有两头雌性虎鲸。

“噢，太好了，太好了，太好了，”肯说着，眼睛仍然粘在双筒望远镜的目镜上，“噢，我的天哪！”

你也许会以为，一个全职研究这些鲸的人不会如此激动。但如果这样的话，他就不会在历经 40 年的研究后，还在这里。

在那些雄性虎鲸前方，一头港海豹将头部露出水面，环顾四周。几头雄性虎鲸正以迷惑性的速度游动，你可能会说，那头海豹死定了。

“那海豹还没——”肯开始解释，“反应很关键，但是——”

海豹如同一颗雨滴从海面溜走了。这里的海水的能见度只有 10 英尺左右，而海豹离最近的一头鲸约有 100 码。它面临的关键问题在于时间。3 头水中的巨怪刚刚来到这个角落，它们能在开阔的水域中运用回声成像。对这些鲸来说，海豹可能不过是浅色的桌子上一块黑色的影子。尽管它们为了避免被猎物发现，没有发出一点声音，它们是游动的窃听器，有着极高的灵敏度和强大的分析能力。

海豹也许从未有过这方面的经验，可能大吃一惊，但鲸却熟知其中的诀窍。这类海豹占据了它们食谱的一大半。

忽然，近处的 3 头雄性过客鲸朝着一片正在散开的光滑的水面猛冲过去。

肯称赞道："不错，那头海豹当时应该马上就行动的。"

自然选择，实时演示。两只海鸥俯冲下去。一头游动的虎鲸撕裂了水面，嘴里咬着海豹的一部分。肢解猎物有它的好处，它们刚刚分享了食物。

一个邻居打来了电话，她也全看见了。那群雄性过客鲸游过的时候，另一对夫妇刚好驾着小电动船转过肯的房子的北部，虎鲸高高的背鳍让他们的小船相形见绌。这些雄性过客鲸体长 26 ～ 28 英尺，体重大约 17 000 磅。刚才被它们撕成碎片的那头海豹可能也有船里的两个人加起来那么重。但奇怪的是，野生的虎鲸从未杀死过人类。

我本以为在一次成功捕猎之后，它们会发出些声音，但我们仍然没有从水听器里听到它们发出的一点儿声响。肯说："可能还在觅食。"以港海豹为食的虎鲸每天大约要吃一头重约 250 磅的海豹。它们会一天多次追捕海豹，并分享食物。分享食物在成年动物中十分罕见而高贵。这个名单不长，但五花八门。群体狩猎的少数物种会分享大型猎物，如狮子、斑鬣狗和狼。吸血蝠会将吸食的血液吐出来和亲友分享，它们将来也会予以回报。对食物，社会性昆虫会分享，一些猴子会分享，人类也会分享。一些家猫会带来"礼物"。黑猩猩有时会分享肉食，尽管它们大多数时候不情不愿，而且几乎总是和政治盟友或性伙伴分享。另一方面，倭黑猩猩会将与自己没有关系的另一只倭黑猩猩从邻近的房间里放出来一起进食，而不是独享食物。还有一些极少被观察到的事件：一个在线视频展示了一匹马将草料喂给旁边的马厩里的马；一头受伤的奶牛将一点儿美味的食物放在自己笼舍的铁丝网旁边，以便它熟悉的自由生活的奶牛可以够得着。

虎鲸总是会分享食物。如果一头虎鲸抓到了一条鲑鱼，尽管它一口就能将其吞下去，但在多数情况下它会把鱼和家庭成员分享。有时候，虎鲸会在水面上等待，而群体中的一个成员下潜，然后带着捕获的鱼回到水面，交给等待的同伴。在阿根廷，一头名叫马嘉的虎鲸两小时内就抓到了 10 头海狮幼崽，它把猎物都带给了等待的青少年同伴，自己回到海岸去再抓一头。

有些人不喜欢“杀人鲸”（killer whale）这个名字，便一直称呼它们 orca，这个名字来自它们的学名，*Orcinus orca*。但 orca 一词原本指的是一个邪恶的地下世界，这也不太好听，并且科学家们将来可能会把虎鲸属中的几个不同物种进行正式分类，但只有其中一种能保留 orca 这个名字，那么再将其他几种虎鲸称为 orca 就有点奇怪了。

就像玫瑰和大象一样，虎鲸曾被赋予了许多名字。在这一带，渔民将它们称为黑鱼（有歧义：领航鲸也被叫作黑鱼，而虎鲸不是全黑的，并且这两者都不是鱼，还有一种鱼也叫作黑鱼）。夸扣特尔土著[①]叫它们 max’inux，海达人[②]叫它们 ska-ana。在太平洋西部，千岛群岛上的阿伊努人[③]称它们 dukulad。在北极地区东部，因纽特人叫它们 arluq。在南美

① 夸扣特尔人，北美西太平洋沿岸印第安人。

② 海达人，居住在夏洛特皇后群岛、不列颠哥伦比亚省、威尔斯太子岛南部及阿拉斯加的印第安人。

③ 阿伊努人，生活在俄罗斯库页岛和日本北海道的一个民族。

洲最南端的火地群岛，雅甘人[①]叫它们 shamanaj。但是，就像不同种的大象都叫作大象一样，研究人员倾向于将不同的虎鲸都叫作虎鲸。对我来说，因为它们是全世界最大的海豚科动物，并且黑白分明，我也许会将它们叫作“主海豚”。甚至曾有人称它们“海熊猫”。但不可否认，它们是最凶狠的鲸。它们是海中的霸主，没有一种海洋生物敢捕猎它们，所以我将它们视为“杀手”。大多数时候，它们实至名归，正如我即将看到的那样。

不到 5 分钟，肯就已经下载了照片，他正在对比刚才拍摄的照片和数据库里的图片，将背鳍的不规则变化和白色的眼斑进行匹配，以确认那些鲸的身份。如果你保存有几十年来拍摄的上百万张照片，并且将其整理得井井有条，你也能做到。“刚才那是 T19、T19b、T19c、T20……”T20 大约有 50 岁了。肯翻阅着这些鲸的照片和家谱，那上面记录了出生、死亡和家庭关系。

这也很神秘。在 1984 年之前，从未有人见到过 T20 的鲸群，现在它们每年都会露面。其中一头鲸，T61，曾消失长达 13 年，然后又回来了。

肯的超高频收音机断断续续地播放着船长们的汇报，他们在离阿德默勒尔蒂湾（Admiralty Inlet）30 英里的观鲸船上。他们说，一些虎鲸正朝普吉特海湾（Puget Sound）游去。肯用他那专业倾听者的耳朵听着船长的声音，也听着大海。但到目前为止，大海仅仅保持着它那持续不断的海浪声。肯是个高大、随和、不计较的人，冷战期间他在美国海军服役了 8 年，寻找海洋里潜艇的声音。肯还能听见别的东西，那就是鲸。但那个项目是秘密的。他说：“我不能告诉任何人我在听什么。”

现在，肯在聊天。他正解释虎鲸在发声和声音的分析方面是怎样的

---

① 雅甘人，南美洲南部土著民族。

天才。同所有的海豚科动物一样，它们生活在自己发出的声场里。尽管它们生活在寒冷、碧绿、通常很浑浊的水域里，它们却能发出声音，找到远在视线之外的猎物，并与相隔十几英里的同伴和孩子保持联系。

肯向我展示了虎鲸的头骨轮廓如何适合发送和接收声音。人类和其他哺乳动物的声音产生于喉头，而鲸目在头骨中发声。它们的声音高度特化。肯说，他觉得这些虎鲸也许能够聚焦和塑造一束声波。一些研究人员猜测,它们可能会用经过聚焦的声爆干扰或恐吓鱼群。只要它们愿意，海豚科动物就能产生超过 220 分贝的声音。如果在水下听到这样的声音，其音量足以让你感到痛苦。肯认为它们也许还能够调节它们自己所听到的声爆的响度，即利用巨大的三叉神经控制收到的声音的强度（它们头骨上的三叉神经孔很大，我甚至能把两个手指插进去）。

肯解释了捕食哺乳动物的过客鲸和以鱼类为食的居留鲸之间的一些区别。两者的叫声有所不同。过客鲸群体中不会形成稳定的社群（pod），而是会分裂和重组，它们更像是“分裂 - 融合型”。过客鲸组成安静的小群体一同捕猎，而居留鲸有时会组成吵闹而活泼的多社群大集体。过客鲸屏气时间常常达到 15 分钟，而居留鲸极少会在水下停留超过 5 分钟。它们之间有很大的差异。

如果过客鲸在几英里外听到了居留鲸欢乐的尖叫声，它们就会转向甚至掉头。你也许能猜到，以哺乳动物为食的那些会更加暴力——领航鲸确实拥有更强壮的下颌肌肉，而居留鲸通常聚成更大的集体一起行动。

有一次，一个居留鲸社群中的 10 名成员突然开始高速朝两英里外的一个海湾游去，几头高度兴奋的社群成员正在那里制造骚乱。会合之后，它们朝海湾更深处游去。突然，过客鲸 T20，就是我刚才讲到的捕食海豹的虎鲸之一，和 T21、T22 一同浮出水面。它们显然在躲避居留鲸。这些鲸十分激动，研究员格莱姆·埃利斯（Graeme Ellis）甚至能够听到它们在水下发出的呼叫声，盖过了他的马达声。居留鲸在身后仅有 200 码的地方穷追不舍，过客鲸设法逃走，而居留鲸才不那么容易被骗。T20 和 T22 身上都新添了几处咬伤。（这次事件似乎是唯一一次被记录的野生虎鲸之间的肢体冲突。）

但是那一天，当过客鲸逃走时，居留鲸并没有追上去。它们只是在附近转悠了大约半小时，直到一头没有参加袭击的社群成员忽然出现，与群体会合。那是雌鲸 J17，带来了新生的宝宝。它当时是躲起来了吗？是不是因为家族中的新生儿就在附近，它们才对捕食哺乳动物的同伴的出现感到焦虑，并对其进行攻击？

还有一次，鲸类研究专家和作家亚历山德拉·莫顿（Alexandra Morton）看到居留鲸 A 社群中的 40 名成员"情绪高涨"地游着，拍打着水花，然后突然消失了。之后，它们在远处的海岸线附近重新出现，快速游动着，不再拍打水花；它们聚在一起，幼崽们紧紧抱成一团。它们潜入了最近的一个海湾。莫顿转过身，发现 4 头过客鲸出现在附近——T20 也在其中。这些虎鲸是不是都了解对方的日程表？它们没有义务告诉我们，但你还能找到比这更好的解释吗？

我们已经做了一些图片工作，聊了虎鲸，并且在厨房里观看了虎鲸捕杀一头海豹的过程——这就是肯·鲍尔科姆家里一个典型的星期天。在这座房子里，肯花了一生中的大部分时间观察虎鲸。一个朋友说："在某些方面，他和虎鲸比和人还要亲近。晚上，开着窗的时候，他还会醒过来，说，'它们在那里。'"

20 世纪 60 年代，肯刚刚开始研究鲸的时候，加利福尼亚州还有鲸鱼狩猎季。一位教授给肯寄了一些从死鲸身上取下来的样本。肯回忆:“血淋淋的，但我对它们很感兴趣。”随后，在 1972 年，肯目睹了一头长须鲸被杀死的过程。“我毫无准备地发现,那头鲸鱼看着我们,仿佛在说,‘你们为什么要这么做？’我经历了某种情感崩溃。我在想，‘我们刚才做了什么？’我感觉自己仿佛在奥斯维辛之类的地方工作，太可怕了。”当他的教授得到了一笔资金，要统计普吉特海湾的虎鲸时，肯踊跃加入。他总结说:“近 40 年过去了，我们的问题却比刚开始的时候还要多。”

多面杀手

直到20世纪70年代，当人们开始在太平洋西北部地区进行研究时，占据着人类想象的是一个简单粗暴的杀人鲸形象：一个遍布全世界的杀手，那张可怕的大嘴足以杀死任何鲸类，人类当然更不在话下。富有攻击性的高等级雄性控制着成群的妻妾，而雌性怀上的孩子总是属于首领的。但事实并非如此，几十年的观察、聆听、标记、记录和遗传学分析终于揭开了它们的面纱，面纱之下不是一种新的虎鲸，而是许多种新的虎鲸。

人们发现，太平洋北部生活着好几个不同"生态型"的虎鲸。我们已经遇到了"过客鲸"，它们四处旅行。曾在加利福尼亚州的蒙特雷（Monterey）被发现的个体，在阿拉斯加的冰川湾（Glacier Bay）再次出现，两地相隔1500英里。"居留鲸"的活动范围南北跨度有1000英里。它们在夏季和冬季更加聚集，在岛屿的迷宫中穿梭，追逐着大批洄游产卵的鲑鱼。而在其他的时间段，它们就离开了这一带。但是，过客鲸和居留鲸的主要区别不在于迁徙模式，而在于食谱。过客鲸捕食哺乳动物，对鱼类毫无兴趣，它们的下颌是为更大、更难对付的猎物准备的。居留鲸则相反，它们对哺乳动物没有兴趣。食物的区别之下隐藏着重重惊喜。它们就像俄罗斯套娃一样，你看到一个套娃，但是想不到里面竟然还有其他的套娃，模样相似却又不同。

我们不仅有过客鲸和居留鲸，还有更多的套娃。在北太平洋中，畅游着罕为人知的“远洋鲸”，直到1988年人们才意识到它们的存在。研究人员对这些体形较小、叫声不同、捕食鲨鱼的虎鲸感到困惑。它们的群体能有多达100名成员，在白令海到南美洲之间远离海岸的地方活动。一头远洋鲸于1988年在墨西哥被发现，3年后在秘鲁再次出现，两地相隔3300英里。

不同生态型的虎鲸的活动范围有重合，但从未有人见到它们混在一起。DNA分析显示北太平洋中以鱼类为食的虎鲸（居留鲸）和捕食哺乳动物的虎鲸（过客鲸）之间有大约50万年未发生基因交流。实际上，北太平洋的过客鲸与世界上所有其他虎鲸在基因上的差异最大。如果自由生活的动物之间自由杂交，它们就属于同一物种；如果它们之间不杂交，那就是不同的物种。现在看来，大多数虎鲸“生态型”很可能是先前没有发现的新种。

观察指南上仍然只标示了一种分布在全世界的虎鲸（*Orcinus orca*）。将来科学家或许能收集到足够的数据，以区分各个物种，给它们新的学名。目前为止，科学家用不同的“生态型”称呼它们，如南极A型、B型、C型，浮冰型虎鲸等。至少5个生态型仅在南极水域活动。

浮冰型虎鲸结成小的狩猎群体，在南极洲游弋，时常将头探出水面寻找在冰上休息的海豹。虎鲸专家鲍勃·皮特曼（Bob Pitman）说，当虎鲸发现海豹的时候，它会认真审视，“显然是在确认这是对的物种”。如果是威德尔海豹，虎鲸就会消失20～30秒，去召集同伴。一两分钟后，鲸群集合了，大家都盯着海豹看。“经过1～2分钟的集体讨论之后，鲸群会决定要进攻还是放弃。”如果它们决定进攻，就会游到离浮冰和海豹150英尺外的地方，然后，“仿佛是按照指令”，它们猛然转向浮冰，同时用尾巴拍击水面。这样的拍击能掀起一股 3 英尺高的浪。最后时刻，它们潜到冰下。海浪会将浮冰击碎，通常会将海豹冲进水里。

另一种虎鲸生活在南极洲的杰拉许海峡（Gerlache Strait），它们的体形大约是浮冰型虎鲸的一半大小，捕食企鹅。鲍勃·皮特曼说："这些虎鲸似乎仅仅食用猎物的胸肌，其他部分直接抛弃，简直不可思议。"罗斯海（Rose Sea）的虎鲸是目前已知体形最小的生态群（雄性体长仅有 12 英尺，体重只有一些大型生态群鲸类的 1/3），它们能在海冰的裂缝中穿行数英里，捕食小鳞犬牙南极鱼（商品名南极鳕鱼、智利海鲈鱼），这些鱼类的体重能达到 200 磅。在北海，虎鲸驱赶鲱鱼群，使其成为紧密的球形。虎鲸还有其他生态型。

总之，虎鲸曾被认为是一个遍布全球的物种，如今人们发现它似乎存在 8 种左右的生态型，有着不同的食性，很可能属于不同的物种。最大的惊喜是：地球上一些最大的未被发现的动物，就藏在我们眼皮底下，如此壮观，不可思议。

晚餐之前，水听器系统继续稳定播放着来自大海的深沉而模糊的声音，一种孤独而无生命的嘶嘶声。声音散落空中，如同星际空间中的原子。我们听见一辆摩托艇经过的声音，肯立即指出："它发出的声音在 1000 ～ 4000 赫之间，音量是，嗯，165 分贝左右。"摩托艇的声音越来越强，又越来越弱，将一片稳定的嘶嘶声还给了我们。

人类的听觉范围下至 40 ～ 50 赫，上至大约 20 000 赫；音乐中的低音贝斯在 80 ～ 100 赫；我们说话的频率是 500 ～ 3000 赫；虎鲸的谷点频率（frequency notch），即它们最敏感的频率范围，大约在 20 000 赫。肯说："它们也能听见其他频率，但这个频率是它们最擅长的。"它们的声呐系统之所以处于这个范围，是因为“你能在这里得到很好的分辨率”。这个频率高于大多数人所能听到的频率。

我们用一股空气发声，说完之后需要再呼吸一次。我们用嘴说话，而海豚科不一样。它们强迫空气通过头部的鼻通道，随后，它们用前额中一个特别的扁圆形“声学透镜”加工和放大振动，正是这个透镜给了海豚科动物圆润的头部形状。能量以一束声波的形式,从海豚的头部发出。

它们的听觉系统更为奇特。从下颌接收到的振动被中空下颌骨中的脂肪吸收，并传递到内耳。我认为，它们的下颌承担了其他哺乳动物的外耳采集声波的工作，尽管原理大不相同。

使用声呐系统的齿鲸，即海豚科（包括虎鲸）、鼠海豚科和抹香鲸，它们耳内的神经纤维数量是陆地哺乳动物的 3 倍。它们粗大的听觉神经是所有生物类型的神经中直径最粗的。为什么它们的听觉神经这么多、这么大？科学家说:“这是为了高速传递大量的听觉信息。”如果周围不巧存在着大量与它们通常使用的频率范围相重合的噪声，一些海豚似乎能够调整声呐系统的频率。这有点像在使用双路无线电设备的时候，如果你在使用的那个频道噪声太多，那就换一个频道。与此同时，它们失去了其他哺乳动物与嗅觉有关的神经和大脑结构。它们很可能完全没有嗅觉。

就像大象一样，庞大的须鲸亚目能够产生人类听不到的低频声音。但如果大象知道了鲸能用声音做什么，它一定会十分惊讶。大型鲸类发出的声音响度能与一艘中等大小的船相当。你无法听见，它们的频率太低了，但相隔很远的两头鲸能听见对方的声音。长须鲸等鲸类，就算相隔数百英里，也能“一起”迁徙，它们能借助叫声在旅途中保持联系。动物王国因心智活动而和谐，然而在它所包含的数百万种不同波长的声音中，我们生来只能理解其中最微小的碎片。

晚饭之后，入睡之前，我们合上笔记本电脑，坐在肯的厨房里喝酒聊天。这时，音箱播放的白噪声中传出一阵尖啸，打断了整个对话。

接着，一阵柔和的声音断断续续渗进来，如同流水汩汩涌出。夜晚安静的厨房里充满了摩擦声、吱喳声、喘息声、蜂鸣声、哨声、呜咽声和长啸声。仿佛在空旷而黑暗的道路上，一支迪克西兰爵士乐[①]队刚刚转过远处的一个弯道，越来越近，越来越响。

20 分钟里，在外面的黑暗中，它们游过我们身旁，叽叽喳喳地叫着，如同热带雨林里的鸟儿，那声音多么自信、多么充满活力。音量渐强、渐弱、高低起伏。能够确认众多这样的生命在这里与我们一同生存着，这种感觉出奇地令人安心。随后，声音开始消逝了。当最后一小段有生命的音乐抵达我们身边时，我开始体会到失去它们将是怎样的感觉。

当嘶嘶声再次将我们包围时，这种感觉似乎发生了改变。不再空洞，而是孕育着可能。那是一个技艺高超的渔夫所体会到的感觉，在他那未被触碰的渔线之中，一种庞大的、一切皆有可能的潜力，令他拥有了一个猎手的耐心。也就是说，那些鲸拥有了我，我听得入了迷。

---

① 迪克西兰爵士乐，一种爵士风格，起源于美国新奥尔良地区，常使用多种乐器组队演奏。

“性”致勃勃

早上，肯穿着浴袍跑到楼下，精神抖擞地喊道：“我们有咖啡，还有鲸！”

他已经打开了位于石灰窑州立公园（Lime Kiln）的水听器，在我们南边几英里外。窗台上的音箱为我们织出了一块抽象的声的挂毯，有呜咽声、哨声、喘息声……

那是谁？

肯竖起一根手指打断了我。“噢，那是K社群，你听那柔弱的叫声，像小猫一样是吧？嗯，那边现在有不止一个社群。我待会就知道了。”停顿。“还有J社群，”肯指出：“J社群和L社群的叫声更像号角。”停顿。“好了，我听到了J、K和L，3个社群全都在！”

我们来到厨房外的甲板上，朝海峡望去。没有鲸，但是可以肯定，在南边1英里外的海角处，虎鲸正排成长长的一列，迎着汹涌的海浪，朝我们游来。它们高耸的黑色背鳍如同海盗旗一般，划开了海面的泡沫；它们喷出的水雾被风吹散，融进了阳光。那是一大群鲸，从左到右一字排开，占据了我的双筒望远镜的整个视野，远处甚至还有一些。“哇——那边大概有七八十头鲸！”

“它们可能全在那儿！”肯激动地说。

不错，曾在这片水域被观测到的全部3个居留鲸社群——J、K和L

社群——的全部成员，正在朝我们游来。肯宣布:“这是个超级社群！”

“我判断鲸类行为的资历只有入门水平，但这些鲸似乎情绪不错。”肯介绍说，在超级社群的聚会中，“哪怕年纪最大的和年纪最小的都喜欢和对方在一起；几个月没见面的雌性虎鲸可能会一连几天聚在一起唠叨个不停，仿佛要说说它们一整个冬天都做了什么。幼崽喜欢打滚、翻跟头和互相追逐。”

在虎鲸的聚会中，玩耍和性爱自由进行。它们对家长指导[①]的分级并不在意，并且就像海豚科的其他许多物种一样，虎鲸之间的玩耍大多是限制级的。雄性虎鲸很小就开始进行性玩耍。肯说:“连一岁的幼崽都不例外，它们一断奶，就总是把小小的生殖器伸出来玩个不停。”年龄更大的雄性之间更是百无禁忌。“我们常看到一群公虎鲸聚在一起，第三条腿搭在同伴身上——我们把这叫作平克·弗洛伊德[②]。”和其他海豚科动物一样，它们频繁进行同性性行为，借助于同伴的鳍状肢或口鼻部。许多自由生活的海豚频繁借助物品进行自慰，肯甚至遇到过性兴奋的虎鲸摩擦他的船只，动作很激烈，但没有攻击性。

戴安娜·莱斯曾将一面巨大的镜子放在池子里，随后 7 岁的雄性宽吻海豚潘和德尔菲在镜子面前展示身体，并开始模仿性活动，同时从镜子里观察自己。（宽吻海豚发生同性性行为的频率是所有已知生物当中最高的。）丹尼斯·赫辛总结:“海豚喜欢性交，并且进行大量的性交。”

雌性虎鲸从青春期开始进行性行为——而且持续一生。肯告诉我:“后生殖期的奶奶们开始在雄性虎鲸身上摩擦，在它们身边滑行，这是个有趣的画面。”虎鲸视角中的“熟女”，即年长的更年期雌性虎鲸，似乎喜

① 家长指导，指美国影片分级制度中，儿童需要家长陪同才能观看的电影。

② 平克·弗洛伊德（Pink Floyd），著名摇滚乐队，1965 年成立于伦敦，曲风前卫、迷幻。

爱邀请年轻雄性虎鲸进行性活动。肯说:“随便什么小帅哥都行，有时候甚至是五六岁的年轻雄性虎鲸。它们会让雄性虎鲸十分兴奋。我们没有见到过实际的交配行为，但我们多次见到它们肚子朝上翻过来把阴茎放在上面，或者放在侧着身子的同伴身上。它们会打滚，你能看到它们的生殖区域肿胀起来。它们所发生的性行为比繁殖行为要多得多。虎鲸就是格外有性致。”

太平洋西北部以鱼类为食的居留鲸所组成的社群，在地球上是独一无二的。大象的基本社会单位是家族，由一头年长的雌性族长领导，其成员包括它的孩子和女儿们的孩子。虎鲸与大象之间的一大差异，就是年轻的公象成熟时会离开家族，但雄性虎鲸一辈子都留在它出生的家族中。(它们会在与其他的家族社交时进行交配，但很快又回到母亲身边。)母子之间形成了强有力的纽带,维系终生。事实上,在所有已知的生物中,只有虎鲸的孩子们会始终生活在母亲身边，直到母亲去世。

就像大象一样，在每个虎鲸家族中，负责决策的年长族长记住了整个家庭的生存指南，它的头脑中储存着关于这个区域的知识，还有水道，岛屿之间的通道,鲑鱼在繁殖季节聚集的河流等。族长总是处在领头位置。肯猜测，族长会根据评估做出决策，比如“这里没有多少鱼，我们到哥伦比亚河(Columbia River)那边看看情况怎么样”。这样的决策可能意味着一两天的旅行，它们一天能游 75 英里，活动范围很广。

在居留鲸的第二层社会结构中，叫声扮演了一个奇特却重要的角色。所有的鲸都使用某种通用的叫声，但其他一些叫声只在特定群体内使用。共享少数不被其他家庭使用的特定叫声的几个家庭组成一个稳定的群体，叫作社群(pod)。[肯的研究助理戴夫·埃利弗里特(Dave Ellifrit)向我保证:“它们的声音很不一样，没受过训练的人也能听得出来。”]每个居留鲸社群使用 7 ～ 17 种独立的叫声。在同一个社群中，每头鲸的“曲目表”完全一致，并且都使用社群中的整个曲目表。不同的社群可能分享某些共同的叫声，但没有一个社群使用与另一个社群完全相同的曲目表。

因此，一个虎鲸社群就是几个规律进行社交的家族的集合，这有点像大象的家族。尽管虎鲸家族常常独自旅行，社群却是真实而关系紧密的社会单位。比如，当 J 社群的家族一同游向弗雷泽河（Fraser River）的入海口，而 K 社群去往罗萨里奥海峡（Rosario Strait）的时候，你就能看出这一点。

社群的上一层结构是氏族（clan），由多个社群组成，氏族成员使用另一套其他氏族不使用的叫声。偶尔进行社交的氏族组成一个社区（community）。社区之间不进行社交活动。在北美西北部地区有两个相互独立的社区，即北居留鲸社区和南居留鲸社区。J、K 和 L 社群中的约 80 头鲸共同构成了南居留鲸社区，分布范围从加拿大的温哥华岛（Vancouver Island）南端到美国加利福尼亚的蒙特雷（Monterey）。北居留鲸通常在温哥华岛到阿拉斯加西南端一带活动，有 16 个社群，总计大约 260 头鲸。

还有一个十分奇特的现象，就是这些居留鲸虽然毗邻而居，却避免相互接触。这奇特的种族隔离背后的原因显然是文化方面的，是习得习惯的差异。北居留鲸和南居留鲸被发现分头觅食还不到一千年，但它们之间从不来往。这些鲸几十年来都备受关注，如果它们之间有互动的话，许多人都会注意到。DNA 显示这些邻居们在基因上属于同一物种。但是，在行为上区分不同物种的依据通常是“两个种群之间不进行自由杂交”，而这些鲸符合这一标准。

我们可以将这些正处在分离过程中的虎鲸视为不同物种。如果它们持续避免相互接触，并且两个社群都能生存下去（南部社群目前处于濒危状态），这些不同的社群也许会演化成不同的物种（我们一万年后再来确认这点）。但是到目前为止，这些鲸之间唯一可辨认的区别就是文化：它们的方言。它们似乎分享了其他的一切，包括对对方的厌恶和回避。这种稳定文化群体之间的自我隔离十分独特，研究人员甚至认为“在人类之外没有相似的现象”。

明白了吗？加纳利群岛（Canary Islands）的领航鲸似乎也有居留鲸（常见）和过客鲸（罕见），两种社群不相往来。抹香鲸有着庞大而互不交流的“氏族”。例如在太平洋，研究人员根据它们发出的咔嗒声的不同规律，分辨出了6个“声学氏族”，每个氏族的活动范围都长达数千里，都包含大约一万头抹香鲸。这是目前已知唯一的活动范围横跨海洋的稳定文化群体。宽吻海豚有近岸型和离岸型，它们活动范围有重叠，但不互相交配。这符合“不同物种”的定义，但它们也没有被正式认定为不同物种。斑点原海豚和长吻原海豚也存在不同的“类型”。它们与我们同在此地，它们庞大而聪明，而我们对它们知之甚少。

总而言之，虎鲸有着比黑猩猩更加复杂的社会结构。这个社会也更和平。由于它们都体格健壮、牙齿尖利，每当它们发现其他群体就在附近，它们要么社交，要么离开。研究人员一直对自由生活的虎鲸之间罕有攻击行为有着浓厚的兴趣。肯的研究助理大卫·埃利弗里特曾见到两头雄性虎鲸“重重地撞到一起，然后各自上路了”。仅此而已？在我的强烈要求下，大卫对我描述了另一起攻击事件。有一次，他见到一位虎鲸母亲想要休息，但其孩子一直在打扰它。“母亲用头部狠狠撞击孩子，仿佛在说，‘滚开！’”这就是他在20多年的观察中所目睹的全部的攻击行为。在经过了数十年的观察和倾听后，虎鲸研究者亚历山德拉·莫顿记录认为虎鲸家庭成员中存在呼吸同步的现象；它们游动的时候始终互相触碰，鳍状肢轻轻搭在同伴的身体侧面，或全身接触；没有一头虎鲸似乎处在从属或次级地位。她描述了虎鲸母亲与孩子之间的亲密互动，指出了虎鲸之间的“包容、认同与和平”。

不同的身体形态、不同的语言、不同的文化和家庭价值观——要不是它们没有针对同类的暴力攻击行为，你也许会将虎鲸当成人。一些土著人民确实相信虎鲸就是人。也许他们凭直觉认为，虎鲸稳定、分层和有着文化自我定义的群体与人类社会相似。也许他们是对的。

聚集的超级社群远离了听音器，也就是说它们正朝我们这里游来。我们一直在观察——它们来了。它们高速冲进视野，来了一个震撼登场。当它们来到房子跟前时，最近的鲸离海岸只有半英里。它们之间相隔50～100英尺，排成1英里长，搜寻着鲑鱼的踪迹，就像一个庞大的拖网捕捞队。每头鲸都在发出一束束声波。在海峡处，更多的鲸结成松散的群体陆续前来。突然，附近所有的鲸仿佛同时潜入水底。我看到它们快速围成一圈，包围了一群鲑鱼，然后轮流钻进鱼群里，吃着，分享着。不到一分钟的时间里，几头鲸冒出水面，先是露出了高耸的背鳍，随后吐出云雾一般的气息。一头雄鲸将头露出水面转了个身，仿佛要看看同伴来了多少。几头鲸鱼也冒出来，互相靠近。几只海鸥冲向水面，吞吃漂浮的鱼肉残渣。捕猎成功似乎使得这些鲸处在轻松愉快的情绪中，它们拍打水花，进行社交活动，显得很自在。

• • •

肯将音箱接到了我们北边的一组水听器，朝北旅行的鲸的声音喷涌而出，仿佛我们刚刚走进了一家卡拉OK厅。一个问题：虎鲸和其他海豚科动物那复杂的声音和复杂的大脑，是否交流了复杂的信息？答案似乎是：既是，也不是。这个问题很复杂。海豚能够理解手语句子中的语法，例如“用你的尾巴碰碰飞盘，然后从上面跳过去”。海豚的理解力很强，甚至会无视无意义的命令。它们能学会几十个人类的词汇和理解简短的句子。但相比在池子里与一两个人类和几个玩具为伴，海豚真实的世界和社会要苛刻得多，丰富得多，也更充满风险。

尽管在池子里的海豚学会了研究人员使用的手势和符号，掌握了人类语言的只言片语，我们却从未破解它们的密码，也不知道如何用海豚的声音与海豚交流海豚们关心的事情。它们是否一起聊天，给对方下达命令或指示，甚至讲故事？我们不知道。它们在想什么？我们不知道。它们在说什么？我们不知道。那么，我们可以开始去了解吗？

就像人类婴儿一样，海豚幼崽也会发出一阵阵的哨声，并且随着它们的成长，叫声会变得更加有组织性。在一个月到两岁之间的某个时间点，宽吻海豚、花斑原海豚等海豚会发展出自己独特的“特征哨声”（signature whistles）。特征哨声是它们给自己创造的名字。这个声音是独特的，并且从来不会发生改变。它们用这个声音宣布自己的身份。

如果海豚听到自己的特征哨声由另一头海豚发出，它就会用叫声进行回应。它们不会回应发出第三方特征哨声的海豚，但在听到自己的名字时会作出应答。当亲密的朋友被分离，海豚会呼唤对方的名字。似乎没有其他哺乳动物会这样做（就目前所知）。如果水中条件较好，海豚能听见十里外另一个个体的声音。花斑原海豚似乎用名字将几个个体召唤到一起。当群体在海中碰面的时候，它们互相呼唤名字。

雌性宽吻海豚一生都留在母亲的群体里。它们会发展出与母亲大不相同的特征哨声，因此在它们一同迁徙的时候，很容易根据声音区分个体。年轻的雄性海豚将来会离开自己出生的群体，它们的特征哨声与母亲相似。

最近，研究人员发现，许多种蝙蝠也会唱出包含个性化叫声的歌曲。例如欧洲的一种蝙蝠，纳氏伏翼，它的叫声包含许多部分，用人类的话说就是："听着，我是一只纳氏伏翼，雄性，17号，我是这个社群中的一员，我们有着共同的社会身份；请在这里降落。"在鸟类当中，许多种鹦鹉使用特征叫声识别邻居和个体。一些研究人员认为，超过350种，也就是说所有的鹦鹉可能都使用特征叫声。研究人员还说，"就像人类父母给孩子们起名字一样"，绿腰鹦哥会给幼鸟起名字，幼鸟将来会用这些名字指代自己。澳大利亚的壮丽细尾鹩莺会将一个密码教给还未孵化的幼鸟，"幼鸟越是熟练掌握这个密码，就能得到越多的食物"。当然，在从海豚到细尾鹩莺之间的巨大鸿沟里，一定还存在着许多这样的案例，仍然不为人所知。

当然，狗和其他动物能够轻松分辨人类给它们起的名字。我们聪明的舒拉，如果我说"去找裘德"（与它一同被收养的兄弟），或者"去找妈咪"（它的保姆，当然也是我的保姆），它知道该去找谁。它们还能理解"水""玩具"之类的词汇，当然还有"零食"。当我们的小狗艾米学会"玩具"一词的时候，它不会跑向最近的物体，比如鞋子或者袜子，而是会去寻找它的玩具，那玩具要么在盒子里，要么在地上。这表明它能够理解一种包含多种不同物品，却把其他许多物品排除在外的观念，即分类。

海豚能够终身记住和识别出另一个个体的特征哨声。在证明这点的实验中，被圈养的宽吻海豚听到了20年前曾经被养在一起的同伴的特征哨声录音。它们记得这声音，并马上回应，尽管它们在分开之前只相处了很短一段时间。实验作者詹森·布鲁克（Jason Bruck）总结："海豚具备终身保持对另一个个体的记忆的潜能。"这是第一个揭示了非人类动物身上存在超过20年的社会记忆的正式研究。但是根据非正式记录，猿类、大象和其他一些动物在与同伴或曾照顾它们的人类分离许多年后，会十分热情地与对方相聚。许多这样温暖人心的重聚被摄像机捕捉下来，你可以在网络上找到相关视频。当孤儿象被从内罗毕的谢尔德里克基金会带到察沃国家公园的时候，它们会遇到几年前在保育所认识的、如今自由生活的年长孤儿象。当我参观那里的时候，饲养员朱利叶斯·施瓦亚告诉我："在交流之后，大象会说，'噢——是你啊！你长这么大了，我都认不出来了！'就像幼年时被分开的两个人重聚的时候一样。"

向内看

关于海豚的一些事实，或者说关于我们的一些事实，能让许多人开始相信这些海中的泳者比我们更优秀。也许我们对于自己作为人类的缺陷感到尴尬，这让我们渴望相信，在天空或海洋里存在着什么比我们更完美的东西。我们不必担忧，许多事物都以它们各自的方式超越了我们，包括某些人。并且，就像我的狗常常表现出来的那样，许多最重要的事物不是通过语言表达出来的。也许海豚在某些方面更加优秀，但不是谈话。

据我们目前所知，海豚的哨叫声传递的信息简单而重复，它不复杂，也不特别，不具备高度的规则；它不是一门以词为基础、包含大量词汇、具备语法结构的语言。但是，只有极少数喜爱海豚的人能够真正接受这点，我自己就是其中之一。它们的叫声听起来实在是太复杂多变了。因此，我们听着，等待着，以期将来能够听懂更多。

关于人类或鲸，或两者，必须提到有些人曾经投入大量的精力倾听鲸的声音。20 世纪 70 年代，科学家发现座头鲸的歌曲包含结构。奇怪的是，雄性座头鲸在奔赴交配地点会合的时候，即使它们之间相隔数千里远，它们仍然唱着相同的歌曲。座头鲸的歌声包含大约 10 个连贯的不同主题，每个主题都包含重复的短句，每个短句都包含大约 10 个不同的音符，唱出来需要大约15秒。它们的歌曲长约10分钟,随后进行重复。在繁殖季节,鲸会一连唱上几个小时。每个大洋中的鲸歌都各不相同，并且几个月、几年后,每个海洋中的几千头鲸的歌声会发生同样的改变。在某种意义上,鲸歌是个持续改进中的作品，并由全体成员共享。

鲸歌的改变有时是突然而剧烈的。2000年，研究人员宣布，澳大利亚东海岸附近的座头鲸的歌曲“短期内被完全替换”，变成了澳大利亚西海岸的印度洋座头鲸曾经唱过的歌曲。似乎有少数“外地人”从西边迁往东边，它们的歌曲受到了东海岸居民的热烈欢迎，被竞相模仿。研究人员写道:“这样一种革命性的变化在动物声学文化的传统上前所未见。”并且，在偷听了20多年后，人们发现鲸歌中的短句一旦消失，就再也不会重现。这些歌曲是什么意思？研究者彼得·泰尔克（Peter Tyack）说:“我们也许要感谢一代代的雌性座头鲸对雄性的歌声特征不断变化的审美。”顺便一提，座头鲸的歌声卖出了几百万张专辑。我们有着同样的审美，这也许是我们具备相似心智的最大的谜团和最好的证据。

一群虎鲸可以分散到约150平方英里的水域中，同时通过声音保持联系。我在水听器里听到了它们的啁啾声、哨叫声、号叫声、欢叫声，还有一种类似湿手摩擦气球发出的声音。多数叫声都有突然的转折或音高的渐变，这使得它们在背景噪声中清晰可辨。这些鲸在唱什么？它们在讲述什么样的起源史诗？如果说那里有什么密码，那么从未有人破解过它。不过肯懂一点儿。他说:“自从1956年第一次录音以来，它们都在反反复复说着同样的事情。我曾经想,‘它们没有什么新东西可说了吗？’它们似乎不是在说‘这里有大鱼’之类的。它们似乎没有一种表示‘猎物’或者‘你好’的叫声。”每当这些鲸发声交流的时候，每头鲸的声音都会被听见，重要的不仅是它们在做什么。不过，很肯定地感觉到，“只要一阵哔哔声，它们就知道那是谁，那声音是什么意思。我确信，对它们来说，每头虎鲸的声音各不相同，可以根据声音分辨出个体，就像我们一样。现在我们听到的一些不断重复的声音就是这种特征叫声。”

随之传递的可能包含了更多的情绪。肯说：“有一种声音听起来像‘咿-啦咿，咿-啦咿’，这有没有什么特别的意义？或者说，它的强度是否表达了不同的意义？当社群集合的时候，你能感觉到声音的强烈和激动，听起来就像一场派对。当它们情绪激动的时候，叫声变得更高亢短促——或者说变得更尖锐了。”鲸的叫声也许不包含语法，但它们交流是谁、在哪儿、情绪怎样，也许还有食物。当鲸同步行动的时候，它们的叫声由“皮突——”主导（“我们要做这个；我们一起继续做下去”）；而“呜咿——噢——呜喔”是一种平静和放松的联系（“我们还好吧？还好！”）。这足以维系几十年的联系、结合、群体身份和群体团结。

所以，我们现在听到的叫声就是它们用来寻找鱼类的声呐吗？

“不，声呐听起来就像——”肯快速弹动自己的舌头，“有时候它们会发出这些咔嗒声，来到听音器附近，那是它们在‘寻找’鱼群。”大脑会利用咔嗒声的回声提取信息。借助声呐系统，海豚能探测出 90 米外的一个乒乓球。它们能准确追踪快速游动的鱼，在高速游动的同时避开障碍物，最终将鱼捕获。它们发出的咔嗒声非常短促，每次只有十万分之一秒，它们每秒能发出多达 400 次这样的咔嗒声。

居留鲸会发出一系列叫声，持续 7 ～ 10 秒，这叫作脉冲串（click train）。居留鲸发出脉冲串的频率比过客鲸高出 27 倍，持续时间是后者的两倍。过客鲸是神秘的发报者，有时候只发出一声较柔和的咔嗒声。海洋中充斥着持续不断的稳定背景音，比如细小的爆破声，虾等生物发出的噼啪声，那听起来有时就像什么东西从海里飞过一样。在这样的伪装之下，海豹和鼠海豚很难听见虎鲸发出的咔嗒声。雅克·库斯托（Jacques Cousteau）[①]曾将海洋称为“寂静的世界”，但声音在水中的传播效果要比在空气中好得多，许多海洋生物极大受益于海洋中的声音高速公路，或为它所欺骗。

虎鲸不仅发出咔嗒声，还在倾听水花和吐气的声音。听觉敏锐的虎鲸和它们狡猾的海豚猎物之间持续进行着声学的军备竞赛。捕食哺乳动物的虎鲸有时会捕捉无喙鼠海豚。鼠海豚也使用声呐，你也许会觉得这是它们给自己开饭的铃声。但是，它们发出的滴答声频率高于虎鲸的听觉范围。这样的分离之所以被演化出来，并维持至今，原因很简单：如果一头鼠海豚发出的咔嗒声频率低得足以被虎鲸听见，它就会被吃掉。在发出高频声音的生物中，发声频率较高的那些生物生存得更好。

直到最近，人们才对动物的声呐有所了解。研究人员直到1960年才捕捉到海豚的声呐。1773年，意大利博物学家拉扎罗·斯帕兰赞尼（Lazzaro Spallanzani）观察到，在完全黑暗的房间里，猫头鹰束手无策，蝙蝠却穿梭自如。随后，他惊讶地发现失明的蝙蝠也能避开障碍物，与视力正常的蝙蝠无异。这是怎么做到的？1798年，一位名叫查尔斯·乔瑞里（Charles Jurine）的瑞士科学家塞住了蝙蝠的耳朵，这些蝙蝠便撞上了障碍物。乔瑞里十分困惑，因为这些蝙蝠似乎并不发出声音。因此，当他最初宣布蝙蝠的导航能力与听觉有关的时候，他的发现显得十分荒谬，并被遗忘了一个世纪。（一些被抛弃的新观念后来会被证实，其中一个著名案例就是微小的“细菌”能导致疾病，外科医生和手术医生应该事先洗手。这

① 雅克－伊夫·库斯托（Jacques-Yves Cousteau），法国探险家、生态学家和制片人，他参与拍摄的纪录片《寂静的世界》曾获得1956年戛纳电影节金棕榈奖。

样的历史应该提醒我们，不要太快否定看起来荒谬的东西。正如你在接下来的章节中即将看到的，鲸有时会做出不可思议的事情，这仍在人类的理解范围之外。）1912 年，工程师海勒姆 • 马克西姆爵士（Sir Hiram Maxim）认为蝙蝠能发出人类听不见的声音，但他猜测这声音是从它们的翅膀中发出的。

1938 年,"斯帕拉赞尼蝙蝠问题" 被哈佛大学的 G. W. 皮尔斯（G. W. Pierce）和唐纳德 • 格里芬（Donald Griffin）解开了。他们借助特制的麦克风和收音机，用磁带录下了蝙蝠发出的、在人类听觉范围之上的声音，当他们证明蝙蝠能听见这些频率的声音后，我们自己的蝙蝠声呐骗局随之展开。在"二战"时期，人类将类似的回声定位声呐和雷达系统用于军事。在皮尔斯和格里芬作出这项发现 10 年后，佛罗里达州海洋工作室（后改名海洋世界）的亚瑟 • 麦克布莱德（Arthur McBride）发现，在极其昏暗的夜晚捕海豚的时候，宽吻海豚能避开细网，找到出口。1952 年，两位研究人员最先公开提出假设：宽吻海豚或许就像蝙蝠一样，能借助回声定位避开环境中的障碍物。随后，科学家通过实验证明海豚能听见人类听不到的高频声音。海洋世界水族馆馆长弗雷斯特 • 伍德（Forrest Wood）推测，被圈养的海豚似乎在对水池里的物体进行"回声探测"。

直到 1956 年，研究人员才报告圈养海豚在接近死鱼的时候会发出声波脉冲，并且能够避开水池里位置不断变化的透明玻璃挡板，还能在黑暗中躲开悬挂的障碍物；当把它们爱吃的鱼和它们不爱吃的鱼放在一起，它们也能分辨出来。（更惊人的是，许多自由生活的海豚在夜间捕食，追捕小而敏捷的鱼类。）1960 年，肯尼斯 • 诺里斯（Kenneth Norris）用橡胶吸盘盖住海豚的眼睛，它们也能正常游泳，借助发出的声音脉冲避开悬挂的障碍物，顺利穿过迷宫。从 20 世纪 60 年代到 90 年代，其他科学家用实验证明，被遮住眼睛的海豚、白鲸、鼠海豚和某些鲸能接住人们扔过去的鱼和玩具，游过有障碍物的泳道，看不见东西基本上没有对它们造成什么困扰。现在我们知道，抹香鲸、虎鲸、海豚科的其他物种和蝙蝠确实利用声音导航。而在此之前，人类世世代代都对这个鲜活的声呐世界一无所知。

因此，海豚的头部硬件和脑部神经布线主要为产生和分析水下声波而服务，仿佛每头海豚都是一个复杂的水下间谍站似的。但是我们人类也擅长以我们自己的方式分析声音。我们聆听交响乐团或摇滚乐队的录音，就能毫不费劲地根据音箱最微小的振动拼凑出一幅包含了小提琴、铜管乐器、键盘和鼓组成的全景图，并立即辨认出自己心目中的明星吉他手和歌曲所包含的情感。鲸对它们的朋友和家庭成员的声音的感知，与我们对自己亲友的声音的感知十分相似。毕竟，研究人员很容易根据它们的叫声分辨出这是哪个社群在聊天。

但是，因为我们是视觉导向的动物，声音导航对我们来说简直无法想象。我们与之相似的能力是视力。当光被物体表面反射之后，一些光线进入我们的眼睛，我们的大脑便让我们看到了周围充满着丰富细节的世界。换言之，我们看见了光的回声。

想象你在黑暗中拿着手电筒，光束从你这里出发，被周围反射，让你看到那里都有些什么。现在，再想象那不是一束光，而是你的身体发出的一束声波，而你的大脑仍然能够根据被反射的声波仔细评估周围环境。这不是一幅图像，它可能不是视觉信息，但它能够以很高的精度告诉你那里有什么。

当声波信号的频率被降低到人类能听见的范围，人类也能根据回声判断实验目标的材质是不锈钢、黄铜、铝还是玻璃，准确度达95%～98%。事实上，人类的听觉很擅长进行区分。比如，我们能够轻松地从电话里根据声音认出对方，或者在嘈杂的餐厅里与一个人对话。

我们无法想象动物如何不借助视力而使用声呐。有人假设，它们听见回声后能够产生某种精度很高的声场地图，足以让它们仅凭听觉就能找到和捕捉敏捷的鱼类。我们想象鲸用声呐做出一幅声的“图景”，就像我们借助视觉产生的视觉图景一样清晰。但我很好奇，它们是否真实看见了声呐？

考虑到看见东西的不是眼睛，而是大脑，再考虑这点：实际上，“光”的本质并不包含“可见”。

我们所说的“可见光”只是一个很窄的波长范围，是电磁波谱中很小的一部分。在人类所能看见的波长范围之外，确实存在着其他波长的光，它们被称为伽马射线、X 射线、红外线、紫外线、无线电波等。我们看不见这些光，是因为人类的眼睛不会产生和它们有关的信号，并将其沿着视觉神经输送给大脑。不过，其他一些物种确实能看见紫外线和红外线。许多昆虫、鱼类、两栖动物、爬行动物，还有一些哺乳动物（至少包括某些啮齿类动物、有袋类动物，鼹鼠、蝙蝠以及猫和狗）能看见紫外线。某些蛇利用颊窝而不是眼睛作为针孔摄像机，看见温血动物以红外线形式散发的能量。

对光的感知和视觉体验发生在人类的大脑之中。尽管闭上眼睛，我们仍然能够通过“心智之眼”或是梦境看见自己的欲望和恐惧。用双手在箱子里翻找东西的时候，你能“看见”自己正在寻找的那个熟悉的物件。睁开眼，我们的眼睛根据视网膜接收到的不同波长的电磁波产生脉冲信号，并将这些信号通过视神经输送到大脑的视觉中枢，视觉中枢将对脉冲进行解码，产生一幅图像，并将其呈现给我们的意识，以满足我们的观看体验。因此，我们的眼睛并没有真正“看见物体”，而是大脑根据被反射的能量制造了图像。被我们认为是红色的波长中并没有什么“红色”，颜色感知只是我们的大脑对某些波长进行的编码。一台摄像机能将脉冲信号通过线缆输送给显示器，显示器将脉冲信号转化为图像。而当你观看显示器的时候，你的眼睛、神经和大脑此时也在做着同样的事情。

就像光一样，声音也以波的形式传播；就像视觉一样，听觉也是由大脑创造的。那些我们恰好能“看见”的电磁波，我们称之为“光”；那些我们恰好能听见的振动频率，我们称之为“声”。在我们所能看见和听见的范围之外，其他波长的光和声充斥着世界，却不为我们所感知。

鲸和蝙蝠的大脑有没有可能利用输入的声呐反射创造出视觉？我想不出不可能的理由。就像我们的大脑接收由光产生的神经脉冲信号一样，也许鲸的大脑接收由声呐回声产生的脉冲信号，并将其转化为图像，让它或蝙蝠能够“看见”？声和光并不像你想象的那样毫不相干。在听到特定的音符的时候，有些人确实能看见某些特定的颜色。这叫作联觉（synesthesia）。我的船上有一台声呐，它能发出声波脉冲，然后采集回声，并将其转换为电信号，通过线缆输送给进行处理的机器。声波采集设备、线缆和处理器就像耳朵、神经和大脑。回声经过处理，被转换成视觉图像，展示在显示屏上。借助这台机器，我利用声呐看见了海底的轮廓、卵石和鱼类居住的斜坡，还有鱼在水中的位置。

人类利用回声定位的最奇特的案例或许是丹尼尔·基什（Daniel Kish）。他一岁失明，从小就开始发出声音，借助声音行动。他的大脑中的大部分功能一定被重新分配给了声音信号处理，因为他能用自己发出的滴答声进行导航。他能在马路上骑自行车（难以想象），并创办盲人无障碍世界组织（World Access for the Blind），教授其他盲人如何使用声呐，就像使用它们内心的“海豚”。他解释说，他通过弹动舌头发出的咔嗒声“被周围的表面反射，回到我的耳朵里，就像回声一样。我的大脑将回声加工成动态图像……我能构建出周围环境的三维影像，各个方向上的长度达到几百英尺。在近处，我能感觉到一根直径 1 英寸的棍子。我能识别 15 英尺外的汽车和灌木丛，以及 150 英尺外的房子。”这一切十分难以想象，人们一直怀疑他在说谎。但他不是唯一一个这样做的人，并且他的说法似乎得到了证实。他说：“我很快就能得出结果，很多学生对此感到惊讶。我相信回声定位能力就潜伏在我们身上……我们似乎具备这样的神经硬件条件，而我发展出激活它们的方法。视觉不在眼睛里，而在心智之中。”

那么，虎鲸之类的海豚科动物会不会真的看见了回声？

有可能，但没有人知道。关于我们对世界的感知的异同之处，我们只能说，我们主要依靠视觉，但听力也不错；它们主要依靠听觉，但它们也能看见东西。我们有同样的感官，只是侧重不同。

几百万年中所发生的极其缓慢的变化使得一些哺乳动物成为了猿，而另一些成为了鲸，这样一想，我们似乎已经生长得大不相同，几乎完全陌生。但是，这真的是一段很长的时间吗？真的有那么大的差异吗？在皮肤之下，我们的肌肉基本相似，骨架结构几乎相同；在显微镜下，我们的脑细胞并无二致。如果你在想象中大大加快这个过程，你会看到事情的本质：作为动物、脊椎动物、哺乳动物，海豚和人共享了一段很长的历史；我们相同的骨骼和器官有着相同的职能；我们都有胎盘和温热的乳汁。因此，我们基本相同，只是外形比例存在差异。就好比一个人擅长远足，而另一个人擅长水肺潜水。

除了外貌之外，鲸在方方面面都与我们几乎相同。它们连鳍状肢的骨骼结构都与我们相同，只是形状略有不同，并且藏在连指手套里。海豚仍然用这些被藏起来的手做出类似触摸和安慰这样的手部动作。（在长吻原海豚的所有群体中，在任意一个给定的时间点，都有 1/3 的成员用鳍状肢抚摸其他成员，或保持身体接触，这有点像灵长类互相整饰毛发。从灵长类到矮种马，再到企鹅、雨蛙和鲱鱼，循环系统、神经系统和内分泌系统都以相似的方式运行着。而在细胞内部呢？基本相似的结构，相同的功能，连变形虫、红杉和双孢蘑菇都是如此。）

生物多样性不可思议，但如果你一层一层剥去其中的差异，你会发现更加令人惊叹的相似之处。后肢的极度退化让鲸豚类的躯体更适宜游泳，这在极大程度上是由一个基因的丢失导致的［遗传学家将这个基因称为音猬因子（sonic hedgehog，Shh）］。在你的身体中，同样的基因给了你“正常”的四肢,这是对人类而言的正常。如果观察并排展示的人类、大象和海豚大脑示意图，你会发现相似性超越了差异。我们本质上是相同的，只是被漫长的时间塑造成了不同的样子，以适应不同的外界环境，并具备了独特的天赋和能力。但在不同的外表之下，我们都是同胞。没有其他任何动物与我们相似。但别忘了,也没有其他任何动物与它们相似。

多样的心智

虎鲸的不同生态型对食物的定义各不相同，而且都非常具体（人类中也有相似的现象，不同伦理道德标准、不同部落和不同宗教群体有着不同的饮食习惯和禁忌）。在不同的生态型中，有的捕食哺乳动物，有的捕食鲨鱼，有的捕食海豚，还有的捕食鱼类；吃鱼的虎鲸通常只捕食某些鱼类，几乎不吃其他的鱼，例如这里的居留鲸就只吃大鳞大马哈鱼[①]。在世界各地的海洋中，多种不同生态型的虎鲸的食谱五花八门，从鲱鱼到大型鲸类不等，但可能没有虎鲸会什么都吃。针对每种猎物的特性，虎鲸展示出了不同的捕食策略。例如，在挪威附近，虎鲸通常将几千条鲱鱼组成的鱼群驱赶到海面附近，使其组成一个紧密的球；随后，大部分虎鲸在鱼群周围游动，使其保持球形（科学家将这种行为称为“旋转木马”），同时某些虎鲸用尾巴拍打球的边沿。最后，虎鲸捕食了这些吓呆的鲱鱼。

太平洋西北部的过客鲸主要捕食体重 100 ～ 200 磅的港海豹，但有时也会攻击重达上千磅的海狮，而海狮巨大的犬齿可与一头巨型灰熊的犬齿相当。这里的居留鲸的食谱中，1/5 是极其敏捷的鼠海豚和海豚。紧密合作的鲸群通常会试图将猎物群体分散，随后把其中一个小群体逼到海岸边。曾有受惊吓的海豚跳到岸上，随后死亡。在捕猎体形庞大的海

① 大鳞大马哈鱼（*Oncorhynchus tshawytscha*），俗称帝王鲑。

狮的时候，虎鲸面临的局面就好比你用牙齿攻击一只被困在墙角的猫。失去了一只眼睛的虎鲸，可能是在捕猎时受伤的。它们可能会一连几个小时攻击一只海狮，直到海狮筋疲力尽，最后被淹死。

有一天，一个异常庞大的过客鲸群体（共 11 头）来到夸西湾（Kwatsi Bay）附近。亚历山德拉·莫顿跟踪着它们。领头的几头虎鲸停下来等了 9 分钟，等待所有的虎鲸到达。有一段时间，它们都只是停在水中，呼吸着。随后，仿佛收到了暗号一般，所有的虎鲸都一头扎进水里，表明它们策划了一段长时间的下潜。

正如我刚才和肯在一起的时候所看到的，过客鲸的潜水时间有时能达到 15 分钟。当莫顿的秒表跳到 15 分钟的时候，她抬起头，恰好看见“一堵白色的水墙升了起来”。一头重达 1000 磅的海狮旋转着被抛向空中。莫顿目瞪口呆地看着，几头虎鲸跃出水面，用头部撞击 3 头海狮，其他的虎鲸则用尾鳍拍击。尽管海狮们完全措手不及，寡不敌众，它们仍然挤成一团，努力击退进攻者。虎鲸正设法避开海狮的犬齿。战斗进行了 45 分钟后，莫顿从水听器中听见虎鲸将半吨重的海狮剥了皮，大卸八块。她记录：“在此之前，我从未真正认识到虎鲸的力量。我坐在那里看得入了迷，并希望虎鲸永远不要将这样的力量施加在人类身上。”

虎鲸极少捕食大型鲸类。但如果捕食的话，它们的毅力几乎是不可战胜的。小须鲸的耐力更好，能在长距离追捕中胜过虎鲸。但是，如果一群虎鲸认为有胜算的话，它们就会一连数小时追赶一头小须鲸。英属哥伦比亚地区的研究人员曾目睹两头虎鲸高速追赶一头小须鲸，小须鲸游进了一处海湾，最后绝望地冲上海滩，以躲避虎鲸的追捕。虎鲸在附近停留了超过 8 小时，涨潮的时候，小须鲸继续往海滩上移动。夜幕降临，虎鲸仍然在海湾里转悠。第二天早晨，虎鲸离开了，但那头主动搁浅的小须鲸也死了。小须鲸在慌乱中采取了失败的策略，让自己陷入困境，这令人感到困惑。

• • •

鲸跟随母亲学习迁徙路线。太平洋里的灰鲸的迁徙路线是一段漫长而有时阴森恐怖的征途，长达一万英里，从它们出生的下加利福尼亚半岛（Baja）的礁湖到阿拉斯加的阿留申群岛（Aleutians），如果运气好的话它们最终能够抵达北极的觅食地。它们所见所闻、所要应对的局面的复杂程度与过着游牧生活的人类狩猎采集者不相上下。一路上，尤其是在穿过阿留申群岛狭窄的水道时，虎鲸的威胁无处不在。

要将一头幼年灰鲸淹死，虎鲸必须先将它和它的母亲分开。这个过程困难而危险，因为灰鲸母亲会变得很有攻击性，它们用强壮的尾鳍奋力拍打，以保护孩子。为了降低危险，灰鲸通常还会贴着海岸线前进，因为虎鲸没法在浅水中将灰鲸淹死。而为了将灰鲸赶出这样的安全区域，虎鲸有时会从前面靠近灰鲸的胸鳍，迫使对方后退。灰鲸则可能翻转身体，腹部朝上，让虎鲸较难接近它们的胸鳍，甚至主动搁浅。这就是力量与恐惧、思维与反向思维的较量。

你也许会好奇，虎鲸是否将对保护自己孩子的理解，以及它们形成观念的能力，扩展到了猎物身上。换言之，它们在杀死猎物之后会不会感到很内疚？很可能并不会。这样做的人就很少。证据表明，虎鲸不会因此感到不快。

在加利福尼亚附近海域，我的朋友，虎鲸和海鸟研究专家鲍勃·皮特曼、丽莎·巴兰斯（Lisa Balance）和萨拉·梅斯内克（Sarah Mesnick）观察到 35 头虎鲸（加起来每天一共需要大约 7000 磅重的食物）攻击 9 头雌性抹香鲸，持续了 4 个多小时。受惊吓的抹香鲸在水面挤成一团，头朝内，尾朝外。成年雌性虎鲸集成四五头一群进行攻击，它们采用了“致伤就撤退”的策略，似乎在设法让抹香鲸失血而死，同时躲避对方尾鳍的拍击。每当虎鲸将一头抹香鲸拖离群体，就有另外一两头抹香鲸“几乎立即脱离群体，从侧面拉住被分开的同伴，让它回到队形中，尽管这样做会让它们自己受到攻击”。

当雌性虎鲸进攻的时候，几头成年雄性虎鲸留在远处。但观察者们记录，一旦一头抹香鲸翻过身来，即将死去，“一头成年雄性虎鲸就会接手，它猛地撞上去，剧烈摇晃抹香鲸，随后在靠近水面的地方转动猎物，向空中喷出巨大的水柱，这是任何雌性虎鲸在攻击过程中的任何时候都不会做出的力量展示”。雄性虎鲸体长接近 30 英尺，体重大约能达到 20 000 磅；而抹香鲸体长超过 30 英尺，体形却要庞大得多，体重可能超过 30 000 磅。令人难以置信的是，另一头抹香鲸离开了队伍，试图将已经在劫难逃的同伴带回来，于是自己也受到了猛烈攻击。在人类当中，为了帮助别人而将自己置于险境的行为是本能的，这被称为英雄气概。

接下来的场面就是一片混乱，观察者们甚至没看清被杀死的是哪两头抹香鲸。但那头成年雄性虎鲸嘴里叼着一头庞大的抹香鲸尸体游走了。最后，虎鲸杀死并吃掉了一头抹香鲸，并让其余的抹香鲸全部受了伤，其中一些的伤势足以致命。观察者记录：“我们猜测，至少三四头幸存者最终死于受伤，并且很有可能整群抹香鲸最后都死于因这次遇袭而受到的伤害。”（我们无法想象——至少我不能想象——这场景对任何一个参与者来说没有产生恐惧感，它们受困于自己的天性和生活环境，比我们更甚。但这恰是它们的借口。）

还有一次，同一群研究者看到 5 头虎鲸朝半英里之外的一小群抹香鲸游去。这些抹香鲸一定是发出了警报，因为另一群抹香鲸马上快速朝它们游来。它们一起旋转着，有的抹香鲸将头露出水面，朝不同方向张望；

还有的用尾巴拍打水面，仿佛在试图展示力量。一头成年雌性虎鲸独自游到抹香鲸当中，并且似乎还咬了其中一头抹香鲸。这时，远处的 4 群抹香鲸全速朝这个群体游来，其中一群甚至来自 4 英里开外。在接下来的大约一个小时内，其他抹香鲸继续加入，最后这个群体的成员数量达到了 50 头。面对如此消息灵通、团结一致的增援，虎鲸最终知难而退。

英格丽·维瑟（Ingrid Visser）记录了新西兰地区的 4 头虎鲸捕猎海豚的独特策略：

"虎鲸漫不经心地朝一小群海豚游去。海豚游走了，但速度并不快，因为万一虎鲸不是真的在捕猎，它们可不想引起虎鲸的注意。在跟踪了 30 分钟后，一头名叫斯戴芙的雌性虎鲸没有随着其他虎鲸一起浮到水面换气，它还跳过了下一次换气，接下来 10 分钟都没有换气。其余 3 头虎鲸高速追赶着海豚，在水面附近穿行，这场景极其壮观。海豚正拼命逃生，它们自己也明白这点，它们跃出水面，仿佛还没落回水中又再次跃起。3 头虎鲸正快速拉近距离。突然，前方的一头海豚如同网球一般飞了出去，在空中翻了个跟头。斯戴芙从下方攻击了海豚，随后在空中猛冲过去。它在半空中抓住了海豚，随后叼着海豚落回水中。4 头虎鲸一同分享了这顿美餐。"

维瑟补充道："我从没见过它们失手。"

更奇特的是，虎鲸从未掀翻因纽特人的皮艇、弄沉小船或是吞吃人类。这或许是我们这个神秘的星球上最大的行为学谜团之一。

在观看了一大群鲸游过房子跟前，从水听器偷听了它们北上的过程之后，我们跳进卡车里前往一个小码头。那个码头嵌在一处岩石形成的凹陷里，背靠常绿林和高处的民居，风景很美。我跟着肯的研究助理凯西·巴比亚克（Kathy Babiak）和戴夫·埃利弗里特上了船。想不到，我们几乎还没出港，就迎面遇上了 15 ～ 20 头虎鲸。在这么近的距离看去，它们的体形令人惊叹。它们的体长达到人类的 5 倍，体重达到我们的 100 倍。前进的时候，它们的头推起了层层的浪花，海水从宽阔的脊背上倾泻而下，就像水从雨棚上流下来一样。它们沿着一处陡峭的花岗岩悬崖游动着，悬崖上方是冷杉覆盖的陡坡。它们的气息飘荡在它们身后的空气中。它们的美丽和宏大催生了一种彻底的敬畏感，我只能目瞪口呆地看着。

前方还有其他的虎鲸。眼前这 35 头以鱼类为食的居留鲸就是整个 L 社群。那头雄性虎鲸有着高耸的背鳍，背鳍前缘中部有一个缺口，后缘有两个缺口，它是 L41，36 岁。它左边的雌性虎鲸是 L22，42 岁。许多虎鲸都能活过 50 岁。L12 在 20 世纪 80 年代去世，当时大约 79 岁；K7 被认为活到了 98 岁。L25 目前 85 岁。你能感觉到，这些虎鲸生来就是为了停留，只是不知道它们能否做到。

说到长寿，肯伸手指着他的身份识别指南上的一张照片，说："这是族长 J2。"雌性虎鲸通常在 40 岁左右停止繁殖，而自从 40 年前研究开始以来，J2 就不再繁育后代了。它的最后一个后代，研究中最长寿的雄性虎鲸，死于 2010 年，科学家认为它当时 60 岁。如果说当这头雄鲸出生的时候 J2 是 38 岁，那么 J2 大约出生于 1912 年。"因此，我们认为它大约有 100 岁了。"

活到更年期之后在动物中极其罕见。这种现象只能发生在老祖母帮助年轻的家族成员生存的物种当中，只有人类、虎鲸和短鳍领航鲸的雌性能在停止繁殖后生存较长一段时间。就像人类一样，虎鲸和领航鲸有

25 ～ 30 年的生育时间，不再生育之后还能继续活 30 年左右。正如肯刚才所介绍的，有些个体能活很长时间。群体中有 1/4 的雌性处在后繁殖期。这些鲸并非在等待死亡，而是在帮助后代生存下去。正如人类儿童通常受益于祖母的照顾一样，虎鲸祖母也能大大促进孙辈的生存。

虎鲸社会中的一个奇特之处，就是虎鲸母亲对成年子女的生存仍然发挥着关键作用。当年龄较大的雌性虎鲸死去，它们的成年子女也表现出较高的死亡率，尤其是雄性虎鲸。30 岁以下的雄性虎鲸，如果母亲死去，它们的年死亡率是母亲仍然存活的同年龄组雄性的 3 倍。而对 30 岁以上的虎鲸，这个数字能达到 8 倍。在母亲死去之后，30 岁以下的女儿的死亡率没有上升，但 30 岁以上的女儿的死亡率将达到母亲仍然存活的同龄雌性的死亡率的 2.5 倍以上。

雄性虎鲸有着庞大而累赘的背鳍和胸鳍，并且由于体形庞大，需要额外的食物（雄性体重约 20 000 磅，比雌性重约 30%），这些缺陷可能决定了它们要依赖母亲来获得食物。雌性虎鲸没有这些缺陷，但在养育幼崽的时候，它们也可能需要不再生育的母亲分享的食物。成年雌性虎鲸几乎会分享所有捕到的鱼，超过一半的鱼给了它们的孩子。成年雄性虎鲸只有 15% 的情况下会分享猎物，并且通常与母亲分享。尽管没有人完全理解它们的死亡率为何会随着母亲的去世而出现这样的变化，或许是因为高度的亲代抚育。齿鲸是全世界的保姆冠军；短鳍领航鲸在最后一头幼崽出生后 15 年中仍然分泌乳汁，这可能是在哺育其他雌性的幼崽。

在宽吻海豚和花斑原海豚中（进一步研究可能还会发现其他物种），一些雌性海豚终身不育。丹妮斯 · 赫辛将它们戏称为“事业型女性”，因为它们在社会中的角色并不包括母亲。它们可能是不孕，也可能是同性恋，但它们的贡献至关重要：它们承担了大量的育儿工作。当赫辛带着一个来访的 9 岁小女孩潜进大海的时候，“白斑自己一直是个保姆，但它从未见过我养育一个幼年人类。它那激动的叫声清晰可辨，如同电流一般，并且它一直在我们身边游来游去，注视着我身边的孩子。”（研究人员有时会将这些保姆称为“阿姨”，这恰好是它们实际上通常扮演的角色。）在抹香鲸中，当母亲潜到深处的时候，保姆就尤其重要。幼崽必须在海面附近等候，在那里它们很容易受到虎鲸的攻击，有时还会遇到大白鲨。抹香鲸还有一个长处：一头雌性抹香鲸可能会哺育群体中的好几头幼崽，人们还曾在 13 岁的抹香鲸胃里发现乳汁的痕迹。

虎鲸幼崽如果在两三岁的时候失去母亲，通常只有在其他家庭成员的额外照顾之下才能存活。特维克（即 L97）的母亲诺卡 26 岁时死于分娩中发生的子宫脱垂，而当时特维克还很小，完全依靠乳汁生存。它的祖母照顾它，却没有乳汁可以喂养它。特维克日渐消瘦。肯说：“我们看到，它 9 岁的哥哥捉到了一条鱼，试图喂给特维克。”哥哥将鲑鱼撕碎，把漂浮的碎片送到特维克跟前，但特维克太小了，无法吃掉那些食物。它没有活下来。

另一头虎鲸则幸运得多。L85 在 3 岁的时候失去了母亲。在此之后，它 30 岁的哥哥对它格外关照。肯回忆：“这头 3 岁的小虎鲸在庞大的雄虎鲸身边游动，那样子就像靠着妈妈似的。”L85 现在 22 岁了。

现在过来的是幸运的 L87，21 岁。它的母亲 8 年前去世了，55 岁，而它活了下来。它是已知唯一一头转换过社群的虎鲸。它和 K 社群一同生活了几年，现在一般和 J 社群在一起。肯崇拜地说：“它很有性格。它经常浮窥，打量过往的船只。有时候，突然间‘噗’的一下，它的头就出现在船边，显然是在玩耍。它喜欢看人的反应。它具备某种幽默感。不是所有的虎鲸都这样。”

虎鲸群体中有雄性、雌性和幼崽。就像大象和人类一样，幼崽能让家庭更加活跃。凯西说："最美好的事情就是孩子在身边。"虎鲸似乎因孩子而快乐，大卫补充说："好几次，虎鲸妈妈游到水面来，带着孩子在船边转来转去，仿佛在向我们炫耀似的。"有时候，虎鲸妈妈甚至会把孩子放在船边，自己游开一小段距离去捕鱼，或者只是去社交。一次，戴夫驾着船和J社群在一起，"妈妈们就带着孩子过来，仿佛在说，'好啦，你们都在船边玩吧。'于是我们就有了四五个孩子，1～6岁，妈妈去觅食的时候它们就在船边玩耍。"肯补充说："孩子们玩得很开心，在船头船尾转来转去，闹个不停。它们打闹着，互相从对方身上跳过去。"

虎鲸宝宝一出生，通常会有几头雌虎鲸来帮助它浮在水面上，进行第一次呼吸。亚历山德拉·莫顿描述了一次虎鲸出生的情形："有许多头雌虎鲸，简直分不出谁才是母亲。它们都反反复复抚摸着孩子。"虎鲸妈妈经常用口鼻部推着还在吃奶的孩子，带着它们四处游动。一位研究者曾经目睹3头虎鲸用鼻子在空中托着一头新生的幼崽（这可不轻松，因为刚生下来的虎鲸就有8英尺长，体重接近400磅）。J社群里新近出生的一头幼崽身上有牙印，这表明一名家庭成员可能扮演了接生婆的角色，帮助将幼崽拖出母亲的身体。

所有的海豚科动物都会用鼻子触碰幼崽，给幼崽哺乳。虽然它们没有手臂可以拥抱孩子，但它们与孩子之间却有着紧密的情感纽带；它们的大脑中奔涌着与我们相同的爱的激素，它们的孩子也会寻找和吮吸温暖的乳汁；它们的同伴也会表现出相似的不安、激动和关心。我们都一样。有人告诉我，青春期的雌性海豚就像青春期的大象和许多人类青少年一样，"对照顾孩子或陪在孩子身边极其感兴趣"。

当孩子对成年海豚的耐心极限发起挑战的时候，母亲和照顾者会追赶和惩罚它们。尽管早在一千年前，人类就注意到海豚会将生病的孩子托到水面上，然而直到潜水面具和行为学研究出现之后，我们才发现斑海豚母亲也会把调皮的孩子按到水底。不过，在短暂的冷静之后，一旦妈妈放松了管教，孩子就“又不受控制地闹腾起来了”。毕竟，它们只是孩子呀。

玩耍和娱乐是它们的固定日程的一部分。肯曾经见到虎鲸玩弄一根羽毛，把它顶在自己的鼻子上，松开它，再用鳍抓住；再松开，再用尾鳍抓住。肯感叹地说：“一头 1700 磅重的鲸，在把玩一根羽毛。多么了不起的触觉控制，而且速度多么敏捷！它们就是有时间自娱自乐。”

无论玩的是什么，海豚都十分贪玩。确切地说，玩耍是智慧的一部分。精神病学家斯特林 • 班内尔（Sterling Bunnell）写道：“玩耍是智能的一个象征，对创造力不可或缺。玩耍在鲸目动物中的发展表明它们的头脑与身体一样活跃。”宽吻海豚幼崽有时会跃出水面，跳到码头上。当它们这样做的时候，其他的小海豚会将它们重新推到水里，那场景就像孩子们在水塘旁边玩耍一样。

还有泡泡。宽吻海豚不仅能吹出泡泡，还是玩弄泡泡的大师，是娴熟的泡泡艺术表演者。玩弄泡泡需要练习，它们也乐于练习，尤其是幼崽。有的海豚最初只是偶然吹出了一个泡泡环，并聚精会神地看着它升上去，随后便专注于吹出完美的泡泡环。然后是分享和模仿、制造和玩耍。比如，我吹出一顶泡泡帽，然后看着它形成圆环；我用尾巴搅动水流，朝涡环中间吹一个泡泡，看着那个泡泡被拉伸成一个环。如果我把一条鱼丢进上升的涡环里，会发生什么？嘿，鱼旋转着浮起来了！如果我朝侧面吹出泡泡，再让它直线上升，会发生什么？如果我用口鼻部轻轻搅动周围的水，让闪光的涡环旋转起来，会发生什么？如果我把泡泡切断会怎样？把碎片拼成两个小圆环会怎样？要不，用上升的银色泡泡做一条蜿蜒的水蛇？发明、测试、评估、调整——这些它们都会做，它们轮番尝试各种花样。比如：我快速曲线游动，从背鳍处喷出一个旋转的涡环，然后快速转身，将一股气流吹进旋转的水柱。哇！我跟前出现了一道长长的银色螺旋，跟上它！（在所有的海豚中，只有小叮当能做到。）吹出了一个难看的泡泡怎么办？弹一下，把它赶开。吹出了一个很棒的泡泡呢？试着再吹一个，和它合并起来。差不多玩够了吧？得在最后一个泡泡环到达水面之前咬碎它，把画布清干净。游戏结束。在玻璃的另一侧，一头幼崽被这个大孩子玩弄泡泡的技巧深深折服，也试着吐出几个小泡泡。再来几个，没有一个泡泡能形成环状。孩子，继续努力，也许有一天你也行。

在巴哈马群岛，自由生活的花斑原海豚通常和研究人员保持距离。有一天，它们带着一条活鱼出现了。丹妮斯·赫辛记录："海豚用嘴温柔地叼着鱼，放在我们面前，邀请我们去抓住那条惊恐的鱼。但就在我们中的一人快要碰到鱼的时候，海豚表现出了它们在水中的优势，一把抢走了可怜的鱼。"这些自由生活的生物将人类视为有趣的玩伴，这十分难得。这确实在很大程度上表明它们不仅具备心智，也理解心智。它们在这里，它们就是这样。它们以自己的方式跨过了物种间的桥梁，带来了邀请，邀我们以它们的规则加入它们的游戏。它们这样做已经许多次了。与此同时，惊恐的鱼也表现出了它对谁更危险的理解，它想方设法躲避海豚，往人类的泳衣里钻，或者试图躲在摄像机和人脸之间。而海豚敏捷地钻来钻去，想要重新抓住这个活玩具。赫辛说，尽管她对这条鱼感到非常抱歉，但是将鱼还给海豚"似乎是一种有礼貌的做法"。

• • •

有一天，肯正在观察几头虎鲸捕捉鲑鱼。只有一头年轻的雄性 J6 没有加入捕猎。“它从一条船来到另一条船，在船边把头伸出水面，打量着每个人，它就是在炫耀。”肯还说，当鲸经过人群聚集的岸边，看到岸上排成一列鼓掌欢呼的人群，“鲸也会变得十分激动而活跃，简直像一场表演”。人们会沿着海岸跑来跑去，而鲸甩动尾巴，拍打胸鳍，跳到空中。它们经过有人群欢呼的观鲸船的时候也会这么做。”这是为什么？“我觉得是因为，”肯说，“它们看我们很有意思，就像我们看它们一样。”

什么样的智力

在寻找关于海豚“认知能力”的案例时，我意识到，海豚就像任何一个人一样具备充分的认知能力。体现它们具备意识和智力的案例实在太多（因为它们确实具备意识和智力），你也许由此会想要整理能够体现人类具备意识和智力的案例。这就是我们，这就是海豚。海豚和人类血缘关系的分离已经有几千万年了。但是，当这些奇异的水中生灵看到我们时，它们常常前来邀请我们一起玩耍，而我们也欢迎它们，我们在它们的眼中看到，那个很特别的家伙回来了。黛安娜・莱斯说：“那里面住着什么生灵。那不是一个人，但确实是一个生灵。”

当我们谈论“海豚”的时候，牢记这点：在 80 多种海豚和鲸当中，只有六七种，即宽吻海豚、暗色斑纹海豚、花斑原海豚、虎鲸、抹香鲸和座头鲸，得到了详细的行为学研究，而且这还只是在它们的一部分活动范围内。海洋中生活着超过 70 种齿鲸（抹香鲸、海豚和鼠海豚）和大约六七种大型须鲸（它们没有牙齿，用梳子一般的鲸须板过滤细小的食物）。它们统称鲸目（“cetaceans”一词来自希腊语，指海中的巨怪）。它们是会游泳的哺乳动物，头顶有气孔，但我们极少遇到它们。

学界对海豚智力的研究开始得不太顺利，花了大约 10 年时间才步入正轨。在某种意义上，这个领域从未从最早公开表态的研究者所造成的伤害中恢复过来，研究者给海豚添加了一层神秘的魅力，它们始终无法摆脱。另一方面，海豚确实赢得了一点神秘感。

从 20 世纪 50 年代末到 60 年代，神经生理学家、脑科学家约翰 • C. 利利（John C. Lilly）向我们展示了这些大脑远比我们大脑庞大的生命体。这在"鲸只能感觉到无法解释的吞噬人类的冲动"这一观念上迈出了一步。但利利也错了，他宣称，如果一个生物具备抹香鲸那么庞大的脑子，那么它一定拥有"上帝一般的"心智。我们暂且把"上帝一般的"心智是什么样、鲸会利用这样的心智做什么这些问题放在一边。利利的错误在于，他假设大脑的大小与思考能力直接相关。

不同物种的大脑侧重于不同的能力。与探测和分析气味有关的神经和脑部结构在狗的大脑中占据了重要地位，但在鲸的大脑中几乎不存在。另一方面，抹香鲸的大脑投入了大量的资源来产生、探测和分析声音。尽管蓝鲸的体形是抹香鲸的两倍，抹香鲸的大脑却比蓝鲸的大脑要大。抹香鲸用它那奇异的大脑做了些什么？它规划长长的迁徙路线，连续几十年与亲朋好友保持联系，完成几千英里长的旅程。它为超过 1 英里的深潜进行准备，在鲸停止呼吸的两个小时中规划血液和氧气的输送、分配和分流；它控制追踪和协调肌肉，以便在完全黑暗的环境中捕捉梦魇一般的巨型乌贼。鲸所做的一些事情，人类做不到；而人类所做的一些事情，鲸做不到。相比什么"上帝一般的"心智，这个大脑要更有趣得多，对于完成手头任务而言也要有用得多。"上帝一般的"不过是一块巨大的创可贴，掩盖着"我们不知道"，掩盖了利利的思想中一个巨大的缺陷。

科学家们纠正了约翰 • 利利的观点。利利坚持认为我们能够通过教授海豚英语来破解它们的交流，这被证实是错误的。但他所塑造的优于人类的海豚形象抓住了公众的想象，公众们始终被这一形象所吸引，等待着一个信号来证实海豚确实高我们一筹。也许我们希望在某一天，某个更好的生灵能够以某种方式解救我们，让我们摆脱自身的邪恶。

直到 20 世纪 70 年代，路易斯·赫尔曼（Louis Herman）的团队才解开海豚认知的真相。赫尔曼证明，对夏威夷的一头宽吻海豚阿基卡麦展示一个任意的表示“球”的符号（而非写实的图片），随后出示表示“问题”的符号，它能作出正确的回应。如果周围没有球，它就会按下一个表示“否”的杠杆。这表明海豚能够形成球的观念，并且在看到用于代表“球”的符号时，它能回忆起相关知识。这表明，正如我们长期所认为的那样，海豚非常聪明，无论“聪明”是什么意思。

在密西西比的海洋哺乳动物研究所（Institute for Marine Mammal Studies），那里的海豚被训练用垃圾交换鱼，以保持水池的清洁。一头名叫凯莉的海豚发现，无论交出一张较大的纸还是一张较小的纸，它得到的鱼都一样大。于是它把被吹到池子里的纸都藏在池底的一个重物下面，当饲养员经过的时候，它就撕下一点儿纸去换一条鱼，然后它再撕一片，再换一条鱼。在捡垃圾的经济学方面，它发明了一种作弊方式，使垃圾通货膨胀，以源源不断地获得食物。相似地，在加利福尼亚，一头名叫史波克的海豚也用类似的方法发了财。它将一个纸袋塞在池子里的一处水下管道后面，用纸袋的碎片换鱼。

有一天，一只海鸥飞进了凯莉的池子。凯莉抓住海鸥，等待饲养员的到来。人类似乎很喜欢鸟，他们给了它好几条鱼作为奖励，这让凯莉产生了新的想法和计划。下一次进食的时候，它把最后一条鱼藏了起来。人类离开后，它将鱼带到水面，引诱海鸥前来，并抓住海鸥换取更多的鱼。毕竟，如果能靠捕鸟致富的话，为什么还要指望偶尔吹到池子里的纸呢？凯莉将这一招教给了自己的孩子，这些孩子又去教会了其他的小海豚，因此那里的海豚都成了专业的海鸥捕手。

在加拿大安大略省，加拿大海洋世界（Marineland Canada）的一头年轻虎鲸不知怎么发现，如果把捣烂的鱼分散在水池表面，然后潜到视线之外，能给它的生活带来一点乐趣。如果海鸥停在这里，它就跳起来，有时会抓住并吃掉海鸥。它多次设下这样的陷阱。最后，它的小弟弟和其他 3 头虎鲸也学会了同样的把戏。

洞察，创新，计划，文化。

1979 年，戴安娜•莱斯博士开始研究一头圈养的宽吻海豚喀耳刻[①]。如果喀耳刻做出了莱斯要求的动作，就能得到口头表扬和一些鱼；如果它没做到，它就会得到一次“停时”（time-out），莱斯会后退或转过身，以表明它没有“做对”（停时现在被认为是过时的训练方法，这会让聪明的生物感到烦躁）。喀耳刻不喜欢吃带有尾鳍的马鲛鱼，会将鱼的尾部吐出来，它实际上在训练莱斯将鱼尾切掉。训练几周后的一天，莱斯无意中给了喀耳刻一段没有切掉尾巴的鱼。喀耳刻左右摇晃头部，就像我们表达“不”一样，它将鱼吐出来，然后游到池子对面，身体直立，盯着莱斯看了一会儿，最后再游回来。海豚喀耳刻给了莱斯这个人类一次停时。

莱斯大为震惊，但仍保持怀疑，便设计了一个实验。在几周内，莱斯 6 次故意给喀耳刻喂食带有尾鳍的鱼。喀耳刻又给了莱斯 4 次停时。喀耳刻只有这几次做出这样的行为。喀耳刻不仅学到了什么是针对它自己的行为的“奖赏”和“没有奖赏，停时”，还形成了对停时的概念，将其视为表达“这不是我要的”这一想法的方式，并用这种方法纠正它的人类朋友。

莱斯还研究过一头名叫潘的年轻雄性海豚。潘学会了使用一个带有抽象符号的键盘（这些符号都不是写实的，表示“球”的符号可能是一

① 喀耳刻，希腊神话中的女巫。

个三角形。而且按键的位置会不断变化，因此海豚需要学会符号而不是记住它们的位置，才能得到自己想要的东西）。潘对玩具漠不关心，它只想吃鱼。当莱斯将表示鱼的按键去掉后，潘找到了一条早餐时剩下的鱼，游到键盘那里，用鱼触碰了一个空白按键，然后充满期待地看着莱斯的眼睛。莱斯完全明白它想要什么；潘非常明确地表达了自己的意图。

研究开始后不久，海豚开始模仿计算机对不同物体匹配的声音。当潘和池子里的同伴德尔菲玩玩具的时候，它们模仿了计算机表示“球”“环”和其他物体的声音。莱斯博士对我解释了这点，随后补充：“有一天，我对潘发出了一个去取东西的信号。池子里当时只有一个玩具，一个球，但它在德尔菲的嘴里。潘游到德尔菲旁边，然后我听见有谁发出了表示‘球’的哨声，德尔菲把球给了潘，然后它们一起带着球朝我游过来。”它们学会了人类的符号，并用这些符号互相交流。

还有一头雄性海豚也叫德尔菲，它开始玩弄食物，把鱼叼在嘴里，然后扔得池子里到处都是。戴安娜·莱斯教会了德尔菲“吞下”的命令，并等到它证明先前的鱼确实被吃掉了，她才会继续把鱼给它。这一招在接下来的一周都奏效了，那时候莱斯不在，她的学生们给德尔菲喂食，并要求它证明“吞下”。当莱斯回来后，德尔菲的吞咽显得尤其夸张。它的喉咙酸不酸啊？它越是夸张地吞咽，越是展示自己空空的嘴巴，就能得到越多的鱼。莱斯记录，忽然间，“德尔菲把眼睛睁得大大的”，它张开嘴巴，鱼，全是鱼！“我看到那些鱼全在它的嘴里”，它一定一直把鱼含在喉咙的位置。“我还没来得及惊讶地张开嘴，它就开始晃动头部，左右摇啊摇。”鱼被甩得到处都是。“德尔菲显然在寻开心，并且它选择对我进行恶作剧，而不是某个学生。”德尔菲捉弄并操纵了莱斯，并且似乎乐在其中。而莱斯说：“我简直笑疯了。”

显然，它们很聪明。但什么是聪明？与洞察力、推理能力和灵活性有关吗？还是好奇心和想象力？计划和解决问题的能力？也许我们具备不同类型的智力。一个人可能更擅长数学，或者是小提琴，理解社交暗示，捕鱼，修修弄弄，或者是讲故事。在我们当中，或在不同物种当中，真的只有一种形式的智力吗？

鲸豚类研究专家彼得·泰尔克（Peter Tyack）写道："我个人并不认为试图将不同的物种按照智力高低排序有什么意义。针对人类的智力已经有几百个不同的测试，但我们甚至仍然难以定义人类的智力。"

巴勃罗·毕加索[①]和亨利·福特[②]谁更"聪明"？都聪明，只是形式不同。也许我们的"智力"一词宽泛地覆盖了多种解决问题和学习技能的能力。

天分也许是我们的大脑最奇异的一个特点。从穴居时代起，人类就已经具备了心智，他们会在岩壁上留下作品。在如今体现我们智能的农业或技术出现之前，发明这些事物的能力就已经就位。许多狩猎采集者文化代代相传，上千年没有发生改变，他们仅仅依靠同样的少量石器、木器和骨头做成的工具，就从远古时期活到了现代。就在19世纪，美洲、非洲、大洋洲和亚洲大部分地区的许多土著文化仍然完全依靠石器时代的技术，其中的许多文化没有轮子，没有具备可活动部件的工具，没有铁。即使在今天，极少数偏远地区仍然有着石器文化的残留。他们都完全是人类。甚至在工业时代来临之前，莫扎特、贝多芬和《美国宪法》的起草者们仍然用羽毛笔写作，完全不依靠电力或发动机工作。计算机、购物中心、机场、洗碗机、电视机——在1900年，这些事物都不存在。智

① 巴勃罗·毕加索（Pablo Picasso，1881—1973），西班牙著名画家、雕塑家。

② 亨利·福特（Henry Ford，1863—1947），美国汽车工程师与企业家，创办了福特汽车公司。

能手机不是让我们成为人类的关键，它是人类的创造，而且是最近的创造。

尽管人类的大脑因农业和文明生活所带来的可预见性而缩小，几千年后我们还是设法创造了《彼得鲁什卡》[①]和一个登月舱。在饲养着动物的草屋里出生的人也能学会编写软件。

我们这个来自石器时代的大脑似乎过于具有天赋了，曾获得诺贝尔奖的物理学家马克斯·德尔布吕克（Max Delbrück）对此感到很好奇，他评价："我们得到的比所要求的要多得多。"不仅是我们的大脑。狗感知人类同伴即将发病并作出警告的能力是从哪里来的？倭黑猩猩因为生理限制无法形成单词，那么它们为什么能够理解人类的口头语言，并达到幼儿的水平？为什么有着鳍状肢的海豚能学会人类的手语？为什么它们会在镜子前交配，并做出生活在海洋中的海豚上百万年来都不可能做出的事情？为什么它们会具备这样的能力？

智能从何而来？它一部分是简单的累积，较大的躯体拥有较大的大脑，较大的大脑具备额外的计算能力以供发挥。地球上大脑尺寸和体积的三座高峰属于鲸、大象和灵长类。生命没有以人类为标准设置一个智力的极限（尽管我们可能就是极限）。抹香鲸那 18 磅重的大脑是自然界有史以来最大的。宽吻海豚的体重是人类的几倍，它们的大脑当然也更大。它们大脑中的新皮层，即负责思考的部分，也比我们的更大。而人类的大脑仅比牛的大脑略大一些，很不起眼。

不过，就像所有的好东西一样，大小并不重要。彼得·泰尔克提醒我们："蜜蜂的大脑只有几毫克重，但在我看来，不管它们的大脑有多大，它们的舞蹈语言都体现了动物通信的一个伟大成就，与野生海洋动物的通信

① 《彼得鲁什卡》（*Petrushka*），一出四幕滑稽芭蕾舞剧，由伊戈尔·斯特拉文斯基作曲。

能力相匹敌。”还记得吗？蜜蜂的舞蹈能告诉同伴食物的位置、距离和数量，以及那边有没有什么麻烦。因此，对聪明人的一条告诫：智力不是唯一的，它没有统一的形式。

一个较大的身体需要较大的大脑来管理它的生理机制。而聪明意味着，不管体形有多大，都需要一个相对体重而言大于平均水平的大脑。渡鸦、乌鸦和鹦鹉以聪明著称，它们的大脑重量占体重的比例与黑猩猩相近。渡鸦能解开的一些谜题，黑猩猩那重得多的大脑都做不到，并且渡鸦解决问题的洞察力被认为是“接近灵长类的智力”。

为了对比大脑重量占体重的比例，科学家发明了一个词“脑商”（encephalization quotient，EQ，前一个词意为“大脑的重量”）。EQ 为 1 表示该物种的大脑重量占体重的比例达到哺乳动物的平均水平，它们的大脑重量就是这个体形的动物所应有的大脑重量。大象的得分能达到 2 左右，是估计值的两倍。许多海豚的得分在 4 ～ 5 之间，而太平洋短吻海豚能轻易达到 5.3。黑猩猩大脑的得分是相对平凡的 2.3。人类的 EQ 大约为 7.6。我们确实有着最高的大脑重量占体重之比（并且从你的反应还能看出，人类既有着最强烈的自负，又最缺乏安全感）。

但是，仅仅讨论大脑重量有点儿弗兰肯斯坦主义[①]，并且 EQ 不能完全反映 IQ，大脑大小不等同于智力高低。人类的大脑占体重的 2%。鼩鼱小小的大脑能占到体重的 10%，但它们却不怎么聪明。卷尾猴的 EQ 值比黑猩猩要高，但黑猩猩是擅长战争、建立联盟和狩猎的政治家，它们的智力胜过了猴子。

EQ 是一个粗糙的评判标准，因为大脑有其组成部分上的差异。我

① 弗兰肯斯坦主义，来自玛丽•雪莱的作品《弗兰肯斯坦》，指将生物的各部分随意组装在一起。

们的大脑中有继承自鱼类的古老部分，也有仅仅存在于哺乳动物身上的较新的部分。大脑的特征不仅在于重量，还在于它强调其中的哪些部分。鲸有着相对较大的小脑（负责协调或自动管理复杂的任务，例如游泳、心率和运动）和一个主要的声音处理配置，但我们前面说过，它的大脑中几乎没有处理嗅觉的部分。

新皮层是大多数意识和思考存在的地方，而鲸的新皮层表面积相对脑部整体的大小比人类的要大。这是意识的硬件，是思考的线路。我们能看到这能让鲸的大脑做什么：它们整天做出复杂的行为，长时间抚育后代，运动能力强，在较大的群体中进行高度的社交。但人类的新皮层厚度是鲸的两倍，脑细胞的密度也要大得多。

别忘了这点，我们还没说完。

现在，如果你愿意的话，我们将进入大脑的核心区域。重量和大小不过是一个替代的评判标准，重要的是神经元。我们不仅要考虑它们的数量，还要考虑它们的密度，它们的组织方式、协作方式和与其他结构连接的方式，以及它们传递信号的速度。这就是大脑的信息处理能力，无论重量还是大小都无法完全体现智力。在某种意义上，测量大脑就像测量一座房子里的保险丝盒。较大的保险丝盒表明这是一所大房子，因为大房子中有更多的线缆和电器。如果你拆掉保险丝盒，灯就无法打开。但是，点亮房子的并不仅仅是保险丝盒，而是保险丝盒和分布在整座房子里的线缆。那些线缆在哪里？那些插座、接地故障断路器、吸顶灯和台灯、电炉和网线都在哪里？没错，我们能看到大脑的结构，但这些结构的连接方式决定了我们如何理解现实，能够获取和传递哪些信息，以及我们将如何发光发热。

有一个标准是我们可以泛化的：对解决问题和思维灵活性最重要的似乎是哺乳动物大脑皮层中神经元的绝对数量和密度，以及非哺乳动物的大脑皮层等价物中神经元的绝对数量和密度。就像任何一个计算系统一样，处理单元的数量决定了它的处理能力。德国脑科学家格哈德·罗斯（Gerhard Roth）和厄休拉·迪基（Ursula Dicke）对比了全世界最大的大脑并总结："人类大脑皮层中的神经元数量是哺乳动物中最多的，但仅仅略高于鲸和大象。"鲸的神经元数量为60亿～105亿；大象有110亿；与人类十分接近；人类大脑皮层中的神经元数量在115亿～160亿，这取决于你的测量对象。我们的神经元结合更加紧密,因此信号传输速度更快。

那些智力惊人的乌鸦、渡鸦和鹦鹉呢？没有人计算过，但鸟类的细胞通常比哺乳动物的细胞要小得多。因此，鸟类的大脑中神经元结合非常紧密，拥有相对其大小而言强大的处理信息能力和高速度。至于信号传输速度，你很容易发现鸟类有多么警觉。

人类的大脑神经元与虎鲸、大象和老鼠甚至苍蝇的神经元别无二致。神经突触、不同类型的神经细胞、它们的连接方式，甚至产生这些神经元的基因，在不同物种中几乎是相同的。不同物种的大脑之间的差异主要是量的问题。罗斯和迪基总结："人类超群的智力似乎来自于非人灵长类动物身上能力的综合与强化……而不是来自于'独特的'特质。"

社会脑

如果要拥有体积和密度更大的大脑，你就要为它的运行付出代价。大脑是真正的能量消耗大户。我们的大脑重量只占体重的 2%，但它消耗的能量却占到了 20%（所以纯粹的思考也可能很累人）。长期的能量透支足以致命，在艰难时期，如果你的能量消耗殆尽，你就会饿死。那么，为什么要冒险拥有一个较大的脑子？要么是我们非常需要它，要么就是它能带来某些重大优势。

大脑其实不那么必要。大量不那么聪明的物种也活得好好的。虎鲸能聪明地捕食鲑鱼，但如果它们就是鲑鱼的话，它们的数量会更多一些。生物量就是成功，所以为什么不把脑袋上的间接费用[①]降低呢？海豚通常和金枪鱼生活在相同的水域，捕捉同样的猎物。金枪鱼利用能量的效率更高，因此它们数量更多。所以这个问题还在继续：为什么要付出额外的代价，以获得大于平均水平的大脑？蜘蛛和昆虫以万亿级的数量取得了成功，它们小小的大脑没有带来任何劣势。实际上，从数量上来看，较大的大脑对繁衍和生存造成了额外的负担。海豚因为比金枪鱼聪明而付出了代价，大象因为比羚羊聪明而付出了代价。因此，它们的生命中一定有什么东西需要昂贵的智力。

---

① 间接费用，会计学术语，与直接费用相对，指不能直接算入产品成本中的费用，例如资产折旧费用、管理费用等。

长期以来，行为生态学家假设，保障食物安全越是艰难，物种就必须变得越聪明。他们认为较高的智力反映了复杂的获取食物的能力。但是，这些金枪鱼和海豚并肩游动，捕食同样的鱼和乌贼。食物并不是造成它们智力差异的原因。金枪鱼有自己的聪明，是了不起的生命，但金枪鱼不会在幼崽学习的时候陪伴它们，也不会帮助受伤的同伴或是互相呼唤。它们之间有巨大的差异，社交的差异。如果你是一头角马，你的社会就像你觅食的平原：没有领导，没有社交野心，没有家庭群体。所以角马不具备特别的头脑，因为它们不需要。角马吃草，大象也吃草，以草为食并不是使大象具备更复杂的情感和智能的原因。

但是，如果在你的群体中，你必须时时留意你经常遇到的某些个体，对方可能想要夺走你的食物、配偶或地位，可能在密谋推翻你，或者与你共同谋划如何推翻你的对手，或者在关键时刻出现在你身边；如果你需要持续平衡与某些特定个体的合作与竞争，会怎么样？如果个体很重要，如果你的身份很重要，你就需要一个社会脑，它能推理、谋划、奖励、惩罚、引诱、保护、建立联系、理解和同情。你的大脑需要像一把瑞士军刀那样，为应对不同的情境准备好不同策略。海豚、猿类、大象、狼和人面临着相似的需求：了解自己的领地及其资源，了解朋友，留心敌人，实现繁衍，抚育幼崽，自卫，并在对自己有利的情况下合作。

在许多种海豚中，雄性会结成包含两三头个体的联盟，以高度控制可育的雌性。在佛罗里达地区，宽吻海豚的联盟维系了 20 年。这些紧密的雄性联盟有时会结成更大的联盟，以征服较小的联盟，抢走它们的雌性，就像人类部落中的抢婚一样。想象一个带着声呐的街头黑帮吧。

研究员珍妮特 • 曼恩（Janet Mann）曾看到，一头雄性宽吻海豚包围了一头雌海豚。一个雌性联盟强力介入，推搡雄海豚，用尾鳍拍打它们，把它们分开。雌海豚看起来似乎是要满足雄性的性需求，但在迷惑了对方之后，所有的雌性都离开了。我很好奇它们会不会哈哈大笑。联盟能决定谁胜出，谁倒霉。在面临这些风险的时候，智力就至关重要。

黑猩猩的地位上升依靠给予恩惠，以及对依靠谁、坑害谁做出准确的判断。研究人员将其称为“马基雅维利[①]的心智”。灵长类动物学家克雷格·斯坦福写道：“雄性黑猩猩有自己的政治生涯，它们的目标多少是相似的，即尽可能获取更大的权力、影响力并成功繁殖，但用于实现目标的策略在每一天、每一年、每一个生命阶段都有所不同。”为什么要付出这么多的努力、这么高的代价，冒着这么大的风险来谋求地位？因为地位最高的雄性通常拥有最多的后代，而这些后代的母亲通常也是地位最高的雌性。因此，行为实现了自我复制，得以扩散。这就是寻求社会地位的意义，无论我们是否意识到。在社会环境中，智力能帮助你和更优秀的配偶进行繁殖。

拥有复杂社会的物种发展出了复杂的大脑。哪个才是先决条件？两者很可能在军备竞赛中共同演化，从社交带来的好处超过了它的代价的时候开始。记住：最智慧的大脑就是社会脑。

在2500万年前，海豚拥有整个太阳系中最智慧的头脑。在许多方面，如果它们仍然是最智慧的头脑，情况会好得多。当海豚还是整个星球上的智慧领导者的时候，世界上不存在任何政治、宗教、伦理或是环境问题。制造问题似乎是“使人之为人”的一个方面。

---

① 尼科洛·马基雅维利（Niccolò Machiavelli，1469—1527），意大利政治家和历史学家，主张为达目的可以不择手段。“马基雅维利主义者”即痴迷权术和谋略的政治家。

当研究人员在鲸的大脑中发现了另一种特别的细胞时，他们宣称鲸可能拥有“与我们相似的智力”。这种细胞曾被认为是区分人和其他所有物种的因素，它被称为纺锤体神经元（spindle neuron），这个名字来自于它细长的形状（它们也被叫作冯·埃克诺默[①]神经元，以其发现者命名）。大脑中拥有这种特殊细胞的动物有大猿（别忘了，大猿包括了人）、大象、大型鲸类和至少某些海豚。有趣的是，河马、海牛和海象也有这些细胞。

纺锤体神经元是“神经系统中的高速列车”。它们能让脉冲信号避免不必要的暂停，实现非常快速的信号传输，达到几乎即时的分析和反映。纺锤体神经细胞的形状和位置使得它能够直接从一整列脑细胞中获取信息，并快速输送到其他大脑结构。科学家认为，在快速变化的复杂社交情境中，这些细胞能让个体凭直觉快速做出决策。

纺锤体神经元似乎能够协助大脑追踪社交互动，实现某些智力和情感功能，并觉察其他个体的感受。纺锤体细胞的损伤会损害社会意识、在社交情境中自我监控的能力、直觉和判断。有人认为纺锤体神经元损伤与阿尔茨海默病、痴呆症、自闭症和精神分裂症有关。

纺锤体神经元于20世纪初在人类的大脑中被发现，几十年来一直被认为是人类智力超群的象征。鲸纺锤体神经元的共同发现者帕特里克·霍夫（Patrick Hof）说：“对我来说，这些鲸显然是极其聪明的动物，它们演化出了与猿类和人相似的社会结构。”

---

① 康斯坦丁·冯·埃克诺默（Constantin von Economo，1876—1931），奥地利精神科医生、神经科学家。

就像某些特殊脑细胞和工具制造能力曾经被认为只存在于人类身上一样，教学活动曾经也被认为是人类心智的专属领域。虎鲸会进行教学。“教学”要求一个个体从自己的事务中抽出时间，去进行证明和演示，让学生学会某种新技能。

幼年黑猩猩观察有经验的成年黑猩猩并进行模仿，这就是学习；但成年黑猩猩没有刻意花时间教导幼年个体，因此这不是教学。在蜜蜂那奇异的摇摆舞中，舞蹈者花时间传达出关于食物来源的信息，但巢里的其他蜜蜂没有学到新的技能。某些蚂蚁也一样，还有那些对捕食者的出现发出警告的动物也是。它们确实花时间进行展示，但它们没有让学习者掌握新的技能。但虎鲸会教授技能。

在印度洋南部的克罗泽群岛（Crozet Islands）周围，虎鲸会冲到海滩上捕食海狗和象海豹幼崽。但这很危险。虎鲸有可能因此搁浅，它们必须乘着海浪回到海中。因此成年虎鲸会教幼崽怎么做。它们给幼崽上课，分步进行教学。

首先，它们在没有海豹的海滩上练习。母亲温柔地将孩子推到陡峭的海滩上，幼崽很容易从斜坡上往下滑，回到海里。这就像开车上路之前先在停车场里练习。这种教学能让幼崽在一个安全的环境中掌握技巧，避免真正发生致命的搁浅。随后，幼崽通过观察母亲的成功捕猎来学习。到了四五岁，幼年虎鲸终于开始尝试利用冲上海滩的技巧捕捉小海豹。成年雌虎鲸通常会帮助它们回到海里，在必要的时候用自己的身体制造海浪。教学所需的时间意味着母亲为自己捕捉的海豹数量减少了。在教学和长期规划方面，这样的训练行为在非人类当中可谓登峰造极。

在阿拉斯加，研究人员看到两头虎鲸教授一头一岁大的幼崽从海鸟开始练习捕猎。成年虎鲸用尾鳍拍击了一只不设防的海鸟，小虎鲸随后上前练习用尾鳍拍击猎物的技巧。花斑原海豚母亲有时候会在幼崽面前放出一条鱼，让幼崽前去追捕，如果鱼要逃走了就重新抓住它。花斑原海豚幼崽还会跟在母亲身旁，看母亲巡视和搜索沙质的海底，寻找藏在里面的鱼。它们能“偷听”母亲听到的回声，并模仿它的技巧，母亲也会花额外的时间进行演示。澳大利亚的宽吻海豚在翻找海底沉积物的时候会将海绵顶在口鼻部，以免被海胆的刺扎伤，或者被隐藏的鲉的毒刺蜇伤。这样做的母亲也会将顶海绵的技巧教给自己的孩子。

教师是一个精英群体。动物中其他的教师还包括：猎豹和家猫（它们会将活的猎物带回来，让幼崽去捕捉）；斑鸫鹛（它们会教幼鸟一种叫声，意为“我有吃的”）；游隼（它们先引诱幼鸟离开筑巢的悬崖，然后把被杀死的猎物扔下来，让幼鸟在飞行中抓住它）；水獭（它们将幼崽拖到水里甚至水底，教它们如何游泳和潜水）；细尾獴（它们先是给幼崽带来死蝎子，然后是残疾的蝎子，以演示如何去掉蝎子的毒针）。人类当然也会教学。差不多就是这些了，我们目前只知道少数几种动物也会教学。但考虑到这些动物的种类的多样，一定还有着其他隐藏的“教师”。

就像制作工具和教学一样，模仿也被认为反映了较高的智力。这在动物王国中也非常罕见，有研究人员认为只有猿类和海豚会模仿，但模仿其实更普遍一些。我饲养的鹦鹉把硬邦邦的面包干泡在水里的行为就可能是由其中一只发明,而另一只进行了模仿。小狗会模仿年龄更大的狗，而且狗会以它们自己的方式模仿人。当我劈开、搬运和堆放柴禾的时候，舒拉也会“劈柴”，即找一块大小合适的木头，躺在一边啃咬。当我把纸张分类回收或扔进炉子里烧掉的时候，舒拉就找一个信封，悄悄地叼着它躺下来。咬信封通常是不被允许的，但在这些时候，我们都明白自己有“书面工作”要干。

南非有一头圈养的宽吻海豚，名叫达恩。它看到潜水员清除池子玻璃壁上的藻类，就找了一根海鸥的羽毛，开始用同样的长刷子清洁玻璃。它身体直立，一侧胸鳍靠着玻璃，就像潜水员抓住窗框稳住自己的身体那样；还发出和潜水员的呼吸设备几乎一模一样的声音，吐出相似的泡泡。还有一次，一个清理玻璃的潜水员把真空清洁设备忘在了展馆里，第二天早上他回到展馆，发现一头名叫海格的海豚正用鳍状肢紧握着软管，用嘴顶着刮刀。潜水员拿走设备后，海豚找到了一块瓦片，开始刮池底的海藻。谁不想要一个像海格这样的舍友呢？

在南非的一个水族馆，生活着一头名叫多莉的幼年东方宽吻海豚。多莉 6 个月大的时候，有一天，它看到一名驯兽师站在窗前抽烟，吐出一团团烟雾。多莉游到母亲身边，吮吸了几口乳汁，然后回到窗前，从头顶上喷出了一团乳汁的云。驯兽师“完全震惊了”。多莉没有重复这个行为（它不是真的在抽烟），也没有试图模仿并达到完全相同的效果，它不知怎么想到了利用乳汁来表现烟雾。用一种事物表现另一种，这不是单纯的模仿，而是艺术。

神秘传说

许多人希望有一天，我们会遇到一个来自另一个世界的智慧生命……但也许不会是那样，而是这种情形。

——迈克尔·帕夫特（Michael Parfit），

《鲸》（*The Whale*）

“我有时候会感觉到一种真正的惊叹，仿佛我看到了什么更高更远的东西，”肯说，“当你与它们目光相对，你会感觉到它们正注视着你。那是一种凝视，你能感觉到，它比一条狗的注视要有力得多。狗也许会想引起你的注意，但鲸带来的是一种不同的感觉，仿佛它们正在你的内心中寻找什么。它们用目光建立起一种私人关系。在很短的时间里，双方都传递出大量的信息。”

比如？

“在这样的目光中，我感到了——”肯犹豫了一下，说，“感激。”但他立即补充：“当然，这是一种主观体验。”

感激？

肯在20世纪70年代开始了他的研究，也就是在最高法院禁止海洋世界捕捉幼年鲸豚之后不久。肯说：“在一两年的时间里，如果有其他人驾船追赶在水面游动的鲸，或者开始充满敌意地包围它们，它们常常会游过来，待在我们的船旁边。鲸明白我们不会参与追捕，不会对它们发射鱼叉或标枪。它们看到我们在它们周围很友好。你看，这体现了一种对于当前状况的意识。”

它们是否在一定程度上意识到了肯的善意？在经历了那些捕捉行动之后，它们会感激肯吗？这是否足以让它们报答他？

肯讲了一个故事：“一连几天，我们都在跟踪 3 个社群。它们会穿过胡安·德富卡海峡，沿着圣胡安岛西侧北上，穿过边境通道来到弗雷泽河，回到罗萨里奥海峡，进入普吉特海湾，来到瓦雄岛（Vashon Island），最后再回到这里。一天早晨，它们朝着浓雾笼罩的堤岸游去。我们跟在后面。那时候是 20 世纪 70 年代，没有 GPS 之类的设备，只有一个罗盘。我们在阿德默勒尔蒂湾附近跟丢了，被困在浓雾里，离家 25 英里。我知道大概的罗盘方位角。我们放下了所有的摄像机，准备高速前进。我开始沿着这个罗盘方位角以时速 15 海里的速度前进，只过了大约 5 分钟，那些虎鲸就跳跃着从四面八方围过来，来到船头。所以，我放慢了速度，跟在它们后面。六七头虎鲸一直在我们的船前面游着。”肯跟着它们开了大约 15 英里。当浓雾散去，他看到了自己家所在的岛。他说：“好吧，我确实有一种感觉，感到它们清楚地知道我们完全看不见。它们完全清楚自己在哪里。这是停止捕猎之后的第二年。它们曾经目睹大量的船只，受到了大量的攻击。但那天，据我所知，它们在给我们带路。真令人感动。”

这不仅令人感动，而且十分奇特。事实上，虎鲸似乎有能力做出善意的举动，无法解释的举动，令科学家考虑种种奇特的可能性的举动。虎鲸的行为或许可以分为两类：令人惊叹的行为和无法解释的行为。

在浓雾中导航似乎是虎鲸倾向于提供的一种帮助，帮助那些致力于保护它们的人。有一次，亚历山德拉·莫顿和一个助理坐着充气船，行驶在夏洛特皇后海峡（Queen Charlotte Strait）的开阔水域，这时他们被浓雾包围了，她感觉自己简直“像泡在一杯牛奶里”。没有罗盘，也看不见太阳。水面很平静，没有水波能提供线索。如果在回家时走错了方向，他们就可能漂到大海上。更糟糕的是，一艘巨型游轮正在靠近，声波的反射让莫顿无法判断游轮的方向。她想象着那艘船突然冲出浓雾，撞上他们。

这时,一片光滑的黑色背鳍露出了水面,仿佛凭空出现一般。那是“大佬”。随后是萨德，还有伊芙，那位一贯性情冷漠的族长。“大鲨鱼”突然冒出来看了她一眼，最后是斯特莱普。它们团团围住她的小船，亚历山德拉跟着它们在浓雾中前进，感觉自己就像一个盲人，有人把手放在她肩上领着她。她回忆:“我完全不担心,我放心地将性命交给了它们。”20分钟后，她看到了他们居住的岛屿的轮廓，有着高大的雪松和岩石嶙峋的海岸线。浓雾散开了，虎鲸也离开了他们。这天早些时候，那些虎鲸特别难以追踪，当时它们正朝西游向开阔的海域。虎鲸带领莫顿往南走，送她回家，随后它们改变了方向，沿着来时的路离开了，去往它们原先要去的地方。

莫顿的感觉发生了变化。她说:“20多年来，我一直在努力将关于虎鲸的传说排除在工作之外。如果其他人用虎鲸的幽默感或者音乐品位之类的故事取悦别人，我就保持沉默……但有时候，我发现了确凿的证据，表明有些东西超出了我们科学量化研究的能力。如果你愿意，你可以称之为奇异的巧合，但我目睹的证据越来越多……我不会说虎鲸懂得心灵感应，我几乎不会使用这个词，但是……对于那天所发生的事情，我没有更好的解释。我只是对此深深感激，心中的神秘感不断发酵。”

我的朋友玛丽亚·鲍林（Maria Bowling）在夏威夷潜水的时候遇到了几头虎鲸——一个吓人的巧合。她在信中告诉我："当我从船舷上滑进水中后，我听见了一阵强烈的撞击声，像金属相碰的声音，又像两个潜水氧气瓶撞到了一起。那声音频率非常高，听着让人不舒服，但它确实带来了一种强烈的感觉！这声音穿透了我。那是我所感觉到的最强烈的能量，就像一阵能量波的传播。那感觉就像打开了一扇门，或者对另一种可能的通信方式的最初体验。在那次相遇之后，那股能量让我感到十分激动，充满活力，以至于在接下来的几天里我都有点眩晕。我感觉自己更轻盈、更专注，充满希望，无忧无虑，十分快乐。我知道这不太科学，但这更像是一种直接作用于身体的体验，而不是心智或智力的体验。"

就算存在某种未知的能量波连接，它也有它的局限。在生死攸关的时候，名叫伊芙的虎鲸带着它的家族，在浓雾中带领亚历山德拉·莫顿回到了家，而伊芙没有变成超级英雄。也许当时已经太晚了。而且虎鲸也终有一死的，就像人类一样。

1986 年 9 月的一天，在英属哥伦比亚，亚历山德拉和当制片人的丈夫罗宾带着 4 岁的儿子，来到了一个他们熟悉的地方。这里靠近海岸，虎鲸会前来在一些特殊的大卵石上摩擦身体，它们似乎觉得这些石头有某种特殊之处。经过一段时间的等待，伊芙独自朝这边游来。罗宾当时想拍摄一些好点的水下录像，他穿上潜水服，来到离海岸仅有 30 英尺的地方，潜进水中。莫顿把橡皮艇开到一边，把它开到镜头之外。"伊芙潜进水里朝罗宾游去，"莫顿记录，随后它"突然从水里钻出来，游向我。它在橡皮艇旁边游着，停了一下，然后消失在深海中。"这很奇怪。莫顿心想："它不该这么快就回到水面上来。"伊芙看起来似乎急着离开。儿子正忙着用蜡笔画画，莫顿看着大海，等待丈夫的出现。等待时间越来越长，令人不安，莫顿把船开回原地，向下俯视着海草、海星和布满岩石的海床，惊恐地发现丈夫正脸朝上躺在水底。他那套复杂的呼吸器具出了故障，他陷入了昏迷，淹死了。

伊芙表现出了警觉，并且似乎将信息传递给了莫顿。但是并没有发生什么惊天动地的事情，它没有拯救人类，没有将昏迷的人类推到水面换气。自由生活的虎鲸保留着从未袭击人类的良好记录，这无法解释，但把死者推到水面上这个要求似乎太过了。也许对一个哺乳动物开口说话对于这头以鱼类为食的居留鲸而言过于诡异。或者也许对伊芙来说，接近失去意识的罗宾太危险，并且因为它明白这点，它做出了最好的尝试，在船的旁边游动，停留，以提醒亚历山德拉，然后惊恐地逃走。也许它当时尝试着用一种人类无法理解的方式进行了交流；也许伊芙只是听到了自己的儿子们在远处呼唤它，急着去找它们；也许伊芙不过是一头虎鲸。

但是，还有其他的故事表明虎鲸似乎要营救迷路的狗。一小群科研人员驾驶一艘小船，离开海岸前去观鲸。当他们回来后，他们的德国牧羊犬菲尼克斯不在岛上。它显然试图跟上他们，跳进了约翰斯通海峡汹涌的浪涛。人们在海峡处搜寻，一直找到晚上 11 点，还是没找到狗。狗主人坐在一根圆木上哭了起来，这时他听见了虎鲸的喷气声。他想到了最坏的情况：虎鲸可能已经吃掉了他心爱的狗。他看着虎鲸越来越近，它们搅动的水流让海中的荧光生物发出了光。就在虎鲸经过之后，他听见了拍打水花的声音。忽然，他的狗出现在眼前，湿漉漉的，虚弱不堪，呕吐着海水。他宣称：“我不管别人怎么说，就是那些虎鲸救了我的狗。”

这并非孤例。在另一个研究团队里，一名成员划着划艇离开，回来时他的狗卡尔玛就不见了。它可能试图跟上主人。深夜，研究者正为失去了忠诚的伴侣而悲痛不已，一些鲸从附近经过。狗出现在沙滩上，全身湿透，发着抖，几乎昏厥。当事人说：“我就在那里。那些虎鲸把卡尔玛推到了岸上，我对此坚信不疑。”

还有其他离奇的故事，20 世纪 80 年代早期，一个海洋公园想弄几头虎鲸，训练它们表演节目，于是申请捕捉英属哥伦比亚的虎鲸。捕鲸在 1976 年已经被禁止了，但通过谈判，他们被允许捕捉一个小家族——A4。这个家族已经历经苦难。1983 年，有人射杀了 A10 和它的幼崽，因为缺乏照片证据，他们免于处罚。观鲸者听见枪击声，赶往现场。一个目击者说：“A10 把受伤的孩子推到我面前。我们看到伤口汩汩流淌着鲜血。它仿佛在告诉我们：看看你们人类都做了什么。几个月之内，两头鲸都死了。”

即使在捕鲸禁令生效后多年，哪怕提到一点儿有人捕捉她熟悉的那些鲸的事情，都能让亚历山德拉·莫顿血脉贲张。在一次会议上，她的朋友们不得不让她冷静下来。

多年来，亚历山德拉·莫顿在每个主要水道都见到过虎鲸的身影，只有一处例外，那就是她居住的克莱默通道（Cramer Passage）。在她激烈反对捕鲸的那次会议两天后，莫顿正跟踪死去的 A10 的姐妹雅卡和凯尔西，还有一头名叫萨特雷的幼年虎鲸。在进入克拉默通道的入口之前，这些虎鲸开始打转。莫顿和它们一同漂流。随后，它们“包围”了她，姐妹俩夹在小船两侧，那头幼年虎鲸在船头，都离船只有几英寸远。她每次发动引擎，它们就转来转去，不让她离开。它们的举动让她想起了居留鲸的狩猎行为，她吓坏了。但是后来，它们转过身，让她驶进了克莱默通道，此后又在这附近出入了 3 次。

莫顿说：“有时候我真不知道该对这些虎鲸抱有怎样的信念。”她破格允许自己思考这个问题：在她保卫了它们的家庭之后，这些虎鲸是不是试图传递什么信息？但她是在一次室内会议上进行演说的，而不是在船上；如果她在船上，那些虎鲸（假设它们的英语很流利）还有可能听见她的话。如果在她观察它们的时候，它们洞察了她的想法，这需要真正的心灵感应。她知道，这是“绝对违反常理的”。

亚历山德拉·莫顿深入了鲸的神秘领地，肯也许会这样形容她。

她知道这点。她写道：“我知道在科学中（或者在一个坚定的头脑中）没有这类事情的一席之地，但我们对现实的基准是不是设定得稍微高了一点？”

几十年前的一天，莫顿在太平洋海洋馆看着两头圈养虎鲸奥基和柯基在池子里游来游去，她请一位饲养员对她演示如何教虎鲸学习新东西。（柯基是斯特莱普的孩子。许多年后，在我前文中提到的一次事件中，斯特莱普在浓雾中带领莫顿回到了她的家。）无论莫顿还是饲养员都没见过圈养的虎鲸用背鳍拍击水面，他们决定在接下来一周里教虎鲸这个动作。“随后发生了一件事，”莫顿后来写道，“让我对鲸的看法从此变得更加谨慎。”柯基马上用背鳍拍击了水面。它又重复了几次，沿着水池边沿游动着，欢快地用背鳍击水。饲养员微笑着说：“这是给你的。它们能知道你在想什么。这种事情我们饲养员见得多了。”

霍华德·加勒特（Howard Garrett）回忆了他和几个同事在20世纪80年代早期观察圈养虎鲸的一段经历，并作了以下描述：“我们都感到被审视，感到虎鲸正试探我们的意图。我们感觉，这些虎鲸不仅了解了我们的能力和局限，可能还跟水池里的同伴们分享自己对于我们的了解。我们感觉它们变成了我们熟悉的朋友，同时虎鲸也熟悉了我们。我们双方都被深深感动了。”

一头年幼的北居留鲸，名叫斯普林格（编号 A73），曾神秘出现在西雅图附近的普吉特海湾，当时它刚刚断奶，它的母亲神秘失踪了。肯发现它正把玩着一小段漂在水面上的树干，把树干推来推去。“我把树干捡起来扔出去，它就跟上去，很贪玩。我拍打水面，它也用胸鳍拍打水面。然后我看着它，出于某种原因，我用手比划了一个转圈的动作，就像‘打滚’的信号那样，然后它就打了个滚！哇，我真是大吃一惊。要让狗学会这些动作，你得训练它们。我是说，它知道我在想什么，仿佛它的意识以某种方式与我的意识发生了联系。这种东西没法用语言表达。”肯用手指划了一个圈，虎鲸就打了个滚，这要求它理解肯的手指代表了一个几何概念，“围绕轴运动”，并能够将手指的运动中理解的概念应用到自己的身体上。这还要求它具备与另一种生命形式互动的渴望，以及玩耍的能力，可能还有一种幽默感。而且，它本来无法做出他头脑中想象的事情，除非它确实假定他在头脑中想着什么事情。

真是不可思议的行为。

换言之，斯普林格只是一头虎鲸。虎鲸似乎擅长敏感的意识。它们似乎不会对我们感到惊讶，而是将我们作为一种既定事实而接受。我们不必继续对它们的行为感到惊讶。实际上，我们也许能够完全接受它们，并对我们自己感到惊讶——我们竟然花了这么长时间才做到这点。

小斯普林格很幸运，人类执行了正确的计划：将它送回它的家族。斯普林格被轻柔地捆起来，送到加拿大一个海湾中的大网箱里。人们计划先稳住它，直到研究人员能定位它的家族的位置为止。它的家族第二天就出现了。肯说，研究人员打开网箱，“激动万分的”斯普林格和它们团聚，从此不再分离。肯还说："实际上，它今年生下了第一个孩子。真是个美好的故事。"然而，接下来是一阵意味深长而令人难受的沉默。肯补充："这恰是他们本该为卢纳做的事情。"

卢纳是一头幼年雄性虎鲸，1999 年出生在 L 社群中，是斯普拉斯的儿子。最初，它的生命发生了奇异的转折。它先是和 K 社群中的一头名叫基斯卡的雌鲸在一起，基斯卡当时曾把一头死去的幼崽驮在背上，也许它出于对自己死去孩子的思念，"借"走了卢纳。最后，卢纳回到了真正的母亲身边，但它从来都不是个乖宝宝，经常跟在 L 社群的其他虎鲸旁边。随后，2001 年春天，卢纳失踪了。

它独自出现在英属哥伦比亚的诺特卡湾（Nootka Sound），只有两岁多。"那地方离这里只有两百英里，"肯指着那边说。虎鲸一天能游 75 英里。"但从声学角度上看，它在那里无法听见社群里其他虎鲸的叫声。"

卢纳出现时，当地第一民族[①]的一个酋长恰好于不久前离世，他生前曾说："我死后将化为一头'kakawin'回来。"于是，原住民们就将这头虎鲸宝宝称为'苏西特'（Tsux'iit），对他们来说，它不仅是一头鲸。有人说，它来到这里是为了"抹去伤痛，抹去我们生命中的苦难"。一半是虎鲸，一半是救世主。

人们开始用不同的名字称呼它，比如帕奇或布鲁诺。后来研究人员才发现，这头迷路的虎鲸就是失踪的 L98，卢纳。

帕奇，布鲁诺，卢纳，苏西特。它迷失了，人们也迷失了。

卢纳还缺乏陪伴。它会抓住一条鲑鱼，然后将鱼举到空中。有人说："它显然在向我们展示自己抓到了什么。"还有人说："你会发现，这不是什么

① 第一民族，加拿大境内多个原住民民族的统称。

爬行动物……这是一个人。”其他人还说，当它看着你的时候，它的目光中“包含着需要，一下子就能唤起你的同情心”。人们看到了“一个意识，一个身影，一种渴望”。一位钓鱼爱好者回忆，第一次遇到卢纳的时候，他把手伸到水下挥动着，“它把鳍伸出水面，朝我挥动”。他觉得这一定是个巧合，于是再次朝卢纳招手，卢纳也挥动着鳍。卢纳离开了几分钟，当它回来的时候,这位钓鱼爱好者再次朝它挥手。卢纳同样也作出了回应。他意识到:“这个家伙，它比我们通常见到的家养动物要聪明得多。”一位在作业船上工作的厨师遇到卢纳，直视着它的眼睛，看见了它目光深处令人极其惊讶的东西，她说:“我简直无法呼吸。”

卢纳渐渐长大，开始尝试和船只以及各种各样的人玩耍。它完全可以推动长 40 英尺的木头，或者推着长 30 英尺的帆船转圈。但是，当它和乘坐了两个女人的独木舟或皮划艇玩耍的时候，它的动作会非常温柔。卢纳是不是意识到，水虽然是它的家，却能杀死一个人？就像关于虎鲸的许多事情那样，关于卢纳的一切看起来很不可能。但还有其他的解释吗？

肯说，由于极其渴望得到关注，“卢纳很快发现人类是一个很有意思的互动对象”。它喜欢被抚摸,喜欢让人类揉搓它的舌头,用软管朝它喷水，“一切你认为不可能对野生动物做出的事情”，肯回忆说。

但我并不感到惊讶。20 世纪 80 年代早期，我当时在研究一种海鸟，燕鸥。我坐在船上，忽然听见一阵“噗”的爆破声。我转过身，惊讶地看见一头白鲸出现在身边，这里位于它通常的活动范围南边一千英里以外，而且它独自活动。一连两季，当我做研究的时候，这头白鲸经常来找我，常常和我一起四处游荡（反之亦然）。我也经常看到它拜访其他的船只。这头小白鲸有点害羞，但每当我准备跳进水里的时候，它就非常兴奋。它会在我周围游动，给予短暂的接触，这些接触似乎让我们双方都感到了同样的震撼。

卢纳的表现说明，它本质上首先是一个社交动物，而虎鲸的身份在某种意义上是次要的。一位观察者说，它能“看透你外在的不同”。如果说人们不介意它是一头虎鲸，那么卢纳也不介意对方是人类。

但人类确实面临着一个问题。卢纳成了争论的焦点：它是一件礼物还是一道难题？我们要无视它还是与它成为朋友？要将它送回家族还是将它圈养？

肯说：“如果要训练它跟随自己母亲的声音录音行动，这非常容易，而且我们有这个录音。我们本可以让它得到它一直想要的社会接触，并逐步将音源移动到入海口的地方，把它带回它的社群，我们知道它们就在那里。”肯看着我，以确认我理解了这个计划有多么简单。“但后来，那个愚蠢的加拿大政府，”这么多年后，肯说到这里仍然情绪激动，“我不知道他们有什么愚蠢的理由，但他们就是不让我们这么做。”

最重要的是，卢纳的故事是一个迷路的孩子的故事，它需要友情，需要被送回家，却遇到了另一个物种，而这个物种内部分歧太大，无法作出最基本的表态。

“它所需要的不过是一种陪伴，直到它回到家为止，”肯说，这个男人自己也曾被虎鲸送回他的家，“而他们坚持阻止所有它想要的和它需要的伙伴接近它。我们在与极度的无知作战，”肯苦笑了一下，听起来仍然很悲伤，“它只是需要几个朋友啊。”

当船只停在码头，人们忙着搬运供给和设备的时候，卢纳会在旁边一连转悠几个小时。但人们一走，它也离开了。但是，只要有一个人在船上睡觉，卢纳就常常一整夜待在船边。一个船长经常听到卢纳的呼吸声从打开的窗户里传来。当一个游客的帽子被吹进水里，卢纳就会去捡。它钻到帽子下面，然后把帽子稳稳地顶在头上，送到人能够得着的地方。游客拿回了帽子，这多亏了一头没有受过训练的、自由生活的鲸，在许多方面都表现出它至少是一个好朋友。

卢纳需要家庭。与此同时，它也需要伙伴。而加拿大政府努力阻止与它的一切接触。有一次，官员们试图抓住卢纳，表面上说的是要让它和家庭重聚，然而事实上，一个水族馆想买走它，政府才不会放过这个机会。

卢纳是电影《鲸》（*The Whale*）和书籍《迷路的鲸》（*The Lost Whale*）的主角，这些作品生动地记录了它欢快的性情，从中可以看到，回应了卢纳的邀请并与它互动的人们被警察殴打、被罚款、被指控犯罪。卢纳的海洋里充满了荒诞。

米歇尔·凯勒（Michelle Kehler）曾和一位名叫艾琳·霍布斯（Erin Hobbs）的女人一起，被政府雇佣来监视卢纳。凯勒回忆："当它来到船边的时候，它会和人发生大量的目光接触。很温柔，很聪明。"她也观察到："它和我的关系与它和艾琳的关系不一样。"艾琳是个喜欢开玩笑的人，卢纳会和她开玩笑。"它会对她吐口水，弄得她满脸是水，还会把各种恶心的东西弄到她身上。它用尾巴拍她，用胸鳍打她……它从来不对我这么做。而且我们坐在同一条船上，只隔着5英尺远……它对我的态度完全不一样……我们有不同的风格。显然，它明白这一点。真是令人惊叹。"

但是，这两个女人的工作是阻止卢纳靠近人群，这很快改变了他们之间的关系。"一开始它真的很喜欢我们，"米歇尔说。然而米歇尔和艾琳的工作就是阻止人们和卢纳玩耍，"我们一靠近，它就会过来把我们推开，仿佛在说，'滚开！我一整天都找不到人陪我玩，滚开！'"另一个监管者记录，卢纳是“一个幸存者，一个战士，一个小丑；一个富有同情心、任性又极其可爱的家伙”。

由于友善的人们被阻止和它接触，而卢纳又需要友情，有一天，它跟着一条拖船，却被螺旋桨击中，死了。

当迈克尔·帕菲特和苏珊娜·奇斯霍姆（Suzanne Chisholm）第一次遇到卢纳的时候，他们乘坐着一艘轻型充气船，以时速 18 海里前进，这时卢纳突然从他们旁边的水里钻出来。它的动作十分精确，皮肤刚好擦过船的右舷。帕菲特回忆：“我能感觉到它的触碰影响了船的运动，但我不需要纠正。”卢纳“似乎在遵守着这样的接触所需要的默契”。

有一次，卢纳兴奋地摆弄着紧急舷外发动机，帕菲特就说：“嘿，卢纳，你能不能放开那东西？”卢纳马上松开了发动机，后退了。帕菲特写道：“很难相信，这个看起来与人类毫无相似之处的动物身上能具备这种水平的意识和理解力。”他补充：“一种想法攫住了我，这头虎鲸也许像我一样体验着生命，它能发现所有我发现的细节，能感觉到大气和海洋，情感的波动……和我们的安全感。太震撼了。这令人不舒服。”

卢纳给帕菲特上了一课：人类语言仅仅是体验生命的一种方式。“我们没有这些笨拙的符号就过不下去，这似乎是我们的错误。”他说，他感到语言是一道障碍，而我们已经突破了它。

人类意识并非通过语言而呈现，语言不过是描述意识的一种尝试。不会说话的动物能体验纯粹的意识。最终，帕菲特意识到他已经看透了外在的不同。他看到的不再是一个样子不像人的动物，不再是一头虎鲸，他看到了卢纳。

当我自己看着其他动物的时候，我几乎从未看见外在的不同。我看到了震撼人心的相似性，它们让我充满了一种感觉，即我们之间有着深层的联系。在野生动物亲戚的陪伴之下，我感觉最为轻松自在。除了深深的人类之爱，没有什么能让我感觉这么好，能让我感觉与它们紧密相连，让我如此平静。

海豚长着胸鳍和尾鳍，人们常常惊讶于它的奇异。但它们却常常表现出对我们的躯体之中隐藏的相似性的理解，它们还知道自己身体的各部位与我们身体的哪些部位相对应。路易斯·赫尔曼研究过的海豚能轻松模仿人类的动作。当人们抖动一条腿的时候，海豚就抖动尾巴。对于一种数百万年来都未曾拥有腿的生物而言，它们头脑中对“腿”的概念的转换实在令人印象深刻。

当太平洋海洋馆的驯兽师说，虎鲸知道你在想什么，她可不是在开玩笑。但是，也许她不仅是认真的——或许她真的说对了呢？也许，就像它们运用声呐的能力直到20世纪50年代才得到重视一样，它们还有着其他的通信和感知能力，至今不为人所知。我觉得这很有可能。但还可以这么想：我们一直用收音机聆听广播的音乐和对话，有人也许会说这表明我们能感知远处的东西。这就是一种通过技术实现的心电感应。大脑比收音机和计算机要复杂得多。考虑到一个真正掌握了心电感应的读心者能获得多么巨大的生存优势，那么心智有没有可能已经演化出了一种意识的双向传播？海豚的心智是否就是一种水下收听和分析设备，并且还能探测关于意图和感受的脑电波？这不太可能。但也许你需要的不过是一个比我们的脑子更大的脑子。科幻作品常常想象来自外太空的智慧生命，顶着巨大的脑袋，拥有极其发达的智慧。这些鲸至少肯定拥有巨大的脑袋。

20世纪60年代，凯伦·普莱尔（Karen Pryor）发现糙齿海豚能理解“干点别的”。如果她只有在它们做了从来没学过或从来没做过的事情之后才奖励它们，那么只要一个特别的信号，它们就会“马上设法做一些我们从来没想到的事情，和我们觉得很难做到的事情”。

还有更神秘的。当夏威夷的宽吻海豚菲尼克斯和阿基卡麦得到了“干点别的”的指令，它们会游到池子中央，在水下转圈几秒钟，随后做出完全出人意料的事情。例如，它们会同时竖直跳出水面，动作配合得天衣无缝，同时它们顺时针方向转动，并从口中喷水。它们的这些表演全都没有受过训练。研究者路易斯·赫尔曼指出：“我们觉得这太神秘了，不知道它们是怎么做到的。”看起来，它们似乎利用某种形式的语言策划了一个复杂的新杂技动作，并付诸实施。或者说还存在其他的方式，或者其他的手段，或者存在某种人类甚至无法想象的交流方式——海豚心电感应？没有人知道。无论如何，对海豚而言这显然再寻常不过，就像人类孩子在说：“嘿，我们这么办……”

在对巴哈马地区的野生海豚进行了几十年的研究后，丹妮斯·赫辛和其中一些个体熟悉起来。显然，这种感觉是双向的。研究人员每年离开8个月，然后回到这里，与海豚团聚。赫辛写道：“我也许会用‘快乐’一词来形容这个场面。而且，尽管我承诺科学地研究和理解海豚，但我同时很自然地感觉到它们就像是我的朋友，另一个物种的朋友，却十分清醒，有着情感和记忆。这就是朋友间的团聚。”在几周的研究旅行结束时，她写道：“海豚似乎知道我们就要走了，给我们来了一场盛大的送别。我常常好奇它们是怎么知道的。”

这类“心电感应”经常性的行为还发生在另一次更加阴郁的事件中。在一次研究旅行开始的时候，赫辛的船接近了她研究过的熟悉的海豚，它们“欢迎了我们，但表现得很不寻常”，停在离船只 50 英尺的地方不肯靠近。它们还拒绝了船首乘浪[①]的邀请，这也很奇怪。而且，当船长跳进水里后，一头海豚短暂靠近，但马上逃走了。

这时候，有人发现船上一个躺在铺位上打盹的人刚刚去世了。这太奇怪了。但是接下来，船掉头回港的时候，“海豚来到船边，没有像平常一样乘浪前进，而是在我们侧面 50 英尺的地方护航……它们以整齐的队形与我们并排前进。”船员们妥善安排后事之后，船回到了海豚活动的区域，“海豚照例欢迎了我们，在船首乘浪，像往常一样嬉戏。”在研究这些海豚 25 年后，赫辛再也没有见到它们做出与船上有死人这一次同样的行为。也许，海豚以某种我们不了解的方式，用声呐扫描了船的内部，并不知怎么意识到船舱里有个人停止了心跳，并互相交换了这一信息。也许它们用另一套感官系统感觉到有人去世了，一套人类并不具备也无法想象的感官系统。而且，对海豚来说，对一个人类的死亡表示哀悼意味着什么？

我们的故事讲不下去了，因为没有足够的案例可供分析。前面的几个故事讲述了野生虎鲸在浓雾中为迷路的人导航，可能还送回了迷路的狗；当人用手指划一个圈的时候，野生的虎鲸也会转圈；野生的虎鲸还会适时把帽子送回来，看见有人挥手的时候也会报以致意。这些故事关乎共情，或者说同情。

在南极，我的朋友鲍勃·皮特曼把一个雪球扔到虎鲸旁边，虎鲸马

① 船首乘浪（bow-riding），鲸豚类的一种行为，即借助船头或同类前方的浪前进，有节省能量、展示自我、玩耍等作用。

上将一块冰扔过来。这些故事也许仅仅是巧合。我们没有关于虎鲸对人类不理不睬，或者对他们的思想、他们的狗或雪球熟视无睹的故事。对于未知事物，我很难信服。作为一名科学家，我相信证据。而我倾向于低估对令人迷惑的现象的解释中不那么物质的部分。

更重要的是，我没有证据表明虎鲸会“对我们传达信息”，即使假设它们比我们更聪明（无论“聪明”是什么意思）。而我的一个朋友由衷地相信它们试图这么做。

谁不希望相信虎鲸正试图对我们传达信息？这会让虎鲸变得很特别，但最重要的是，这也会让我们变得非常特别。而我们最喜欢的故事就是自己有多么特别。如果人类具备一个最大的自负，一个普遍的幻觉，那就是世界亏欠了我们的特别。

而我，我对于自己最想要相信的事物最为怀疑，因为我想要相信它们。想要相信什么事情就可能会扭曲一个人的观点。

但鲸留给我们的问题如此令人困惑，简直令人不安。为什么它们对人类表现出单方面的和平，却攻击和捕食较小的鲸豚和海豹？为什么它们只帮助我们？为什么它们不恨我们？在长期被骚扰、被捕捉、被我们的拜访打扰后，为什么它们没有表现出习得的、代代相传的、对人类的恐惧，就像狼和渡鸦，甚至像某些海豚似乎在教育后代警惕人类的那样？太平洋金枪鱼产区的海豚似乎就有这样的恐惧。捕金枪鱼的渔网曾杀死了数千头海豚，如今它们如果听到船从几英里外朝它们驶来，或者仅仅是船的引擎改变了发声频率，它们都会惊恐地逃走。我曾目睹这样的场面。海豚在惨痛的教训中习得了对船只的恐惧，这很合理。

然而奇怪的是，这些巨大的、有着庞大脑子的捕食者，有着海盗旗一般的配色，从海獭到蓝鲸无所不吃，能花上几个小时将体重上千磅的海狮抛到空中暴打一顿，然后将其淹死、撕碎；它们还能将海豹从浮冰上冲下来，撕咬鼠海豚，大吃大嚼游泳的鹿和驼鹿——事实上，它们似乎捕食在水中遇到的一切哺乳动物，然而它们从未掀翻一艘小船，还可能曾把迷路的狗送回家。

在一些地区（比如在阿根廷），虎鲸有时会从海浪里冲出来，将沙滩上的海狮拖进海里。如果看过这样的视频，你会觉得在海岸线附近散步一定是疯狂的举动。然而，当护林员罗伯托·布巴斯（Roberto Bubas）走进水里，吹起口琴，同一群虎鲸便在他身边围成一圈，就像小狗一样。它们欢快地聚集在他的皮划艇旁边，他就用自己给它们起的名字呼唤它们。

· · ·

这些逸闻趣事之中，隐藏着一个铁打的事实：野生虎鲸极少对人类展现出暴力，这很奇特。相比人类持续伤害和杀死其他人类的暴行而言，这尤其不可思议。这两者该如何解释？如何解释虎鲸令人惊叹的容忍？这些海中的霸王龙曾无数次在一艘小船边钻出来，却从未伤害一个人类，甚至包括玩耍的时候，这个事实迫切需要一个解释。更为关键的是，这要求我们找到一种方式理解它们。这是否只是超越了我们的认知？它们的理由是否超越了我们的理解能力？

而且，不仅仅是虎鲸，许多故事展现了其他鲸类的温柔。摄影师布莱恩特·奥斯汀（Bryant Austin）曾一连数周对一些座头鲸母亲和它们的幼崽进行拍摄，有一次，一头 5 周大的幼崽离开了母亲，朝他游来。奥斯汀写道："这个宝宝在离我的面罩不到 1 英尺的地方摆弄着它那 5 英尺宽的尾巴。"奥斯汀呆住了，这时，他感到肩上被拍了一下。"我转过身，冷不防和幼崽的母亲撞了个对眼。它伸直了它那两吨重、15英尺长的胸鳍，位置刚好能轻轻碰到我的肩膀。”他发现自己现在挡在了母亲和它的孩子之间，非常害怕母亲会轻易将他拍死。然而，奥斯汀形容它的行为是“小心的阻止”。与此同时，座头鲸宝宝朝生物学家莉比·艾尔（Libby Eyre）游去。“时间仿佛慢了下来，我看着那头幼崽游到莉比身下翻了个身，然后温柔地用肚皮将她托出了水面。莉比跪在那儿，朝下看着它的喉咙。”奥斯汀的脑子乱成一团，想到了种种糟糕的可能，然而“座头鲸宝宝将胸鳍放在她背上，然后慢慢翻过身，让她回到水中。”

并且，不仅是鲸。还记得大象塔尼娅吗？它追赶一个惹怒了它的女人，却在她跌倒的时候及时刹车，以免将她踩死，还有的大象守护了迷路或受伤的人类。这个世界上到底在发生着什么？

互助的想法

虎鲸的故事表明它们身上有一种避免造成伤害、施加保护和安慰的冲动。乐于帮助是虎鲸“人格”的一部分。1973 年，一艘渡船的螺旋桨卡住了一头幼年虎鲸。船长记录：“公虎鲸和母虎鲸把受伤的崽子夹在中间，避免它仰面翻过来。有时，公虎鲸会松开，崽子就会侧翻过来。公虎鲸就形成一个紧密的环，潜进水里，然后慢慢在崽子旁边浮起来，让它回到合适的位置。”它们以惊人的耐心精心照料这头幼崽，整整两周后，仍有其他人报告“两头鲸在照顾第三头鲸，防止它翻转过来”。但研究人员从此再也没见过那头受伤的鲸。（有些人习惯用“公”、“母”和“崽子”称呼鲸类和大象，但标签会传播偏见。“雄性”“雌性”“幼崽”“成体”“兄弟”“母亲”等术语才能更准确地描述这些鲸豚和大象。如果我们使用平等的术语，我们眼前的迷雾就会开始消散，帷幕将被揭开。当然，这恰是某些人所害怕的。）

但是，在虎鲸幼崽被螺旋桨弄伤的这个故事里，成年虎鲸的反应是否体现了“惊人的耐心”，就如我描述的那样？这是不是我的偏见？也许虎鲸只是出于不经思考的本能而做出这样的帮助行为，就像某种反射——一种生理决定的冲动，要托起伤病中的同伴。有没有办法判断它们是否明白自己在做什么呢？它们会不会评估处境，灵活地作出回应？

在几个大不相同的情境里，由你来担任裁判吧。领航鲸原本正托着一个被鱼叉刺伤的同伴，在靠近水面的地方游动，但当靠近船只的时候，它们忽然将同伴拖到水下。显然，它们起初认为同伴面临的首要问题是保持呼吸，随后它们意识到最重要的是远离船只。它们想活下去。并且，在受到攻击的时候，它们奋力求生。在几次有记录的捕猎中，虎鲸追捕威德尔海豹、食蟹海豹和一头幼年灰鲸，而座头鲸干扰了它们的攻击。虎鲸将一头威德尔海豹从浮冰上冲进水里，随后，鲸豚类研究专家鲍勃•皮特曼和约翰•德班（John Durban）看到，海豹拼命朝附近的两头座头鲸游过去。“当海豹靠近最近的座头鲸时，座头鲸翻了个身，这头体重400磅的海豹就被扫到座头鲸的胸前那两片巨大的胸鳍之间。接下来，虎鲸继续靠近，而座头鲸挺起胸，将海豹托出了水面。”当海豹开始往下滑，即将掉进海里，“座头鲸用胸鳍轻轻推了它一把，让它回到自己胸前的中间。”不久后，海豹成功脱身，游到附近的一块浮冰上，安全了。一头名叫齐格的野生幼年花斑原海豚，当一小群同龄伙伴们的玩耍变得越发暴力，而且让它感到害怕的时候，它就逃走，悬停在水面，发出细小的呜咽声。随后，其他年轻的原海豚就会温柔地接近它，蹭它，它便回到伙伴们的游戏中（想到人类的孩子有时对表现出柔弱的同伴所施加的欺凌，这尤其感人）。

鲸豚类不仅互相帮助，也会接受来自人类的帮助。它们有时寻求帮助，有时提供帮助，有时表现出对帮助的感激。

在旧金山附近海域，一头座头鲸被几十个蟹笼缠住，这些蟹笼又由一根1英里长的缆绳相连，每隔60英尺都有配重，整套装置的总重量足足超过1000磅。绳索在这头鲸的尾巴、背部、嘴巴和左侧胸鳍上缠了至少4圈，勒进这头巨兽的肉里。尽管这头鲸体长近50英尺，重约50吨，它仍然被拖得往下坠，呼吸困难。潜水员潜进水中，看看能不能帮上忙。

第一个潜水员被纠缠的绳索吓住了，觉得他们不可能解救这头鲸。他还担心鲸鱼挣扎起来会把潜水员也缠住。但是，这头鲸没有试图挣脱，而是在潜水员工作的整整一个小时里保持着安静。詹姆斯•莫斯基托（James Moskito）说："当我在切割穿过口腔的绳索时，它的眼睛闪烁着，注视着我。这是我生命中史诗般的一刻。"当鲸摆脱了束缚，它并没有马上离开，而是游向离得最近的潜水员，用鼻子蹭蹭他，然后游向下一个人。"它在我旁边一英尺的地方停了下来，轻轻摆弄着我，玩了一会儿，"莫斯基托告诉《旧金山纪事报》（*San Francisco Chronicle*）的一名记者，"我感觉它似乎在感谢我们，它知道自己自由了，我们帮它逃了出来。它仿佛流露了某种热情，就像一条狗看见你很高兴那样。"

一个由爱好者拍摄的视频展示了夏威夷附近的一头海豚，它尾巴上扎进了一个鱼钩，正积极向潜水者寻求帮助。当潜水员发现了问题，停下来，海豚马上接受了它一直寻求的帮助。一头尾巴上有鱼钩的海豚怎么会向人类潜水员，向这个在它的生涯中如此陌生的生物寻求帮助？它会不会请求海龟或鱼的帮助？不太可能。另一头海豚呢？它似乎就像我们一样清楚地明白自身的问题所在。但海豚是否真的明白我们也能懂得它们的处境，就像它们一样，并且我们有手？答案显然是肯定的。不过，与之形成鲜明对比的例子是，一头名叫达斯的海豚尾巴被不锈钢鱼线割伤，而研究人员试图帮助它的时候，它并不配合。但这些故事并不会相互抵消。就像有些人会寻求帮助而有些人不会一样，一头海豚寻求并接受了帮助，而另一头并没有这么做。

2010 年，墨西哥湾发生"深水地平线"钻井平台漏油事故的时候，钓鱼向导杰夫・沃尔卡特（Jeff Wolkart）告诉我："一头海豚总是游过来。它全身覆盖着棕色的石油，那种焦黑的原油。它试图通过呼吸孔呼气，它在挣扎。"沃尔卡特一走，海豚就跟上来，"它游向我们，停在船边"，他还补充，这头海豚“似乎想要得到帮助”。但沃尔卡特不知道该怎么办，最后他只好离开了那头奄奄一息的海豚。它被人类拒绝了，很可能在劫难逃。

你也许会好奇它们为什么会向我们求助。你也许还想知道有多少其他动物曾寄希望于人类，又失望而归。海豚和其他向人类寻求帮助的动物不仅拥有这样的心智，而且能够理解人类也有心智，并且能够帮助它们（如果我们选择帮助的话）。理解人类可能理解它们，这种能力往往高出了我们对它们的预期。有时候海豚会选择帮助我们，但有时候人类杀死海豚，并否认它们经受的苦难。所以，谁的“心智”更发达？

在《狼与人》（*Of Wolves and Men*）一书中，巴里·洛佩兹（Barry Lopez）记录了一个设陷阱捕猎的人对他讲述的故事。捕猎者接近一头被他设下的捕兽夹夹住的庞大的黑色公狼，狼抬起了被夹住的爪子，朝他伸过去，轻声呜咽着。捕猎者说:“要不是我真的非常需要那笔钱，我就把它放走了。”

一个网络视频展示了加拿大新斯科舍省的一只野生渡鸦，它蹲在篱笆上一连叫了一个小时，直到有人过来把它脸上和脖子上的豪猪刺拔掉。受伤的动物似乎会有意接近人类,像这样的故事还有很多。在《走出荒野》（*Out of the Wild*）一书中,麦克•汤姆基斯（Mike Tomkies）回忆:“奇怪的是，很多生病的野生动物……接近我们，仿佛知道它们会得到我们的保护。”

我们有一条可爱的狗，但它有个改不掉的坏习惯，就是喜欢追鹿。有一次，它在深深的雪地里逮住了一头母鹿，咬了鹿的臀部。我目睹了这个过程，并看到鹿的身上有一个脏兮兮的伤口，但看起来不严重。在接下来的一两天里，我看到了同一头鹿，我希望它没事。随后，一天早晨，我打开大门，惊恐地发现这头鹿躺在了我家门口，死了。它是不是来寻求帮助的？它是不是前来询问原因，或者责怪我们，或请求我们记住它？

它是否希望我们的狗结束它的生命，或与狗对抗？或者仅仅是因为对于一头痛苦中的鹿，门边要暖和一点？也许这一切都影响了它的选择。一头被我的家庭所伤害的鹿，来到我家门前，死在这里，我完全想不到有什么可能的解释。那头鹿知道原因，而我不知道。

其他动物有时似乎意识到我们身上具备某种相似的意识，而我们常常无法在它们身上看到这点。不过，我们至少有时候能够很好地回应。灰鲸在墨西哥下加利福尼亚半岛的太平洋沿海环礁湖中分娩。在捕鲸时代，受伤的灰鲸有时会掀翻船只，将其拍成碎片。捕鲸人认为这时的灰鲸异常具有攻击性，尽管它们不过在为生存而奋斗。在灰鲸被捕杀至濒临灭绝之后，它们脾气暴烈的名声仍然流传了几十年。划着小划艇的墨西哥渔民极其害怕它们。唐・帕齐科・梅耶罗（Don Pachico Mayoral）告诉我："它们被称为恶魔的鱼。没有人说过它们一句好话。"

在 1972 年的一天，一切都奇迹般地发生了改变。唐・帕齐科和一个朋友出去钓鱼，这时一头庞大的灰鲸在离船只有几英寸的水面处瞪着他们。唐•帕齐科回忆:"我的同伴和我都很害怕。太吓人了,我俩腿直发抖。"但是，灰鲸没有对船只造成什么威胁，而是留在原地向他们示好。就在这时候，帕齐科决心跨越那道鸿沟。"我非常温柔地触摸了那头鲸鱼，而它保持平静。"当帕齐科向我回忆那一刻时，时间已经过去了 40 年，这段改变一生的经历却仍然历历在目。他说："时间一分一秒地过去了，我仍然在抚摸着它，直到我的恐惧消退。我感到了敬畏，我感谢上帝。"

唐・帕齐科急于与其他人分享这份礼物，开始带游客出海观鲸，环礁湖今天兴盛的观鲸旅游业由此诞生。唐・帕齐科承认："它们原谅了我们造成的一切破坏，所以我对它们有着深深的尊重和爱。"在唐・帕齐科去世前不久，我有幸能够陪伴他进入环礁湖。并且，就像许多曾造访这里的人一样，我看到带着新生儿的母亲在船边游动，仿佛正骄傲地向我们展示自己的孩子，当我们抚摸孩子的时候，它们就在一旁看着。唐•帕齐科和儿子杰西对我解释，如果鲸不主动靠近，人也不会去打扰它们；但如果它们靠近了而你不抚摸它们，它们就会离开。无论它们有怎样的动机或理由，它们都在寻求与人类的接触。相信其他物种也对我们感到某种特别的亲近，这是否就像我们平常那样，过于自恋了？

从远古时期到近代，讲述海豚将奄奄一息的游泳者推到水面的故事多得无从追溯。但曾经一连几百万年，海豚都在一个没有人类的星球上繁衍生息。海豚有着帮助自己的孩子和伤病的同伴的本能冲动。当它们帮助人类的时候，这也许只是出于错位的本能。也许它们就是会这么做，它们对我们并不关心，对吧？

有一次，我的编辑杰克•麦克雷（Jack Macrae）在佐治亚州海岸附近的一道长条形岛屿外划船，这时风和海浪环境发生了变化，情况变得不妙起来。他不太熟悉这一带，开始感到着急不安。很快，海豚出现了，在他两侧游着，似乎在给他导航。他跟着它们，它们便将他带到了一处入海口，他可以由此回到安全地带。还有一位研究人员，在巴哈马的水域中游累了，需要让一个同事拖着游，这时一头花斑原海豚忽然停下了手头的事情，马上护送他们回到船上。在那一带，当研究人员游到离船只 100 码之外时，这些海豚“很快将我们带回母船……如果我们允许海豚主导，海豚仍然会围着我们游动，或把我们带回去。”研究者丹妮斯•赫辛还说：“如果出现了鲨鱼，这些海豚会围着我们，甚至会十分坚决地护送我们回到船上，这并不稀奇。”

2007 年，一位名叫托德•恩德里斯（Todd Endris）的冲浪者被一头大白鲨咬成了重伤，这时一群宽吻海豚在他周围组成了一个环，保护着他。恩德里斯回到岸上，最终活了下来。1997 年，在委内瑞拉附近的一艘帆船上，一个船员掉进海里，其他船员到处都找不到他。大约一小时后，一艘电动船上的搜救者看见两头海豚靠近，很快掉头离开，然后再靠近，再掉头，如此反复。船长已经在那个方向找过了，但他决定跟着海豚。他们找到了那个船员，他还活着，受到海豚的保护。2000 年，埃里安•冈萨雷斯（Elián Gonzáles）事件轰动一时，这是个来自古巴的 6 岁的难民，他的母亲和其他人死于沉船事故，而他趴在一个轮胎内胎上漂浮了两天，活了下来。搜救人员看到有海豚保护着这个奄奄一息的小男孩。埃里安说，每当他感到筋疲力尽，抓不住轮胎的时候，海豚就会把他重新推上去。他还说，只有当海豚在他的视线范围内，他才会感到安全。

这也许不过是海豚对一个痛苦中的哺乳动物的本能反应，这种反射被演化出来是为了帮助其他海豚，却错误地指向了人类。但有时候，海豚对人类所做的事情，是它们永远不会对另一头海豚做的——这些事情对它们来说极其不自然，完全是人类导向的。丹妮斯•赫辛说："我观察到，在飑[①]或者猛烈的暴风雨来临前，海豚常常来到我们抛锚停泊的船只旁，用尾鳍拍打水面。"如果说海豚警告和保护研究者看起来就像一厢情愿的误读，那么再看看这个：当赫辛的船的锚线断掉，船只漂走后，一头名叫布雷兹的海豚"游向船锚，并绕着它游动，直到我们把船掉头，打开罗盘，找回了丢失的船锚。这是一次美妙的跨物种交流"。

• • •

这些故事的问题在于，它们通常被随意记录，不自洽，易于受到主观臆断的影响，因此很容易被忽视。

---

① 飑，气象学上指风向突然改变、风速急剧增大的天气现象，常常伴随雷雨、冰雹等极端天气。

但是，你能忽视这个故事吗？在一个浓雾天气，生物学家马德莱娜•贝尔齐（Maddalena Bearzi）正在记录一群她熟悉的宽吻海豚，这个群体一共 9 头，它们刚刚在马里布码头（Malibu pier）附近聪明地包围了一群沙丁鱼。她写道："就在它们开始进食后不久，群体中的一头海豚突然离开了包围圈，快速朝海岸游去。其他的海豚也马上离开猎物，跟了上去。"它们就这样突然停止了进食，这实在奇怪。贝尔齐也跟着它们。"我们离海岸至少有 3 英里了，这时海豚突然停了下来，围成一个大圈，没有表现出任何特别的动作。"这时，贝尔齐和助手们发现了一个人类的躯体，一动不动，有着一头金色长发，漂浮在海豚围成的圆圈中间。"她衣着整齐，全身僵硬，我把她从水里拉出来的时候，她脸色苍白，嘴唇发紫。"研究者们围着她，紧裹毯子的她，开始有了反应。后来在医院里，贝尔齐得知这名 18 岁的女子曾游向海中，企图自杀。她活了下来。

这些事情富有深意。

当科学有所突破的时候，这些突破的形式并非证实某种我们已经知道的事情，而是某种出人意料、难以捉摸的东西，它引发困惑，要求我们给出新的解释。在被证明是真理之前，它们曾被许多人忽视或轻视。所以，我不仅警惕轻信，也警惕轻视。许多的故事将我推进了一个"我就是不知道"的领域，而让我到达这个地方其实是很难的。

如果有人曾经花了几十年时间，致力于观察某些生物，他的观察就不该被轻视。海豚会庄严地陪伴一条承载着一具人类尸体的船，也会离开自己的食物，朝海中游上几英里，围在一个试图自杀的女人身旁。至于这具体意味着什么，人类理解起来要困难得多。

我们要如何解释这种出乎意料的休战，这种单方面的和平？在我看来，是的，从不再攻击虎鲸，到认识了虎鲸已经选择成为迷路的人类偶然遇到的仁慈保护者，这迈出了一大步。但虎鲸怎么想？全世界的野生虎鲸都同意了这种对人类的单方面的和平吗？这是怎么发生的？在我了解这些故事之前，我对此不屑一顾。现在，我感到不那么肯定了，我不再将它们视为一派胡言。对我来说这是一种出乎意料的感觉。这些故事打开了那些曾被我关上的门，那些门通往精神的最高成就：纯粹的求知欲，以及对可能的改变表示接纳。

请勿打扰

肯回到他那兼作办公室的家中，将相机和计算机连接起来。在肯的职业生涯中，摄影技术已经从黑白胶片进入了数字时代。此外，还有什么发生了改变?

戴夫插话了:“我们对它们来说已经失去了趣味。它们已经过了那个想和每条船互动的阶段了。”

“而且，如果它们想靠接近我们，警察就会过来。”肯补充说。早先，肯常常用一种特别的方式吹口哨，“就像用一种特别的暗号呼唤它们”，以便让虎鲸认出他。现在，他不能这么做了。

曾经，人们可以随意射杀和追捕鲸，甚至不需要许可证就能捕捉它们;而现在，对鲸吹口哨是违法的。如今，你不能做出任何“有可能改变它们行为”的举动。

爵士乐和世界音乐的创新者(也是我们共同的朋友)保罗•温特(Paul Winter)曾对着固定在亚历山德拉•莫顿的充气船边的一根钢管，用萨克斯演奏巴赫的作品，这时那头名叫“大佬”的雄虎鲸的社群正路过附近，而大佬离开社群，靠近充气船，直到保罗演奏完毕。莫顿记录:“曲子结束时，大佬发出一阵长而深沉的叫声，吐出一口气，消失了。”而这种行为放到现在就是违法的。

我同意，你可不想让聚会的单身汉们驾船追着鲸群到处跑，大喊大叫，朝它们扔啤酒瓶。但有时候，这些保护措施似乎做得太过了，太疏远它们了，而且影响了警方最容易监视的人群——这些研究者。

肯说："真倒霉，就因为我们对它们来说很有意思。那种趣味可能已经超出了我们目前的理解范围。"

如果它们选择用自己的方式、在自愿的时间和人类互动，这还算是打扰它们吗？

肯宣称，语气有一点尖刻："我可以直截了当地告诉你，我从来没有觉得自己打扰了任何一头鲸。"我坚定地支持他。

我们和这些生灵共享一个世界，它们用一颗好奇心寻求与我们的和平接触，而我们是这么做的：我们建起一堵高墙，以保护它们；与此同时，我们消灭它们的食物，摧残它们的听觉。这也许看起来很残忍，但这并非蓄意为之，而是不经思考的行为。我们人类的大脑不足以理解。

在墨西哥的下加利福尼亚半岛，这里的生态旅游产业依赖于与灰鲸的亲密接触，并且一直是保护它们在环礁湖的出生地不受工业开发影响的关键因素。这里没有高墙，只有一个邀约，由鲸自己发出的邀约。环礁湖的大部分区域禁止船只通行，其余的部分每天只开放几个小时。如果灰鲸愿意的话，它们享有充分的隐私。不过，一些灰鲸还是选择带着孩子接近船只。在美国或加拿大，触摸鲸有可能让你获罪；但在下加利福尼亚半岛，如果你不抚摸灰鲸，它们会离开你，寻找更有趣、更乐于互动的人类。到过那里之后，我更喜欢这种互动了。当然，这种互动大大促进了人对鲸的理解；出于这个原因，它给鲸带来了更大的益处。对于大象、狼、鲸以及许多其他动物，亲密接触已经消除了恐惧和厌恶，而带来了更深刻的理解，这种理解对大家都是有利的。法律禁止人对鲸演奏音乐或吹口哨，这无法阻止人对鲸的赶尽杀绝。事实上，在这个动物需要人类的政治支持才能生存的奇特的新时代，这种强制隔离也许只会促进它们的消亡。

如今，虎鲸远比过去更分散，也更少光临圣胡安岛一带。肯哀叹："我们再也无法回到过去的好时光了。"

他所说的"好时光"就是20世纪80年代。当时他还年轻，鲑鱼似乎还很充足，而且鲸类种群不再减少，而是正在恢复。但对于虎鲸而言，真正的好时光要久远得多。至少，自从20世纪中叶起，人类就将它们视为竞争者赶尽杀绝，捕捉它们以供娱乐，还污染鲑鱼产卵的河流，并过度捕捞鲑鱼，导致它们失去了食物。

1874年，捕鲸人查尔斯·斯卡蒙（Charles Scammon）船长如此描写虎鲸："在世界上任何一个有它们出没的角落，它们仿佛都在寻找什么东西来摧毁、吞噬。"你简直以为他指的是自己的捕鲸船队。虎鲸有时捕食更大的鲸，但它们存在了数百万年之后，世界上仍有数百万头大型鲸类。相比之下，当斯卡蒙的同伴们结束捕捞的时候，鲸的历史也差不多结束了。

在目前仍然存活的老年虎鲸的生命中的大部分时间里，人类普遍对它们感到恐惧和厌恶。既然有了"杀人鲸"的名头，谁会相信它们愿意放过攻击人类的机会？1973年，美国海军的一本潜水手册声称，虎鲸"一有机会就会攻击人类"。1969年，一本题为《以人为食》（*Man Is the Prey*）的书将虎鲸称为"已知最大的食人魔"。这些论断唯一的问题在于，它与现实完全脱节。

在早先以嗜血闻名的物种当中，抹香鲸是最早获得平反的。在1838年出版的《抹香鲸的自然历史》（*The Natural History of the Sperm Whale*）一书中，托马斯·比尔（Thomas Beale）写道："我们也许曾经以为，造化中没有比这更暴烈的怪兽了。但是事实上，抹香鲸不仅恰好是一种极其害羞而没有攻击性的动物……急切逃离最细微的反常征兆，而且其实没有能力犯下那些它曾经被激烈指控的罪行。”

太平洋西北部土著居民的观点更神秘，也更完善。事实上，他们的观点更为客观。他们的观察逻辑更加准确地反映了鲸的现实状况。他们曾经近距离目睹这些拥有可怕杀伤力的庞大生物，神秘的是，这些庞大生物却从未伤害他们。因此，鲸自然激起了他们的敬畏。在敬畏的基础之上，人们形成了对鲸的智力的尊敬，对它们判断力的欣赏和对它们容忍度的感激。在土著人眼中，这些黑白相间的泳者出没于大海之中，妥善管理着广袤的领土，它们是有灵性的生物。如今生活在阿拉斯加东南部的特林吉特人曾经相信，虎鲸能赐予他们勇气、健康和食物，因为所有的虎鲸都知道如何从黑暗冰冷的海水中获取东西。而对于英属哥伦比亚的土著居民而言,虎鲸（kakawin）是超自然力量的体现,因而备受尊敬。虎鲸就是海中的狼（qwayac’iik），因而被认为和真理以及公正有关。

大多数欧洲人和日本人对虎鲸一无所知，也就不甚关心。对于渔民来说，它们是祸害，是竞争者；它们是水手眼中的恶魔，被孩子们投石攻击。格莱姆・埃利斯童年时也曾对虎鲸扔石头，后来他的职业生涯都与虎鲸一同度过，最初是训练员，后来在野生环境中研究它们。他说：“小孩子就是这么干的；等你长大一点，你就会对它们开枪了。”

在 20 世纪 50 年代和 1980 年前后，挪威、日本和苏联屠杀了大约 6000 头虎鲸，这无疑在虎鲸的社会中引发了巨大的动荡。其他许多国家也对虎鲸的死亡总数作出了自己的“贡献”。

1956 年，冰岛政府对虎鲸捕食鲱鱼、毁坏渔网的情况感到恐慌，责备虎鲸“对鲱鱼产业造成了损失”，达到 250 000 美元（即使考虑通货膨胀，这个数字也显得微不足道，而且鲱鱼产业对以此为生的哺乳动物、海鸟和鱼类也造成了损失，他们却对此视而不见）。冰岛向美国请求援助。1956 年 10 月，《海军航空兵新闻》（*Naval Aviation News*）夸耀说，美国海军的飞机已经“成功完成了又一次袭击虎鲸的行动……数百头虎鲸被机关枪、火箭弹和深水炸弹摧毁”。这些生物遭到的痛苦和破坏一定十分惨痛。

在温哥华岛坎贝尔里弗（Campbell River）一带，钓鱼度假村的业主们曾抱怨虎鲸抢走了鲑鱼。于是在 1960 年 7 月的一天，加拿大渔业部门作出了回应，提出了这份高明的提案，以阻止虎鲸接近一片名叫西摩峡湾（Seymour Narrows）的区域：“建议使用一杆带三角支架的勃朗宁 M2 重机枪，在虎鲸接近时开枪。”但是当枪支架好后，虎鲸神秘地改变了觅食模式，不再靠近这一带。这又是一个不可思议的故事，它们是怎么知道的？

与其杀死它们，还不如观察它们活着的样子。那么圈养怎么样？

圈养虎鲸的历史开始得并不干净。1962 年，加利福尼亚州太平洋海洋馆的两个员工坐着一条 40 英尺长的船，在普吉特海湾用套索捕捉了一头雌虎鲸。它的尖叫声引来了一头雄性虎鲸前来帮助。船上的两个人害怕起来，开了枪。雄性虎鲸消失了，被套住的雌性虎鲸身中六枪而死，最后被喂了狗。1964 年，温哥华海洋馆让一个 38 岁的雕刻家制作一座真实尺寸的虎鲸模型，并派他去杀死一头虎鲸作为模特。他用渔叉刺中了一头小虎鲸，而这头虎鲸几乎还是个婴儿，马上受到了惊吓，开始下沉。社群中的两头虎鲸冲过来，将它托到水面，让它呼吸。当小虎鲸重新开始呼吸了，这名艺术家又拿出一把来福枪，朝它射击。受伤的虎鲸开始高声号叫，声音大得 100 码之外的人都能听见。随后，艺术家决定将它活捉回去。为了缓解疼痛，小虎鲸侧着身体游动，仿佛被捆住了似的。这一事件成了国际新闻，公众对此高度关注，因为先前从未有虎鲸被活着捕获。这头受伤的幼年虎鲸一连 55 天拒绝进食，在开始进食之后，它又多活了一个月。维多利亚当地媒体称这头被命名为莫比娃娃（Moby Doll）的小虎鲸“经历了悲惨的死亡”。人们为此感到难过。但并非所有人都这么觉得。水族馆主管告诉一个记者：“我担心这种情绪。它是一头很乖的鲸鱼，但是……它能把你活活吞下去。”

这头饱受折磨的幼年虎鲸的命运标志着一个悲剧，却也是关键的转折。它那温和、好奇而合作的性情与传说中凶猛的野兽大不相同，这让人们感到震惊。毫不意外，水族馆产生了对公众展示圈养虎鲸的念头。

1965 年 7 月末的一天，一头意外被渔网捕获的虎鲸来到了西雅图水族馆。一年多来，这头名叫纳姆（Namu）的虎鲸吸引了大量的游客买票观看。然后它死了，但它不过是一个先例。

这家水族馆和其他几个海洋主题公园还想要得到更多。1965 年 10 月，海洋世界和西雅图水族馆第一次合作发起了活捉虎鲸的行动。到了 1973 年，捕鲸人每捕捉一头虎鲸可以获得大约 7 万美元。借助直升机、快艇和炸药，他们骚扰一群虎鲸，将它们赶到一个海湾里，一艘渔船将在它们周围撒下渔网。这些捕鲸人想要已断奶的虎鲸幼崽，但这些行动并非总是顺利进行。

1969 年的一天晚上，捕鲸人将 12 头虎鲸中的 4 头赶进了围栏，这群虎鲸中就包括著名的“大佬”。到了早上，围栏外面的虎鲸仍然没有离开被困的家族成员，因此捕鲸人也把它们围了起来，海湾里渔网纵横交错。一头被困的雄性虎鲸逃了出来，它掉过头反复冲撞渔网，撕开破洞。但大多数的家庭成员茫然无措，也许还受了惊吓，没有马上跟上来。一头雌虎鲸靠近渔网，仿佛在寻找出去的路，但是没有找到。与此同时，渔民们在以最快的速度修复破损的渔网。那头雄虎鲸不再冲撞渔网，而是等待了几天。随后，也许是因为饥饿，也许是因为认输，它离开了。

这些捕鲸人喜滋滋地处理着来自美国和欧洲的订单，他们拍卖了 7 头幼年虎鲸，放走了 4 头年长的虎鲸。这些被放走的虎鲸在离开之前，在附近徘徊了一两天。

但在后来的许多年里，没有一头虎鲸回到那个地方。

1968 年，两头怀孕的虎鲸在英属哥伦比亚被捕获。它们一个月没有进食，然后被卖给了一个名字里仿佛体现着身份混乱的地方：美国非洲海洋世界（Marine World Africa U.S.A.）。一头虎鲸生下了死胎，然后它也死了。工作人员一直在训练另一头虎鲸，要它跳跃。它也生下了死胎，自己则在这种考验中活了下来。

捕鲸人能够随心所欲地捕捉虎鲸幼崽，要抓多少抓多少。当时人们对它们的社会结构和种群规模一无所知。每个人都愿意相信它们就那样在深海中来来去去，来自一个遍布整个太平洋的无限的虎鲸种群。从这么大一群虎鲸中抓走几头，能有什么坏处呢？

肯回忆起那时候的传统渔业条款，但他想知道虎鲸的“可持续捕捞量”会是多少。他认为这不是无限的。卓越的加拿大研究者麦克·比格（Mike Bigg）认出鲸类的个体，他意识到它们的群体很稳定，并且数量远比任何人所想象的都要小。他敏锐地察觉到，居留鲸和过客鲸生活在同样的水域，却有着不同的食谱、叫声和社交习惯，并且从不来往。这在先前完全不为人所知，并且似乎无法解释。由于他那卓越的洞见，他受到了嘲笑和排挤。肯说，不仅捕鲸人无视比格，官方也把他“当成一个疯子”。肯也在美国政府官员和水上作业人员那里受到过同样的待遇，长期遭受官方的阻挠。这导致了双方的关系紧张。

从 1962 年到 20 世纪 70 年代中期，许多虎鲸被捕鲸人反复捕获，他们想将幼崽从它们身边夺走。1/4 被活捉的鲸身上有着人们胡乱开枪留下的子弹伤。这就是当时人们和大西洋西北部的鲸之间的关系。

虎鲸开始回避一些它们最喜爱、食物最丰富的区域，因为那些地方已经变得相当危险。随后，人们对捕鲸行为的感情发生了变化。1976 年，在一次捕鲸行动中，有超过一千人到场抗议。

终于，研究人员记录，这些水域中的南居留鲸不到 150 头，数字确凿无疑。他们的工作也许避免了这个群体的灭绝。算上被活捉和其他在捕捞活动中被杀死的虎鲸，捕捞让种群数量减少了 40%，也就是大约 60 头。而饲养在水池里的 53 头虎鲸中，有 16 头（大约 1/3）在一年内死去。在捕捞的高峰期，海洋主题公园从太平洋西北部和冰岛捉走了大约 95 头虎鲸。在 1975 年和 1976 年，加拿大和美国终于禁止了虎鲸的捕捞。

1977 年的夏天，在加拿大的维多利亚，刚刚大学毕业的我买了一张票，坐在露天看台上，第一次看到了虎鲸（要再过 15 年，我才能在野外环境中亲眼看到自由生活的虎鲸）。它们温柔地从漂亮姑娘那里接过鱼，它们全身跳出水面的样子看起来如此有力而不可思议。

看到这些“杀人鲸”和人类朋友在一起时所做出的行为，我感到深深的震撼，甚至感动得流下了眼泪。它们不是没有头脑的杀手，而是敏感、喜爱互动、温柔的巨人，不可思议。这场表演似乎充满了怜悯，人类的性情是如此慷慨，愿意跨越物种的界限，并希望我们能学会爱上虎鲸。我仍未产生了解真相的念头。

在许多目睹过同样场景的人的脑海里和言语中，虎鲸得到了赦免。曾经被称为杀手（Killer whale）的它们，洗脱了不该背负的罪名，升级成了“虎鲸”（orca）。

但虎鲸并没有改变。只是我们对它们的看法发生了翻天覆地的变化。过去，观鲸活动并不存在。野生动物纪录片制作者们几乎做梦都想不到他们如今达到的成就。最初一批被捕捉的虎鲸，为了一个它们无法理解的理由牺牲了生命。所以问题在于：公众态度的改变，是否值得用这些表演虎鲸的牺牲来换取？

目前人们可能有不同的答案。但在1977年的那一天，当我抹着眼泪离开水族馆，为与这样的生物共享一个世界而感到敬畏，答案是毫无疑问的。在当时的我看来，那些虎鲸显然很开心。

所拥有的与要挽留的

19世纪60年代，英国和美国的水族馆开始展出白鲸和宽吻海豚。P. T. 巴纳姆(P. T. Barnum)[①]的白鲸或许是最早被训练来表演节目的鲸豚类动物；1914年，纽约水族馆经理查尔斯·汤森德（Charles Townsend）见到海豚互相嬉戏，就像“小狗在打闹”，大为惊叹。但是几十年来，饲养条件都很恶劣，因此被圈养的鲸豚类动物都活不长。

20世纪30年代，几个电影制片人在佛罗里达州建造了一个大型水下拍摄中心。这个海洋工作室很快变成了佛罗里达州海洋世界，迎接带着钞票的公众。自从海洋世界开放以来，人们全面认识了海豚的社交、情感和认知能力。海洋世界的主管亚瑟·麦克布莱德（Arthur McBride）曾让两头雄性海豚重聚，它们此前被一同捕获，随后分离了数周。麦克布莱德带着惊讶记录了它们表现出的“最大程度的激动……毫无疑问，它们互相认识”。深受感动并为之深深吸引的他写道，自己管理的海豚代表了“我们最接近于人类的深海亲戚……一种迷人而活泼的海洋哺乳动物，心里记着它的朋友”。如今，科学家可以近距离观察宽吻海豚；而在此之前，人们就算想到它们，也只能将它们视为肉类、脂肪和皮革的来源。水族馆让海豚和鲸进入了公众的视线，让人们看到它们是拥有家庭生活

---

① P. T. 巴纳姆全名菲尼亚斯·泰勒·巴勒姆（Phineas Taylor Barnum，1810—1891），美国马戏团经纪人和表演者。

的了不起的哺乳动物。这些机构实际上为人们了解鲸豚类的社交生活打开了第一扇窗。

60 年代早期的一天晚上，海洋世界的一个守夜人注意到，一头海豚似乎在将一根鹈鹕的羽毛朝他扔过去。很快，他们便开始互相抛接球和玩具。海洋世界开始推出全世界最早的“受过教育的鼠海豚”，接下来便是海豚表演。但实际上，是海豚开始了互动，而守夜人和公众受到了教育。在接下来的 30 年中，全世界最早的也是仅有的鲸豚研究便围绕圈养动物进行。

圈养的速度加快了。它成了更大的产业，有着更大的数字、更高的风险，而虎鲸就是其中最大的筹码。

在令人震撼的电影《黑鲸》（*Blackfish*）中，鲸类保护的支持者霍华德·加勒特回忆起 80 年代中一次特殊的捕鲸。快艇上的人扔出爆炸物，恐吓一群虎鲸，将它们赶往拖网渔船的方向。但他解释说，这些虎鲸曾经遭遇过捕捉，“它们知道发生了什么，还知道幼崽会被从身边带走。因此，没有带着幼崽的成年虎鲸往东边游去，游进了一个死胡同。船只都跟了上去，以为它们都在往那边游”。但是带着幼崽的成年虎鲸分散开了，将幼崽带到了一座岛屿的远端聚集起来。没有带着幼崽的虎鲸行动十分明显，带着幼崽的那些虎鲸悄悄溜走了。这似乎是个高明的策略，让我们再次面对先前曾经遇到的一个问题：它们是怎样沟通这些想法的？

但是，正如加略特所提醒我们的，“它们总要来到水面换气的”。趁它们换气的时候，捕鲸人的飞机发现了它们。快艇在那边捉到了它们，将幼崽关起来，然后放开了主网，让年纪较大的虎鲸离开。

它们没有离开。

肯告诉我：“捕鲸人开始将幼崽捆起来的时候，母亲就会激动地试图阻止人们将幼崽带走。它们会拦在中间，试图将幼崽推开。尖叫声响个不停。”肯回忆。捕鲸人有时候会出于对自身安全的担忧，干脆把顽固抵抗的成年虎鲸杀死。

潜水员约翰·克罗（John Crowe）在影片中进行了讲述。他回忆，当他们将一头幼崽弄上担架准备运走的时候，“整个家族在 25 码开外的地方，排成长长的一列，互相交头接耳。嗯，那时候你就会明白自己到底做了什么。我感到一片茫然。我就那样哭了起来……感觉就像把一个小孩子从妈妈那里抢走……我想不出还有什么事能比这更可怕了。”但他还是完成了这项任务，“大家都在看着，你还能怎么办？”任务全部结束之后，渔网网住了 3 头死鲸。克罗和另外两人接到命令，要“把它们切开，填上石头，在尾巴上拴上船锚，把它们沉到海底”。克罗用这样的话概括了整个过程：“那是我做过的最可怕的事情。”

无法想象，一头生活在社会中、拥有与我们相似的大脑的哺乳动物，奋力阻止自己的孩子被带走，却没能成功，只好黯然离开那一片混乱，离开它在过去几年中形影不离的孩子，那会是一种怎样的精神体验。而那孩子，孤零零的，忽然再也听不到亲人的呼唤，从无垠的大海来到水泥茶杯一般的囚牢之中，又该是多么恐惧和困惑……

当美国和加拿大不再允许捕捞虎鲸之后，水族馆便将捕捞活动转移到了冰岛。1983 年，一头两岁大、身长 12 英尺的虎鲸在冰岛被捕获，被送到了加拿大维多利亚市的太平洋海洋公园，与肯的家就隔着哈罗海峡。员工们给它起名叫提里库姆。埃里克·沃尔特斯（Eric Walters）曾是海洋公园的一名驯兽师，他这样回忆提里库姆：“它是你真正喜欢合作的那一个……非常听话，而且总是急着讨人欢心……提里库姆是你能信任的那一个。”

但是一开始，提里库姆的驯兽师将它和一头已经受过训练的虎鲸编成一组，并使用了惩罚。如果受过训练的虎鲸完成了驯兽师要求的动作，但提里库姆没有完成，驯兽师会惩罚它们两个，让它们都不能吃饭。这让那头受过训练的虎鲸十分恼火，甚至把提里库姆从头到脚揍了一顿，弄得它身上全是流血的牙印。这样的事情从未在野生虎鲸中被记录。

海洋公园不过是一个由露天看台包围的巨大的网箱，漂浮在海湾里，就像一个小小的码头。管理层担心有人出于对那3头虎鲸的同情，把渔网割开，因此每到夜间，他们便把虎鲸“储存”在一个20英尺×30英尺、漂浮在水中的黑洞洞的钢铁箱子里。海洋公园前主管史蒂夫·赫克斯特（Steve Huxter）承认，对于这些一天旅行75英里，身长超过笼子一半的生物来说，让它们一天三分之二的时间待在那里一动不动，剥夺感官体验，这“实在是做错了”。在许多个早晨，提里库姆身上都会出现新鲜的流着血的伤口——当时它已经长到了16英尺，大部分时间都被迫和两头不是自己群体里的暴躁的同伴关在那个罐头里。提里库姆受到了完全不自然、极其暴力的对待，并且无路可逃。

肯告诉我，提里库姆被关在那个箱子里，一天关上14小时，和对它态度极其恶劣、又穷极无聊的虎鲸在一起，这“很可能导致了精神疾病”。

早在1981年，在第一本集中描写虎鲸的书里，埃里希·霍伊特（Erich Hoyt）写道：“在海洋公园和海洋世界，圈养虎鲸曾将驯兽师按在水中，差点把他们淹死。此外，还发生了许多咬伤事件。这些事件通常发生在一头虎鲸被圈养数年之后。有时候出于日常生活的某个变化，有时候出于无聊，虎鲸会变得烦躁不安。好在，它们通常会先对驯兽师发出一些警告。目前为止，没有一头圈养虎鲸曾杀死驯兽师。”

1991年的一天，提里库姆和另外两头虎鲸淹死了一名驯兽师，她叫凯尔蒂·伯恩（Keltie Byrne），先前不小心掉进了水里。由于那里的驯兽师通常不下水，她的同事科林·贝尔德（Colin Baird）以为虎鲸发现池子里第一次出现了一个人类，感到惊讶，只是想玩玩而已。他说：“你知道，它们不会意识到……她没法在水下憋气20分钟。”尽管如此，公众还是强迫海洋公园就此关闭。提里库姆被卖给了位于佛罗里达州奥兰多的海洋世界主题公园。作为一个精子的提供者，它价值百万。

来到海洋世界的时候，提里库姆体重12 000磅，与几头总是攻击它的雌性虎鲸关在一起。近距离接触引起的紧张很可能不是导致冲突的唯一原因。想想不同氏族的不同发声特点，互不来往的居留鲸社群，还有太平洋西北部那些活动范围重叠但互相回避、在文化和基因上都不相同的过客鲸和居留鲸。把一头来自冰岛的虎鲸和三头太平洋西北部的居留鲸关在一起，这无异于把一个尼安德特人中的猛犸象猎手和三个日本女服务生关在一起。尽管用圈养虎鲸那不自然的标准看来，提里库姆仍然是来自另一个国度的虎鲸，很可能还是另一个物种。它马上就受到了虐待。

海洋世界最后成功用这些圈养虎鲸繁殖了后代。但是，管理人员没有让母亲和幼崽一同生活，尽管那才是它们的正常状态，而是像养牛的农场主一样，在幼崽断奶后不久就把它们带走了。在经济因素的主导下，公司主管人员将它们在主题公园的链条上四处运输，仿佛它们是普通的货物。

在《黑鲸》里，海洋世界前驯兽师卡罗尔·雷（Carol Ray）告诉采访者，当海洋世界的工作人员把卡提娜的孩子带走后，卡提娜“待在池子的角落里，颤抖着，尖叫着，喊着，哭号着。我从来没见过它做出类似这样的事情……除了悲恸之外，没有别的语言能够形容”。海洋世界前驯兽师约翰·哈格罗夫（John Hargrove）回忆，卡萨特卡和孩子“非常亲密，密不可分”。当孩子被带到机场后，卡萨特卡“连续不断地发出从没听过的叫声”。一个科学家分析了这些声音，发现卡萨特卡正在发出能够远程传播的叫声，试图和失踪的孩子建立联系。

在影片中，霍华德·加勒特提醒我们，当虎鲸最早被圈养的时候，我们对它们一无所知，将它们视为险恶的杀手。但是，我们发现，“它们极其友好，善解人意，直觉地想要成为你的同伴。直到今天，仍然没有虎鲸在野外环境中伤害人类的任何记录。”

尽管野生虎鲸从未杀害一个人，圈养却导致了虎鲸的暴力行为。人们从来没有在正常的虎鲸社群中观察到暴力行为，它似乎来自于这种极其不自然的生活状态所导致的情绪波动。1999 年，一个男人悄悄溜进了奥兰多海洋世界，最后被发现死在提里库姆的池子里，尸体伤痕累累。2010 年，提里库姆杀死了驯兽师道恩·布兰切（Dawn Brancheau）。大家都说，道恩是一位敏感而极富热情的驯兽师。

提里库姆长期受到极不合理的对待。它已经被卷入了两个人的死亡，却仍然被迫继续演出，为公司挣钱。就在袭击布兰切之前不久，它似乎忽略了她的一条指令；可能它以为自己已经做了她所要求的事情，而她并没有奖励它，这让它十分沮丧。只有在两个能够互相理解的生命之间，才会发生如此深的误解。

在圈养条件下，其他海豚在收到负面反馈后有时也会表现出沮丧或愤怒。在夏威夷，一头参与人工语言研究的圈养宽吻海豚没有按要求作出回应，也就没有得到奖励，于是它叼起漂在水面上的一根粗大的塑料管，朝驯兽师扔去，差点就打中了她的头。另一头发怒的海豚故意乱扔鱼骨。这种转变导致的不光是公平竞争，也是一场智力的角斗。但是虎鲸的体型和心智将它的反应和带来的风险都提升到了一个新的水平。

无论提里库姆是故意伤人，还是出于沮丧、愤怒才这样做，或者只是一时冲动失去了控制，都不重要了。如果不是不正义的行为将它带离了它的家庭和它的世界，它和驯兽师们的生命本该毫无交集。海洋世界不过是一个娱乐产业，海洋才是真实的世界。当我们轻率地对待来自那个世界的生物，而不是到它们的领地中会见它们，一系列的悲剧便由此发生了。

1977 年，我离开那个露天水池的时候，我从未想过那些鲸是怎么被捕捉的。我从未反向思考过那种囚禁，其实让一头幼年虎鲸在人群中长大，就像让一个孩童在虎鲸群中长大一样。无论虎鲸有多么可爱，它们永远无法提供完整的生理和情感环境，让一个孩子正常地长大。想象一下，假如你在 4 岁的时候被抓走，由虎鲸抚养长大，并且它们觉得你很可爱。你的语言习得过程将就此结束，也无法得到正常的社交。你所了解的世界将缩小到只有一个房间，外面挤满了虎鲸，它们盯着你看。你对大千世界和自己的家庭的记忆将渐渐褪色。你进餐的方式是把头埋进水里，领取饲养员发给你的食物，它们从未见过生活在人类家庭中的人类。无论你做什么，它们几乎都会学到一点新东西；而你自己的教育在各种意义上都已经完蛋了。你再也不是世界的一部分，而只能成为它们的世界中滑稽可爱的一小部分。作为一个孩子，你会发现它们很有意思。但总的来说，和它们的互动将成为你几乎所有的外界刺激。你当然需要刺激。虎鲸能填补你的一部分空虚。你无法确切意识到自己缺失了什么，但你对人类互动的基本需求总是得不到满足。日常生活将变得乏味。不可避免地，你不会过得很好。

虎鲸生来就是为了适应一个长距离声音通信和长途旅行的复杂的世

界。它们一生都和自己的母亲和后代一同生活，它们也会维持长距离关系，偶尔和其他十几头虎鲸会面，它们的关系就将持续终生。我们将它们关进混凝土砌成的池子，这里既将它们与外界隔绝，又构成了一个回声腔。关在这样一个坚固狭小的盖碗里，这样的生活会对虎鲸正在发育的心智造成怎样的影响？想象一下生活在一个环形的空房间里会是怎样的情形。你只能在里面不停地绕圈圈。

主题公园和水族馆将它们的囚徒称为“使者”，在这点上它们是对的。它们有底线，但也空有一片好心。早期，美国土著居民和太平洋岛民被用船运到欧洲，作为展示样品。1906 年，美国奴隶制被废止已经过去了一代人的时间，一个名叫奥塔·彭加（Ota Benga）的姆巴提人[①] 仍然在布朗克斯动物园的猴子笼舍被展出。我们后来废止了这类展览。尽管管理者们试图对他好一些，他最后还是自杀了。他不在他所属的地方。

海洋世界的虎鲸在名叫“夏穆”（Shamu）的舞台下表演，肯说那个舞台的名字意为“真可耻”（shame on you）。这些虎鲸身处表演产业中，表演了 50 年的跳跃和把戏，我们的知识增加了吗？我只知道我们的损失增加了。一些捕捉野生动物的行为还在继续，例如在俄罗斯的海域，那里的捕鲸业的主要需求来自新建的海洋公园。我希望，当表演终于落幕，捕捞虎鲸的时代落幕，我们对虎鲸的了解将最终超过我们所造成的损失。

我不是说我们没有从捕捞虎鲸中学到任何东西。恰好相反，我通过和它们近距离接触，通过打破它们生活的常态，观察它们如何应对，第一次看清了它们。它们让我们感到震惊。通过观察人类囚犯做出种种了不起的举动，互相扶持着生存下去，我们可以窥见人类心灵的深度和边界；同样，通过观察被囚禁的虎鲸，我们直面了虎鲸维系关系的能力。我

① 姆巴提人，俾格米人的一个分支，非洲刚果地区最古老的原住民之一。

们学到了关于它们最基本的东西，那就是：它们是“某人”。

肯告诉我，在 20 世纪 70 年代，一对虎鲸母子被捕捉，关在巨型网箱里，它们一连三周拒绝进食。捕鲸人甚至没有意识到它们是吃哺乳动物的，过客鲸的猎物通常是海豹、海狮、海豚和鲸。捕鲸人试图喂它们鲱鱼。那两头鲸一定饿坏了。肯说：“它们的体力都被消耗了。”

它们被送到了附近的海洋世界。到达后，一头名叫海达的虎鲸潜下来，透过网箱探视它们。海达受过训练，它来自以鱼类为食的居留鲸社群（J 社群或者 L 社群），于 1968 年被捕捞。海达回到一个曾给它抓痒的饲养员那里，拿了一条鲱鱼，将鱼通过网眼塞进去送给新来的虎鲸。和陌生的个体分享食物，我们曾以为只有人类会这样做。

因为野生的居留鲸和过客鲸从不来往，海达的举动，用人类的话说，超凡脱俗。新来的虎鲸一开始没有接那条鱼。海达将鱼推向其中一头鲸的吻部，并对两者都重复了好几次。新来的虎鲸很快就开始吃东西了。你会怎么称呼这样的举动？如果一个人类做出了这样的行为，我们会用“怜悯”一词形容。“非凡的怜悯”。让我们至少慷慨一些，不要对这样一头了不起的虎鲸吝惜这两个赞美的词汇。

和那两头虎鲸一同被捕捉的还有其他 3 头过客鲸，它们仍然被关在被捕捉时的网箱里，停在海湾中。在 75 天没有进食之后，它们已经瘦得只剩下肋骨，这种极度憔悴的状态对一头鲸而言简直闻所未闻。那天其中一头雌虎鲸开始缓慢游动，冲撞着各种东西，仿佛进入了精神错乱；到了下午 5 点，它全力冲向网箱，用背鳍顶撞着沉重的聚丙烯渔网。身陷囹圄，筋疲力尽，饥肠辘辘，它后退着离开了渔网，张开嘴让气泡涌出来，然后沉到网箱底部，死了。最后那绝望的冲撞失败了，这仿佛夺走了它仅剩的求生意志，让它有意放弃了生命。在它死去之后，另一头名叫查理·金的雄虎鲸俯视着前来查看的人类，抓住渔网，开始狠狠拉扯。它是在请求帮助，还是在请求释放？人类开始击打它的头，但它还是抓着渔网不放。随后它放弃了。

到了第87天，查理·金从人类的手里接过了一条鲑鱼，然后不顾自己饿着肚子，带着鱼游向幸存的同伴。两头虎鲸都叫了起来。查理·金将鲑鱼放在同伴的鼻子跟前，对方咬住了鱼的尾部，它们在池子里转了一圈，彼此呼唤着。随后它们将鱼扯成了两半，各自吃掉一半。几分钟后，查理·金又得到了一条鱼，并再次给同伴送去，对方把整条鱼吃掉了。它又回去拿了一条鱼自己吃。

很快，它们每天都要吃掉450磅的鱼。

很快，它们被卖给了得克萨斯州的一家水族馆。

但是，就在海洋公园将它们用船运走之前，有人在一个晚上打开了网箱的一个侧面，两头虎鲸逃走了。（尽管肇事者始终没有被抓住，我和许多其他的人很想对他们表示感谢。有人捕捞虎鲸卖掉，虎鲸被圈养，人因此发财；也有人放走虎鲸，虎鲸自由了，人却可能因此被捕。就像鲍勃·迪伦[①]所观察到的："偷一点点东西，他们会让你坐牢；偷很多的东西，他们会让你称王。"[②]）

几年后，那天夜晚逃走的两头虎鲸被同时拍到了，还带着一个新出生的孩子。肯说："大约25年的时间里，我们时不时地见到它们。"查理·金活到了1992年。"它们才不想和人类扯上任何关系。"

格莱姆·埃利斯研究野生虎鲸有几十年了。他刚刚高中毕业的时候，

① 鲍勃·迪伦（Bob Dylan，1941— ），美国音乐人，对现代流行音乐和文化界有重大影响，于2016年获得诺贝尔文学奖。

② 出自鲍勃·迪伦歌曲《甜心如你》（*Sweetheart Like You*）。

在温哥华水族馆得到了一个职位。他的任务：努力让一头新来的虎鲸开始进食。一个月过去了，虎鲸什么也不吃。一天，埃利斯无所事事地坐在那里，朝虎鲸泼水。没想到，虎鲸也朝他泼水，然后潜下去消失了，又突然从水中一跃而起。几个小时内，它开始靠近埃利斯，要求抓痒和抚摸。第二天它开始吃东西了。作为一个社会生物，它只是需要先建立起一点关系。有些科学家相信虎鲸的社交需求与人类相当，甚至更为强烈。这种需求对它们而言有时比食物更加重要。

埃利斯说过："问题不在于你能教它们多少个动作……而在于你能让它们在多长时间内保持理智。"他还说，你必须理解鲸的心智是怎样运作的。年幼的虎鲸会在至少一年的时间内表现出急切。但是在被圈养一两年后，新鲜感消失了，虎鲸的精神状况就开始恶化。"有的感到无聊，变得无精打采；有的变得神经质，甚至变得危险。"他说，被圈养几年后，"所有的虎鲸都会变得有些古怪"。

尊重性格

约翰·福德（John Ford）是一位来自加拿大的野生虎鲸顶级研究者，他最初的工作是组织水族馆表演，那时他发现虎鲸“极其敏锐”，每头虎鲸都会对不同的人作出不同的反应。甚至当他在多达500名观众的背后沿着水族馆的墙走动的时候，虎鲸也能认出他，用目光追踪他的身影。因为它们“发明了一种关于变化的游戏”，他觉得与它们共处充满了挑战。他最终意识到，通过一些他起初没有察觉的微妙方式，他自己的行为“被虎鲸改变了”。他还没有考虑到这点：每头虎鲸都有着“极不相同”的性格。

性格也许是野生动物身上最不为人知的方面。鲸豚类有着丰富的性格，它们生来如此。有的害羞，有的大胆，有的生气勃勃，有的恃强凌弱。

当我们看待“大象”“狼”“虎鲸”“猩猩”或是“渡鸦”的时候，我们看到的是刻板印象。但是，从我们开始关注个体的那一刻起，我们就会发现个体间的差异。我们看到一头名叫艾柯的大象有着非凡的领导才能；我们看到灰狼755奋力度过配偶死亡的难关，离开自己的家族开始流亡；我们看到一头迷路的鲸，它孤孤单单，却性情愉快，极其温柔。那不是性格，而是个性。那是生命的一个真相，它藏在生命的深处，藏得很深。

乔安娜•伯格教授的院子里有一个小池塘。我们走到池塘边上站住了。我什么都没看见，但她开始呼唤，随后我惊讶地看见几只乌龟来到跟前吃食。我从未想过，当我们叫唤乌龟的时候，它们竟然会作出回应，反应如此敏捷，而且还会爬出来！我曾经以为乌龟“不过是”乌龟。几只青蛙也出现了。不同于我见过的任何一只青蛙，它们从水里跳出来，跳到石头上，等着我们给它们喂虫子。看到它们聚集过来，真是太令人惊讶了。

但我为什么会感到吃惊呢？为什么我们要继续将生物看得如此无能？在我们存在之前，它们已经在繁衍生息了。我们普遍地低估了它们。我们将自己孤立起来，这剥夺了我们对世界上种种丰富个性的了解。人们曾经认为乌龟是聋子，我开始意识到我们曾经是多么盲视。很久以前人们已经知道乌龟具有听觉，而且知道它还会发出声音。但直到 2014 年，科学家才宣布他们发现一种泽龟刚孵化的幼体和成体会互相呼唤，使用 11 种不同的叫声。科学家观察到,这些叫声的作用是“让幼体和成体会合，以进行大规模迁徙”。如果你在我读到这个研究之前问我，我（以及大多数研究乌龟的专家）都会告诉你，没有乌龟会提供任何的亲代抚育，这实际上是错误的。正如我的邻居 J. P. 巴德金(J. P. Badkin)所说的讽刺话：“要是你不留心的话，你每天都会学到点东西。”

我不会告诉你我的朋友达雷尔·弗罗斯特（Darrel Frost）所说的是什么动物。猜猜看（他最后会告诉你的）。达雷尔是美国自然历史博物馆的一名策展人，展馆位于纽约。他可以带宠物去上班。当我第一次来到他的办公室的时候，他向我介绍他的乌龟们：“那个下巴凸出来的大块头叫泥巴；那个背部受伤、得了癫痫的叫赫耳墨斯。泥巴心情激动的时候几乎会左摇右晃地跳起舞来。我们的秘书艾丽斯一年前退休了，在那之前，它们会跑到她的办公室，找她要吃的。泥巴会咬住艾丽斯的裤腿，好引起她的注意。艾丽斯昨天来玩，尽管它们好几个月没见过她了，当她走进房间的时候它们还是非常激动。还有，我们的志愿者丹尼来访的时候会给它们一大堆吃的，它们可高兴了。丹尼和艾丽斯会跟它们说话，它们看起来真的很享受这种接触和社交。

“给它们喂食的人是我，你一定觉得它们也会对我作出反应——但我从来没得到那样的回应。我的照料恐怕太务实了。艾丽斯和丹尼开导我，说我太少和它们说话了。至于性格，泥巴就像个小孩子，有人来我的办公室的时候，它特别好奇。它想进来看看大家是不是背着它在干什么好玩的事情。它会一直抓地板，直到我们让它进来为止。赫耳墨斯也可能会进来，但陌生人在场的时候，它总是更加害羞。泥巴喜欢墨西哥音乐，听到这音乐就会到处跑来跑去。如果它闹得太过了，艾丽斯就会用铅笔的橡皮头碰碰它的鼻子，然后它就会变得很沮丧，停下动作，缩进壳里。这只是一个温柔的触碰，但它知道谁才是老大。它随便就能将她推到房间外面，但她的否定显然对它造成了很强的影响。

“最好玩的是，它们知道自己的名字，但如果你发现它们在干不该干的事情，叫了它们的名字，它们会看向一边，避免目光接触。有一天，泥巴悄没声儿地溜进来，打开了我存放着它们的蔬菜的小冰箱，安静地啃着一棵生菜的根部。我发现之后，盯着它看了一会儿。我从没见过它这么安静。它知道，如果它被发现了，它的生菜就会被拿走，所以它在设法避免引起我的注意。还有，天哪，当我关上冰箱门的时候，它可生气了！它待在那里发脾气，头一伸一缩的，然后跑回艾丽斯的办公室，和她待在一起。

“有一天，我坐在我的办公室里，艾丽斯坐着带轮子的办公椅从走廊滑过去。泥巴在推着椅子一路跑过走廊，她坐在上面。她很享受，它也是。她本来坐在办公桌后面，但泥巴跑进办公室，然后推着椅子出去了，她还坐在上面呢。一次又一次，泥巴和赫耳墨斯都表现出了嫉妒、鬼鬼祟祟、贪婪、激动和占有欲——这些行为让我联想到两三岁的人类。它们有等级序列，而且就像大狗一样，它们对‘主人’发展出了强烈的依恋。”

达雷尔说话的时候，我们始终看着泥巴和赫耳墨斯。“它们有时简直是傻子，”达雷尔带着一种温暖的微笑补充道，“但大多数时候都是个开心果。”我问它们有多重。达雷尔带着欣赏和赞许的目光看着它俩，说：“泥巴刚好 100 磅，赫耳墨斯 85 磅，我觉得是因为它的健康问题。它们都还年轻。这个物种的体重最多可以达到 250 磅，所以希腊陆龟是主大陆上最大的陆龟，体形仅次于科隆群岛[①]和阿尔达布拉环礁（Aldabra Island）上的一些龟类。”难怪达雷尔会将一生奉献给爬行动物，发现这种关系就是他建立关系的奖赏。

我们更容易想象高度社会化、心智更发达的猿类、大象、狼和鲸豚类拥有独特的性格。当然，狗也有性格，有的神经质，有的威风凛凛。更加令人惊异的是，只有当你与个体进行接触，你才会发现性格这一现象有多么深入、多么普遍。比如，如果你研究鹰隼，你会发现每一只的反应都略有不同，每一只捕猎的方式都略有不同，没有两只是十分相似的。西奥多·罗斯福将科学的头脑（如果不是同情心的话）带进了他对狩猎的热爱中，他写道：“每头熊的勇气和暴躁程度都各不相同，正像人一样。”研究人员还发表了关于动物个体性格的研究，涉及猴子、大鼠、小鼠、狐猴、雀科和其他鸣禽、蓝鳃太阳鱼和驼背太阳鱼、刺鱼、鳉鱼、加拿大盘羊、山羊、蓝蟹、虹鳟、跳蛛、家蟋蟀、社会化昆虫……换言之，几乎在研究人员目光所及之处，他们都能发现个体之间是不同的。有的个体更具侵略性，更大胆或更害羞；有的更加活跃，有的害怕新事物，而有的却是探险家。

---

① 又名加拉帕戈斯群岛。

在意大利的安东·多恩动物研究所（Stazione Zoologica Anton Dohrn），研究人员对两条章鱼分别展示一只装在瓶子里的螃蟹。第一条章鱼抓住瓶子，打开瓶盖，把这个奖品吃掉了一部分。“然后，它把盖子盖回去了，仿佛要把剩下的留着以后再吃，”我的朋友，罗格斯大学的彼得和朱迪·维斯（Peter and Judy Weis）告诉我，他们当时在场。“我们都震惊了！”研究人员把另一条章鱼置于相同的情境中。这条章鱼起先扒在水缸的玻璃上一圈圈转着，就像一头饥饿的豹子在踱步，因此科学家以为它会快速解决。但是，瓶子一放进水缸，章鱼二号就缩到一块石头后面，它显然更加害羞，或者更容易受惊吓。彼得说：“它才不关心瓶子里有什么。我们以为前一条章鱼已经展示了‘章鱼会怎么做’，但第二条什么都没做。”朱迪附和：“我们真的没有意识到大多数动物具备了多么丰富的性格。即使是科学家，我们都几乎从来没想过这个问题。”

先前提到过的虎鲸奥基和科基分别于1968年和1969年在英属哥伦比亚被捕获，然后被运到洛杉矶附近一个叫作太平洋海洋馆的地方。20世纪70年代末，年轻的亚历山德拉·莫顿开始研究它们的发声，并记录它们的行为。她观察到它们设计了自己独有的复杂游泳路线。它们一旦完善了一条路线，就会开始设计另一条。

它们还有早上的固定日程，也许更合适的词是“仪式”。在黎明到来后的一个小时左右，到阳光终于洒满场馆的穹顶之前，它们会“不懈地对着水池壁上的一个点喷水，一个与水面平齐的点。它们还会用厚厚的粉红色舌头舔那个地方。”第一缕阳光洒向墙壁，倾泻而下，触到水面，“恰好就在虎鲸先前标记的地方。我想没有人会相信我。”她还补充道：“几个月来，那个光点随着地球的转动而移动，但虎鲸总能知道第一缕光线接触水面的地方在哪里。”一个虎鲸的巨石阵？它们是早期的虎鲸天文学家吗？

观察太阳是它们早晨的一项活动，但是“奥基不那么喜欢早起”，常常试图继续休息。在这种情况下，科基有时会叫醒它。科基用胸鳍的顶端划过奥基的下颌，一直划向肚皮，划过它的生殖裂。如果这还没有马上让奥基那个藏着阴茎的软软的小袋子鼓起来，科基就会更进一步，游到下面，将它推到水面上，就像铲车抬起一卷地毯一样……科基想要的是性交，而鲸的交配简直是一场混战。科基的生殖器官“因为兴奋而变得粉红”，前戏进行了一段时间。两头鲸纠缠着，旋转着，水花泼溅，洒到水池外面。随后是短暂的交配。在科基怀孕期间，奥基会完成整个前戏，却不进行交配。莫顿说，那“简直让科基疯狂”。但奥基是怎么知道的？它是不是用自己的声呐、自己的超声波，扫描了科基的身体？

1978 年，科基分娩了。它几年前生育过，第一个宝宝活了几周就夭折了。水池很小，紧紧围绕在它们周围，但幼崽不够灵活，科基得一直留心别让孩子撞到墙上。因此，科基一直将脸凑在幼崽旁边，幼崽从来都不在科基的侧面，但是雌虎鲸的乳头就长在体侧。饲养员们艰难地人工喂养了幼崽一个星期，它看起来很瘦小。管理人员认为如果把幼崽养在一个更浅的池子里，他们就能更好地喂养它。饲养员将幼崽放进一个吊网里，然后用吊车将它吊起来。亚历山德拉·莫顿当时在场，她说：“随着幼崽的声音离开了水，进入空气中，母亲将它庞大的身躯撞向水池壁，整个场馆都在震动。我大哭起来。科基用身子撞了大约一个小时。”

莫顿，一位鲸类声学专家，回忆科基的孩子被带走的那天晚上，科基反复发出一种新的奇特的声音。那声音“刺耳、呜咽又急切”。每次换气之后，科基就回到水池底部，在那里继续哀悼。孩子的父亲奥基一圈圈游动着，时而发出一阵断断续续的、枪声一般的回声定位音。一连三天，莫顿都听见了这样的声音，并且“科基的叫声变得嘶哑了”。到了第四天的黎明，科基安静下来，浮到水面，换气，然后叫道："皮突——"它的配偶用同样的叫声作出回应，然后两头鲸一同游动起来，一同换气。训练员们到场后，科基开始吃东西了，这是孩子被送走后它第一次进食。悲痛，哀悼，恢复——但不会忘记。在此之后，科基开始趴在一扇能看到礼品店的窗子旁。它会在那里一连待上几个小时，在一堆虎鲸的毛绒玩具旁边。那些玩具是否让它想起了失去的孩子？它是不是认为，自己失去的孩子就在礼品店里的某个地方？

科基再次怀孕了。后来有一天，尽管它那出色的声呐足以让它避开一切障碍，它还是撞碎了水池壁上一块两厘米厚的玻璃。被撞坏的玻璃恰好就在那堆虎鲸玩具旁边。它是不是想将未出生的孩子带出这个水池，它的孩子们消失的水池，去往一个能让小虎鲸自由成长的地方？我们最肯定的是：它知道这个水池的存在，它不是无意中撞碎玻璃的。几个星期后，它生下一个死胎，早产了 7 个月。

在科基撞坏玻璃几年后，海洋世界（太平洋海洋馆关闭后，科基和奥基就搬到了这里）摄影团队的一个员工让科基听了一段录音，来自它那些自由生活的社群成员，它的家人。亚历山德拉·莫顿记录："尽管它那来自冰岛的狱友对声音毫无反应，科基的全身却在剧烈地颤抖。就算它不是在'哭'的话，它也是在做什么类似的事情。"

肯说，《人鱼童话》(*Free Willy*) 的主角、著名的圈养虎鲸庆子被送到美国俄勒冈州的一家机构，为最终的野放做准备的时候，野化训练的一项内容就是给它播放虎鲸的影片。"它会看，"肯抢在我发问之前说。肯的儿子凯利是个成功的艺术家，他的作品挂在肯家里的墙壁上，他也曾把描绘虎鲸的画作带到温哥华水族馆，将它们举到玻璃跟前，对一头名叫海亚克的虎鲸展示。海亚克会游过来，反反复复地看着那些画。肯还说："你可以走上去，打开我们的虎鲸背鳍识别指南，它就会"——肯模仿这头虎鲸一张张看照片的样子——"就像这样，一连几分钟，一张照片接一张照片地看。"肯强调了他的惊讶，他说："它们竟然知道，这些小小的背鳍黑白照片描述了鲸。它们具备针对自己的抽象表现的自我意识。"肯总结出一个观点，就是："这些特征说明物种已经达到了超出存在的层次，它们有大量的时间和脑力，能够花在纯粹的生存需要以外的事情上面。"

神经生物学家保罗・斯邦（Paul Spong）曾在温哥华水族馆工作，他写道："我的尊敬最终发展成了敬畏。我得出结论，虎鲸是一种极富力量与能力的生物，高度自我控制，对周围的世界具有清醒的认识，一种具备生命活力和健康的幽默感，并对人类有着强烈的喜爱和兴趣的存在。"

如果说这种描述看起来有点拟人——那就对了。

真实而强大的幻象

这个故事，讲述的是一个被赐予了伟大幻象的人，因为过于软弱而无力运用这幻象；讲述的是一棵圣树，本应在一个民族的中央枝繁叶茂，有鸟儿歌唱，有鲜花盛开，而今却枯萎凋零；讲述的是一个民族的梦想……但，倘若这幻象是真实而强大的呢，如我所知，它确是真实而强大的；因为，这些本是心灵上的事，而人，则是蒙蔽了自己的双眼，才在这黑暗之中迷失了自己。[①]

——黑麋鹿[②]

“20 世纪六七十年代的捕鲸活动，尤其是针对幼崽的捕捞，事关重大，”肯强调，“这导致了长期的负面影响。”还记得吗，南居留鲸社群在遭遇捕捞之前大约有 120 头鲸；经过捕捞后，种群数量降到了大约 70 头。随后种群开始恢复，在 90 年代达到了 99 头。但是，之前被捕捞带走的幼年虎鲸现在本该成为新一代的生育力量，它们的缺席对生育率带来了

① 本段译文出自《黑麋鹿如是说》，约翰·G. 奈哈特整理，龙彦译，九州出版社出版。

② 黑麋鹿 (Black Elk，1863—1950），北印第安奥格拉拉苏族人，身兼猎人、战士、巫医及先知等角色，为北美印第安战争中的印第安领袖疯马之堂弟。

影响。种群恢复遇到了瓶颈。40 年后，这个种群只有大约 80 头鲸，并且正在缩小。它们每年都会失去一两头鲸。

目前还出现了另一个影响更加深远的问题——食物短缺。加拿大的北居留鲸大约有 260 头，数量在过去的 10 年中增加了。但最近这个种群的增长速度慢了下来，甚至可能停滞。

肯难过地说:“几乎没有繁殖，这就是问题所在。在研究开始的时候，我对新生的虎鲸格外感兴趣，我想知道它们在成长过程中会经历什么。但是后来，它们在很小的时候就夭折了。”

肯拿出南居留鲸社群中所有虎鲸的身份识别目录，解释说:“你能从这里看出一件奇怪的事情。整个南居留鲸社群现在只有二十几头处在生育期的雌鲸。”

不过，如果它们哪怕每 5 年生育一次，这个社群每年就会有 5 头幼崽出生。所以它们应该……

“没错——但去年只出生了一头虎鲸。今年也是，只有一头，J-28 的孩子。它死了。”它的身体条件太差。

我们先是夺走它们的孩子,然后又摧毁了它们的食物来源。长期而言，虎鲸的命运取决于它们食物的命运。西北部以哺乳动物为食的过客鲸的食物比 40 年前更充足了，露面的频率也在逐渐增加。海豹、海狮和鲸的种群几十年来逐渐恢复，这多亏了法律的保护，包括 1972 年美国通过的《海洋哺乳动物保护法案》, 1986 年生效的《国际管制捕鲸公约》和 1991 年联合国颁布的禁止在公海使用流网渔具作业的决议。在 20 世纪 60 年代，不列颠哥伦比亚省的港海豹数量下降到正常值的 1/10，许多北海狮栖息地也消失了,这很大程度上是因为渔民会射杀一切看起来像“竞争者”的动物。但这种现象目前也得到了改善。

但是对于西北部以鱼类为食的虎鲸而言，生活变得越发艰难。因为没有鲑鱼保护法案，经过了几十年的过度捕捞，曾经繁盛的鲑鱼种群如今只能艰难维生。因此，以鲑鱼为食的居留鲸也在艰难求生。它们长期生活在海岸线之外，如今活在贫困线之下。

令人警惕的是，如果翻阅身份识别指南，你会发现许多居留鲸家族没有活着的生育年龄雌鲸。例如，在肯正在展示的这个家族中，除了族长以外其他成员全是雄性，而族长已经进入了更年期。他看着我，事实不言自明：这个家族整体面临着灭亡。

事实上，许多家族都面临着重重困难，能够存活的南居留鲸社群只剩下J社群。它们的活动范围更靠近淡水,这也许有利于这个社群的生存。L社群和K社群的活动范围更广，它们分布在从美国加利福尼亚州中部到加拿大不列颠哥伦比亚省的外围区域。肯翻到了记录着L社群的出生和死亡状况的花名册，忧伤地说："我说，看看这些墓碑吧。"图标展示了死去的鲸。许多虎鲸年轻时就死去了，有的甚至死于幼年。

超过40%的幼崽在一岁前死亡。但是在所有年龄段，无论什么性别，虎鲸都在以相对较高的死亡率消亡。看着L社群和K社群中每个家族的组成，就仿佛在玩国际象棋的时候，你逐渐意识到自己已经被将军，没有出路。按目前的发展趋势，这些社群在短短几十年内就会消失。

帝王鲑数量的衰减似乎与虎鲸的死亡高度相关。这不奇怪，居留鲸的食物构成中65%是帝王鲑。

先前，南居留鲸一年中的每个月都会在这里露面。夏季和秋季通常是它们的活跃时期，它们常常会集体出现，聚集成超级社群，这些聚会的持续时间也比现在要长得多。

"那时候这一带的鱼真的特别多，"肯记得很清楚，"大约有150万条红鲑和粉红鲑从这里游过，还有几十万条帝王鲑。许多帝王鲑的体重足有20磅，虎鲸一天只需要吃10条。虎鲸会集体出动，就像派对一样！它们会用鼻子推着一条鲑鱼游来游去，或者把鱼甩到背上。它们的玩耍、社交，就发生在我的窗前。”

我望向海峡中的开阔处，而肯却在回望过去，他的一部分似乎消失在记忆中。他的声音变了，带上了一丝留恋：“这个生态系统曾经要有活力得多。从5月到10月，海峡里有充足的鱼，足够让100头虎鲸吃上整整一个夏天，也足够让人类捕捞。后来有了大规模捕鱼，建造水坝、皆伐[①]破坏了河流，导致这一带最有代表性的鱼类种群衰退。因此，虎鲸的数量也开始缓慢衰减。”

派对的气氛也被破坏了。如今，在更短暂、更克制的聚会之后，不同社群很快分开。J社群可能会到弗雷泽河那边看看，L社群将回到峡湾的开口处，K社群将朝着另一座岛屿游去。

冬天，鱼在海里的活动范围通常更加分散，虎鲸就需要花更多的时间觅食。肯说，虎鲸会变得“更务实，更严肃，没那么爱玩了”。社群仍然互相分离，每个社群中的不同家族又会分开行动。落单的社群成员可能会分散到一个区域中，大约有12英里长，8英里宽，它们的声音充满了这一片区域。它们四处游荡，寻找食物的存在。

如何把这个场景视觉化：所有南居留鲸的全部三个社群加起来，目前一共有81头。81头鲸分散在从加拿大的温哥华岛到美国加利福尼亚州蒙特雷湾的区域中。81头，想象一个只有81人的小小社群，从波士顿到佛罗里达边界，或者从芝加哥到休斯敦，或者在蒙大拿州的南部边境到墨西哥的华雷斯的边境巡逻队之间，或者在米兰和马德里之间，只有这81人——你就会明白“濒危”的含义。

---

① 皆伐，指在一个采伐季节内，将伐区上的林木全部伐除。

在这片地区，从亘古到昨天，两百万条帝王鲑不过是虎鲸在欢聚中能吞掉的一口点心，能被它们装进口袋而不被任何人所察觉的一点银子，是这个世界对它们带来的荣耀给予的一点回报。或者，更加科学地说，只有轻易找到上百万条帝王鲑，这些重 1500 磅、以鱼类为食的鲸才能够繁衍生息，才能够如此专一地捕食这种鲑而基本无视其他鲑鱼、其他鱼类，和每一头它们遇到的海豹。再看看现在，这个种群只有 81 头鲸。即使每头鲸每天吃掉 30 条鲑鱼（这大约是它们每天需要量的 3 倍），那么在水坝和伐木将河流破坏之前，哥伦比亚河这个系统每年迎来的 500 万～ 1000 万条洄游的成年鲑鱼，也足以养活 500 头虎鲸。这还没有算上加利福尼亚中部的萨克拉门托 - 圣华金水系、不列颠哥伦比亚的弗雷泽河，还有这之间的数百条河流中每年出生和洄游的鲑鱼。这里本该有数千头虎鲸在海中游弋。

有毒化学物质是帮倒忙的。位于食物链的顶端，不仅仅意味着海洋中所有漂浮的营养成分都被打包成鲜活的肉，化为一个名叫“鲑鱼”的奇迹朝你游来。如今，从食物金字塔的底部到顶端，从小鱼到大鱼再到鲸，有毒化学物质不断富集——在 20 世纪前半叶那些化学物质还不存在，那是这里现存年龄最大的鲸出生的时期。以鱼类为食的南居留鲸体内的有毒物质负荷是生活在这一带附近的海豹的 5 倍。以哺乳动物为食的过客鲸，进一步富集了它们吃下的海豹体内的有毒物质，浓度可能达到了海豹体内富集量的 15 倍。当哺乳动物将脂肪代谢以分泌乳汁，有毒物质也搭上了顺风车。幼崽一出生就继承了种种毒素，而且从出生的第一天起，母亲的乳汁还会继续加重它们的负担。不仅是虎鲸，以海豹为食的北极地区土著人也是如此。被禁止使用的化学物品的量正在减少，例如滴滴涕和多氯联苯在 20 世纪 70 年代曾导致普吉特海湾的海豹出生畸形。但其他化学物质正在增加，例如阻燃剂，以及其他模仿雌性激素、可造成性别偏移的新型化学物质。这些化学物质会削弱免疫系统，还可能损伤生殖系统。

在工作了 40 年之后，肯的心头笼罩着担忧，他担心自己倾注一生去接近和保护的鲸可能面临着灭亡。肯是一个开朗的人。他爱那些鲸，无论什么时候，只要看见它们，他就为它们的出现、它们的滑稽姿态和它们的欢乐而激动。但是，在眼角的皱纹之中，有一种渴望长久地刺痛着他。这里，在他心中的家园，在他那位于悬崖之上，处在群山、波涛和这个充满了魔力的奇妙海峡的环抱之中，他心之所向的地方，肯再也无法回家了。

肯说："鲸通常能活四五十年，但如果几乎没有繁殖的话——" 他思忖了一会儿，仿佛在努力回忆什么。他再一次告诉我，他很希望能乐观一些，但对虎鲸种群恢复作用最大的事情——恢复鲑鱼的种群，似乎不太可能发生。渔民太执着于捕捞尽可能多的鱼，地区政府太拘泥于政策程序和政治关系，还有摧毁河流的伐木、过多的水坝、有毒化学物质污染，容易爆发疾病的鲑鱼饲养场……太多太多了，而且——

——我们还没说完。

在监视器上，肯展示着一头 3 岁的雌性虎鲸 L-112 的照片，它又叫维多利亚。肯说："一头乖巧的小虎鲸。这里的观鲸者最喜欢的虎鲸之一，很爱玩，总是跳个不停。它很外向，活泼好动。一头很有魅力的虎鲸。真是个小可爱。"

但是它死了。看看这些照片。它年幼的躯体看起来是被殴打致死的。头部到处是内出血，眼睛和耳道都充满了血。接下来这些照片展示了它的耳骨，已经被完全震了下来。肯说话的时候，我试图去想象那个场面："我们用水听器监测虎鲸。当时是晚上。我们听见了海军的声呐，然后是一声爆炸。根据我在海军的经验，估计爆炸离我们大约 100 海里。爆炸的时候会发出覆盖所有频率的声波，但长波的传播路径和短波不同，长波会更早到达远处的探测器；所以如果你在远处，你会听见一阵从低到高的声浪。我们就听到了那种声音。然后 K 社群和 L 社群跑去寻找掩护，朝奥林匹克半岛（Olympic Peninsula）外的守卫岛（Protection Island）背后的发现湾（Discovery Bay）游去，所以它们应该是躲开了那些噪声。”

“一艘来自加拿大的战舰在尼亚湾（Neah Bay）附近经过美国的水域，然后又回到了加拿大一侧的维多利亚市的康斯坦斯海滩（Constance Bay），引爆了最后一个爆炸装置。加拿大海军引发了多次爆炸，随后美国海军也介入了。”

我看着他。

肯补充说：“是的，很难理解为什么会在奥利匹克海岸国家海洋保护区扔下实弹。加拿大说他们在爆破前已经检查过，确认没有虎鲸。好吧，那次演习的过程中，我们在福尔杰通道（Folger Deep）和尼亚湾附近听到了虎鲸的声音，但军队的声波监测设备怎么就没发现它们？我只要求引爆实弹要在大陆架之外进行。但什么都没有变。”

我回头看着 L-112 的照片，肯继续说着：“所以，我认为是一架参加演习的飞机上扔下的炸弹炸死了这头小虎鲸。要将耳骨从基座上完全震下来，炸弹一定是在 1000 米内爆炸的。当冲击波到达的时候，它急速压缩耳朵等区域内部的空气，这足以形成一个真空，导致邻近的血管受到挤压，向内爆炸。一旦血管破裂，那就完了，裂口会继续流血。这就造成了内出血。顺便说一句，在几百码的距离内，单独用军用声呐也能造成致命的内出血。”

肯说，如果内出血没有马上致命，鲸的耳朵里又充满了血，“那么，你要么会感到头痛并失去全部听觉，要么在水底失去意识，不管怎么样你都完了。”

“这是它在母亲后面游泳的照片，你看，它很健康，身体很好——”肯摇着头说，“我们当时真的期待这样一头雌性虎鲸能够健康长大，成为一支应急补缺的生育力量。”

另一头雌性虎鲸 L-60，30 岁，也被冲到了沙滩上，喉部和头部都有淤血，表明受到了挤压创伤。我看到，它的尸体上的伤痕看起来很像一张警方发布的、遭到致命殴打的人的照片。作为一个“受到保护”的列入濒危名单的物种，它遭遇了太多磨难。一个潜艇基地、一个驱逐舰基地和一个反潜艇航空基地都建立在这附近，数十亿美元的国防部经费输往华盛顿州，而且海军铁了心要完成任务。

这张照片上是一头喙鲸，一只眼睛浸透了血。二三十年前，几百头内出血的海豹在离这里不远的地方被冲上岸。在海军演习之后，这附近还有鼠海豚死亡。

这星期，在肯家里的时候，我读到了一封电子邮件：“对于加利福尼亚海岸委员会关于减少海军声呐对当地海洋哺乳动物有害影响的一致提议，美国海军表示将不予理会。海军计划在加利福尼亚南部的训练和测试过程中大幅增加危险声呐和大功率爆炸设备的使用。可见，在接下来的 5 年中，这样的操作将杀死数以百计的海洋哺乳动物，并使其他数以千计的动物受伤。新研究显示……”自然资源保护委员会正在努力阻止这个计划，或使其作出调整，或者采取别的措施。

海军在美国东西海岸都有这样的行动。多年来，他们一直在波多黎各的别克斯岛（Vieques Island）进行轰炸，尽管那地方住着人。直到他们最后害死了人，他们才被赶走。

他们在全世界都这么干。而且不仅是军队，2008 年，一家石油企业的高强度声呐导致马达加斯加西北部的鲸大批搁浅。而且，探测更多石油、举行更多轰炸演习的压力越来越迫切。

1996 年，北大西洋公约组织的军队在希腊附近进行演习，导致一大群喙鲸冲上了海滩。这是第一起被记录的军用声呐导致鲸类死亡事件。喙鲸是独特的深潜者。在正常情况下，它们浮到水面换气，然后进行多次深度较小的下潜，这能够避免减压病，让它们的血液安全地逐渐去除过量的溶解氮。为了躲避无法忍受的大功率声呐而匆忙逃往水面，可能导致氮气从血液中释放并产生气泡。我们不清楚当时的情形是否如此，但是可以确定：海军声呐会杀死健康的鲸：虎鲸、喙鲸、须鲸、海豚。

肯告诉我："如果你将几台声呐换能器设定到同相位，放出一束高能声波，你就能得到一个巨大的压力波，它能够以高强度传播 30 海里。这已经成为反潜探测的标准。目前世界上许多海军都能做到。"肯猜测我们只发现了 1% 死亡的鲸，他相信每年有几千头鲸因此死亡。

"如果他们在演习中扔下一枚实弹，那么 1 公里范围内，任何体内有空气腔的活物都会死掉。在 10 公里之外，你只会受到瘀伤，可能还会脑出血。这里进行声呐演习之后，我们就会看到所有的鲸都感到焦虑不安，同时十几头死亡的鼠海豚被突然冲上海岸。我们告诉海军，我们认为他们做错了。但他们操纵了检查和报告，然后他们就说，'嗯，没有定论。'总之，他们不打算承认对此负责。"

在整个海洋中，我们隐秘的军备竞赛足以说明，我们有多么难以信任自己的同类。2000 年 3 月，在巴哈马，几头不同种的鲸被冲到肯当时住宿的房子跟前。当时英国和美国的舰船都在那里。在迈阿密当地电视台和新闻节目《60 分钟》（*60 Minutes*）里，肯认为是海军导致了鲸的死亡。"大约一个月以来，他们一直否认，让自己越发陷入麻烦。我们有照片。”最后他们承认了。“我的海军兄弟们似乎把我看成一个敌人，”肯说，他的声音听起来有点儿失望，“这很不幸，因为我是个爱国者。我曾经在军队服役。但是，我是对声呐吹哨叫停的那个人，所以……”

鲸会发声，但它们没法在政坛上发出声音。它们就像部落居民，就像农民、土著人，更像穷人和我们中的大多数人：未被代表，被肌肉发达、头脑简单的人用大笔的金钱挟裹着。这些人永远不会明白自己已经拥有太多，他们与政治紧密相连，却致命地与自己和这个世界失去了联系。

沉湎于欢愉会是怎样的感觉？艰难地度过那段被欢乐笼罩着却无望的时日，为令人目眩神迷的美丽所伤害，被奇迹所禁锢，被好奇所击倒；无法停止被欣赏，无法思考，只能反反复复执拗地问：“为什么是我？为什么我会有这样的运气？”那也许很好。

我们当下的目标是找到并识别先前在杂乱的无线电波中听到的鲸。坐在肯的小船里，转动的螺旋桨将我们带往哈罗海峡，头上是沉沉的天空，在秋季的雨水和残夏的阳光之间摇摆不定。两三只海鸥在空中俯瞰着鲸群。

很快，离开海岸约 1 英里，在正对着肯的房子的地方，我们与这些双色的鲸一同进入了一个双色的世界。灰蓝的海，灰蓝的山，灰黑和云白的鲸。

L 社群和 K 社群的成员都在这里。很好，肯也高兴起来。他坏笑着说：“如果我不必生活在陆地上，我会和它们生活在一起。随波逐流。有鱼，有家族……”这是老笑话，他笑了起来，但他不完全是在开玩笑。

多达 50 头鲸游动着，所占据的区域远比我一开始以为的要大得多。

它们以一致的步调向南行进，在靠近水面的地方均匀地呼吸着。它们轻轻吐着气，时而背朝下滑行，时而灵活地翻转过来。

它们看起来毫不费力，但那种气势仍然令人震撼。尽管动作优雅，姿态轻盈，它们庞大的身躯令每一个动作都如同排山倒海。它们，如此真实而古老，如此威严；它们对我们所夺走的如此依赖，却仍然存在——这种衰弱的感觉震动了我。我简直无法相信我们存在的时间和空间能够重叠。我如此真切地希望它们能继续存在下去。

很快，我们就来到了虎鲸最喜爱的一处当地鲑鱼捕猎点，派尔海岬（Pile Point）。潮水层层涌起，急速拍打着海岬，使得这里始终聚集着觅食的鲑鱼，以及前来捕食鲑鱼的虎鲸。渔民也知道这点。

几头鲸拱起背部，扎进水里。下面的鱼引起了它们的注意。另外两头鲸在水面穿梭，快速改变着方向，肯将这种策略称为“假动作”。它们在进行一场坚定的追捕。最近的那头鲸就在我们身后，那是 L-92。那边的大块头有着高耸而弯曲的背鳍，那是 K-25，它正在追赶一条落单的大鱼。它潜进水里。当它突然跃出水面的时候，那种磅礴气势令我目瞪口呆。

“看到它们在把鱼往那边的海岸赶了吗？”肯对我解说着眼前的场面。虎鲸正在包围鲑鱼，把它们往海岸的方向赶，让它们聚集起来。“很轻松。它们大约能吃到 100 条鱼。为了避免使鲑鱼受到惊吓，虎鲸会慢慢地包围它们，将它们赶到一起，同时寻找动作慢的或者离群的鱼。这仅仅是驱赶它们。虎鲸就是这么干的。时不时就会有一条鱼落后一点，或者离开鱼群太远，虎鲸就会吃掉它。”我们在四周巡视，好让肯完成今天的记录。

我们在这些积极捕猎、进食的虎鲸中间完成自己的任务，这真是太不寻常了。我想起肯说过多少次，如果可以的话，他会和它们一起生活。看着他，我意识到，在真正的意义上，他比任何人都接近虎鲸。他和它们一起潜入知识的深海，他将无与伦比的一生倾注在了解这些虎鲸和它们的社会网络上面。他告诉我，这里有 K-22、K-25、K-37、L-83、L-116……他认识它们，他知道它们曾经到过哪些地方，他熟悉它们的生活，因为它们的生活也是他的生活。此时此刻，它们就是他的生命。坐在一艘小船上，与一群积极捕猎的虎鲸在一起，肯和我，还有这些虎鲸都一致相信，我们无所畏惧，所以我也不害怕了。我唯一担心的是我的相机，这片铅灰色的天空刚刚洒下了几滴雨水。身在这些穿梭的虎鲸中间，反而没什么好担忧的。

肯检查了他的长筒望远镜，然后用灵巧的动作将它盖了起来。在他的虎鲸中间，热情洋溢的他再一次变成了那个举着相机的年轻人，渴望着了解它们——就像每一次那样。

更多的冲刺，溅起了巨大的水花。在下方的某处，在它们的生活进行的地方，还在发生着许多事情。它们进入了一个我们无法抵达的国度，轻易溜走了。这就是我的担忧。我相信它们会来找我，但我担心它们将会消失。

“好了，准备，”肯对我说，“你要拍的是它们嘴里叼着鲑鱼的照片。”

我们继续一帧一帧地拍摄着。这项工作大部分是重复的，没完没了的识别、记录、标记和追踪。然而这项工作也是美好而急迫的，是一个近乎圣洁的请求，请求进入更深的隐秘。这不仅关于虎鲸，更关乎世界。在我们的时代，还有谁和我们在一起？这个问题唤起了一种持续的记忆，一种永不消逝的记忆。现在，谁在这里？ 40 年来，肯一直提出这个问题，就像一种神圣的冥想。答案已经出现，甚至还有智慧，但并没有产生完美的启示。我们所了解的不过是皮毛。肯可以拍摄它们的背部，记录它们的寿命，将自己的时间奉献给它们。但它们仍然保持克制，它们的生命真正丰富之处仍然毫不费劲地保持神秘，如同一阵被屏住的呼吸。我们需要进入更深的隐秘。我们需要抓住自己短暂的一生，了解这些了不起的邻居。

天空开始在我们身上洒下雨滴，雨滴又聚成细雨，落在周围的水面上，淅淅沥沥。肯无奈地说："收工吧。我弄坏的相机已经够多的了。明天又是新的一天。"

但是，尽管相机被收起来了，我们还是逗留了一会儿。我们在雨中观看着。有一阵子，在近旁和不远的地方，黑色的鳍继续急切地在海面上书写着自己的故事。我尽可能专注地读着，我知道大海将很快抹去它们写下的一切痕迹，而我们却没有备份。

最后的起跑线

> 事实上，每一个研究某种野生动物的人都面临着一个挑战，就是为它存在于地球上找到充分的理由。我希望我的理由已经足够强大。
>
> ——亚历山德拉·莫顿

当我与狗、其他动物以及人类打交道的经历还不多的时候，我曾经觉得人们把狗当成“家人”或把其他动物当成“朋友”的行为太傻了。现在我觉得不这么做才是傻子。我曾经高估了人类的忠诚和耐力，也低估了其他动物的智力和敏感。我认为我对两者都有了更好的理解。人和动物的天赋有重合之处，尽管是不同的天赋。

正如所有的人类都一样，而人与人又各不相同；所有的物种也都一样，并且物种与物种之间各不相同。在这之中，每个生命都是一个个体。这是一个谜，也是一种幸运，使得如此之多的物种能够跨越我们之间的疆界，所以苍鹰寻找驯鹰人，狗寻求人类伙伴，大象为迷路的女人站岗，虎鲸推着小船玩耍，却给予独木舟最温柔的触碰。

不同的物种就像人们在高中里认识的同学，此后走上了不同的人生轨迹，过着不同的生活。我们有许多的共同之处，有共同的根源，有着也许被忽视了的联系。在外表之下，我们如此相似：相同的四肢，相同的骨骼，相同的器官，相同的起源，和许多共同的过去。在第一次呼吸和最后一口气之间，我们为着同样的诉求而努力：要生活，要抚育后代，要寻找足够的生活空间，要躲避危险，要尽其所能，以最大限度地发挥我们的能力，经历一个个谜团和机遇，从而在存在中设法找到我们的位置。

为了解释自己的兴趣，几乎所有研究动物行为的人都会说这能够帮助我们更好地理解自身。事实确实如此。但远比这更重要的是，它能帮助我们理解其他动物。我们听到,关于“自然”的报告给出了这样的数据：60% 的栖息地消失，某个种群还剩余 15%，现存 3000 个濒危个体。按照这种说法，世界的消失不过是一串数字的变化。

每个人都能了解到我们正在失去多少。所有被人类父母们画在育婴室墙上的动物，所有在关于诺亚方舟的绘画中表现的动物，目前都面临着致命的威胁。它们面临的大洪水正是我们。我想说明的是，其他动物如何精力旺盛地度过一生，如此坚定地想要生存下去。我想了解这些生物都是谁。现在，在我们的内心深处，我们也许能感觉到，为什么它们必须活下去。

了解其他动物不是什么可笑的努力。失败将加速它们的灭亡，也让我们的世界加速走向破产。而如果我们让动物得到应有的对待，人类对人类的不人道举动将显得更加骇人听闻。接下来我们也许会将注意力转移到人类文明之后的下一步：人性的文明，对所有物种的公正。

我的一些最好的朋友就是人类。问题在于，每存在一名芭蕾女伶，就同时存在数千名士兵。人类有创造力，富有同情心，没错；有破坏力，残忍，这也没错。这告诉我们：我们还没有做到最好。我们这个物种对世界了解最为深入，和它的关系却最为恶劣。

人类的智慧将继续取得成功，还是会变成一场灾难，我们拭目以待。我们的心智中最美好的地方，也许是在那些偶然的胜利时刻，我们不再揽镜自照，而是在一段距离之外观照自身。我们用一个人类的透镜看见了整个宇宙。更难的一步，就是跳出自己，回望我们在什么地方、如何生活。

最好的晨祷就是欣然意识到：最伟大的故事，就是所有的生命实为一体。

致谢

那些帮助我完成本书的善意，无论怎么赘述都将是不充分、不完整的，但我还是试试看吧：在加利福尼亚湾，被海豚环绕的时候，我读到了关于受到创伤的大象的信息，这让我产生了一个疑问，久久萦绕在我心头，它的答案构成了本书的核心观点。感谢作家盖伊・布拉得肖（Gay Bradshaw）和瑞尔保护协会（RARE Conservation）的布拉克・詹克斯（Brett Jenks）向我提供了丰富的信息。在了解大象方面，我要特别感谢维姬・费什洛克，感谢辛提娅・摩斯和伊恩・道格拉斯・汉密尔顿，以及卡提托・塞耶拉尔、大卫・达柏林、达芙妮・谢尔德里克、埃德温・卢斯奇（Edwin Lusichi）、朱利叶斯・施瓦亚、吉尔伯特・萨宾纳、弗兰克・普伯（Frank Pope）、施芙拉・戈登堡、乔治・韦特迈尔（George Wittemyer）、露西・金、艾克・莱纳德、索埃拉・塞耶拉尔（Soila Sayialel）和约瑟夫・索提斯（Joseph Soltis）。我还要感谢安德鲁・多布森（Andrew Dobson）、卡塔齐娜・诺瓦克（Katarzyna Nowak）和约翰・海明威（John Heminway）协助唤起我们所有人的关注。在打开视角方面，我要感谢杰・安德鲁斯（Je Andrews）、奥托・法德（Otto Fad）、戴安娜・多诺胡（Diane Donohue）、朱迪・圣莱杰（Judy St. Ledger）和雷・瑞恩（Ray Ryan）。感谢让・哈特利（Jean Hartley）处理关键手续，让我的肯尼亚之旅得以成行。在黄石国家公园的考察过程中，我要感谢了不起的瑞克・麦金泰尔，还有极其热心的劳里·莱曼、道格·麦克劳克林和道格·史密斯，他们帮助我进行观测，分享他们的观点和故事，让本书中关于狼的章节得以完成。我还要感谢西恩·琼斯（Sian Jones）提供良好的观测地点；还有经费不足的美国国家公园管理局，它尽力做到了最好。就虎鲸观察方面，我感谢肯·巴尔科姆、戴夫·埃利弗里特、凯西·巴比亚克、鲍勃·皮特曼、约翰·德班、南希·布莱克（Nancy Black），以及亚历山德拉·莫顿。在专业训练和观点支持方面，我感谢戴安娜·莱斯、海蒂·C. 皮尔森（Heidi C. Pearson）、戴安娜·多伦-希伊（Diane Doran-Sheehy）、凯尔·汉森（Kyle Hanson，他养的受伤的乌鸦会把食物送给野生的乌鸦）、克丽斯特尔·波塞尔（Crystal Possehl，她的鬃狮蜥似乎会哀悼），以及渡鸦研究专家德里克·克雷德黑格。

请考虑资助拯救大象组织、安博塞利大象保护基金会、大型动物基金会、大卫·谢尔德里克野生动植物基金会、黄石国家公园基金会和鲸研究中心，它们奋斗在前线，以将这些动物留在我们身边。

在编辑方面，我感谢杰克·麦克雷（Jack Macrae）、让·纳加尔（Jean Naggar）、珍妮弗·威尔兹（Jennifer Weltz）和邦妮·汤普森（Bonnie Thompson），他们都是无与伦比的、专业而忠实的合作伙伴。感谢约翰·安吉尔（John Angier）、帕特里夏·怀特、辛提娅·泰希尔（Cynthia Tuthill）、乔安娜·伯格、麦克·戈克菲尔德（Mike Gochfeld）、玛格丽特·康诺瓦（Margaret Conover）、蕾切尔·格鲁泽（Rachel Gruzen）、汤姆·米塔克（Tom Mittak），以及富有洞见的保尔·格林伯格（Paul Greenberg），他们阅读了我的全部或部分不成熟的稿件，指出了问题。深切怀念彼得·马西森（Peter Matthiessen），谦卑地感谢他多年来给我的灵感和鼓励。

在物质帮助方面，感谢朱莉·佩卡德（Julie Packard）、吉尔克里斯特（Gilchrist）一家、安德鲁·萨宾（Andrew Sabin）、安·亨特-威尔伯恩（Ann Hunter-Welborn）及其家人、苏珊 • 欧康纳（Susan O’Connor）、罗伊 • 欧康纳（Roy O’Connor）、罗伯特 • 坎贝尔（Robert Campbell）、贝托 • 贝多弗（Beto Bedolfe）、格伦达 • 蒙格斯（Glenda Menges）、西尔维 • 香缇卡（Sylvie Chantecaille），以及其他希望匿名的人。我还要向埃里克 • 格拉汉姆（Eric Graham）、斯文 • 欧罗夫 • 林德布拉德（Sven Olof Lindblad）、杰•里佐（Je Rizzo）、理查德•瑞根（Richard Reagan）、蕾娜•贾德（Rainer Judd）、霍华德•费伦（Howard Ferren）、安德鲁•列夫金（Andrew Revkin）和保尔 • 温特（Paul Winter）表示感谢。感谢母校校友豪伊 • 施耐德（Howie Schneider）、伊利莎白 • 巴斯（Elizabeth Bass）、张明华（Minghua Zhang）、斯蒂芬妮•马苏齐（Stefanie Massucci）、黛博拉•罗温-克莱恩（Deborah Lowen-Klein）、德克斯特•贝利（Dexter Bailey）和大卫•康诺瓦（David Conover）。感谢杰西•布鲁斯契尼（Jesse Bruschini）、梅拉•马里诺（Mayra Mariño）和伊丽莎白 • 布朗（Elizabeth Brown）协调业务，感谢梅根•史密斯（Megan Smith）整理参考书目。感谢约翰•托达罗（John Todaro）、约翰和南希 • 德贝拉斯（John & Nancy DeBellas）、彼得 • 奥斯沃德（Peter Osswald）、达妮埃尔 • 古斯塔弗森（Danielle Gustafson）和我的女儿亚历山德拉 • 斯尔普（Alexandra Srp）提供关于动物的种种奇闻逸事。

感谢我的妻子帕特里夏•帕拉丁斯（Patricia Paladines）与我共同生活，帮我发现游隼，保护鲎，在晚上把鸡关好，以及给大家做饭。长期以来，我在她身上看到深邃的思考。但是她在我身上看到了什么呢？你也知道，我不会读心术。

最后，我当然还要感谢舒拉、裘德、小玫瑰、凯恩、维克罗、艾米、马多克斯、肯齐（Kenzie），以及其他大大小小、自由生活或是被驯养，或介于两者之间的动物，感谢它们打开了我的眼界。狗，闯进我们客厅和庭院的毛茸茸的孤儿，偏远海滩上庞大的海鸟部落，深海中的大鱼、海龟和鲸，飞过秋日天空的鹰隼，春天森林中的林莺——对这些书中和书外的动物，我要致以欢乐的感激之情，感谢它们为我的生命带来了这么多的美丽、优雅、爱、欢乐和富足，以及这么多的头疼、尘土、泥巴[1]和混乱，或者说，让我的生命变得真实。

感谢每一个生命。

---

① 小动物名字。

译后记

作为一名科技媒体从业者，在环境保护这个话题上，我习惯于看到各种各样的数字：新研究显示十年后全球气温将上升多少摄氏度；某物种栖息地面积在十年间缩小百分之多少，等等。

我们当然需要数字，但是与此同时，我们也需要故事。

在本书中，卡尔·沙芬纳打破常规，用叙事的手法讲述大象、狼和虎鲸作为个体的生命历程。他对行为学研究中的主流观念发起挑战，也为读者带来了一个个精彩的故事。当我们了解了那些动物的性情与智慧，了解它们所经历的悲欢离合，那么对我们来说，它们就不再是统计数字里无差别的个体，而是一个个在这个世界上真实存在过的生灵。而且，因为我们同类的过失，它们中有许多遭受了不合理的苦难。

沙芬纳的思想很可能受到了美国生态学家、土地伦理之父奥尔多·利奥波德（Aldo Leopold）的影响，本书中也引用了利奥波德《沙乡年鉴》中的片段。利奥波德呼吁放弃以人类为中心的理念，强调人与自然的平等，他指出："'土地是一个共同体'是生态学中的基本概念，但是土地应该得到热爱和尊重则是伦理范畴的事情。"

利奥波德所说的土地，指的是包括土壤、水源、动植物和人类在内的一个整体。而沙芬纳在此基础上前进了一步，他不仅看到了人与自然之间的关系，还对动物之间的关系进行了深入的探索。难能可贵的是，沙芬纳没有将自己的个人喜好和道德观念强加在动物身上，而是带着开放的心态去观察动物，用出色的共情能力体会动物的感受。

沙芬纳的这种“拟人化”的偏好也体现在代词的选择上。原文中绝大多数时候用“他”和“她”来称呼动物，这不仅是因为英语的语言习惯，也能在一定程度上反映作者的个人偏好——通过起名字等“拟人化”的方式，模糊动物与人类之间的界限，让平等的对话成为可能。关于第三人称代词的处理，我很希望保留沙芬纳的风格，但是这毕竟不符合中文语言规范。不过，我也相信作者细致入微的描写已经足以展现出一个个鲜活的生命，代词仅仅是一个符号而已。

书中种种动物的故事还将继续。对于大象而言有一个好消息：2018年中国全面禁止象牙商业性贸易。禁令实施 9 个多月后，世界自然基金会（World Wide Fund for Nature，WWF）发布的报告显示，中国人购买象牙制品的意愿大幅下降，72% 的人表示不会购买，而在一年前这个数字仅为 50%。

达芙妮·谢尔德里克女爵于 2018 年 4 月 21 日去世。谢尔德里克基金会目前由其女儿安吉拉·谢尔德里克（Angela Sheldrick）管理，为孤儿象和孤儿白犀牛提供庇护，全世界的人们都可以通过网络认养。

如果你对狼感兴趣，可以在黄石国家公园的网站上看到它们的消息。755 在失去了配偶和兄弟之后度过了两年孤独的生活，然后组建了新的家庭。它先后在两个不同的狼群中担任头狼，这成了黄石公园的一段传奇。755 至少活到了 8 岁，到 2018 年 11 月，它已经一年多没有露面，很可能已经离开了这个世界。我希望它是以狼的方式自然地死去的。

最后是一则令人难过的消息：日本宣布将于 2019 年 7 月退出国际捕鲸委员会，重启商业捕鲸。在本书中提到的 3 种动物里，鲸可谓最为神秘，因而也最为脆弱。我们对它们的种群大小、分类和习性仍然知之甚少，而且它们还面临着化学污染的威胁。2018 年 9 月，《科学》（*Science*）的一篇论文指出，多氯联苯（polychlorinated biphenyl，PCB）污染将导致虎鲸数量减少大约一半。尽管大多数国家早已停止生产和使用 PCB，残余的量已经足以造成这样的危害。

我非常喜欢书中的一句话："这个世界上大部分的生与死，都发生在我们的视线之外。" 如果不了解其他动物的生之精彩，我们就不会为它们的悲惨遭遇感到悲伤；因为不曾目睹栖息地破坏、偷猎，我们便可以假装那些罪行与己无关。

但是，作为人类群体中的一员，我们还是应当承担起一些责任。亲近自然、保护自然不一定要亲身深入野外。至少，我们可以做一个负责任的消费者，不购买野生动物及其制品，不去观看动物表演。如果有兴趣，还可以通过纪录片、博物馆、管理良好的动物园等渠道了解自然，并且多多留意城市中与我们比邻而居的昆虫、鸟雀。近期还有报道提到，一些大型哺乳动物也开始适应城市生活，它们大多昼伏夜出，成为"看不见的友邻"。如何与这些动物和睦相处，例如如何防止过马路的动物被车辆碾压、如何减少灯光对鸟类的干扰，也是我们作为城市人需要研究的课题。

最后，感谢责任编辑宋成斌老师的耐心和支持；感谢孙霄对非洲象相关内容和专业术语提出的建议，以及谭竞智、伍乘风对灵长类相关内容提出的宝贵修改意见。

感谢陈娉莹让我不断了解生态学的奇妙之处，感谢陈染一如既往的支持与陪伴。

戚译引

2019 年 1 月于北京

编后记

这本书终于要正式出版了！

在我的编辑生涯中，这是唯一一本能让我感动到落泪的书。有赖于译者戚译引的精心翻译，我们可以几乎准确地理解原作者卡尔·沙芬纳在创作这本书的过程中，心灵深处生发的那种感受——所有的生命实为一体。动物的故事千千万，但我更喜欢卡尔·沙芬纳从新的角度收集和解读动物的故事。他的这本书既有科学普及的价值，也有人文思辨的力量。它所描述的故事场景在读者头脑中形成的画面，仿佛自带音响，激发共鸣，而且经久不息，让人难以忘怀。

在翻译和出版这本书的两三年中，受到书的影响，我也注意到很多关于动物的纪录片，它们对理解这本书的内容非常有帮助。例如，多年前 BBC 制作的纪录片 *Inside The Animal Mind*（《进入动物的思想》）。这部片子国内引进时分为 3 集：《感官塑造世界》《解决问题能手》《群落的秘密》。片子某一集的结尾处，画面是一个巨大的瞳孔，你可以想象那是人在观察着动物，也可以想象那是动物正紧盯着人类世界。我们和它们相似但又不同，千万年的消磨聚散，彼此都有很多问题想“问”对方。但相比探索天体宇宙、基因生命，在理解动物的心智方面，人类显然还有点力不从心，迫切需要一次全新的革命。如果这本书能在读者心中点燃起一簇星火，甚至使得更多的年轻人投入到对动物心智世界的探索中，我们的目的就达到了。

为了出版好这本书，组稿编辑、文稿编辑和译者对译文反复修改和审校，也请了不同的读者进行了试读，更有严格的三审和校对最后把关，我们希望把未来可能的遗憾降到最小。

感谢北京科普发展中心为本书提供了科普创作出版资金支持，中心评委的评审也促使我们对书名和装帧设计有了更多的思考。我们也欢迎读者给我们留下宝贵的意见和建议。

宋成斌

2019 年 10 月